CAXA + Mastercam

数控车编程与加工

卢修春 编著

化学工业出版社

·北京·

内容简介

本书基于CAXA数控车软件和Mastercam2017软件详细讲解了数控车削自动编程的基本操作及应用实例。在CAXA数控车部分主要构建了CAXA数控车基础、基本曲线的绘制、特殊曲线的绘制、CAXA数控车加工、数控车工技能等级鉴定实例和技能大赛数控车实例六个项目；在Mastercam2017数控车自动编程部分主要构建了Mastercam2017软件的界面与基本操作、Mastercam2017软件的基本图形绘制和Mastercam2017软件的数控车加工三个项目。

本书可作为全国数控技能大赛集训、企业职工技能大赛选拔、企业职工培训的教程，也可作为高等职业技术学院、技师学院数控技术应用专业、模具专业、现代制造技术专业学生的教材和参考书。

图书在版编目（CIP）数据

CAXA+Mastercam数控车编程与加工/卢修春编著.
—北京：化学工业出版社，2020.10（2023.4重印）
ISBN 978-7-122-37421-9

Ⅰ.①C… Ⅱ.①卢… Ⅲ.①数控机床-车床-车削-程序设计②数控机床-车床-加工 Ⅳ.①TG519.1

中国版本图书馆CIP数据核字（2020）第137399号

责任编辑：王　烨　　　　文字编辑：林　丹　徐　秀
责任校对：王鹏飞　　　　装帧设计：刘丽华

出版发行：化学工业出版社（北京市东城区青年湖南街13号　邮政编码100011）
印　　装：北京七彩京通数码快印有限公司
787mm×1092mm　1/16　印张16¼　字数438千字　2023年4月北京第1版第3次印刷

购书咨询：010-64518888　　　　售后服务：010-64518899
网　　址：http://www.cip.com.cn
凡购买本书，如有缺损质量问题，本社销售中心负责调换。

定　　价：79.80元　　

“中国制造 2025”作为中国经济转型升级的重要推动力量，以推进智能制造为主攻方向，以满足社会经济发展和国防建设对重大技术装备的需求为目标，完善多层次多类型人才培养体系，培育有中国特色的制造文化，实现制造业由大变强的历史跨越。

数控加工是智能制造的重要环节，数控机床在现代制造企业中广泛应用，企业对能熟练掌握数控加工工艺和数控编程技术的高技能人才要求越来越高，需求越来越大，培养大量社会急需的高技能数控人才已成为职业教育的当务之急。

本书基于 CAXA 数控车软件和 Mastercam2017 软件讲解数控车削自动编程。CAXA 数控车软件作为一款国产软件，简单实用，使用较广；Mastercam2017 软件作为美国的一款软件，使用较为复杂，但是车削工艺非常完善，应用越来越广泛。这两款软件以 PC 为平台，在 Windows 视窗环境下使用，集二维绘图、数控自动编程、刀具路径模拟及仿真加工等功能于一身。本书结合 FANUC 0i 数控操作系统和 GSK 980TD 数控操作系统的车床加工操作，采用先进的项目教学理念，结合数控加工专业的教学经验，通过对两款软件的数控车削自动编程进行细致的分析与讲解，更加适合用户的需要。

项目教学法将理论知识与操作技能融为一体，本书即是采用这种“项目教学法”而编写的。本书根据不同的项目采用不同的知识点，对数控车削自动编程的知识体系进行整合与重构，设计了一系列知识点和技能操作融合贯通的项目，遵循循序渐进、由简单到复杂的学习原则，建立一个有层次、有梯度的项目化学习体系，理论性、知识性和实践性强。本书大量采用视图的方式，把一些抽象的概念、命令和操作，采用软件中真实的对话框、按钮等进行讲解，直观地指导读者学习数控车削的自动编程，即便是初学者也能看懂相关内容。书中实例采用技能鉴定和数控大赛的数控车项目，还列举了一些工艺品的加工实例，增加了趣味性，体现从个体到整体的哲学观念。每个项目均从知识点入手，分析项目、制定实施方案，通过操作、仿真加工得到结果，真正达到“做中学、学中做”，是传统教科书无法比拟的。

本书对软件中相关的概念、术语按照新国标进行了修正，特别是按照加工的实际对软件中存在的一些小问题和错误进行了改正；对软件中的一些加工参数对照有关工艺标准做了说明，实用性强；采用的实例实用又有难度，可以作为专业人士的自学与参考教材，也可以作为职业院校相关专业师生的教材与参考用书。

本书由临沂市技师学院卢修春编著。在编写过程中得到了学院领导和老师们的大力支持与帮助，得到了刘玉兰、卢彦杰的理解和支持，在此一并表示感谢。由于编者水平所限，虽然有关的程序都上机得到了加工验证，但是难免存在瑕疵，书中不足之处，敬请广大读者批评指正。

编　者

第一篇　CAXA 数控车自动编程

项目三　特殊曲线的绘制　48

项目四　CAXA数控车加工　63

第三篇 Mastercam2017 数控车自动编程

项目七 Mastercam2017软件的界面与基本操作 183

项目八 Mastercam2017软件的基本图形绘制 192

项目九 Mastercam2017软件的数控车加工 210

附录 244

参考文献 249

第一篇

CAXA数控车自动编程

北京数码大方科技股份有限公司（CAXA）是中国领先的工业软件和服务公司，CAXA 的产品拥有自主知识产权，产品线完整，主要提供数字化设计（CAD）、制造执行管理系统（MES）以及产品全生命周期管理（PLM）解决方案和工业云服务。数字化设计解决方案包括二维与三维 CAD、工艺 CAPP 和产品数据管理 PDM 等软件；数字化制造解决方案包括 CAM、网络 DNC、MES 和 MPM 等软件。

CAXA 数控车具有 CAD 软件的强大绘图功能和完善的外部数据接口，可以绘制任意复杂的图形；其 CAM 软件模块提供了功能强大、使用简洁的轨迹生成手段，可按加工要求生成各种复杂图形的加工轨迹；通用的后置处理模块使 CAXA 数控车可以满足各种机床的代码格式，可输出 G 代码并可对生成的代码进行校验及加工仿真。

项目一

CAXA数控车基础

本项目共包括两个子项目，其中子项目（一）数控车床：主要了解数控车床的加工特点，明确数控车床的坐标系，掌握数控车床的回零、对刀等基本操作；子项目（二）CAXA数控车的界面与基本操作：要求熟悉CAXA数控车的界面组成并掌握CAXA数控车的基本操作。

子项目（一） 数控车床

项目目标

了解数控加工与传统加工相比所具有的优点，了解数控车床的加工特点，明确数控车床坐标系的有关标准和常用的坐标系，掌握数控车床的回零、对刀等基本操作。

项目分析

① 数控车床种类众多，使用的数控系统也较多，但是加工特点基本相同。

② 数控车床的数控系统不同，其基本操作、功能指令等有所区别，本项目以FANUC 0i数控车床和GSK 980TD数控车床为例进行讲解。

③ 学习并掌握数控车床的基本操作，数控车床的坐标系是学习的一个重点。

项目准备

【知识点一】 数控车床的加工特点

1. 数控加工技术

数控加工技术是以数字控制技术为基础，以计算机编程技术为辅助，在数控机床上进行零件加工的一种技术。数控加工是指机械工人运用数控设备来完成各类工件的加工，常用的数控加工设备主要包括数控车床、数控铣床、数控冲床以及加工中心等。

数控加工经历了半个多世纪的发展已成为当代各个制造领域的先进制造技术，随着制造设备的数控化率不断提高，数控加工技术在我国得到日益广泛的使用。与传统加工相比，数控加工具有以下优点：

① 加工精度高：随着数控加工技术的发展，尺寸精度达 0.0001mm，表面粗糙度 Ra 达 0.02μm。

② 高适应性：数控装置越来越智能化，只要改变程序，就可以在数控机床上加工新的零件，能很好地适应市场竞争。

③ 生产效率高：便于实现计算机辅助设计与制造的一体化，容易实现工序集中，主轴转速、进给速度大幅提高，加工零件一致性好，大大提高生产效率。

2. 数控车削加工

数控车削加工是现代制造技术的典型代表，在制造业的各个领域，如航空航天、汽车、模具、精密机械、家用电器等行业有着日益广泛的应用，已成为这些行业中不可缺少的加工手段。

数控车床除具有普通车床的全部功能外，配以计算机辅助设计和制造（CAD/CAM）技术，特别适合车削加工以下零件。

(1) 精度要求高的回转体零件

这里所说的精度要求包括尺寸公差精度要求、几何公差精度要求和表面粗糙度要求。数控车床不但具有良好的刚性和精度，而且其切削速度的稳定性也非常出色，这个特性对于降低工件表面粗糙程度是很有帮助的。数控车床随着数控技术的发展，越来越多地具有车削速度恒定功能，这样加工出的零件表面不仅粗糙度低、质量好，而且还能够保持一致性。

另外还有一些超精密及超低表面粗糙度的零件，如激光打印机的多面反射体、复印机的回转鼓、照相机等光学设备的透镜及其模具等超精密零件，只有在精度达到 0.1μm 量级的特种精密数控车床上才能加工出来。

(2) 表面形状复杂的回转体零件

由复杂曲线和平面构成的表面形状复杂的回转体零件是无法用人工控制普通车床进行加工的，但是在数控车床上很容易加工出来，因为数控车床拥有直线插补、圆弧插补功能以及某些非圆曲线插补等功能。

(3) 带横向加工的回转体零件

有些回转体零件带有横向加工，比如键槽或径向孔等，或者是端面有分布的孔系以及有曲面的盘套或轴类零件。采用车削加工中心加工，具有自动换刀系统，只装夹一次就能够完成普通机床的多道加工工序，这样就大大减少了装夹次数，实现了工序集中的原则，保证了加工质量的稳定，并且提高了加工效率，降低了加工成本。

(4) 带有特殊螺旋面的零件

带有特殊螺旋面的零件主要是指带有不等距螺纹、端面螺纹等结构的零件。使用数控车床，不但可以加工增螺距、减螺距这样的变螺距螺纹及端面螺纹，还可以加工等螺距与变螺距平滑过渡的螺纹，而且配以特种螺纹车刀，可以使用较高的转速，加工效率远远高于普通车床，加工出的螺纹质量也大大优于普通车床。

【知识点二】　数控车床的坐标系

为了确定机床的运动方向、移动的距离，简化程序的编制，并使所编程序具有互换性，需要在机床上建立一个坐标系，这个坐标系就是机床坐标系。目前国际标准化组织已经对机床的坐标系进行了统一并且标准化。

我国也颁布了《工业自动化系统与集成　机床数值控制　坐标系和运动命名》标准

(GB/T 19660—2005/ISO 841：2001)，对数控机床的坐标和运动方向作了明文规定。

1. 我国国标的有关规定

(1) 坐标系的规定

数控机床上的坐标系采用右手直角笛卡儿坐标系，如图 1-1 所示，图中规定了 *X*、*Y*、*Z* 三个直角坐标轴和三个旋转坐标 *A*、*B*、*C*。

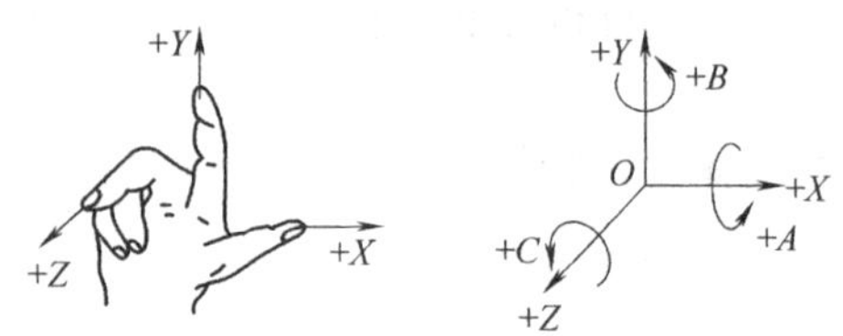

图 1-1 右手直角笛卡儿坐标系

右手直角笛卡儿坐标系的规定：伸出右手的大拇指、食指和中指并互成 90°，大拇指代表 *X* 坐标轴，大拇指的指向为 *X* 坐标轴的正方向；食指代表 *Y* 坐标轴，食指的指向为 *Y* 坐标轴的正方向；中指代表 *Z* 坐标轴，中指的指向为 *Z* 坐标轴的正方向。围绕 *X*、*Y*、*Z* 坐标轴的旋转坐标分别用 *A*、*B*、*C* 表示，旋转坐标 *A*、*B*、*C* 的正方向根据右手螺旋定则判定。

(2) 刀具相对于静止工件而运动的原则

这一原则使编程人员能在不知道是刀具移近工件还是工件移近刀具的情况下，就可以根据零件图样确定零件的加工过程。

(3) 坐标轴正方向的规定

对于各坐标轴的正方向，均将增大刀具与工件距离的方向（或刀具远离工件的方向）确定为各坐标轴的正方向。

(4) 右手螺旋定则

伸出右手，如图 1-2 所示，大拇指的指向为 *X*、*Y*、*Z* 坐标轴中任意坐标轴的正向，则其余四指的旋转方向即为旋转坐标 *A*、*B*、*C* 的正方向。

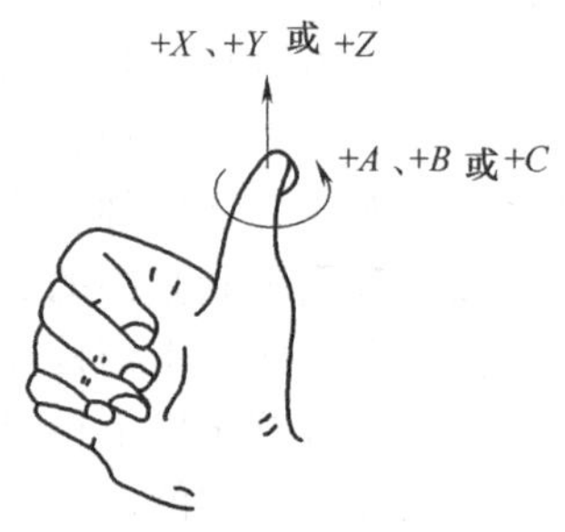

图 1-2 右手螺旋定则

2. 坐标轴的确定

(1) *Z* 坐标轴

Z 坐标轴是由传递切削力的主轴所决定的，与主轴轴线平行的标准坐标轴即为 *Z* 坐标轴，其正方向是增加刀具和工件之间距离的方向，如图 1-3 所示为卧式数控车床的坐标系。

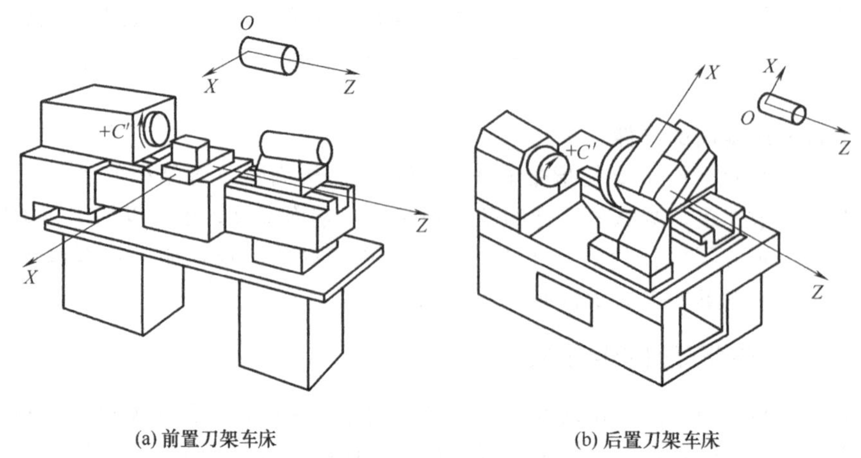

(a) 前置刀架车床　　(b) 后置刀架车床

图 1-3 卧式数控车床的坐标系

(2) X 坐标轴

X 坐标轴平行于工件的装夹平面，一般在水平面内，它是刀具或工件定位平面内运动的主要坐标。对于数控车床，X 坐标的方向是在工件的径向上，且平行于横向滑座。X 的正方向是安装在横向滑座的主要刀架上的刀具离开工件回转中心的方向，如图 1-3 所示。

(3) Y 坐标轴

在确定 X 和 Z 坐标轴后，可根据 X 和 Z 坐标轴的正方向，按照右手直角笛卡儿坐标系来确定 Y 坐标轴及其正方向。

3. 数控车床常用的坐标系

(1) 机床坐标系

机床坐标系是数控车床的基本坐标系，它是以机床原点为坐标系原点建立起来的 X、Z 轴直角坐标系，如图 1-4 所示。机床原点是由生产厂家决定的，是数控车床上的一个固定点。

在机床每次通电之后，一般要进行回机床零点操作（简称回零操作），使刀架运动到机床参考点，其位置由机械挡块确定。数控机床通过回零操作，就确定了机床原点，从而建立了机床坐标系。

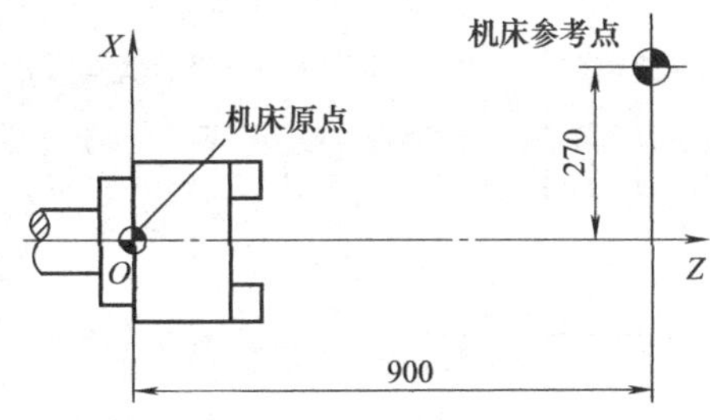

图 1-4 后置刀架车床的机床坐标系

(2) 工件坐标系

数控车床加工时，工件可以使用卡盘等夹具装夹于机床坐标系下的任意位置，这样用机床坐标系描述刀具轨迹就变得不大方便。

零件在设计时有设计基准，在加工时有工艺基准，应尽量使设计基准与工艺基准统一，并将该统一的基准点作为工件原点。以工件原点为坐标原点建立起来的 X、Z 轴直角坐标系，称为工件坐标系。编程人员在编写零件加工程序时通常采用工件坐标系，因此工件坐标系也称编程坐标系。工件坐标系、编程坐标系为同一个坐标系，从而使编程、加工操作等问题大大地简化。

工件坐标系是由操作人员设定的，设定的依据既要符合尺寸标注的习惯，又要便于坐标的计算和编程，尽量做到设计基准与工艺基准统一。根据数控车床的特点，工件原点通常设在工件左端面的中心、右端面的中心或卡盘前端面的中心，如图 1-5 所示是以工件右端面的中心为工件原点。工件坐标系是由操作人员通过对刀操作建立的。

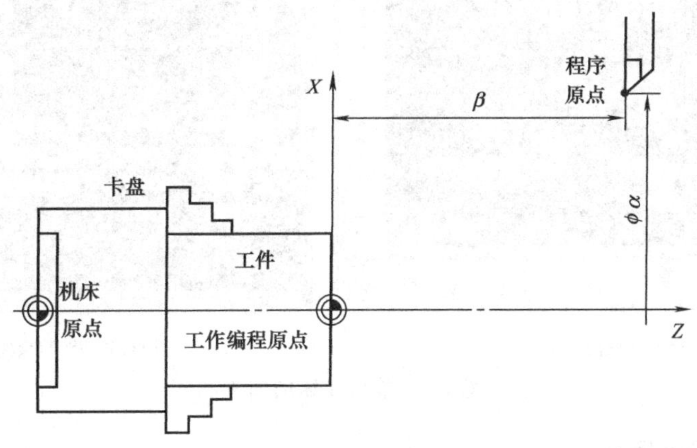

图 1-5 后置刀架车床的工件坐标系

项目实施

1. 熟悉数控车床的控制系统

(1) 数控车床 FANUC 0i 系统的控制面板（图 1-6）

(2) 数控车床 GSK 980TD 系统的控制面板（图 1-7）

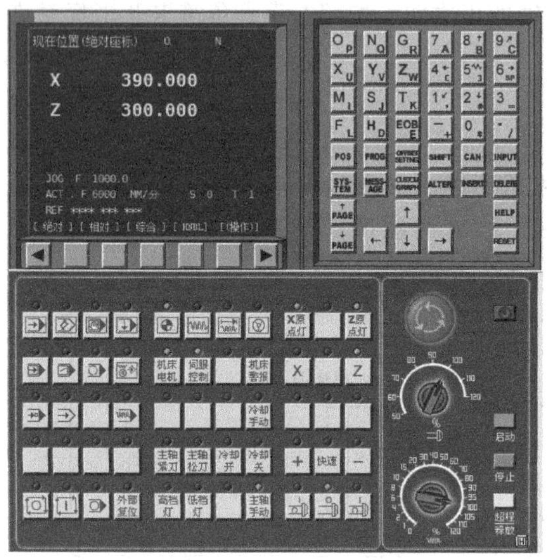

图 1-6 数控车床 FANUC 0i 系统的控制面板

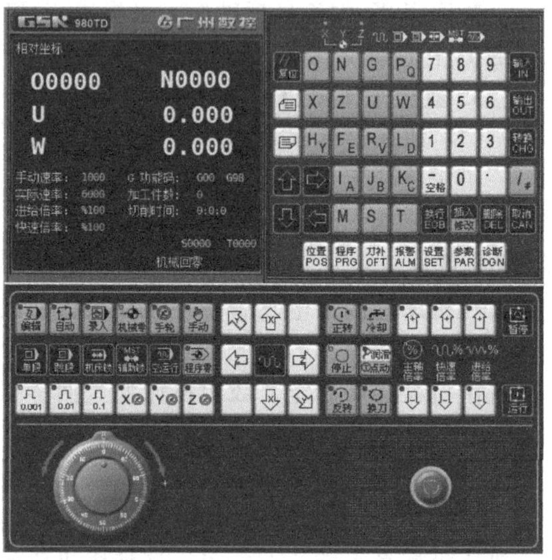

图 1-7 数控车床 GSK 980TD 系统的控制面板

2. 学习数控车床的基本操作

(1) 数控车床的回零操作

① 选择“回零”模式：先 *X* 轴回零（避免刀架与尾座相撞），再 *Z* 轴回零。

② 不同数控系统的车床回零操作后，显示的坐标结果不一样，如图 1-8 所示，FANUC 0i 数控车床的机床零点坐标为绝对坐标，GSK 980TD 数控车床的机床零点坐标为相对坐标。

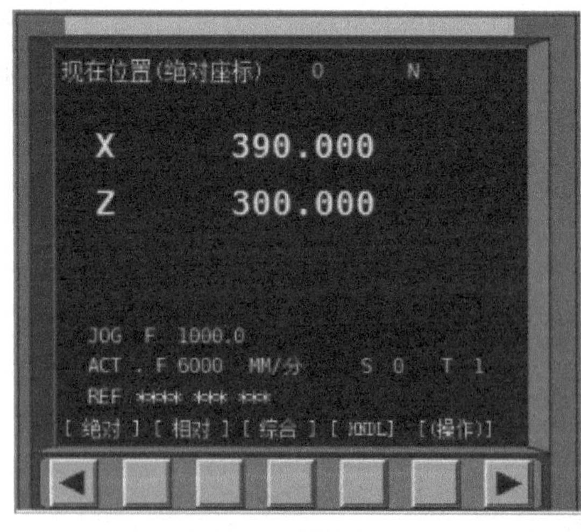

(a) FANUC 0i数控车床

(b) GSK 980TD数控车床

图 1-8 数控车床的回零

(2) 数控车床的坐标系

① 根据数控车床的回零操作，理解机床坐标系。

② 选择数控车床的“手动”功能，练习 X 向、Z 向进刀、退刀，如图 1-9 所示，练习车端面、车外圆，理解 X、Z 坐标，明确数控车床的工件坐标系。

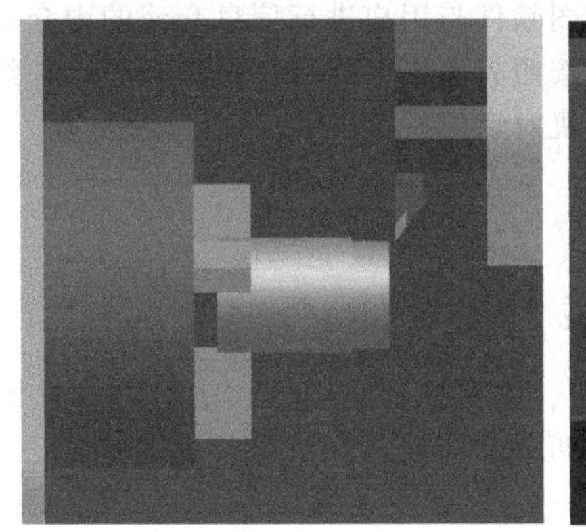

(a) 后置刀架车床

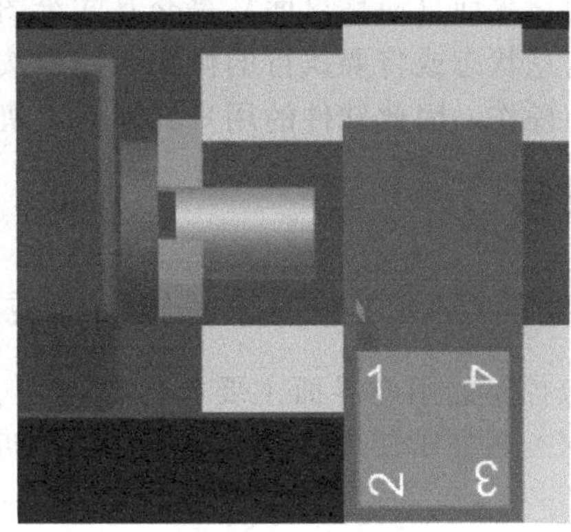

(b) 前置刀架车床

图 1-9 数控车床的坐标系

(3) 对刀操作

① 练习数控车床 FANUC 0i 系统的对刀操作，掌握后置刀架数控车床的相关知识。

② 通过对刀练习，进一步明确数控车床的坐标系，掌握数控车床的基本操作。

项目拓展

(1) 项目小结

① 本项目学习的主要内容有哪些？

② 操作中遇到哪些难题？如何处理的？

(2) 思考与练习

① 结合数控车削加工，分析为什么需要数控自动编程？

② 数控机床的机床坐标系是如何定义的？由谁设定的？如何设定？

③ 数控机床的工件坐标系是如何定义的？由谁设定的？如何设定？

④ 思考：立式车床的坐标系是怎样的？

子项目（二） CAXA 数控车的界面与基本操作

项目目标

① 明确 CAXA 数控车的界面组成，主要是菜单栏、绘图区、工具栏和状态栏等部分。

② 掌握 CAXA 数控车的基本操作，重点是鼠标的使用、键盘的应用和点的输入操作等。

项目分析

① 掌握数控技术与否及加工过程中的数控化率的高低已成为企业是否具有竞争力的象征，数控加工技术应用的关键在于计算机辅助设计和制造（CAD/CAM）系统。

② CAXA 数控车是在全新的数控加工平台上开发的二维图形设计和数控车床加工编程软件。CAXA 数控车具有 CAD 软件的强大绘图功能和完善的外部数据接口，可以绘制任意复杂的图形，可通过 DXF、IGES 等数据接口与其它系统交换数据。CAXA 数控车具有轨迹生成及通用后置处理功能；该软件提供了功能强大、使用简洁的轨迹生成手段，可按加工要求生成各

种复杂图形的加工轨迹。通用的后置处理模块使CAXA数控车可以满足各种机床的代码格式，可输出G代码，并对生成的代码进行校验及加工仿真。

软件的用户界面（简称界面）是交互式绘图软件与用户进行信息交流的中介，系统通过界面反映当前信息状态或将要执行的操作，用户按照界面提供的信息做出判断，并经由输入设备进行下一步的操作，因此软件的用户界面是人机对话的桥梁。

项目准备

【知识点一】 CAXA数控车的界面组成

CAXA数控车的用户界面主要包括标题栏、菜单栏、绘图区、工具栏和立即菜单、状态等部分。CAXA数控车使用最新流行界面，贴近用户，更简明易懂，如图1-10所示。

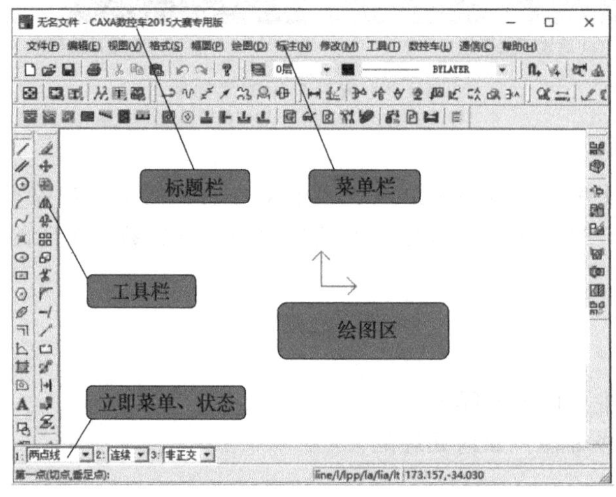

图1-10 CAXA数控车的用户界面

1. 绘图区

绘图区是用户进行绘图设计的工作区域，如图1-10所示的空白区域，它位于CAXA数控车用户界面的中部，并占据了界面的大部分面积，宽阔的绘图区为显示零件全图提供了完整、清晰的空间。

在绘图区的中央设置了一个二维直角坐标系，该坐标系为标准坐标系，它的坐标原点为(0.000，0.000)，水平方向为X轴（即数控车床的Z轴），向右的方向为正方向，向左的方向为负方向；垂直方向为Y轴（即数控车床的X轴），向上的方向为正方向，向下的方向为负方向。

CAXA数控车以当前用户坐标系的原点为基准点，对应的是后置刀架的数控车床。在绘图区用鼠标拾取的点或由键盘输入的点，均以当前用户坐标系为基准。

2. 菜单系统

CAXA数控车的菜单系统包括主菜单、立即菜单和弹出菜单三个部分。

(1) 主菜单

主菜单位于CAXA数控车用户界面的顶部，如图1-11所示，它是一行菜单条，包括文件

图1-11 主菜单

(F)、编辑（E)、视图（V)、格式（S)、幅面（P)、绘图（D)、标注（N)、修改（M)、工具（T)、数控车（L)、通信（C）和帮助（H）菜单，每个菜单都含有若干子菜单。

(2）立即菜单

选中系统的某一功能后会出现该功能的立即菜单，立即菜单描述了该项命令执行的各种情况和使用条件。用户根据当前的操作要求，正确地选择某一功能选项，即可得到准确的响应。例如用鼠标左键单击工具栏中的“直线”按钮／，界面的左下角立即出现“直线”的立即菜单，如图 1-12 所示。

图 1-12　“直线”的立即菜单

(3）弹出菜单

CAXA 数控车的弹出菜单是当前命令状态下的子命令，通过空格键弹出，不同的命令执行状态下会有不同的子命令组，主要分为点工具组、选择集拾取工具组、轮廓拾取工具组等。如果子命令是用来设置某种子状态，CAXA 数控车在状态条中显示提示用户。例如：输入“点”时，单击空格键会弹出“点”的子菜单，如图 1-13 所示；使用“删除”“平移”等命令时，单击空格键会弹出选择集拾取工具的子菜单，如图 1-14 所示。

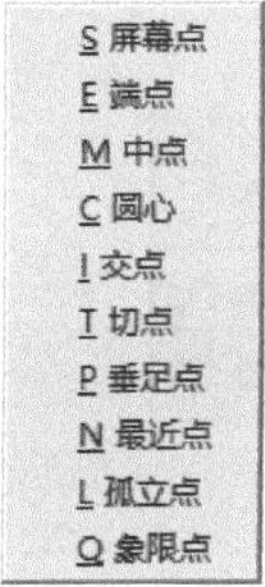

图 1-13　“点”的子菜单

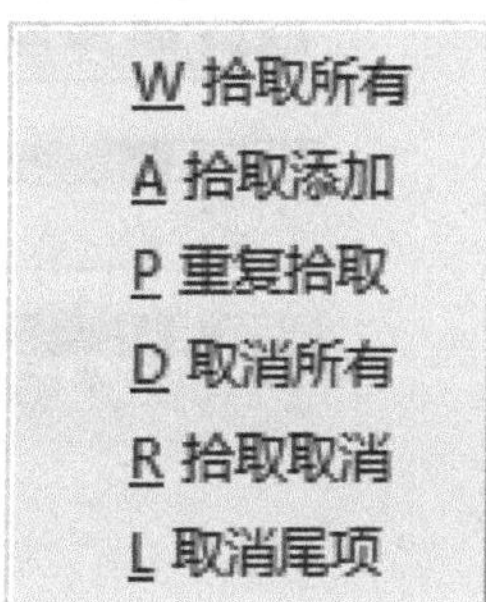

图 1-14　选择集拾取工具的子菜单

3. 状态栏

CAXA 数控车提供了多种显示当前状态的功能，它包括屏幕状态显示、操作信息提示、当前工具点设置及拾取状态显示等。

用鼠标左键单击任意一个菜单，例如单击“标注”菜单，都会弹出一个下拉菜单，下拉菜单包括多个子菜单，如图 1-15 所示。移动鼠标拖动光标到子菜单“粗糙度”上，单击鼠标左键，系统会弹出一个立即菜单，并在状态栏显示相应的操作提示和执行命令状态，进行相关操作时，要注意观察状态栏的提示。

(1）命令与数据输入区

位于界面底部状态栏的左侧，用于提示当前命令执行情况或提醒用户输入操作信息，用于由键盘输入命令或数据。

(2）当前点坐标显示区

当前点的坐标显示区位于界面底部的状态栏的右边，当前点的坐标值随鼠标光标的移动做动态变化。

4. 工具栏

在工具栏中，它包含多个由图标表示的按钮，可以通过鼠标左键单击功能按钮调用相应的命令。如图 1-16 所示为 CAXA 数控车常用的“数控车工具”工具栏、“绘图工具”工具栏、

“编辑工具”工具栏。

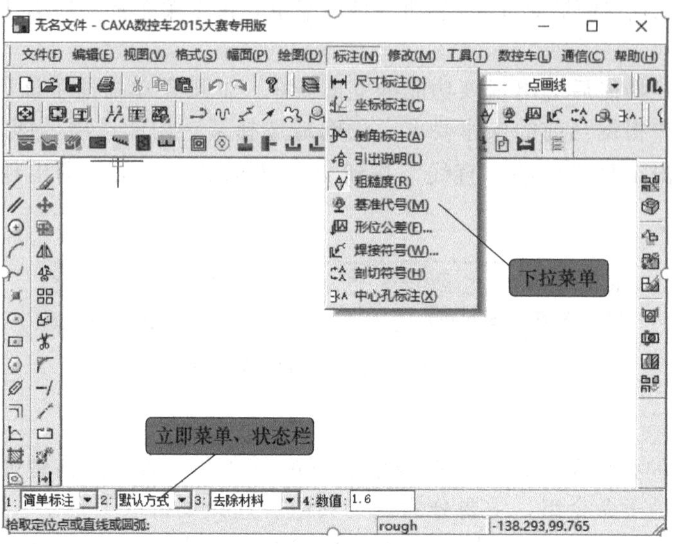

图 1-15　立即菜单、状态栏等

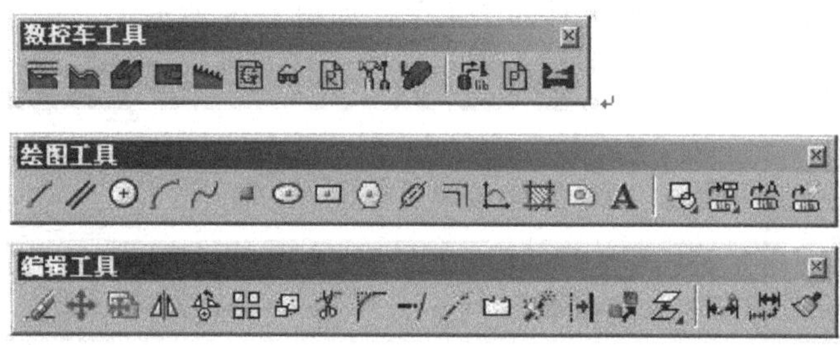

图 1-16　工具栏

【知识点二】　CAXA 数控车的基本操作

CAXA 数控车在执行命令的操作方法上，为用户设置了鼠标选择和键盘输入两种并行的输入方式，两种输入方式的并行存在，为不同基础的用户提供了操作上的方便。

1. 鼠标选择方式

所谓鼠标选择就是根据界面显示出来的状态或提示，用鼠标移动光标指向所需的菜单或者工具栏按钮，单击鼠标左键激活需要的命令。菜单或者工具栏按钮的名称与其功能相一致，选中了菜单或者工具栏按钮就意味着执行了与其对应的键盘命令。由于菜单或者工具栏选择直观、方便，减少了背记命令的时间，因此很适合初学者或者已经习惯使用鼠标的用户。

(1) 鼠标左键

鼠标左键可以激活菜单、确定位置点或拾取元素等。

例如绘制直线，操作步骤如下：

① 移动鼠标拖动光标到工具栏中的“直线”按钮上，单击鼠标左键则激活“直线”功能，这时按钮变亮，界面的左下角出现“直线”的立即菜单，状态栏中出现下一步的提示“第一点（切点垂足点）:”。

② 移动光标到绘图区的理想位置，单击鼠标左键确认直线的第一位置点，再根据需要输入直线的第二个位置点，则画出一条直线。

(2) 鼠标右键

鼠标右键可以确认拾取元素、结束操作或终止命令等。

例如："直线"命令可以重复进行画直线，单击鼠标右键就终止此命令；又如在删除几何元素时，当拾取要删除的元素后，单击鼠标右键，则将拾取的元素删除。

2. 键盘输入方式

键盘输入方式是由键盘直接键入命令或数据，它适合于习惯键盘操作的用户。键盘输入要求操作者熟悉、了解软件的各条命令以及它们相应的功能，否则将给输入带来困难。实践证明，键盘输入方式比菜单选择输入效率更高，希望初学者能尽快掌握和熟悉它。

(1) CAXA 数控车快捷键

CAXA 数控车为用户设置了若干个快捷键，其功能是利用这些键可以迅速激活相对应的功能，以加快操作速度。对于熟悉 CAXA 数控车的用户，快捷键将极大地提高工作效率，主要的 CAXA 数控车快捷键见附录一。

(2) CAXA 数控车命令

CAXA 数控车键盘输入命令采用与其功能对应的英文单词，常用的基本命令如直线、圆、圆弧等可以直接输入英文单词的首字母，例如：键盘输入"Line"或"L"命令，就进入"直线"功能；键盘输入"Circle"或"C"命令，就进入"圆"功能。具体的 CAXA 数控车命令见附录二。

项目实施

1. "点"的输入

点是最基本的图形元素，点的输入是各种绘图操作的基础，因此各种绘图软件都非常重视点的输入方式，力求简单、迅速、准确。

(1) 由键盘输入"点"

由键盘输入"点"的坐标确定"点"。"点"在屏幕上的坐标有绝对坐标和相对坐标两种方式，它们在输入方法上是完全不同的，初学者必须正确地区分并掌握它们。

① 绝对坐标　绝对坐标是以当前坐标系原点为基准点的坐标，输入方法简单，可以直接通过键盘输入 X、Y 坐标，但 X、Y 坐标值之间必须用逗号隔开。例如：键盘输入"30，40"就表示 X 坐标 30、Y 坐标 40 的"点"。

② 相对坐标　相对坐标也称增量坐标，是指相对于系统当前点的坐标，与坐标系原点无关。输入相对坐标时，为了与绝对坐标区分开，CAXA 数控车对相对坐标作了如下规定：输入相对坐标时必须在第一个数值前面加上一个符号@以表示相对。例如：键盘输入"@60，84"，它表示相对系统当前点来说，输入了一个 X 坐标为 60、Y 坐标为 84 的点，或者说"@60，84"表示相对系统当前点，X 坐标增加 60、Y 坐标增加 84 的点。

另外相对坐标也可以用极坐标的方式表示，格式是"@极坐标半径<极角"，例如：键盘输入"@60<84"就表示输入了一个相对于当前点的极坐标半径为 60、极角为 84°的点。

(2) 鼠标输入"点"

鼠标输入"点"就是通过移动十字光标选择需要输入的"点"的位置，选中后单击鼠标左键，该"点"即被输入。

鼠标输入的都是绝对坐标，输入时一边移动十字光标，一边观察屏幕底部的坐标显示数字的变化，以便尽快、较准确地确定待输入点的位置。

鼠标输入方式与工具点捕捉配合使用可以准确地定位特征点，如端点、切点、垂足点等。

2. 取消操作与重复操作

取消操作与重复操作是相互关联的一对命令。

(1) 取消操作【命令名】undo

用于取消最近一次发生的编辑动作。

用鼠标单击编辑菜单中的“取消操作”菜单或单击“标准”工具栏中的按钮，即可执行本命令，它用于取消当前最近一次发生的编辑动作，例如绘制图形、编辑图形、删除实体、修改尺寸风格和文字风格等。它常常用于取消一次误操作，例如错误地删除了一个图形，即可使用本命令取消删除操作。取消操作命令具有多级回退功能，可以回退至任意一次操作的状态。

(2) 重复操作【命令名】redo

重复操作是取消操作的逆过程，只有与取消操作相配合使用才有效。

单击子菜单中的“重复操作”菜单或单击“常用”工具栏中的按钮，都可以执行重复操作命令。它用来撤销最近一次的取消操作，即把取消操作恢复。重复操作也具有多级重复功能，能够退回（恢复）到任一次取消操作的状态。

3. 删除和删除所有

(1) 删除【命令名】del

删除拾取到的实体。

单击“编辑”子菜单中的“清除”菜单或单击“编辑”工具栏中的按钮。单击后按操作提示要求拾取想要删除的若干个实体，拾取到的实体呈红色显示状态。待拾取结束后，按下鼠标右键加以确认，被确认后的实体从当前屏幕中被删除掉。如果想中断本命令，可按下“Esc”键退出。

(2) 删除所有【命令名】delall

将所有已打开图层上的符合拾取过滤条件的实体全部删除。单击子菜单中的“删除所有”菜单，即可执行本命令。

4. 文件管理

CAXA 数控车为用户提供了功能齐全的文件管理功能，其中包括文件的建立与存储、文件的打开与并入、绘图输出、数据接口和应用程序管理等。用户使用这些功能可以灵活、方便地对原有文件或界面上的绘图信息进行文件管理，有序的文件管理环境既方便了用户的使用，又提高了绘图工作的效率，它是数控车系统中不可缺少的重要组成部分。

文件管理功能通过主菜单中的“文件”菜单来实现，用鼠标左键单击该菜单，弹出子菜单如图 1-17 所示。

用鼠标左键单击相应的子菜单即可实现对文件的管理操作，按照子菜单列出的菜单内容，介绍各类文件的管理操作方法。

(1) 新文件【命令名】new

① 功能　“新文件”命令创建基于模板的图形文件。

② 操作步骤

a. 单击子菜单中的“新文件”菜单项，系统弹出新建文件对话框，如图 1-18 所示。

建立新文件对话框列出了若干个模板文件，它们是国标规定的 A0～A4 的图幅、图框与标题栏模板以及一个名称为 EB. TPL 的空白模板文件。这里所说的模板，实际上就是相当于已经印好图框和标题栏的一张空白图纸，用户调用某个模板文件相当于调用一张空白图纸，模板的作用是减少用户的重复性操作。

b. 选取所需模板，单击“在当前窗口新建”按钮，一个用户选取的模板文件被调出，并显示在屏幕绘图区，这样一个新文件就建立了。由于调用的是一个模板文件，在屏幕顶部显示的是一个无名文件。从这个操作及其结果可以看出，CAXA 数控车中的建立文件，是用选择

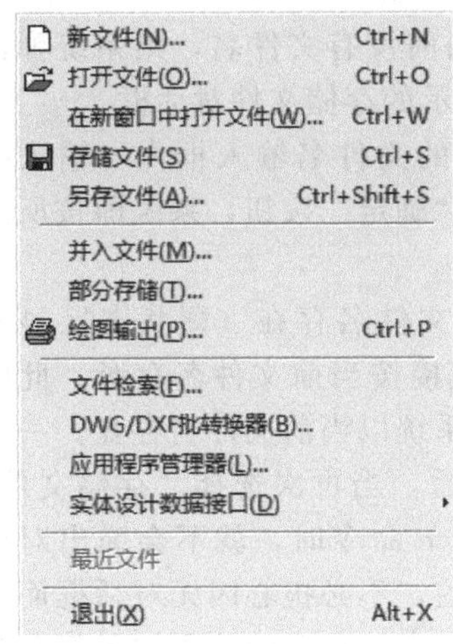

图 1-17　文件管理子菜单

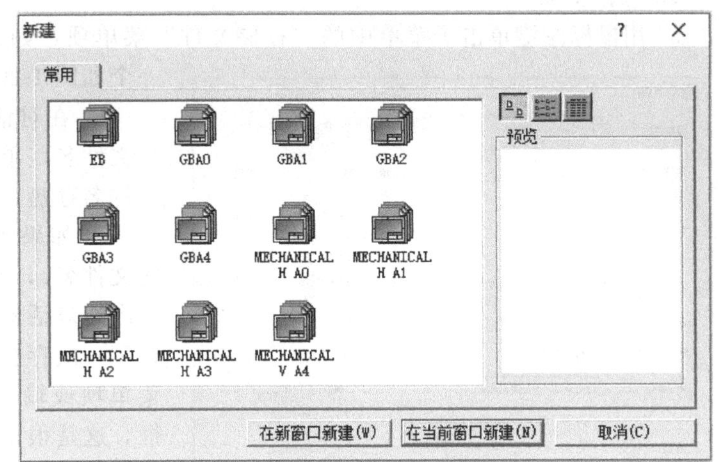

图 1-18　建立新文件

一个模板文件的方法建立一个新文件，实际上是为用户调用一张有名称的绘图纸，这样就大大地方便了用户，减少了不必要的操作，提高了工作效率。如果选择模板后，单击“在新窗口中新建”将新打开一个数控车绘图窗口。

c. 建立好新文件以后，用户就可以应用前面介绍的图形绘制、编辑、标注等各项功能随心所欲地进行各种操作了。但是用户必须记住，当前的所有操作结果都记录在内存中，只有在存盘以后，用户的绘图成果才会被永久地保存下来。

d. 用户在画图以前，也可以不执行本操作，采用调用图幅、图框的方法或者以无名文件方式直接画图，最后在存储文件时再给出文件名。

(2) 打开文件【命令名】open

① 功能　“打开文件”命令用来打开一个 CAXA 数控车的图形文件或其它绘图文件的数据。

② 操作步骤

a. 用鼠标左键单击子菜单中的“打开文件”菜单项，系统弹出“打开文件”对话框，如图 1-19 所示。

b. 对话框上部为 Windows 标准文件对话框，下部为图纸属性和图形的预览。

c. 选取要打开的文件名，单击“打开”按钮，系统将打开一个图形文件。

d. 要打开一个文件，也可单击工具栏中的按钮实现。

在“打开文件”对话框中，单击“文件类型”右边的下拉箭头，可以显示出 CAXA 数控车所支持的数据文件的类型，通过类型的选择我们可以打开不同类型的数据文件。

图 1-19　“打开文件”对话框

(3) 存储文件【命令名】save

① 功能　“存储文件”用来将当前绘制的图形以文件形式存储到磁盘上。

② 操作步骤

a. 用鼠标左键单击子菜单中的“存储文件”菜单项，如果当前没有文件名，则系统弹出一个如图 1-20 所示的存储文件对话框。

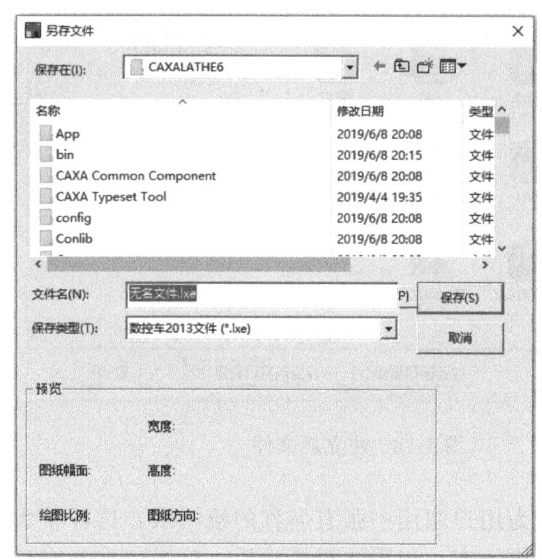

图 1-20 存储文件对话框

b. 在对话框的文件名输入框内，输入一个文件名，单击“确定”按钮，系统即按所给文件名存盘。

c. 如果当前文件名存在（即状态区显示的文件名），则直接按当前文件名存盘。此时不出现对话框，系统以当前文件名存盘。一般在第一次存盘以后，当再次选择“存储文件”菜单项或输入 save 命令时，就不会弹出对话框，这是很正常的，不必担心因无对话框而没有存盘的现象。经常把自己的绘图结果保存起来是一个好习惯，这样可以避免因发生意外而使绘图成果丢失。

d. 要存储一个文件，也可以单击工具栏中的按钮实现。

项目拓展

1. 项目小结

① 本项目学习的主要内容有哪些？

② 操作中遇到哪些难题？如何处理的？

2. 思考与练习

(1) 思考题

① CAXA 数控车界面由哪几部分组成？分别有什么作用？

② CAXA 数控车中，鼠标左键、右键有什么不同？

③ 点的绝对坐标、相对坐标如何定义？输入时如何区分？

(2) 零件如题图 1-1 所示

① 计算其各基点的绝对坐标、相对坐标。

② 练习：键盘输入各点的坐标。

(3) 象棋棋子如题图 1-2 所示

① 计算其各基点的绝对坐标、相对坐标。

② 练习：键盘输入各点的坐标。

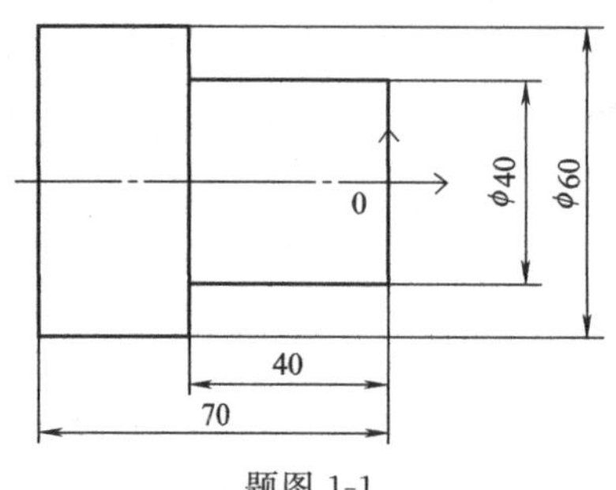

题图 1-1

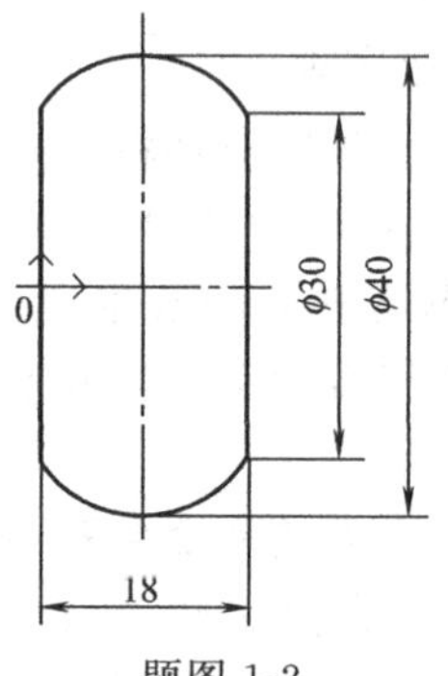

题图 1-2

（4）零件如题图 1-3 所示

① 计算其各基点的绝对坐标、相对坐标。

② 练习：键盘输入各点的坐标。

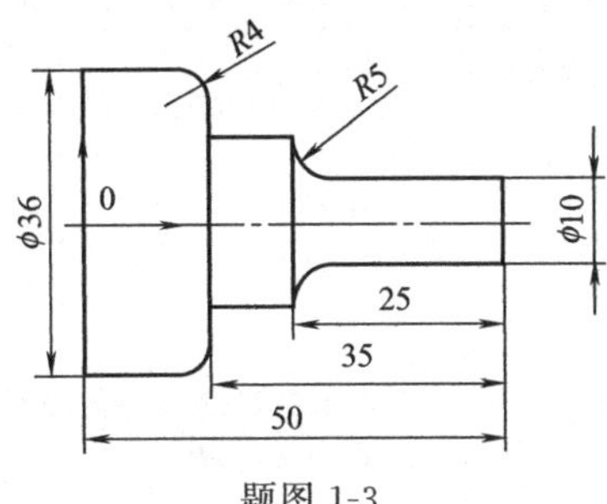

题图 1-3

项目二

基本曲线的绘制

对于计算机辅助设计与制造软件来说，需要先有加工零件的几何模型，然后才能形成用于加工的刀具轨迹。几何模型的来源主要有两种：一是由计算机软件的 CAD 部分直接建立；二是由外部文件转入，对于转入的外部文件，很可能出现图线散乱或在曲面接合位置产生破损，这些破损的修补工作也要由计算机软件来完成。而对于直接在计算机软件中建立的模型，则不需要转换文件，只需结合不同的模型建立方式，产生独特的刀具轨迹，因此计算机 CAD/CAM 软件大多附带完整的几何模型建构模块。

CAXA 数控车软件提供了建立几何模型的 CAD 功能。在 CAXA 数控车中点、直线、圆弧等曲线的绘制或编辑，其功能意义基本相同，操作方式也基本一样，本项目的内容就是介绍“绘图”菜单所包含的各种基本曲线的功能、绘制命令和编辑方法。

子项目（一）　绘制直线（两点线、平行线）

项目目标

掌握 CAXA 数控车的“两点线”“平行线”等功能，绘制如图 2-1 所示阶梯轴零件图。

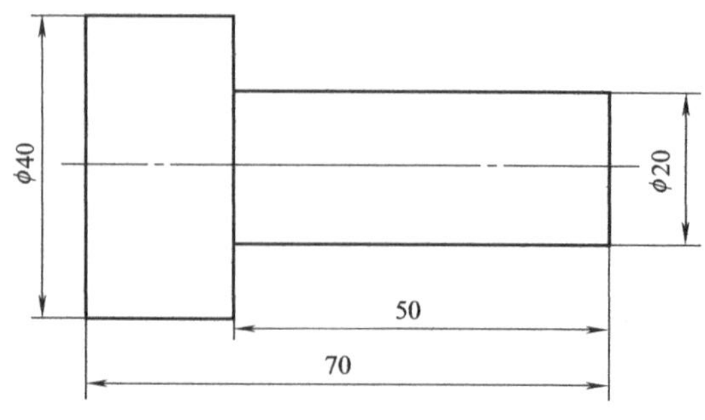

图 2-1　阶梯轴零件图

项目分析

① 分析如图 2-1 所示零件：直线是图形构成的基本要素，可以采用绘制直线的方式绘制该零件图。

② 绘制直线是 CAXA 数控车的一项基本功能，CAXA 数控车提供了“两点线、角度线、角等分线、切线/法线和等分线”五种绘制直线的方式，以适应各种情况下直线的绘制。

③ 本项目的学习重点是“两点线”“平行线”等直线的功能、绘制操作。从图 2-1 所示零件分析可见，利用“两点线”“平行线”等功能容易绘制该零件图。

④ 要绘制完整的零件图，还需要掌握“线型、查询、曲线裁剪”等知识。

项目准备

【知识点一】　选择和改变线型【命令名】mltype

1. 选择线型的类型

(1) 功能

“线型”命令用来选择绘图时需要的线型类型，例如粗实线、细实线、虚线、点画线等。

(2) 操作步骤

① 用鼠标左键单击“格式”菜单，出现下拉菜单如图 2-2 所示。

② 单击下拉菜单中的“线型”子菜单，弹出如图 2-3 所示“设置线型”窗口，选择绘图时需要的线型类型，完成后单击“确定”按钮。

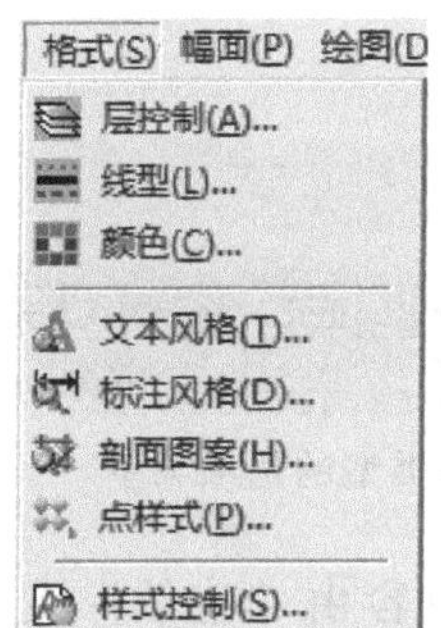

图 2-2　“格式”的下拉菜单

图 2-3　“设置线型”窗口

2. 改变线型的类型

(1) 功能

“改变线型”用来改变拾取到的实体的线型类型。

(2) 操作步骤

① 用鼠标左键单击“修改”菜单，出现下拉菜单后单击其中的“改变线型”子菜单，或单击工具栏中“改变线型”的按钮，可以执行本命令。

② 命令执行后，按状态栏操作提示要求，用鼠标拾取一个或多个要改变线型的实体，然后按下鼠标右键加以确认，确认后系统立即弹出一个选择线型对话框，如图 2-3 所示。

只有符合过滤条件的实体才能被改变线型。

③ 用鼠标左键单击所需线型后单击“确认”按钮，改变拾取到的实体的线型类型。

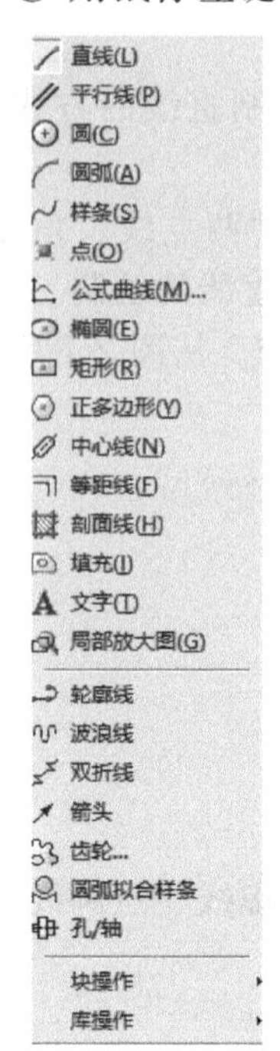

图 2-4 “绘图”菜单

【知识点二】 “绘图”菜单

① 用鼠标左键单击主菜单中的“绘图”菜单，出现下拉菜单，如图 2-4 所示。

②“绘图”菜单包含各种基本曲线的功能、绘制和编辑方法，根据绘图需要可以选择其中的功能项。

【知识点三】 两点线【命令名】line 或 L

(1) 功能

“两点线”命令按给定两点绘制一条或多条、单个或连续直线。正确、快捷地绘制直线的关键在于点的输入，一般以绝对坐标输入。

(2) 操作步骤

① 用鼠标左键单击“绘制工具”工具栏中“直线”按钮，或者单击“绘图”菜单后再单击“直线”子菜单，出现立即菜单，如图 2-5 所示。

② 用鼠标左键单击立即菜单“1：两点线”后面的，在立即菜单的上方弹出一个直线类型的选项菜单，如图 2-6 所示。

菜单中的每一项都相当于一个转换开关，负责直线类型的切换，在选项菜单中用鼠标左键单击“两点线”即进入“两点线”功能，如图 2-6 所示。

图 2-5 “直线”立即菜单

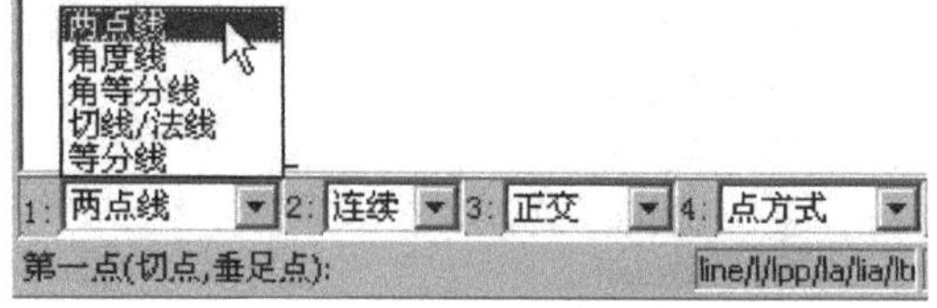

图 2-6 直线类型的选项菜单

③ 用鼠标左键单击立即菜单“2：连续”后面的，则该项内容由“连续”变为“单个”，其中“连续”表示每段直线段相互连接，前一段直线段的终点为下一段直线段的起点，而“单个”是指每次绘制的直线段相互独立，互不相关。

例如：选择“连续”方式，绘制如图 2-7 所示短轴零件图。

输入第一点 O 点的坐标（0，0），输入第二点 A 点的坐标（0，30），则直线 OA 被绘制出来；再输入第三点 B 点的坐标（30，30），则另一条直线 AB 被绘制出来，直线 OA、AB 相连接表示零件轮廓。用键盘依次输入各个节点的坐标，则各条直线准确地被绘制出来，从而整个图形被绘制出来。

④ 用鼠标左键单击立即菜单“3：非正交”后面的，其内容变为“正交”，它表示下面要画的直线为正交线段（所谓“正交线段”是指与坐标轴平行的线段）。

例如选择“正交”方式，绘制图 2-7 所示零件图：输入第一点 O 点的坐标（0，0），输入第二点 A 点的坐标（0，30），则直线 OA 被绘制出来；再输入第三点 B 点的

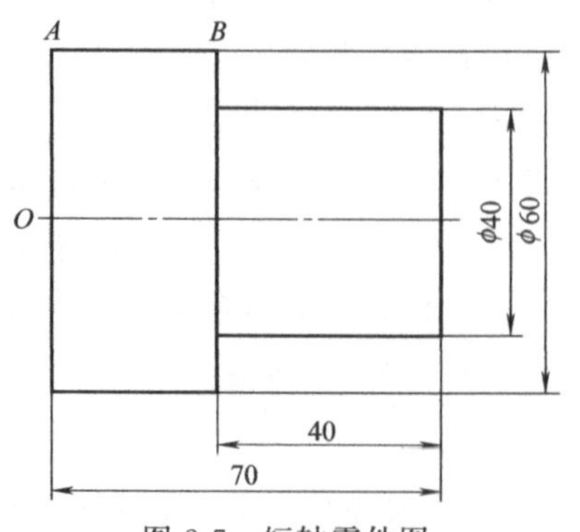

图 2-7 短轴零件图

坐标（30，0），则另一条直线 AB 被绘制出来。可见“正交”方式只改变一个坐标值。

画连续正交的直线时，指定第一点后，注意光标的移动方向，移动鼠标时系统会出现绿色的线段预览，直接用鼠标点击点、输入坐标值或直接输入距离都可确定第二点。

⑤ 此命令可以重复进行，单击鼠标右键终止此命令。

【知识点四】　平行线

(1) 功能

“平行线”用来绘制同已知线段平行的线段。

(2) 操作步骤

① 用鼠标左键单击“绘制工具”工具栏中“平行线”按钮，或单击“绘图”菜单出现下拉菜单后再单击子菜单“平行线”，则系统弹出立即菜单及相应的操作提示，如图 2-8 所示。

② 用鼠标左键单击立即菜单“1：偏移方式”后面的▼，可以选择“偏移方式”或“两点方式”。

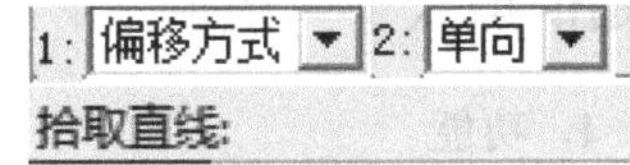

图 2-8　“平行线”立即菜单

③“偏移方式”绘制平行线。

a. 用鼠标左键单击立即菜单“1：偏移方式”后面的▼，选择“偏移方式”，立即菜单如图 2-8 所示。

b. 用鼠标左键单击立即菜单“2：单向”后面的▼，其内容由“单向”变为“双向”。在“双向”条件下可以画出与已知线段平行、长度相等的双向平行线段；当在“单向”模式下，用键盘输入距离时，系统首先根据十字光标在所选线段的哪一侧来判断绘制线段的位置。

c. 按照以上描述，用鼠标拾取一条已知线段，拾取后该提示变为“输入距离或点”，在移动鼠标时一条与已知线段平行并且长度相等的线段被鼠标拖动着，待位置确定后，按下鼠标左键，一条平行线段被画出；也可用键盘输入一个距离数值，按回车键，一条平行线段被画出，两种方法的效果相同。

④“两点方式”绘制平行线。

a. 用鼠标左键单击立即菜单“1：偏移方式”后面的▼，选择“两点方式”，系统出现立即菜单及相应的操作提示，如图 2-9 所示。

图 2-9　“两点方式”平行线

b. 用鼠标左键单击立即菜单“2：点方式”后面的▼来选择“点方式”或“距离方式”，根据系统提示即可绘制相应的线段。

例如：如图 2-10 所示是根据上述操作步骤画的单向平行线段，如图 2-11 所示为双向平行线段。

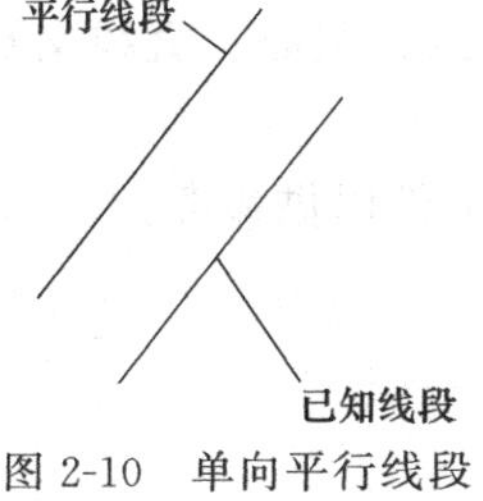

图 2-10　单向平行线段

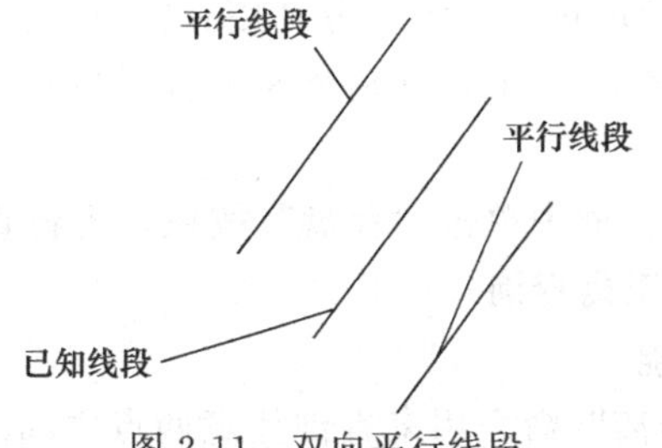

图 2-11　双向平行线段

【知识点五】 裁剪:“快速裁剪”

(1) 功能

用鼠标直接拾取被裁剪的曲线，系统自动判断边界并做出裁剪响应。

(2) 操作步骤

① 用鼠标左键单击菜单“修改”，出现下拉菜单后再选择其中的“裁剪”命令，或在“编辑”工具条单击“裁剪”按钮，则系统立刻弹出立即菜单及相应的操作提示，如图 2-12 所示。

图 2-12 快速裁剪

② 系统进入缺省的“快速裁剪”方式。快速裁剪时，允许用户在各交叉曲线中进行任意裁剪的操作，其操作方法是直接用光标拾取要被裁剪掉的线段，系统根据与该线段相交的曲线自动确定出裁剪边界，待按下鼠标左键后，将被拾取的线段裁剪掉。

③ 快速裁剪在相交较简单的边界情况下可发挥巨大的优势，它具有很强的灵活性，在实践过程中熟练掌握将大大提高工作的效率。

【知识点六】 查询

1. 功能

CAXA 数控车为用户提供了查询功能，可以查询点的坐标、两点间距离、角度、元素属性、面积、重心、周长、惯性矩以及系统状态等内容。使用该功能可以快速查找在绘图、尺寸标注、角度标注、数控车削等操作中出现的错误。

2. 操作步骤

用鼠标左键单击主菜单的“工具”菜单，选择弹出子菜单的“查询”项，弹出子菜单，如图 2-13 所示。

3. 点坐标查询

(1) 功能

“点坐标”用来查询各种工具点方式下点的坐标，可以同时查询多个点的坐标。

(2) 操作步骤

① 在“查询”子菜单中用鼠标左键单击“点坐标”选项。

② 按提示要求用鼠标左键在绘图区拾取所需查询的点，选中后该点被标记成红色，同时在该点的右上角用数字对拾取点的顺序进行标记。

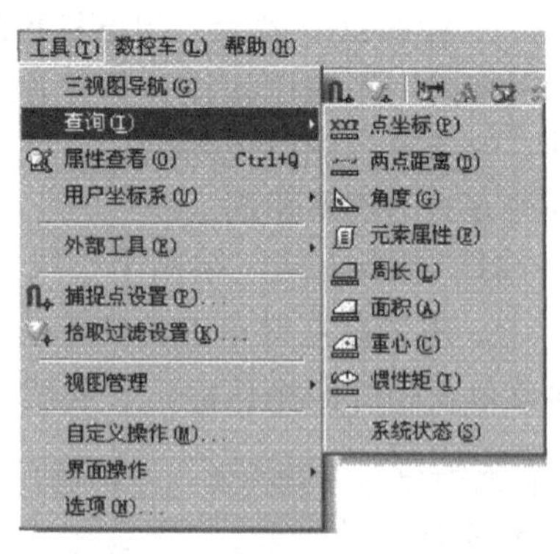

图 2-13 “查询”的子菜单

③ 用户可以继续拾取其它点，拾取完毕后单击鼠标右键确认，系统立即弹出“查询结果”对话框，对话框内按拾取的顺序列出所有被查询点的坐标值。在点的拾取过程中可充分利用智能点、栅格点、导航点以及各种工具点。

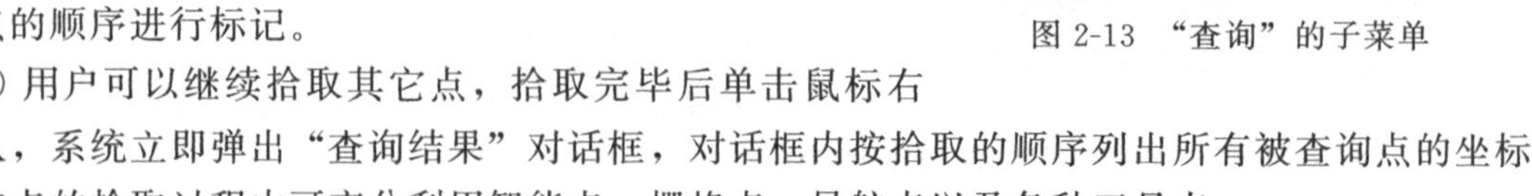

例如：图 2-14 中，分别查询了直线端点、直线和圆弧的切点、圆心、直线交点以及垂足等特殊位置点。

④ 在对话框中单击“存盘”按钮，可将查询结果存入文本文件以供参考。

4. 两点距离查询

(1) 功能

“两点距离”命令用来查询任意两点之间的距离。

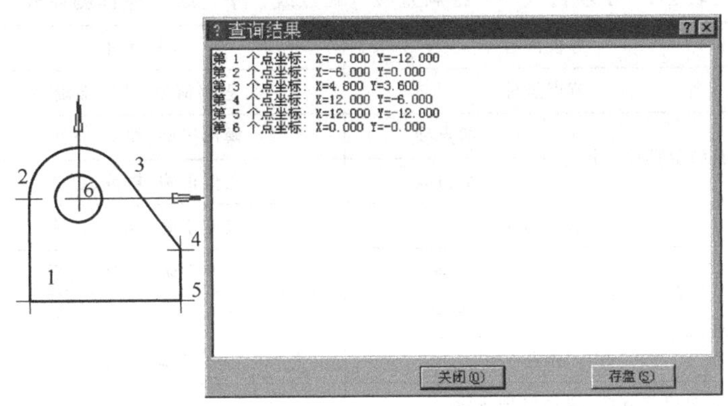

图 2-14　点坐标查询

(2) 操作步骤

用鼠标左键在“查询”子菜单中单击“两点距离”选项，按提示要求在屏幕上拾取待查询的两点，当选中第二点后，屏幕上立即弹出“查询结果”对话框。对话框内列出被查询两点间的距离以及第二点相对第一点的 X 轴和 Y 轴上的增量。在点的拾取过程中可充分利用智能点、栅格点、导航点以及各种工具点。

项目实施

绘制如图 2-1 所示阶梯轴零件简图，绘图操作步骤如下。

① 选择“直线”命令中的“两点线”命令，用鼠标左键在绘图区合适的位置单击确定 A 点；选择“两点线”命令的正交方式，沿 Y 轴方向移动光标显示出一条竖直直线，输入长度 40 画出零件图的左端面轮廓直线 AB，如图 2-15 所示。

② 选择“平行线”命令，采用“单向”方式，拾取直线 AB，向右移动光标并分别输入距离 20、70，按回车键画出两条平行线 CD、EF，如图 2-15 所示。

③ 再选择“直线”命令中的“两点线”命令，连接直线上面的（或下面的）左右两个端点 B、E（或下面的 A、F），画出一条水平的直线 BE（或直线 AF）。

④ 再选择“平行线”命令，按照绘制平行线的方法画出另外三条水平的直线，如图 2-16 所示。

⑤ 最后选择“裁剪”命令，用“快速裁剪”命令裁掉不需要的线段，得到所需的零件图，如图 2-17 所示。

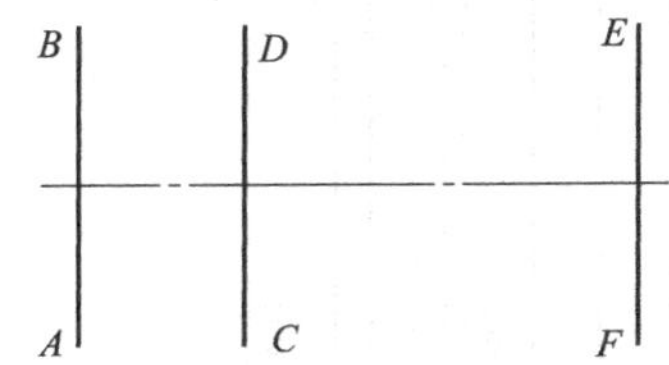

图 2-15　画端面轮廓直线

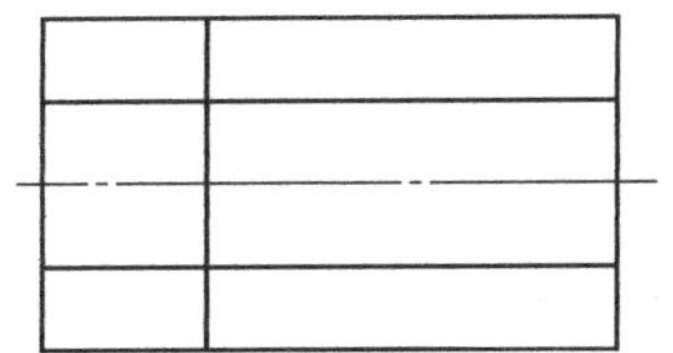

图 2-16　画水平直线

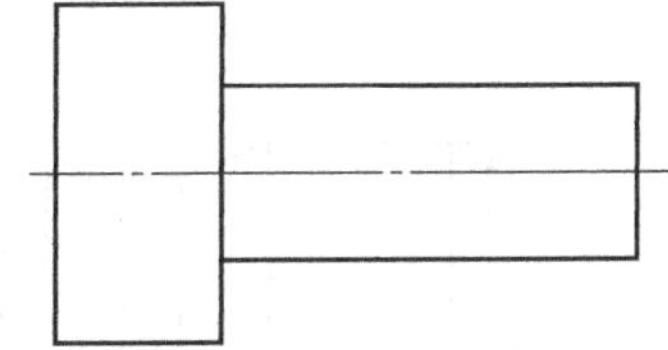

图 2-17　裁剪不需要的线段

项目测评

① 通过本项目实施有哪些收获？

② 填写子项目测评表（表 2-1）。

表 2-1 子项目（一）绘制直线（两点线、平行线）操作测评表

<table>
<tr><td colspan="2">考核项目</td><td colspan="2">考核内容</td><td colspan="2">考核标准</td><td>测评</td></tr>
<tr><td rowspan="7">主要项目</td><td>1</td><td colspan="2">节点坐标</td><td colspan="2">思路清晰、计算准确</td><td></td></tr>
<tr><td rowspan="2">2</td><td rowspan="2">直线等功能与操作</td><td>两点线</td><td colspan="2">操作正确、规范、熟练</td><td></td></tr>
<tr><td>平行线</td><td colspan="2">操作正确、规范、熟练</td><td></td></tr>
<tr><td>3</td><td colspan="2">裁剪功能</td><td colspan="2">操作正确、规范、熟练</td><td></td></tr>
<tr><td rowspan="2">4</td><td rowspan="2">查询功能</td><td>坐标</td><td colspan="2">操作正确、规范、熟练</td><td></td></tr>
<tr><td>距离</td><td colspan="2">操作正确、规范、熟练</td><td></td></tr>
<tr><td>5</td><td colspan="2">其它</td><td colspan="2">正确、规范</td><td></td></tr>
<tr><td>文明生产</td><td colspan="3">安全操作规范、机房管理规定</td><td colspan="2"></td><td></td></tr>
<tr><td colspan="2">测评结果</td><td>优秀</td><td>良好</td><td>及格</td><td>不及格</td><td></td></tr>
</table>

 项目拓展

(1) 思考题

① 线型的选择和改变的操作步骤。

② 两点线、平行线等直线的功能与操作步骤。

③ 查询功能有哪些？如何查询坐标、距离？

④ 操作中遇到哪些疑难问题？如何处理的？

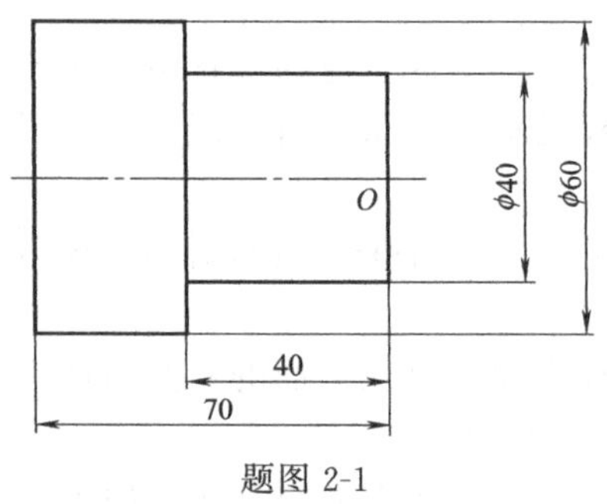

题图 2-1

(2) 绘图操作

① 绘制如题图 2-1 所示零件图（习题知识点：坐标系的建立，基点坐标的计算，两点线、平行线等直线功能）。

② 绘制如题图 2-2 所示零件图（习题知识点：坐标系的原点与建立，基点坐标的计算，两点线、平行线等直线功能）。

③ 绘制如题图 2-3 所示零件图（习题知识点：坐标系的原点与建立，基点坐标的计算，两点线、平行线等直线功能）。

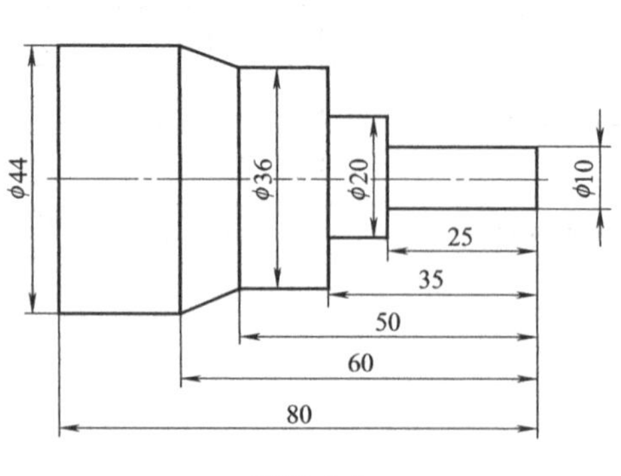

题图 2-2

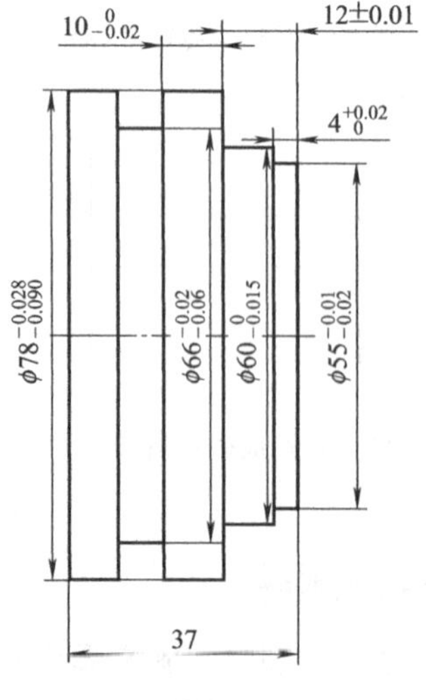

题图 2-3

子项目（二）　绘制直线（角度线）

项目目标

掌握“角度线”等直线的功能、绘制方法，绘制如图 2-18 所示阶梯轴零件图。

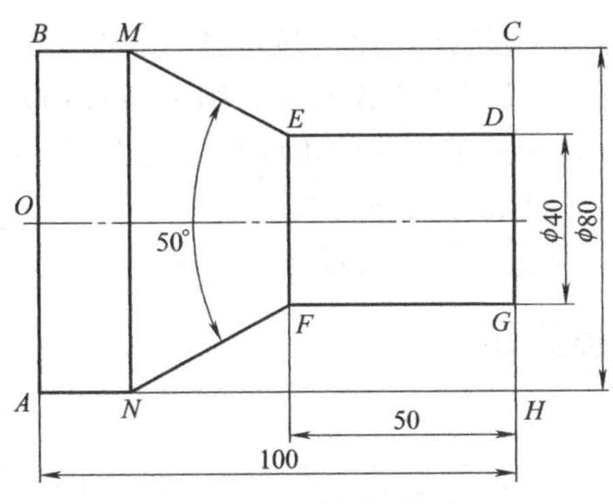

图 2-18　阶梯轴零件图

项目分析

① 分析如图 2-18 所示零件图：直线是图形构成的基本要素，该零件包括圆锥面、圆柱面等。

② 如图 2-18 所示零件图，圆锥面轮廓线绘制采用“角度线”功能较方便，本项目的学习重点是“角度线”功能。

③ 要绘制完整零件图，还需要“查询、尺寸标注、曲线裁剪”等相关知识。

项目准备

【知识点一】　角度线【命令名】la

(1) 功能

按给定角度、给定长度画一条直线段。

(2) 操作步骤

① 用鼠标左键单击“绘制工具”工具栏中“直线”按钮，或者单击“绘图”菜单后再单击“直线”子菜单，弹出立即菜单。

② 用鼠标左键单击立即菜单“1：两点线”后面的，从中选取“角度线”项，则系统立刻弹出立即菜单及相应的操作提示，如图 2-19 所示。

图 2-19　“角度线”的立即菜单

③ 用鼠标左键单击立即菜单“2：X 轴夹角”后面的，弹出立即菜单，用户可选择夹角类型。如果选择“直线夹角”，则表示画一条与已知直线段夹角为指定度数的直线段，此时操作提示变为“拾取直线”，待拾取一条已知直线段后，再输入第一点和第二点即可。

④ 用鼠标左键单击立即菜单“3：到点”后面的▼，则内容由“到点”转变为“到线上”，即指定终点位置是在选定直线上，此时系统不提示输入第二点，而是提示选定所到的直线。

⑤ 用鼠标左键单击立即菜单“4：度”后面的▼，则在操作提示区出现“输入实数”的提示。要求用户在（－360，360）间输入所需角度值。编辑框中的数值为当前立即菜单所选角度的缺省值。

⑥ 按提示要求输入第一点，则软件界面上显示该点标记，此时操作提示改为“输入长度或第二点”。如果由键盘输入一个长度数值并回车，则一条按用户刚设定的值而确定的直线段被绘制出来；如果是移动鼠标，则一条绿色的角度线随之出现，待鼠标光标位置确定后，按下鼠标左键则立即画出一条给定长度和倾角的直线段。

⑦ 本操作可以重复进行，单击鼠标右键可终止本操作。

【知识点二】 查询：角度查询

1. 操作步骤

用鼠标左键单击主菜单的“工具”菜单，选择弹出子菜单的“查询”项，出现子菜单，如图 2-20 所示。

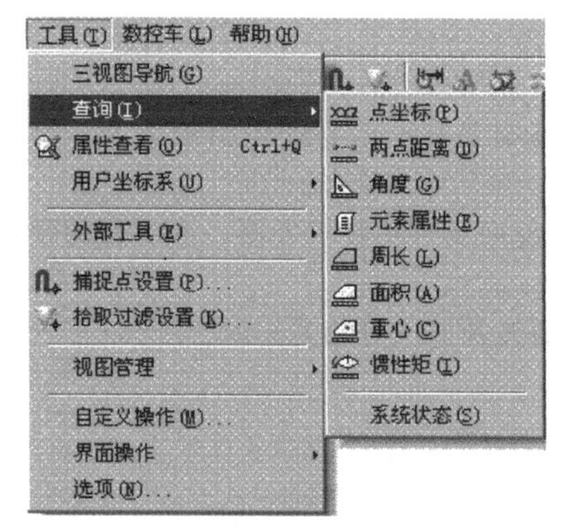

图 2-20 “查询”的子菜单

2. 角度查询

（1）功能

可以查询圆心角、两直线夹角和三点夹角（单位：度）。

（2）操作步骤

① 在“查询”子菜单中用鼠标左键单击“角度”选项，在界面左下方弹出立即菜单，如图 2-21 所示。

② 用鼠标左键单击立即菜单项“1：直线夹角”后面的▼，则在其上方出现一个选项菜单，如图 2-22 所示，在选项菜单中可以选择要查询的角。

③ 查询“圆心角” 在立即菜单中选择“圆心角”项，拾取一段圆弧后，屏幕立即弹出“查询结果”对话框，列出了圆弧所对的圆心角。

图 2-21 “查询”立即菜单

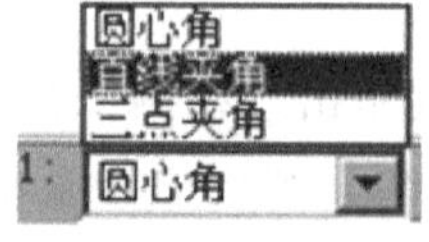

图 2-22 角度查询

④ 查询“直线夹角” 在立即菜单中选择“直线夹角”项，根据提示拾取两条直线后，在“查询结果”对话框中将显示出两直线夹角。注意：系统查询两直线夹角时，夹角的范围是在0°～180°之间，而且查询结果跟拾取直线的位置有关，例如图 2-23 中，同样的两条相交直线，按图 2-23（a）的方法拾取，查询结果为 60°，按图 2-23（b）的方法拾取，查询结果为 120°。

⑤ 查询“三点夹角” 在立即菜单中选择“三点夹角”项，即可查询任意三点的夹角。按系统提示分别拾取顶点、起始点和终止点后，在“查询结果”对话框中显示出三点的夹角，这里夹角是指以起始点与顶点的连线为起始边，逆时针旋转到终止点与顶点的连线所构成的角，因此三点选择的不同，其查询结果也不相同，例如图 2-24 中左、中、右的查询结果分别为

300°、60°、315°，而且从中还可以看出，同一个角，用三点夹角方式和用两直线夹角方式的查询结果也是不同的。

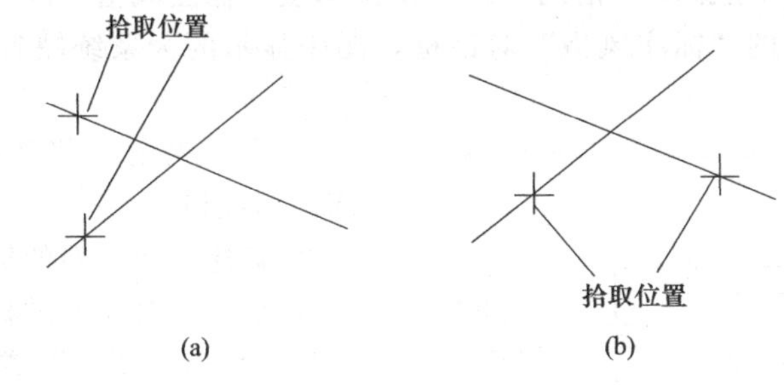

图 2-23 “角度查询”的区别

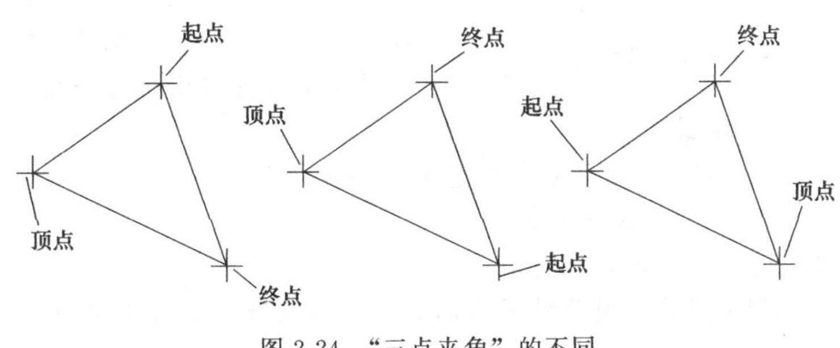

图 2-24 “三点夹角”的不同

⑥ 用户查询完一个夹角以后，可继续查询其它夹角，查询完毕后，单击鼠标右键即可结束查询。

【知识点三】　尺寸标注

1. 尺寸标注常用类型

CAXA 数控车可以随拾取的实体（图形元素）不同，自动按实体的类型进行尺寸标注，常用的类型有：

(1) 长度尺寸标注

① 水平尺寸　尺寸线方向水平。

② 竖直尺寸　尺寸线方向铅直。

(2) 直径尺寸标注

圆直径的尺寸标注，尺寸值前缀为 ϕ（可用%c 输入），尺寸线通过圆心，尺寸线两个终端皆带箭头并指向圆弧。根据标准规定，直径尺寸也可标注在非圆的视图中，此时它应按线性尺寸标注，只是在尺寸数值前应带前缀 ϕ。

(3) 半径尺寸标注

圆弧半径的尺寸标注，尺寸值前缀为 R，尺寸线方向从圆心出发或指向圆心，尺寸线指向圆弧的一端带箭头。

(4) 角度尺寸标注

标注两直线之间的夹角，通过拖动确定角度是小于 180°还是大于 180°。其尺寸界线汇交于角度顶点，其尺寸线为以角度顶点为圆心的圆弧，其两端带箭头，角度尺寸数值单位为度。

(5) 角度连续标注

选择标注——角度连续标注，再根据需要选择是顺时针还是逆时针标注。系统默认为逆时针。

2. 尺寸标注各项参数的设置

(1) 用鼠标左键单击主菜单“格式（S）”中菜单项“标注风格（D）”

弹出如图2-25所示的“标注风格”对话框，图中显示的为系统缺省设置，用户可以重新设定和编辑标注风格。

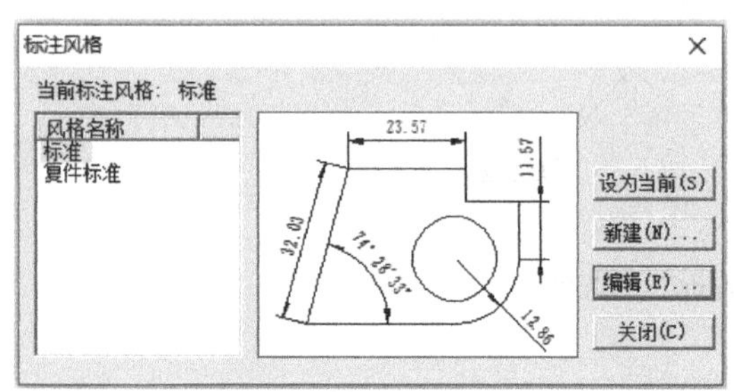

图2-25 “标注风格”对话框

① 设为当前 将所选的标注风格设置为当前使用风格。

② 新建 建立新的标注风格。

③ 编辑 对原有的标注风格进行编辑。

(2) 单击“新建”或“编辑”按钮

可以进入如图2-26所示的“风格设置”对话框。用户可以根据该对话框所提供的“直线和箭头”“文本”“调整”“单位和精度相关”等选项对标注风格进行修改。

(3)“直线和箭头”设置

可以对尺寸线、尺寸界线及箭头进行颜色和风格的设置。

① 尺寸线 控制尺寸线的各个参数。

a. 颜色：设置尺寸线的颜色，缺省值为ByBlock。

b. 延伸长度：当尺寸线在尺寸界线外侧时，尺寸界线外侧距尺寸线的长度即为界外长度，缺省值为6mm。

c. 尺寸线：分为左尺寸界线和右尺寸线，设置左右尺寸线的开关，缺省值为开。

② 尺寸界线 控制尺寸界线的参数。

a. 颜色：设置尺寸界线的颜色，缺省值为ByBlock。

b. 引出点形式：为尺寸界线设置引出点形式，可选为“圆点”，缺省值为“无”。

c. 超出尺寸线：尺寸界线向尺寸线终端外延伸距离即为延伸长度，缺省值为2.0mm。

d. 起点偏移量：尺寸界线距离所标注元素的长度，缺省值为0mm。

e. 边界线：分为左边界线和右边界线，设置左右边界线的开关，缺省值为“开”。如图2-26所示。

③ 箭头相关 用户可以设置尺寸箭头的大小与样式，缺省样式为“箭头”。软件还提供了“斜线”“圆点”的样式选择。标注时，箭头可根据需要选择归内还是归外。

(4)“文本”设置

用鼠标左键单击“文本”菜单，进入设置文本风格与尺寸线的参数关系状态，如图2-27所示。

① 文本外观 设置尺寸文本的文字风格。

a. 文本风格：与软件的文本风格相关联。

b. 文本颜色：设置文字的字体颜色，缺省值为ByBlock。

c. 文字字高：控制尺寸文字的高度，缺省值为3.5。

d. 文本边框：为标注字体加边框。

② 文本位置 控制尺寸文本与尺寸线的位置关系。

a. 文本位置 控制文字相对于尺寸线的位置。单击右边的下拉箭头可以出现如下几种：文本位置“尺寸线上方”“尺寸线中间”“尺寸线下方”。

b. 距尺寸线 控制文字距离尺寸线位置，软件默认为0.625mm。

③ 文本对齐方式 主要设置文字的对齐方式，这里不再赘述。

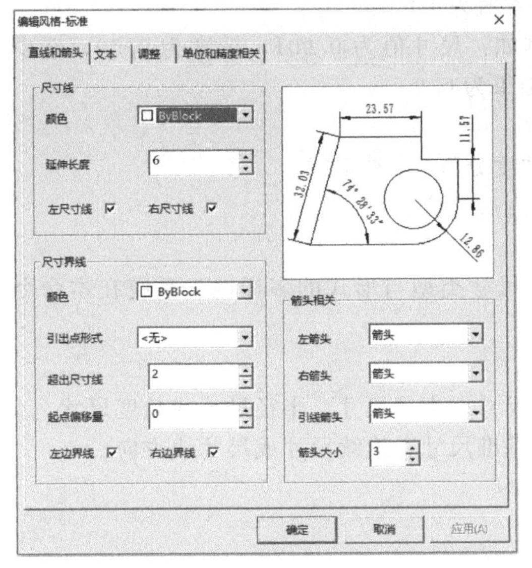

图 2-26 “风格设置”对话框

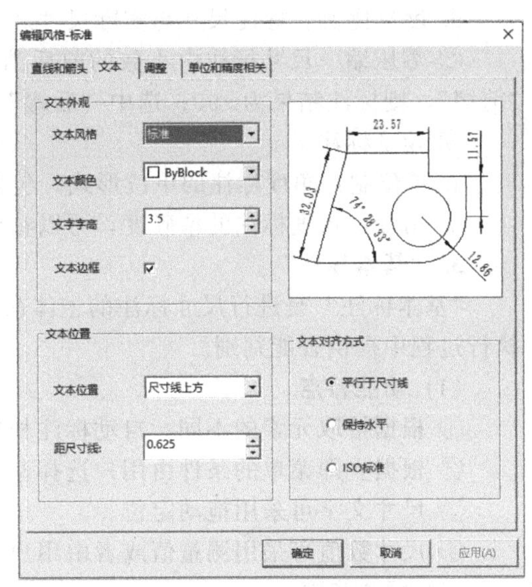

图 2-27 “文本”设置对话框

(5)“调整”设置

用鼠标左键单击“调整”菜单，可以设置文字与箭头的关系，使尺寸线的效果最佳，如图 2-28 所示。

(6)“单位和精度相关”设置

用鼠标左键单击“单位和精度相关”菜单，可以设置标注的精度与显示单位，如图 2-29 所示。

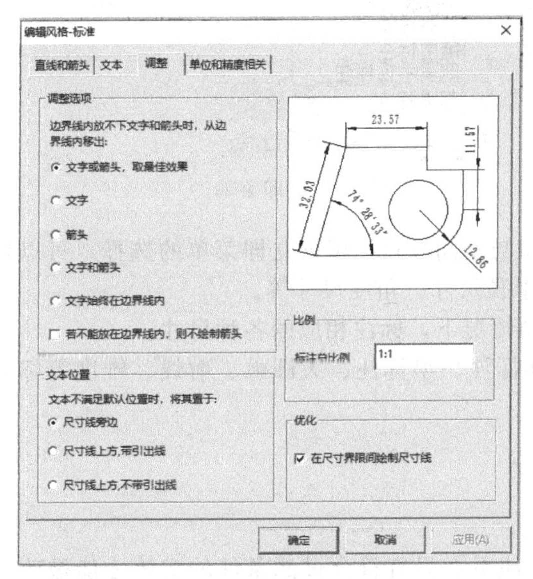

图 2-28 “调整”设置对话框

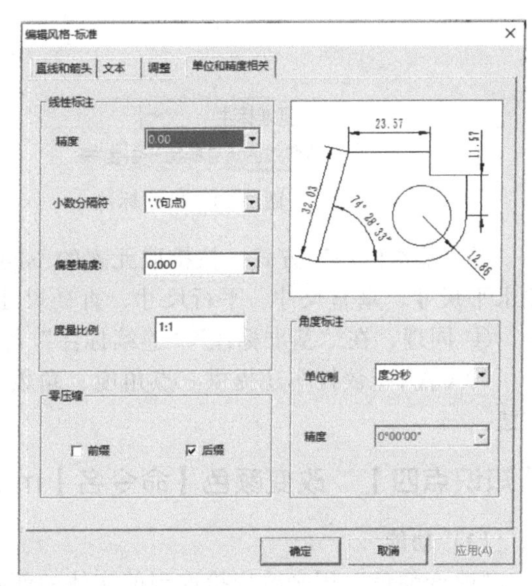

图 2-29 “单位和精度相关”设置

① 线性标注

a. 精度：在尺寸标注里数值的精确度，可以精确到小数点后 7 位。

b. 小数分隔符：小数点的表示方式，分为句号、逗号、空格 3 种。

c. 偏差精度：尺寸偏差的精确度，可以精确到小数点后 5 位。

d. 度量比例：标注尺寸与实际尺寸之比值，缺省值为1∶1。

② 零压缩　尺寸标注中小数的前后消“0”。例如：尺寸值为0.901，精度为0.00，选中“前缀”，则标注结果为.90；选中“后缀”则标注结果为0.9。

③ 角度标注

a. 单位制：角度标注的单位形式，包含“度”“度分秒”2种形式。

b. 精度：角度标注的精确度，可以精确到小数点后5位。

3. “基本标注”

“基本标注”是进行尺寸标注的主体命令，由于尺寸类型与形式的多样性，系统在本命令执行过程中提供智能判别。

(1) 功能特点

① 根据拾取元素的不同，自动标注相应的线性尺寸、直径尺寸、半径尺寸或角度尺寸。

② 根据立即菜单的条件由用户选择基本尺寸、基准尺寸、连续尺寸或尺寸线方向。

③ 尺寸文字可采用拖动定位。

④ 尺寸数值可采用测量值或者由用户直接输入。

(2) 操作步骤

① 用鼠标左键单击菜单“标注”，出现下拉菜单后选择“尺寸标注”项，或者单击工具栏中的“尺寸标注”按钮，弹出立即菜单，如图2-30所示。

② 单击“1：基准标注”后面的，立即菜单转为图2-31所示，可以选择标注的方式。

图2-30　尺寸标注

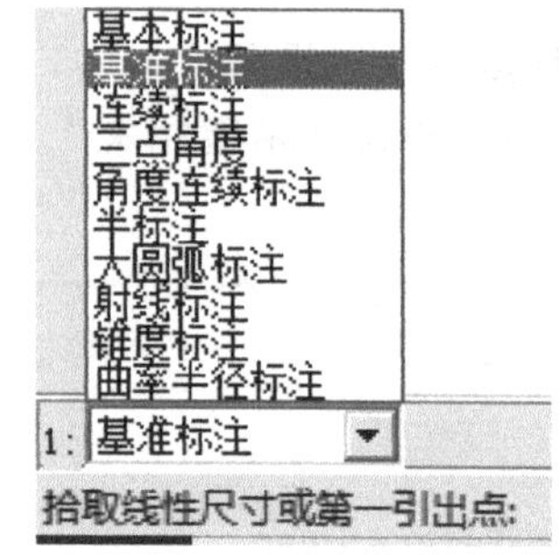

图2-31　“标注”立即菜单

③“基本标注”方式　按拾取元素的不同类型与不同数目，根据立即菜单的选择，可以标注水平尺寸、垂直尺寸、平行尺寸、直径尺寸、半径尺寸、角度尺寸等。

④ 同理，在“基准标注”“连续标注”等不同情况下，标注相应的各种尺寸。

⑤ CAXA数控车还提供三点角度、角度连续标注、半标注、大圆弧、射线、锥度等标注方法。

【知识点四】　改变颜色【命令名】mcolor

(1) 功能

“改变颜色”用来改变拾取到的实体的颜色。注意：只有符合过滤条件的实体才能被改变颜色。

(2) 操作步骤

① 用鼠标左键单击菜单“修改”，再选择子菜单中的“改变颜色”选项，或单击工具栏中的“改变颜色”图标，即进入该功能。

② 命令执行后，按操作提示的要求，用鼠标拾取要改变颜色的一个或多个实体。拾取结

束后，按下鼠标右键进行确认，确认后系统弹出一个如图 2-32 所示的“颜色设置”对话框。

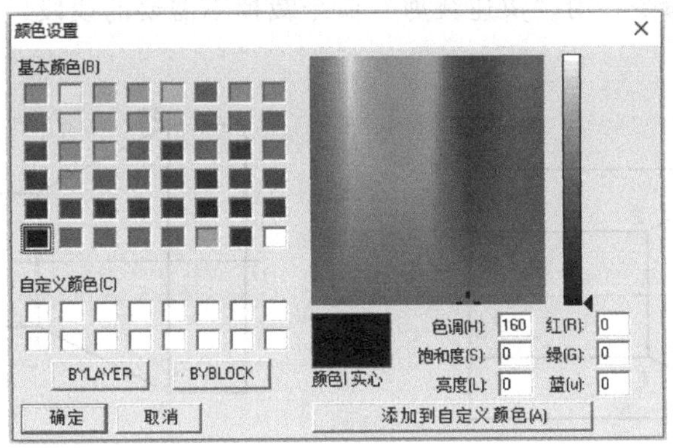

图 2-32 “颜色设置”对话框

③ 选择颜色对话框与 Windows 画笔等软件的选择颜色对话框大体相同，对话框中列出了系统提供的 48 种基本颜色选择按钮、16 种用户自己定义颜色的选择按钮和当前层颜色（BYLAYER）、当前块颜色（BYBLOCK）选择按钮，用户可根据作图的需要任意选取。操作时，只需将鼠标单击所选颜色按钮，然后再用鼠标单击“确定”按钮。用户拾取的实体颜色变为相应的颜色，而未被拾取的实体颜色不变。

界面绘图区上部状态显示行中的颜色并不发生变化，即当前系统的绘图颜色状态不变，发生改变的只是用户选择的实体。

项目实施

绘制如图 2-18 所示阶梯轴零件图，绘图操作步骤如下。

① 选择“直线”命令中的“两点线”命令，依次输入各点坐标：*A*（0，－40）、*B*（0，40）、*C*（100，40）、*D*（100，20）、*E*（50，20）、*F*（50，－20）、*G*（100，20）、*H*（100，－40），画出各直线，如图 2-33 所示。

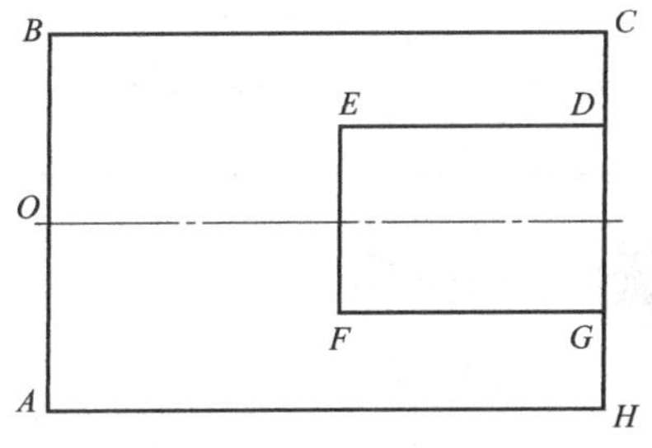

图 2-33 画出各直线

② 选择“直线”命令中的“角度线”命令，选择各参数如图 2-34 所示，过 *E* 点画出直线 *EM*。

再选择各参数如图 2-35 所示，过 *F* 点画出直线 *FN*，得到零件图如图 2-36 所示。

1: 角度线 2: X轴夹角 3: 到线上 4: 度=155 5: 分=0 6: 秒=0
第一点(切点):

图 2-34 “角度线”立即菜单（1）

图 2-35 “角度线”立即菜单（2）

③ 选择“直线”命令中的“两点线”命令，画出直线 MN。

④ 选择“裁剪”命令，用“快速裁剪”命令裁掉不需要的线段，得到所需的零件图，如图 2-37 所示。

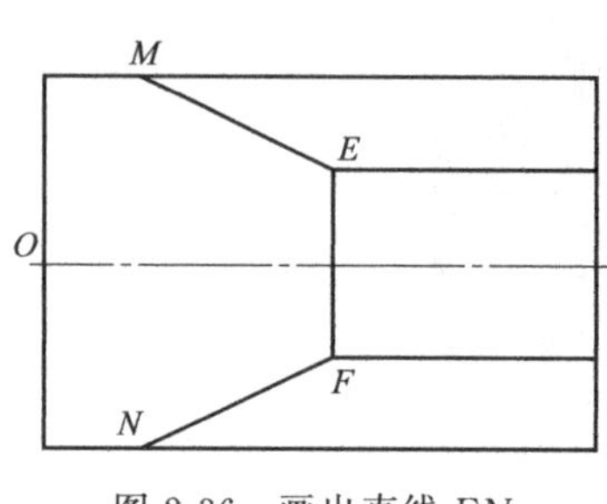

图 2-36 画出直线 FN

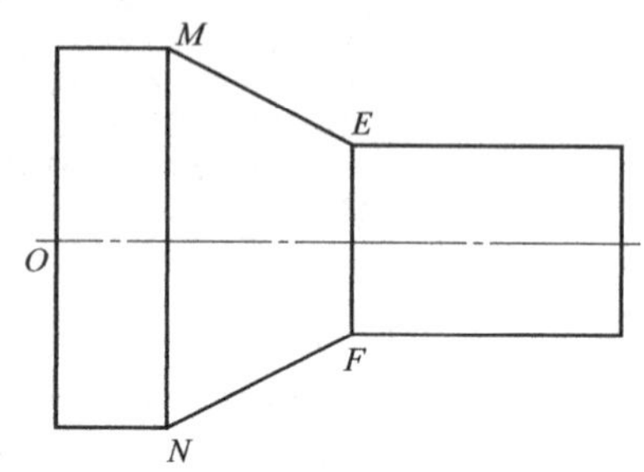

图 2-37 裁剪不需要的线段

⑤ 标注尺寸，得到所需的零件图，如图 2-18 所示。

项目测评

① 通过本项目实施有哪些收获？

② 填写子项目（二）测评表（表 2-2）。

表 2-2 子项目（二）绘制直线（角度线）操作测评表

<table>
<tr><th colspan="2">考核项目</th><th colspan="2">考核内容</th><th colspan="2">考核标准</th><th>测评</th></tr>
<tr><td rowspan="9">主要项目</td><td>1</td><td colspan="2">节点坐标</td><td colspan="2">思路清晰、计算准确</td><td></td></tr>
<tr><td rowspan="3">2</td><td rowspan="3">直线等功能与操作</td><td>两点线</td><td colspan="2">操作正确、规范、熟练</td><td></td></tr>
<tr><td>平行线</td><td colspan="2">操作正确、规范、熟练</td><td></td></tr>
<tr><td>角度线</td><td colspan="2">操作正确、规范、熟练</td><td></td></tr>
<tr><td>3</td><td colspan="2">裁剪功能</td><td colspan="2">操作正确、规范、熟练</td><td></td></tr>
<tr><td rowspan="2">4</td><td rowspan="2">查询功能</td><td>坐标</td><td colspan="2">操作正确、规范、熟练</td><td></td></tr>
<tr><td>角度</td><td colspan="2">操作正确、规范、熟练</td><td></td></tr>
<tr><td>5</td><td colspan="2">尺寸标注</td><td colspan="2">标注准确、规范</td><td></td></tr>
<tr><td>6</td><td colspan="2">其它</td><td colspan="2">正确、规范</td><td></td></tr>
<tr><td>文明生产</td><td colspan="3">安全操作规范、机房管理规定</td><td colspan="2"></td><td></td></tr>
<tr><td colspan="2">测评结果</td><td>优秀</td><td>良好</td><td>及格</td><td>不及格</td><td></td></tr>
</table>

项目拓展

(1) 思考题

① 两点线、平行线、角度线等直线的功能与操作步骤。

② 查询功能有哪些？

③ 项目实施操作中存在哪些问题？如何处理的？

(2) 绘图操作

① 零件如题图 2-4 所示，绘制其零件图（习题知识点：坐标系的原点与建立，基点坐标的计算，两点线、平行线、角度线等直线功能）。

② 零件如题图 2-5 所示，绘制其零件图（习题知识点：坐标系的原点与建立，基点坐标的计算，两点线、平行线、角度线等直线功能）。

③ 零件（喷嘴）如题图 2-6 所示，绘制其零件图（习题知识点：坐标系的原点与建立，基点坐标的计算，两点线、平行线、角度线等直线功能）。

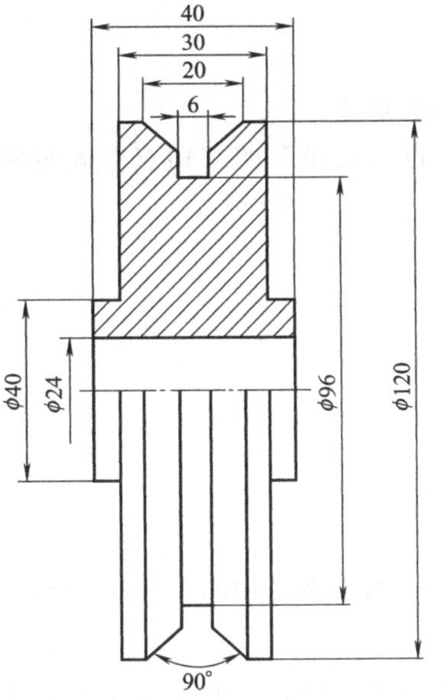

题图 2-4

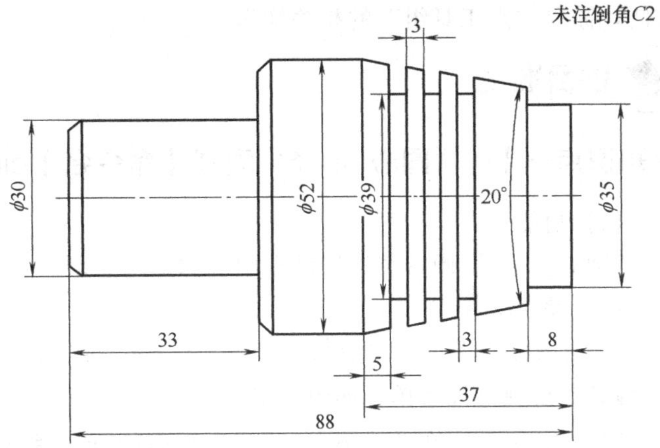

未注倒角$C2$

题图 2-5

未注倒角$C1$

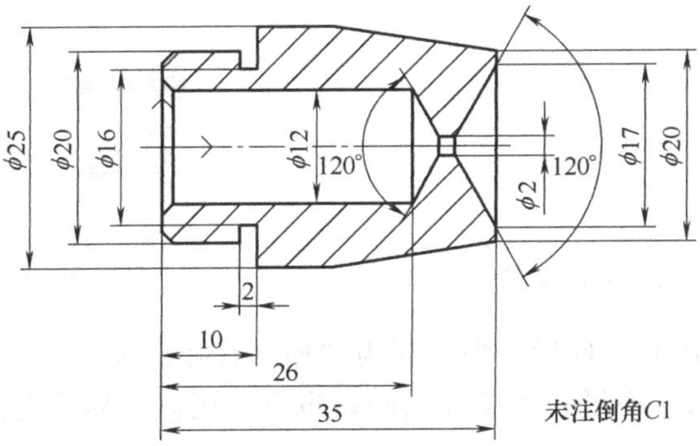

题图 2-6

子项目（三）　绘制圆、圆弧（1）

项目目标

① 绘制如图 2-38 所示圆弧连接的图样。

② 掌握 CAXA 数控车绘制圆、圆弧的方法。

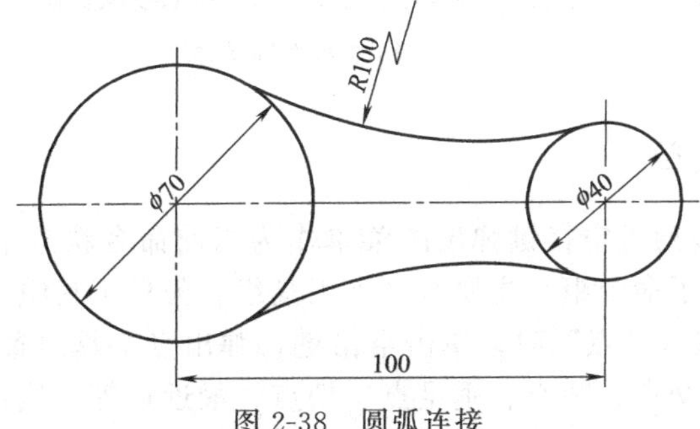

图 2-38　圆弧连接

项目分析

① 绘制如图 2-38 所示零件图样，需要绘制圆、绘制圆弧的功能。

② 绘制如图 2-38 中 $R100$ 圆弧，圆弧的两个端点利用“点工具组”的“切点”确定较为方便，需要“点工具组”的相关知识。

项目准备

【知识点一】 “圆心_半径”画圆【命令名】circle

(1) 功能

“圆心_半径”画圆是根据已知圆心和半径画圆。

(2) 操作步骤

① 用鼠标左键单击“绘制工具”工具栏中的“圆”按钮或单击“绘图”菜单中的子菜单“圆”，出现立即菜单，如图 2-39 所示。

② 单击立即菜单“1：圆心-半径”后面的▼，弹出绘制圆的各种方法的选项菜单，如图 2-40 所示，其中每一项都为一个转换开关，可对不同画圆方法进行切换，这里选择“圆心_半径”项。

1: 圆心_半径 2: 直径 3: 无中心线
圆心点:

图 2-39 “圆心_半径”立即菜单

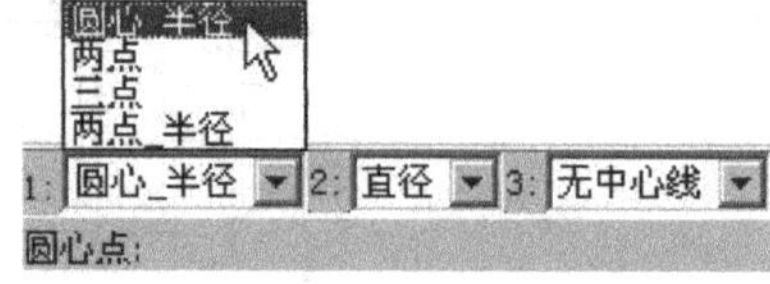

图 2-40 绘制圆的选项菜单

③ 按提示要求输入圆心坐标后，提示变为“输入直径或圆上一点”，此时可以直接由键盘输入所需直径数值，并按回车键得到需要的圆；也可以用鼠标移动光标确定圆上的一点，按下鼠标左键得到需要的圆。

④ 若单击立即菜单“2：直径”后面的▼，则显示内容由“直径”变为“半径”，输入完圆心点坐标以后，系统提示变为“输入半径或圆上一点”，用户由键盘输入的数值为圆的半径，按回车键得到需要的圆；也可以用鼠标移动光标确定圆上的一点，按下鼠标左键得到需要的圆。

⑤ 此命令可以重复操作，单击鼠标右键结束操作。

⑥ 根据不同的绘图要求，可在立即菜单“3：无中心线”中选择是否出现中心线，系统默认为无中心线，此命令在圆的绘制中皆可选择，如图 2-41 所示。

1: 圆心_半径 2: 直径 3: 有中心线 4: 中心线延长长度 3

图 2-41 绘制圆立即菜单

【知识点二】 弹出菜单

① CAXA 数控车可以通过空格键弹出的菜单作为当前命令状态下的子命令。在执行不同命令的状态下，有不同的子命令组，主要有“点工具组、矢量工具组、轮廓拾取工具组”等。

② 点工具组菜单：输入“点”时，单击空格键，弹出点工具组菜单，如图 2-42 所示，包括屏幕点、中点、端点、交点、圆心、垂足点、切点、最近点等。执行不同命令状态，选择需

要的“点”。

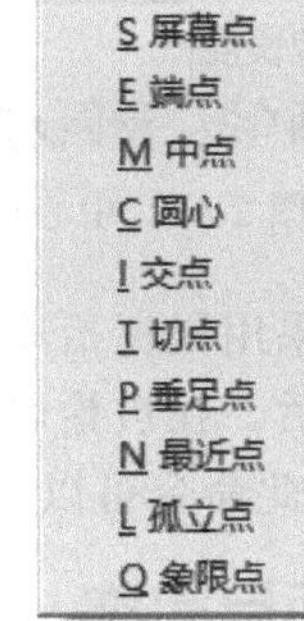

图 2-42　点工具组菜单

【知识点三】　“三点圆弧”绘制圆弧【命令名】arc

(1)“三点圆弧”功能

“三点圆弧”命令用来过三点画圆弧，其中第一点为起点，第三点为终点，第二点决定圆弧的位置和方向。

(2) 操作步骤

① 用鼠标左键单击“绘制工具”栏中的“圆弧”按钮，或单击“绘图”菜单后再选择“圆弧”子菜单，弹出立即菜单。

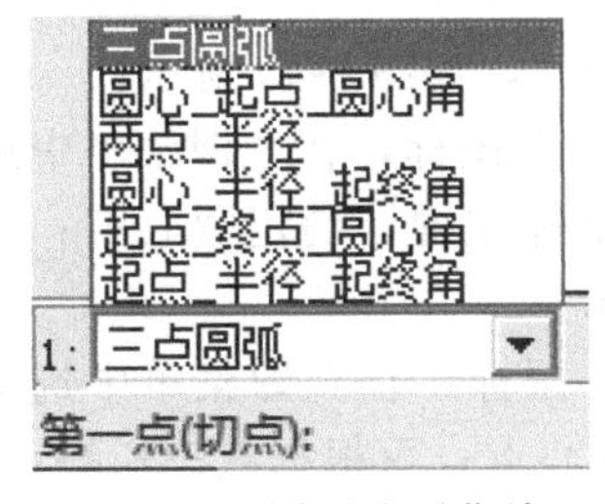

图 2-43　圆弧选项菜单

② 用鼠标左键单击立即菜单“1：三点圆弧”后面的，则在其上方弹出一个表明圆弧绘制方法的选项菜单，菜单中的每一项都是一个转换开关，负责对绘制方法进行切换，如图 2-43 所示，在菜单中选择“三点圆弧”项。

③ 按状态栏提示要求，用鼠标左键单击指定第一点；当系统提示第二点时，用鼠标左键单击，指定圆弧的第二点；当系统提示第三点时，再单击鼠标左键指定第三点，圆弧绘制完成。也可以直接用键盘依次输入各点坐标，确定三点的位置绘制圆弧。

④ 此命令可以重复进行，单击鼠标右键结束此命令。

【知识点四】　“两点_半径”画圆弧【命令名】appr

(1) 功能

“两点_半径”命令是根据已知两点和圆弧半径绘制圆弧。

(2) 操作步骤

① 用鼠标左键单击“绘制工具”栏中的“圆弧”按钮，或单击“绘图”菜单后再选择“圆弧”子菜单，弹出立即菜单，如图 2-43 所示。

② 用鼠标左键单击立即菜单“1：三点圆弧”后面的，在其上方弹出一个表明圆弧绘制方法的选项菜单，从中选取“两点_半径”项。

③ 按状态栏提示要求，确定第一点和第二点后，系统提示又变为“第三点或半径”，此时如果输入一个半径值，则系统首先根据十字光标当前的位置判断绘制圆弧的方向，由于光标位置的不同，可绘制出不同方向的圆弧。系统根据两点的位置、半径值以及刚判断出的绘制方向来绘制圆弧。

④ 此命令可以重复进行，单击鼠标右键结束操作。

【知识点五】　绘制中心线【命令名】centerl

(1) 绘制中心线功能

如果拾取一个圆、圆弧或椭圆，则直接生成一对相互垂直的中心线；如果拾取两条相互平行或非平行线（如锥体），则生成这两条直线的中心线。

(2) 操作步骤

① 用鼠标左键单击“绘制工具”工具栏中的“中心线”按钮，或单击“绘图”菜单后再选择“中心线”子菜单，出现立即菜单，如图 2-44 所示。

② 用鼠标左键单击立即菜单中的“1：延伸长度”（延伸长度是指超过轮廓线的长度），则操作提示变为“输入实数”，编辑框中的数字表示当前延伸长度的缺省值，可通过键盘重新输

1:延伸长度 3
拾取圆（弧、椭圆）或第一条直线：

图 2-44 中心线立即菜单

入延伸长度。

③ 按状态栏提示要求拾取第一条曲线。若拾取的是一个圆或一段圆弧，则拾取选中后，在被拾取的圆或圆弧上画出一对互相垂直且超出其轮廓线一定长度的中心线。如果用鼠标拾取的不是圆或圆弧，而是一条直线，则系统提示“拾取另一条直线”，当拾取完以后，在被拾取的两条直线之间画出一条中心线。

④ 此命令可以重复操作，单击鼠标右键结束操作。

项目实施

绘制圆弧与圆相切的实例，如图 2-38 所示，绘图步骤如下。

① 选择线型“点画线”，再选择“两点线”功能，绘制直线 O_1O_2，如图 2-45 所示。

② 绘制 $\phi70$ 的大圆：选择线型“粗实线”，用鼠标左键单击“圆”图标，在立即菜单中选择“圆心_半径”“有中心线”方式，移动光标至指定点 O_1，单击鼠标左键，确定圆心点；再根据状态栏提示，键入半径 35，绘制出 $\phi70$ 的大圆，如图 2-45 所示。

③ 绘制 $\phi40$ 的小圆：单击鼠标右键，再用鼠标左键单击“圆”图标，在立即菜单中选择“圆心_半径”方式，移动光标至指定点 O_2，单击鼠标左键，确定圆心点；再根据状态栏提示，输入半径 20，绘制出 $\phi40$ 的小圆。

④ 绘制 $R100$ 圆弧：用鼠标左键单击“圆弧”图标，在立即菜单中选择“两点_半径”方式；单击空格键，出现点工具组菜单，选择“切点”，移动光标至 $\phi70$ 的大圆处提到圆，单击鼠标左键，拾取切点 1；采用同样方法，在 $\phi40$ 的小圆处单击鼠标左键，拾取切点 2；拖动光标，待出现如图 2-46 所示的预显圆弧时，键入圆弧半径 100，生成相切圆弧，如图 2-46 所示，单击鼠标右键结束操作。

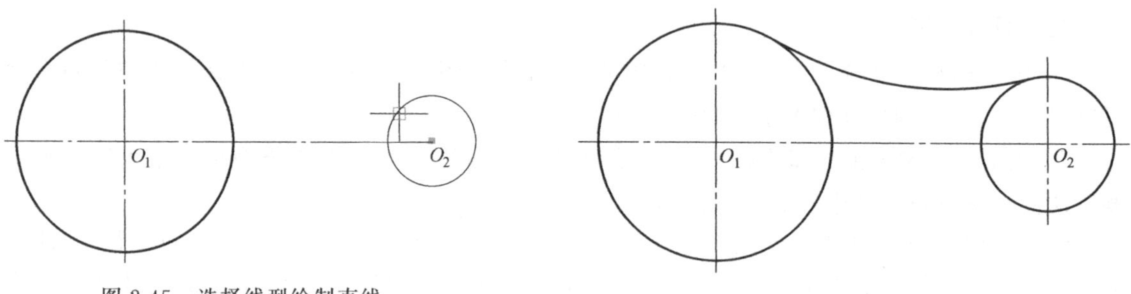

图 2-45 选择线型绘制直线

图 2-46 绘制圆弧

⑤ 再用与步骤④类似的操作方法，生成另一段 $R100$ 的相切圆弧，完成圆弧连接图形的绘制，如图 2-38 所示。

项目测评

1. 通过本项目实施有哪些收获？
2. 填写本项目测评表（表 2-3）。

表 2-3 子项目（三）圆、圆弧（1）绘制操作测评表

考核项目		考核内容	考核标准	测评
主要项目	1	节点坐标	思路清晰、计算准确	
	2	直线等功能与操作	操作正确、规范、熟练	
	3	圆的功能与操作	操作正确、规范、熟练	
		圆弧的功能与操作	操作正确、规范、熟练	

续表

考核项目		考核内容	考核标准	测评
主要项目	4	裁剪功能	操作正确、规范、熟练	
	5	查询功能:坐标、距离	操作正确、规范、熟练	
	6	尺寸标注	标注准确、规范	
	7	其它(选择改变线型等)	正确、规范	
文明生产		安全操作规范、机房管理规定		
结果	优秀	良好	及格	不及格

项目拓展

(1) 思考题

① 圆的绘制方式、操作步骤。

② 圆弧的功能、方式与绘制操作步骤。

③ 点工具组菜单包括哪些内容?

④ 项目实施操作中存在哪些问题?如何处理的?

(2) 测评题

① 绘制如题图 2-7 所示零件图。

② 绘制如题图 2-8 所示零件图。

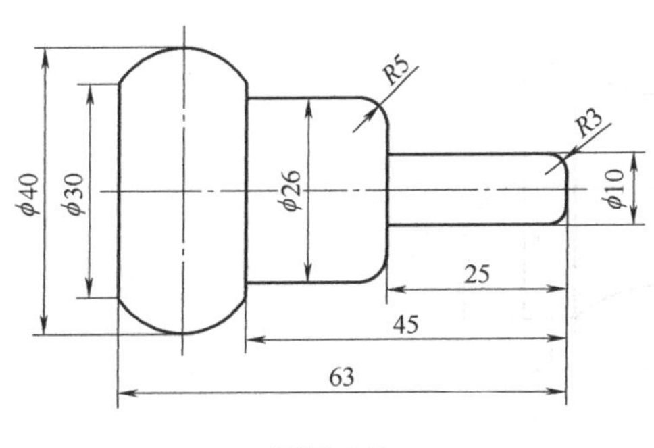

题图 2-7

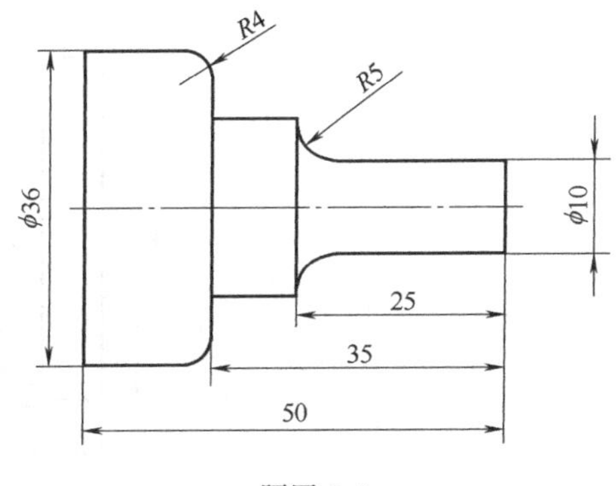

题图 2-8

③ 绘制题图 2-9 所示零件图。

④ 绘制题图 2-10 所示零件图。

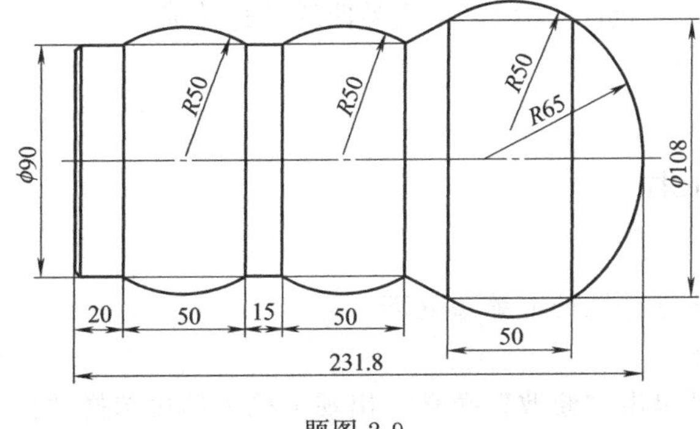

题图 2-9

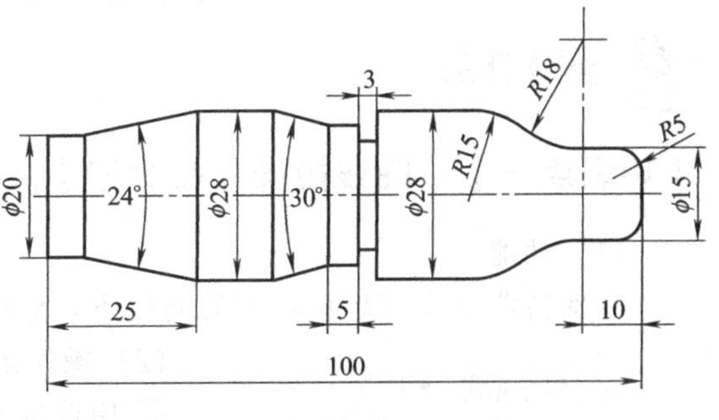

题图 2-10

⑤ 绘制题图 2-11 所示零件图。

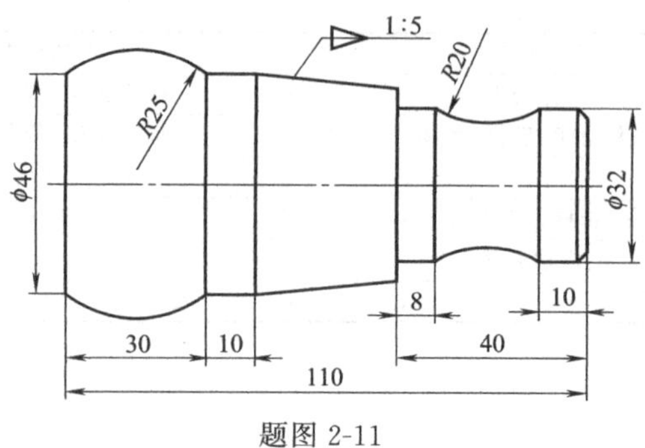

题图 2-11

子项目（四） 绘制圆、圆弧（2）

项目目标

① 绘制如图 2-47 所示零件图。

② 掌握绘制圆弧、曲线拉伸的操作方法。

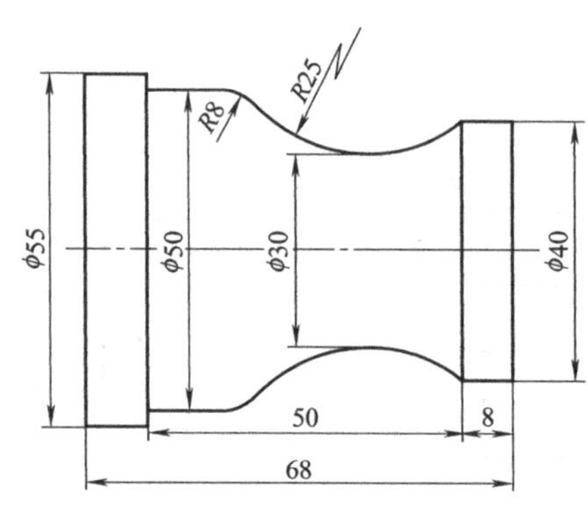

图 2-47 绘制零件图

项目分析

① 如图 2-47 所示零件图绘制时需要直线、圆弧等绘制功能，重点是圆弧绘制。

② 如图 2-47 所示零件图绘制需要曲线拉伸、编辑等知识，重点是曲线拉伸功能。

项目准备

【知识点一】 曲线拉伸【命令名】stretch

（1）功能

在保持曲线原有趋势不变的前提下，对曲线进行拉伸或缩短处理。

图 2-48 “拉伸”立即菜单

（2）操作步骤

① 用鼠标左键单击“修改”菜单，出现下拉菜单再选择“拉伸”命令，或在“编辑”工具栏单击“拉伸”按钮，出现立即菜单如图 2-48 所示。

② 用鼠标左键在立即菜单“1:”中选择“单个拾取”方式。

③ 按状态栏提示要求用鼠标拾取所要拉伸的直线或圆弧。若拾取直线，按下左键后该线段消失，立即菜单变为“轴向拉伸”方式，如图 2-49 所示。当再次移动鼠标时，一条被拉伸的线段由光标拖动着，当拖动至指定位置，按下鼠标左键后，一条被拉伸长了的线段显示出来。当然也可以将线段缩短，其操作与拉伸完全相同。

1: 单个拾取 2: 轴向拉伸 3: 长度方式 4: 绝对
拉伸到:

图 2-49 轴向拉伸

若拾取圆弧，按下鼠标左键后该圆弧消失，立即菜单变为“弧长拉伸”方式，如图 2-50 所示。当再次移动鼠标时，一条被拉伸的圆弧由光标拖动着，当拖动至指定位置，按下鼠标左键后，一条被拉伸长了的圆弧显示出来。

1: 单个拾取 2: 弧长拉伸 3: 绝对
拉伸到:

图 2-50 弧长拉伸

④ 拉伸时，用户除了可以直接用鼠标拖动外，还可以输入坐标值指定位置。

⑤ 本命令可以重复操作，单击鼠标右键可结束操作。

【知识点二】 镜像【命令名】mirror

(1) 功能

对拾取到的实体以某一条直线为对称轴，进行对称镜像或对称复制。

对于回转类零件，其对称结构采用镜像功能可以简化绘图，也可以采用镜像使零件调头。

(2) 操作步骤

① 用鼠标左键单击“修改”菜单，再选择下拉菜单中的“镜像”命令或单击在“编辑”工具栏单击“镜像”按钮，这时系统弹出立即菜单，如图 2-51 所示。

②“1：选择轴线”方式

a. 按系统提示拾取要镜像的实体，可单个拾取，也可用窗口拾取，拾取到的实体变为亮红色显示，拾取完成后单击鼠标右键加以确认。这时状态栏操作提示变为“选择轴线”，用鼠标拾取一条作为镜像操作的对称轴线，一个以该轴线为对称轴的新图形显示出来，同时原来的实体即刻消失。

b. 用鼠标单击立即菜单“2：镜像”后面的，则该项内容变为“2：拷贝”，如图 2-52 所示。按系统提示拾取要复制的实体，可单个拾取，也可用窗口拾取，拾取到的实体变为亮红色显示，拾取完成后单击鼠标右键加以确认。此时状态栏操作提示变为“选择轴线”，用鼠标拾取一条作为拷贝操作的对称轴线，一个以该轴线为对称轴的新图形显示出来，同时原来的实体不消失。

1: 选择轴线 2: 镜像
拾取添加

图 2-51 选择轴线镜像

1: 选择轴线 2: 拷贝
拾取添加

图 2-52 选择轴线拷贝

③“1：拾取两点”方式

a. 用鼠标左键单击立即菜单“1：选择轴线”后面的，则该项内容变为“1：拾取两点”，如图 2-53 所示，其含义为允许用户指定两点，两点连线作为镜像的对称轴线，其它操作与前面“1：选择轴线”方式的操作相同。

1: 拾取两点 2: 镜像 3: 非正交
拾取添加

图 2-53 拾取两点镜像

b. 如果用鼠标选择立即菜单中的“2：镜像”后面的▼，则该项内容变为“复制”，如图 2-54 所示，用户按这个菜单内容能够进行复制操作。复制操作的方法与镜像操作完全相同，只是复制后原图不消失。

c. 用鼠标左键单击立即菜单中的“3：非正交”后面的▼，选择“3：正交”方式，如图 2-55 所示，可使图形在水平方向或竖直方向进行镜像或复制。

1: 拾取两点 2: 拷贝 3: 非正交
拾取添加

图 2-54 拾取两点拷贝

图 2-55 拾取两点拷贝（正交）

【知识点三】 “视图”

1. 功能

控制图形的显示命令。前面介绍了一些绘制和编辑图形的有关命令以及相应的操作方法，为了便于绘图，CAXA 数控车还为用户提供了“视图”命令。

一般来说“视图”命令与绘制、编辑命令不同，它们只改变图形在屏幕上的显示方法，而不能使图形产生实质性的变化；它们允许操作者按期望的位置、比例、范围等条件进行显示，但是操作的结果既不改变原图形的实际尺寸，也不影响图形中原有实体之间的相对位置关系。简而言之，“视图”命令的作用只是改变了主观视觉效果，而不会引起图形产生客观的实际变化。图形的显示控制对绘图操作，尤其是绘制复杂视图和大型图纸时具有重要作用，在图形绘制和编辑过程中要经常使用它们。

2. 操作步骤

“视图”控制的各项命令在主菜单的“视图”菜单中，用鼠标左键单击“视图”菜单，出现下拉菜单如图 2-56 所示。

(1) 视图窗口【命令名】zoom

① 功能 提示用户输入一个窗口的上角点和下角点，系统将两角点所包含的图形充满屏幕绘图区加以显示。

② 操作步骤 在“视图”子菜单中选择“显示窗口”菜单项，或从常用工具箱中选择🔍按钮。按提示要求在所需位置输入显示窗口的第一个角点，输入后十字光标立即消失。此时再移动鼠标时，出现一个由方框表示的窗口，窗口大小可随鼠标的移动而改变。窗口所确定的区域就是即将被放大的部分。窗口的中心将成为新的屏幕显示中心。在该方式下，不需要给定缩放系数，CAXA 数控车将把给定窗口范围按尽可能大的原则，将选中区域内的图形按充满屏幕的方式重新显示出来。

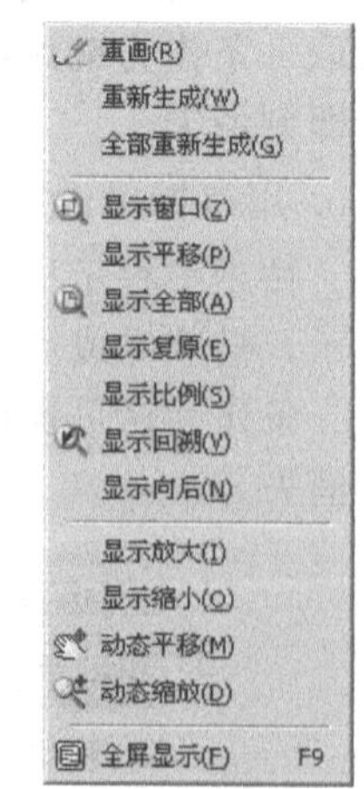

图 2-56 “视图”菜单

例如：如图 2-57 所示为显示窗口操作在实际绘图中的一个应用。在绘制螺纹小径时，如果在普通显示模式下图 2-57（a），将很难画出内螺纹，而用窗口拾取螺杆部分，在屏幕绘图区内按尽可能大的原则显示图 2-57（b），这样就可以较容易地绘制出螺纹小径。

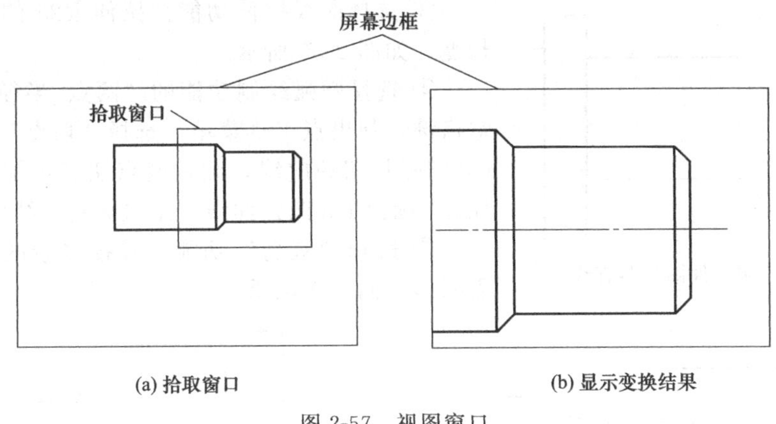

图 2-57　视图窗口

(2) 动态平移【命令名】dyntrans

① 功能　拖动鼠标平行移动图形。

② 操作步骤　单击“视图”子菜单中的“动态平移”项或者单击动态平移按钮，即可激活该功能，光标变成动态平移图标，按住鼠标左键，移动鼠标就能平行移动图形。单击鼠标右键可以结束动态平移操作。另外，按住 Ctrl 键的同时按住鼠标左键拖动鼠标也可以实现动态平移，而且这种方法更加快捷、方便。

(3) 动态缩放【命令名】dynscale

① 功能　拖动鼠标放大缩小显示图形。

② 操作步骤　用鼠标左键单击“视图”子菜单中的“动态缩放”项或者单击动态显示缩放按钮，即可激活该功能，鼠标变成动态缩放图标，按住鼠标左键，鼠标向上移动为放大，向下移动为缩小，单击鼠标右键可以结束动态平移操作。另外，鼠标的滚轮也可控制图形的缩放。

(4) 显示复原【命令名】home

① 功能　恢复初始显示状态（即标准图纸状态）。

② 操作步骤　用户在绘图过程中，根据需要对视图进行了各种显示变换，为了返回到初始状态，观看图形在标准图纸下的状态，可用鼠标光标在“视图”子菜单中单击“显示复原”菜单命令，或在键盘中按 Home 键，系统立即将屏幕内容恢复到初始显示状态。

(5) 显示平移【命令名】pan

① 功能　提示用户输入一个新的显示中心点，系统将以该点为屏幕显示的中心，平移显示图形。

② 操作步骤　用鼠标单击“视图”菜单中“显示平移”选项，然后按提示要求在屏幕上指定一个显示中心点，按下鼠标左键。系统立即将该点作为新的屏幕显示中心将图形重新显示出来。本操作不改变放缩系数，只将图形做平行移动。用户还可以使用上、下、左、右方向键将图形做平行移动。

项目实施

绘制如图 2-47 所示零件图，操作步骤如下。

① 选择直线功能，绘制零件图的各直线，如图 2-58 所示。

② 选择圆弧绘制功能的“两点_半径”方式，绘制 $R25$ 的大圆弧（注意利用点工具组，选

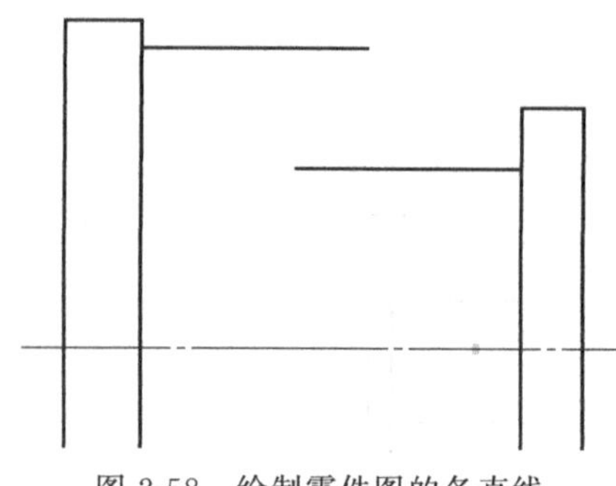
图 2-58 绘制零件图的各直线

择端点、切点），如图 2-59 所示。

③ 选择曲线拉伸功能：拉伸 $R25$ 的大圆弧到所需长度，如图 2-60 所示。

④ 选择圆弧绘制功能的“两点_半径”方式，单击空格键，弹出点工具菜单，选择“切点”方式，单击与 $R8$ 圆弧相切的曲线，确定两点切点再键盘输入圆弧半径 8，画出 $R8$ 圆弧曲线，用鼠标右键结束操作。

⑤ 选择“裁剪”功能，裁掉多余的曲线，得到所需图形，如图 2-61 所示。

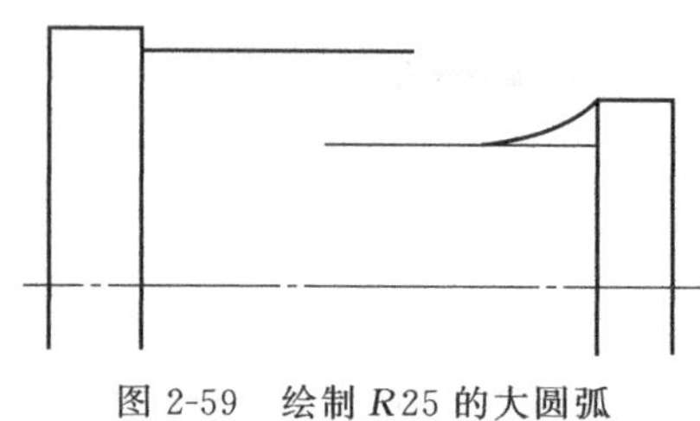
图 2-59 绘制 $R25$ 的大圆弧

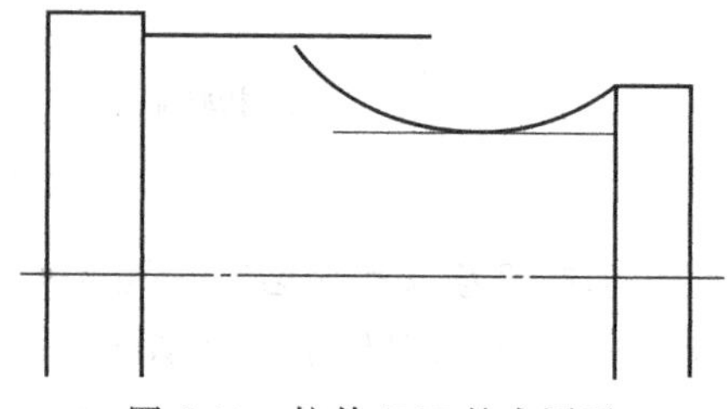
图 2-60 拉伸 $R25$ 的大圆弧

⑥ 采用“镜像”功能，得到对称部分的图形，如图 2-62 所示，完成图形绘制。

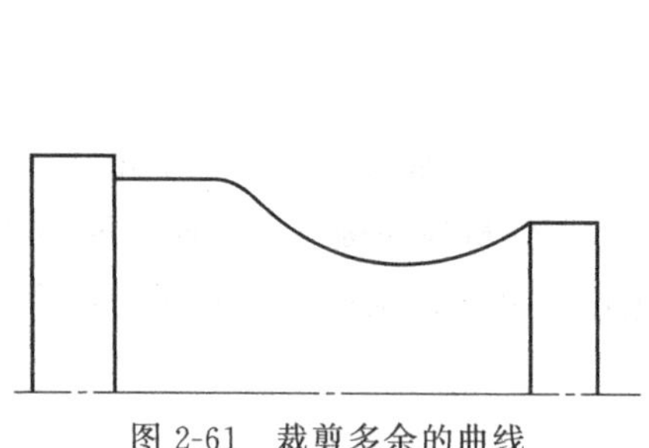
图 2-61 裁剪多余的曲线

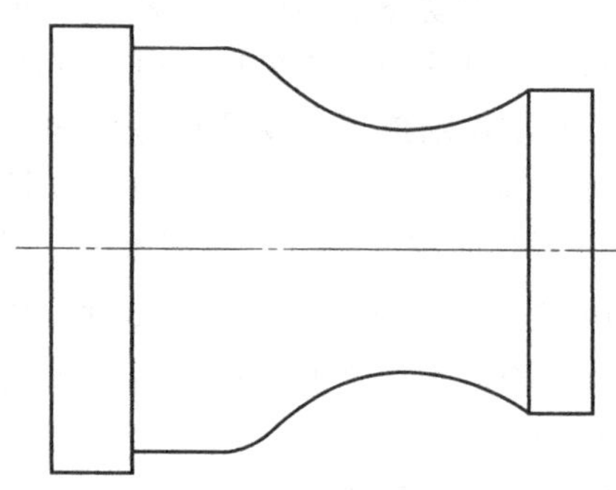
图 2-62 “镜像”得到对称部分的图形

项目测评

① 通过本项目实施有哪些收获？

② 填写子项目测评表（表 2-4）。

表 2-4 子项目（四）圆、圆弧（2）绘制操作测评表

<table>
<tr><td colspan="2">考核项目</td><td colspan="2">考核内容</td><td colspan="2">考核标准</td><td>测评</td></tr>
<tr><td rowspan="9">主要项目</td><td>1</td><td colspan="2">节点坐标</td><td colspan="2">思路清晰、计算准确</td><td></td></tr>
<tr><td>2</td><td colspan="2">直线等功能与操作</td><td colspan="2">操作正确、规范、熟练</td><td></td></tr>
<tr><td>3</td><td colspan="2">圆、圆弧等功能与操作</td><td colspan="2">操作正确、规范、熟练</td><td></td></tr>
<tr><td>4</td><td colspan="2">曲线拉伸功能与操作</td><td colspan="2">操作正确、规范、熟练</td><td></td></tr>
<tr><td>5</td><td colspan="2">裁剪功能</td><td colspan="2">操作正确、规范、熟练</td><td></td></tr>
<tr><td>6</td><td colspan="2">镜像功能</td><td colspan="2">操作正确、规范、熟练</td><td></td></tr>
<tr><td>7</td><td colspan="2">查询功能：坐标、距离</td><td colspan="2">操作正确、规范、熟练</td><td></td></tr>
<tr><td>8</td><td colspan="2">尺寸标注</td><td colspan="2">标注准确、规范</td><td></td></tr>
<tr><td>9</td><td colspan="2">其它（线型等）</td><td colspan="2">正确、规范</td><td></td></tr>
<tr><td>文明生产</td><td colspan="3">安全操作规范、机房管理规定</td><td colspan="2"></td><td></td></tr>
<tr><td colspan="2">结果</td><td>优秀</td><td>良好</td><td>及格</td><td>不及格</td><td></td></tr>
</table>

项目拓展

(1) 思考题

① 曲线拉伸功能与操作。

② 镜像、拷贝等功能与操作步骤。

③ 控制图形的显示命令、功能有哪些?

④ 操作中存在哪些问题?如何处理的?

(2) 测评题

① 绘制如题图 2-12 所示轴零件图(习题知识点:圆弧“两点_半径”绘制方式、点工具组的“切点”应用、曲线拉伸功能等)。

② 绘制如题图 2-13 所示手柄零件图(习题知识点:圆弧“两点_半径”绘制方式、点工具组的“切点”应用、曲线拉伸功能等)。

③ 绘制如题图 2-14 所示老捷达发动机盖板卡扣零件图(习题知识点:圆弧“两点_半径”绘制方式、点工具组的“切点”应用、曲线拉伸功能等)。

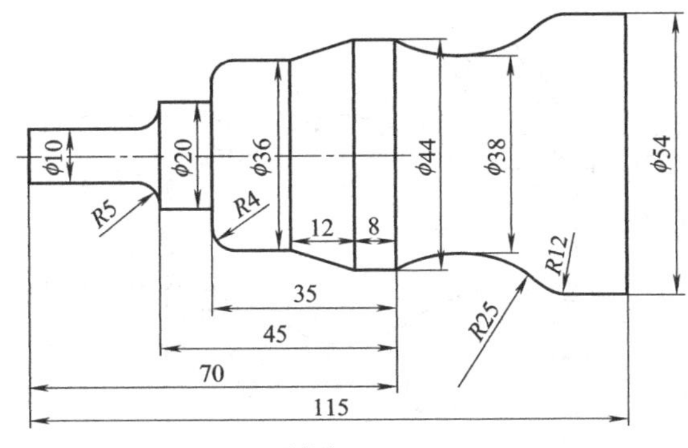

题图 2-12

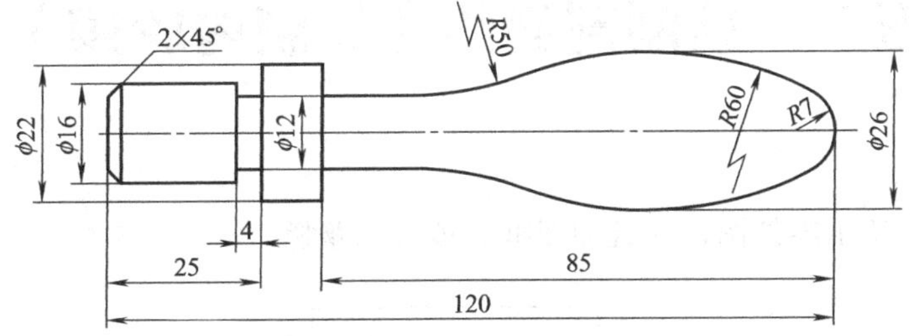

题图 2-13

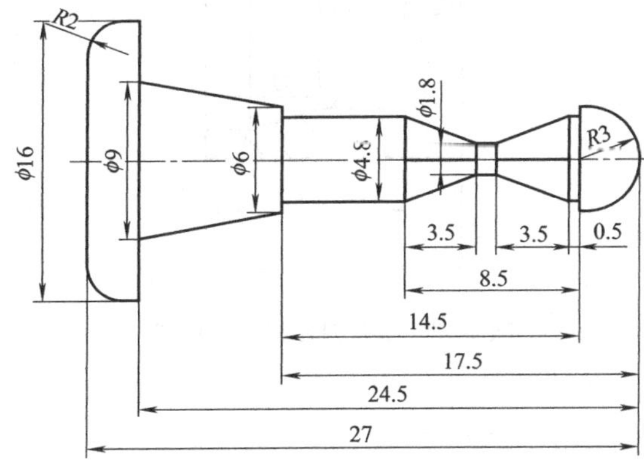

题图 2-14

④ 绘制如题图 2-15 所示花瓶零件图。

⑤ 绘制如题图 2-16 所示国际象棋棋子零件图。

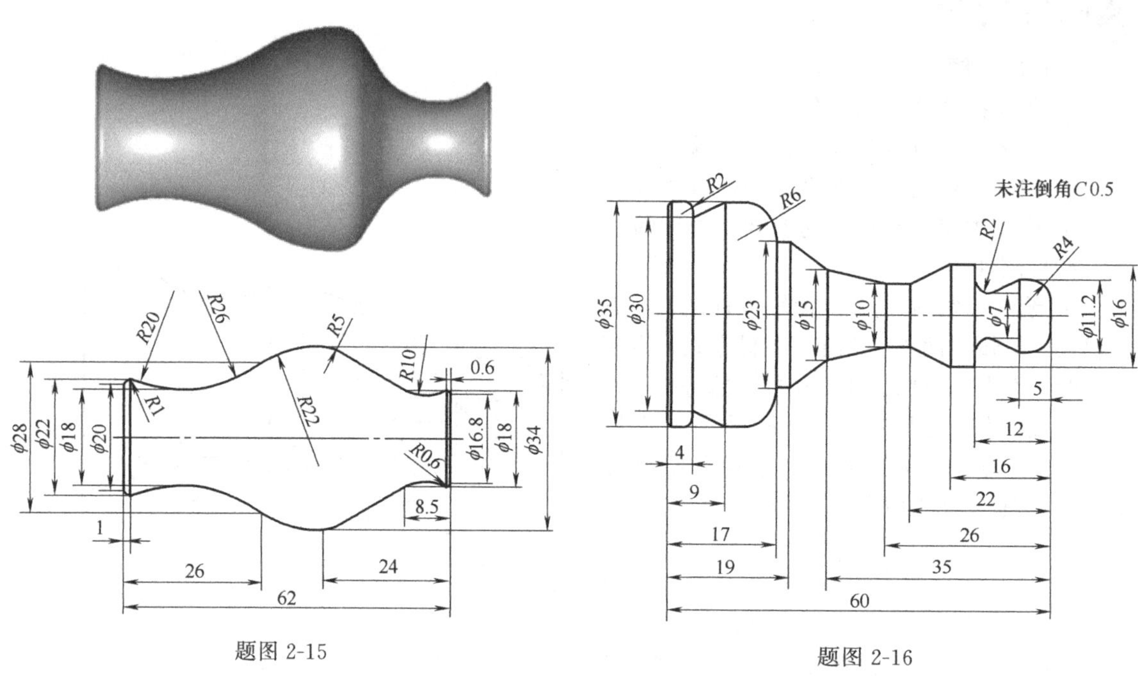

题图 2-15

题图 2-16

子项目（五） 绘制剖面线（绘制内轮廓）

项目目标

绘制如图 2-63 所示零件图，并且加图框、填写标题栏。

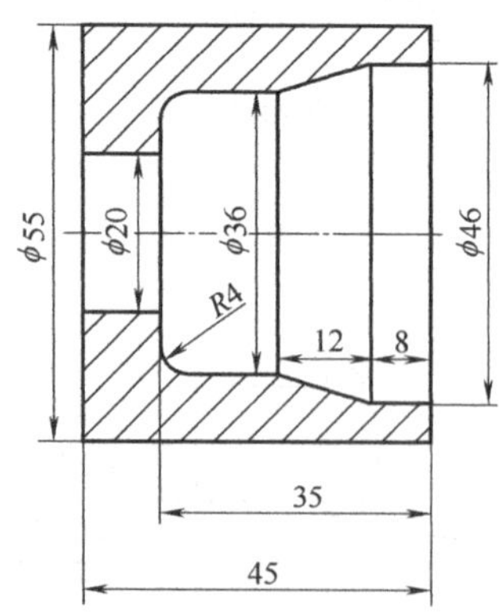

图 2-63 带有内轮廓的零件图

项目分析

① 如图 2-63 所示零件为带有内轮廓的零件图，为表示内轮廓需要绘制剖面线。本项目学习重点是“剖面线”功能。

② 图样上可以加图框、填写标题栏等，需要学习标准图幅以及相应的图框、标题栏等知识。

项目准备

【知识点一】 剖面线绘制【命令名】hatch

(1) 功能

“剖面线”是在零件图上需要的部位绘制剖面线。

(2) 操作步骤

① 用鼠标左键单击“绘图工具”中的“剖面线”按钮，或单击“绘图”菜单后再选择“剖面线”子菜单，出现立即菜单如图 2-64 所示。

② “拾取点”方式画剖面线。

根据拾取点的位置，从右向左搜索最小内环，根据环生成剖面线。如果拾取点在环外，则操作无效。

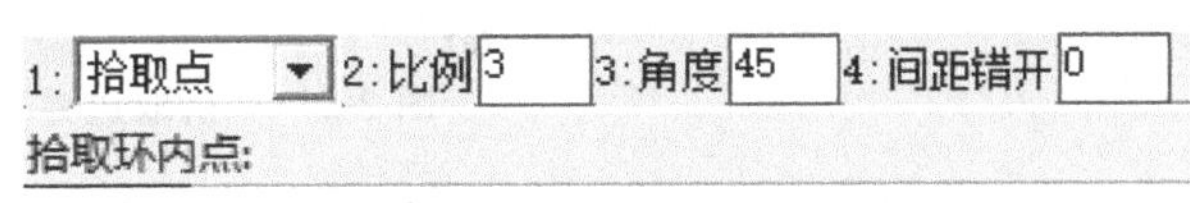

图 2-64 “剖面线”立即菜单

a. 可以在“剖面线”的立即菜单“1:”中选择“拾取点”方式，如图 2-64 所示。

b. 用鼠标单击立即菜单中的“2：比例”或“3：角度”，则系统要求重新确定剖面线的间隔或角度，用键盘重新输入新值即可。

c. 用鼠标左键拾取封闭环内的一点，系统搜索到的封闭环上的各条曲线变为红色，然后再按下鼠标右键加以确认，这时一组按立即菜单上用户定义的剖面线立刻在环内画出。此方法操作简单、方便、迅速，适合于各式各样的封闭区域。在这里务必注意的是拾取环内点的位置，当拾取完点以后，系统首先从拾取点开始，从右向左搜索最小封闭环。如图 2-65 所示，矩形为一个封闭环，而其内部又有一个圆，圆也是一个封闭环。若拾取点设在 a 处，则从 a 点向左搜索到的最小封闭环是矩形，a 点在环内，可以画出剖面线。若拾取点设在 b 点，则从 b 点向左搜索到的最小封闭环为圆，b 点在环外，就画不出剖面线。

(3) “拾取边界”方式画剖面线

根据拾取到的曲线搜索环生成剖面线。如果拾取到的曲线不能生成互不相交的封闭环，则操作无效。

① 用户可以在“剖面线”的立即菜单“1:”中选择“拾取边界”方式，立即菜单如图 2-66 所示。

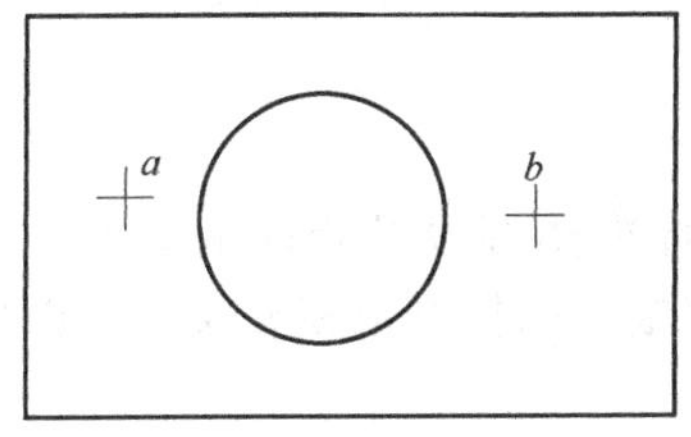

图 2-65 选取不同“拾取点”

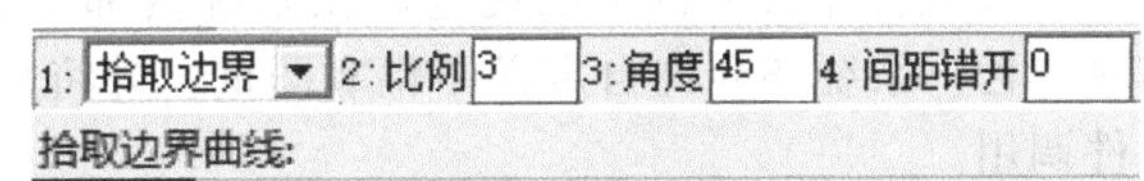

图 2-66 “拾取边界”方式

② 用鼠标左键单击立即菜单中的“2：比例”或“3：角度”，则系统要求重新确定剖面线的间隔或角度，用键盘重新输入新值即可。

③ 移动鼠标拾取构成封闭环的若干条曲线，如果所拾取的曲线能够生成互不相交（重合）的封闭的环，则按下鼠标右键加以确认后，一组剖面线立即被绘制出来，否则操作无效。

【例 1】 “拾取边界”画剖面线。

如图 2-67（a）所示封闭环被拾取后可以画出剖面线，而图 2-67（b）则由于不能生成互不相交的封闭的环，系统认为操作无效，圆和四边形相重叠的小块区域内不能画出剖面线。

在拾取边界曲线不能够生成互不相交的封闭的环的情况下，应改用拾取点的方式，在指定区域内生成剖面线。如图 2-67（b）中的圆和四边形相重叠的小块区域内，不能使用拾取边界的方法来绘制剖面线，而使用拾取点方式可以很容易地绘制出剖面线。

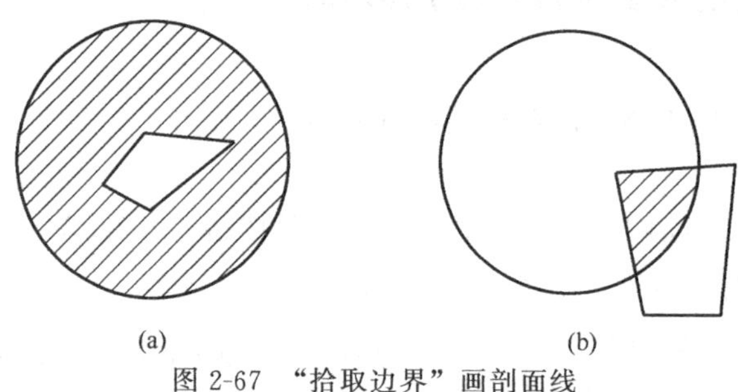

图 2-67 “拾取边界”画剖面线

由于拾取边界曲线的操作处于添加状态，因此拾取边界的数量是不受限制的，被拾取的曲线变成了红色，拾取结束后，按下鼠标右键加以确认。不被确认的拾取操作不能画出剖面线，确认后被拾取的曲线恢复了原色，并在封闭的环内画出了剖面线。

【例 2】 “拾取点”方式绘制剖面线。

在图 2-68 中给出了用拾取点的方式绘制剖面线的例子。其中从图 2-68（a）和图 2-68（b）可以看出拾取点的位置不同，绘制出的剖面线也不同；在图 2-68（c）中，先选择 3 点再拾取 4 点，则可以绘制出孔的剖面线；图 2-68（d）为更复杂的剖面情况，拾取点的顺序为：先选 5 点、再选 6 点、最后选 7 点，则绘图结果如图 2-68（d）所示。

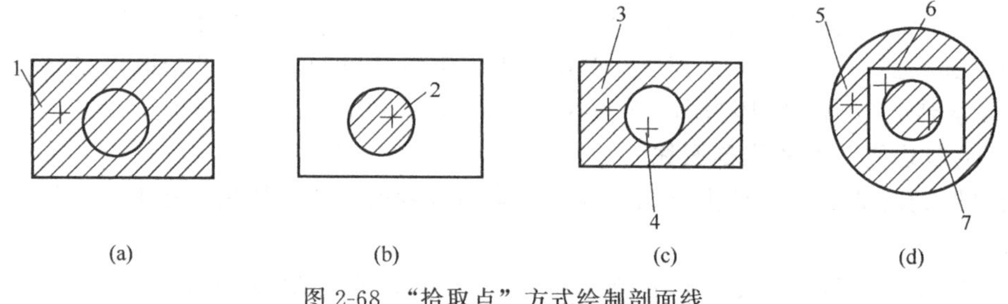

图 2-68 “拾取点”方式绘制剖面线

【知识点二】 图幅

（1）功能

CAXA 数控车按照国标的规定，在系统内部设置了 5 种标准图幅以及相应的图框、标题栏和明细栏。系统还允许自定义图幅和图框。并将自定义的图幅、图框制成模板文件，以备其它文件调用。

（2）操作步骤

① 用鼠标左键单击“幅面”菜单，弹出下拉菜单，如图 2-69 所示。

② 图幅设置：如图 2-70 所示。

a. 绘制工程图样的首要任务是选好一张图纸的图幅，国标中对机械制图的图纸大小作了统一规定，图纸尺寸大小共分为 5 个规格，并以如下的名称表示：A0、A1、A2、A3、A4。

b. 图纸比例：绘图比例中选取。

c. 图纸方向：分横放、竖放两种方式。设置完成后单击“确定”按钮。

③ 调入标题栏：如图 2-71 所示。

④ 填写标题栏：如图 2-72 所示。

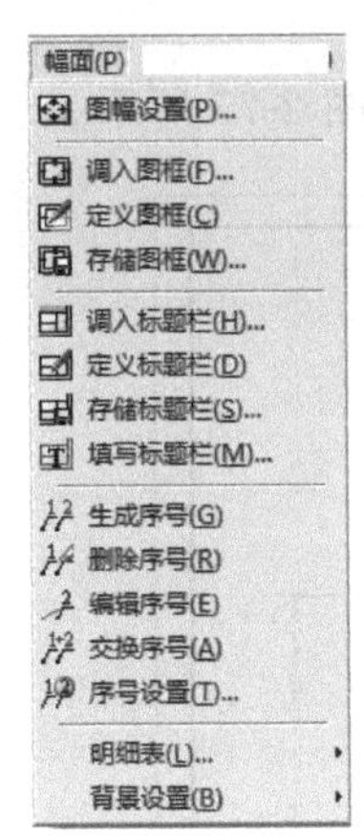

图 2-69 “幅面”下拉菜单

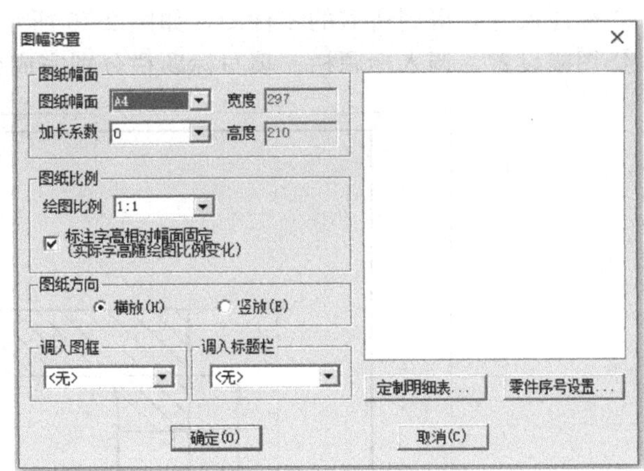

图 2-70 图幅设置

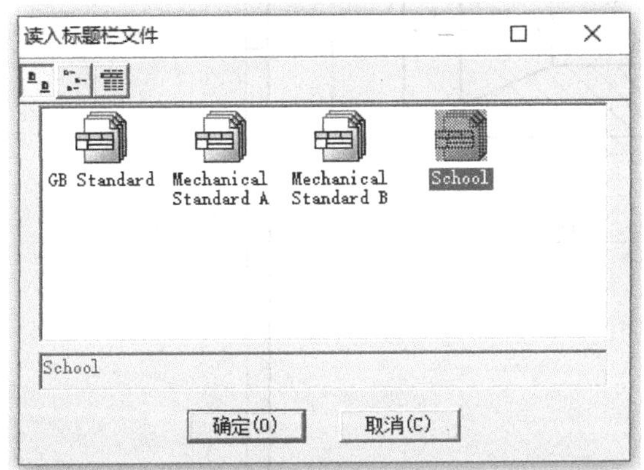

图 2-71 调入标题栏

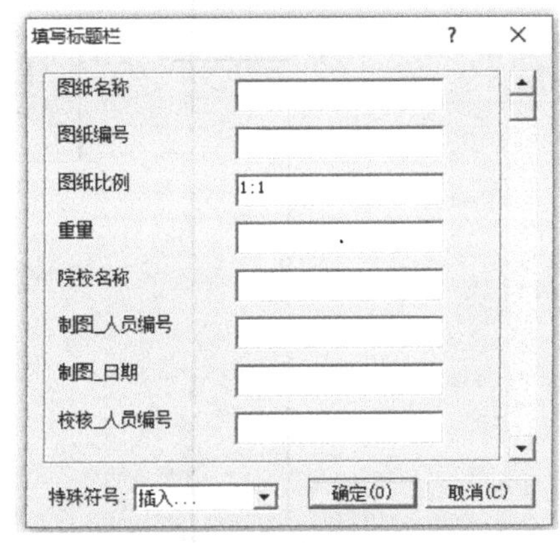

图 2-72 填写标题栏

项目实施

绘制如图 2-63 所示零件，绘图操作步骤如下。

① 选择“直线”命令中的“两点线”命令，依次输入各点坐标，画出各直线；选择“两点_半径”绘制 $R4$ 的圆弧；再选择“裁剪”功能，裁掉不需要的线段，得到零件图，如图 2-73 所示。

② 用鼠标左键单击“绘制工具”中的“剖面线”按钮或单击“绘图”菜单后再选择“剖面线”子菜单，用拾取点的方式绘制剖面线，如图 2-74 所示。

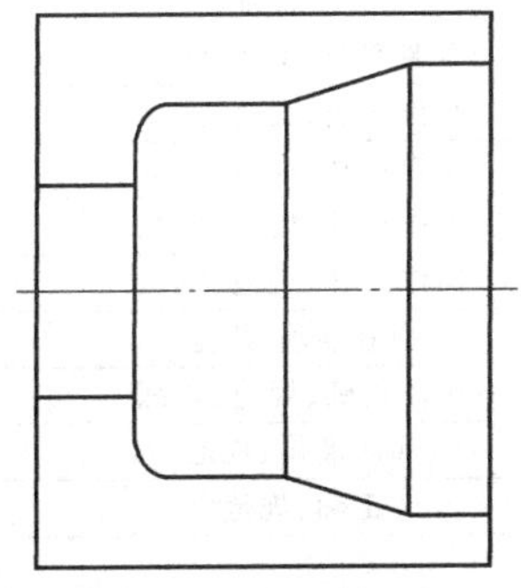

图 2-73 绘制零件图

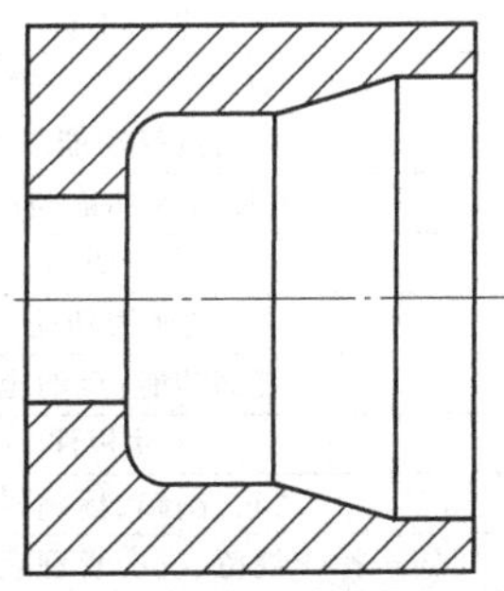

图 2-74 绘制剖面线

③ 标注尺寸，得到所需的零件图，如图 2-75 所示。

④ 图幅设置、调入标题栏、填写标题栏分别完成后，结果如图 2-75 所示。

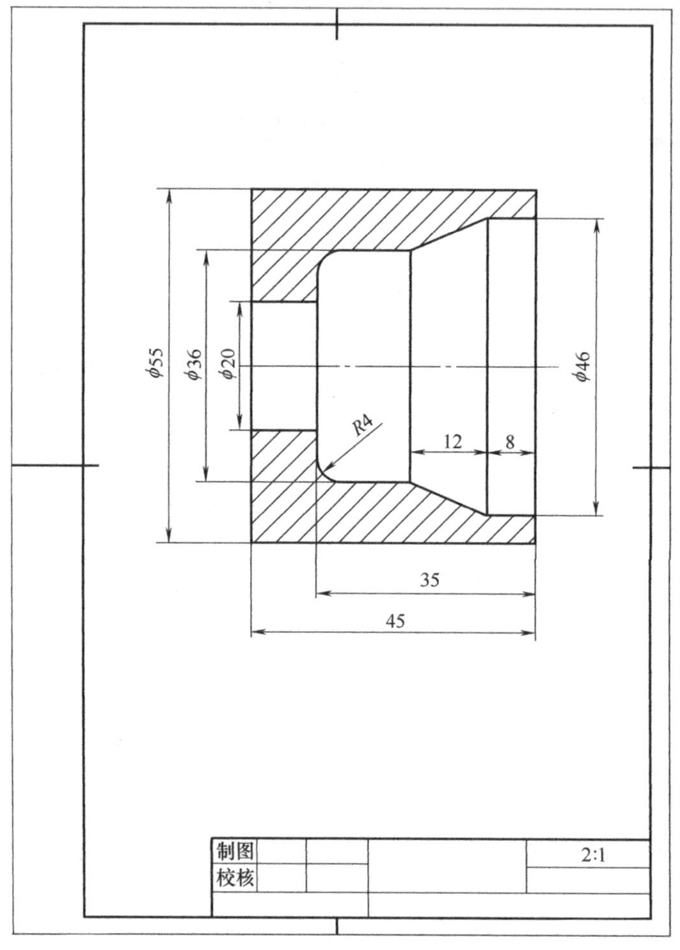

图 2-75 完成零件图

项目测评

① 通过本项目实施有哪些收获？

② 填写子项目测评表（表 2-5）。

表 2-5 子项目（五）剖面线绘制（内轮廓绘制）操作测评表

<table>
<tr><th colspan="2">考核项目</th><th colspan="2">考核内容</th><th colspan="2">考核标准</th><th>测评</th></tr>
<tr><td rowspan="9">主要项目</td><td>1</td><td colspan="2">节点坐标</td><td colspan="2">思路清晰、计算准确</td><td></td></tr>
<tr><td>2</td><td colspan="2">直线等功能与操作</td><td colspan="2">操作正确、规范、熟练</td><td></td></tr>
<tr><td>3</td><td colspan="2">圆、圆弧等功能与操作</td><td colspan="2">操作正确、规范、熟练</td><td></td></tr>
<tr><td>4</td><td colspan="2">曲线拉伸功能与操作</td><td colspan="2">操作正确、规范、熟练</td><td></td></tr>
<tr><td>5</td><td colspan="2">裁剪功能</td><td colspan="2">操作正确、规范、熟练</td><td></td></tr>
<tr><td>6</td><td colspan="2">剖面线功能</td><td colspan="2">绘制准确、规范</td><td></td></tr>
<tr><td>7</td><td colspan="2">查询功能：点的坐标</td><td colspan="2">操作正确、规范、熟练</td><td></td></tr>
<tr><td>8</td><td colspan="2">尺寸标注</td><td colspan="2">标注准确、规范</td><td></td></tr>
<tr><td>9</td><td colspan="2">其它（图幅、标题栏等）</td><td colspan="2">正确、规范</td><td></td></tr>
<tr><td>文明生产</td><td colspan="3">安全操作规范、机房管理规定</td><td colspan="2"></td><td></td></tr>
<tr><td colspan="2">测评结果</td><td>优秀</td><td>良好</td><td>及格</td><td>不及格</td><td></td></tr>
</table>

项目拓展

(1) 思考题

① 本项目主要学习了哪些内容？

② 操作中遇到哪些难点问题？如何处理的？

③ 绘制剖面线的方法、步骤。

(2) 绘制零件图

① 绘制如题图 2-17 所示零件图。

② 绘制如题图 2-18 所示零件图。

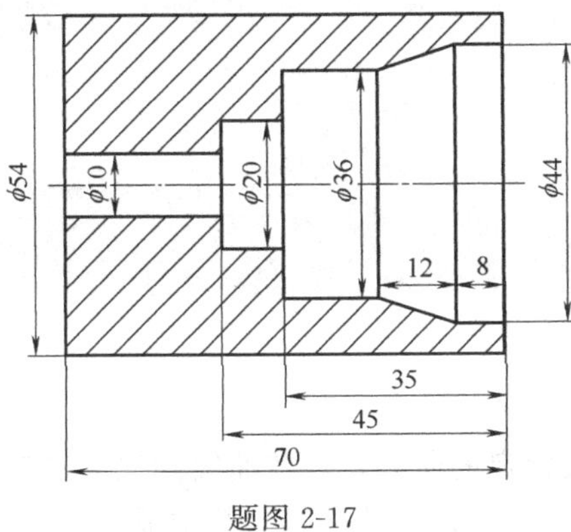

题图 2-17

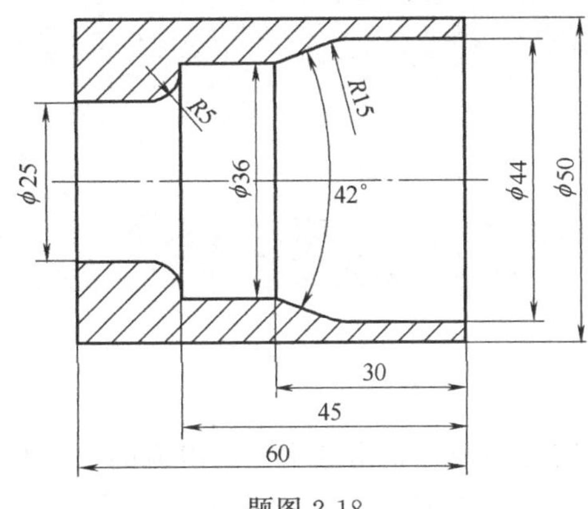

题图 2-18

③ 绘制如题图 2-19 所示零件图。

④ 绘制如题图 2-20 所示零件图。

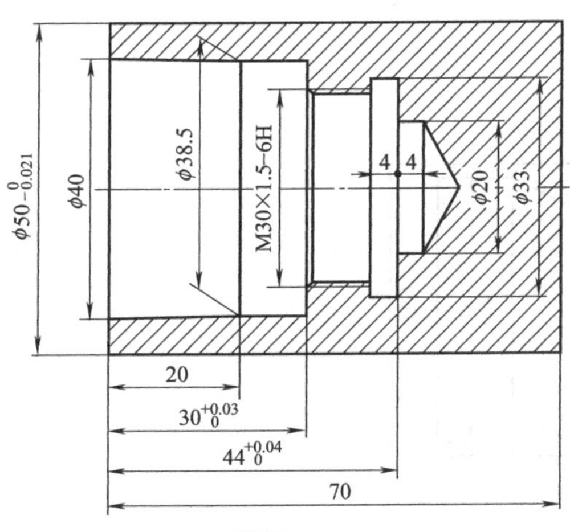

题图 2-19

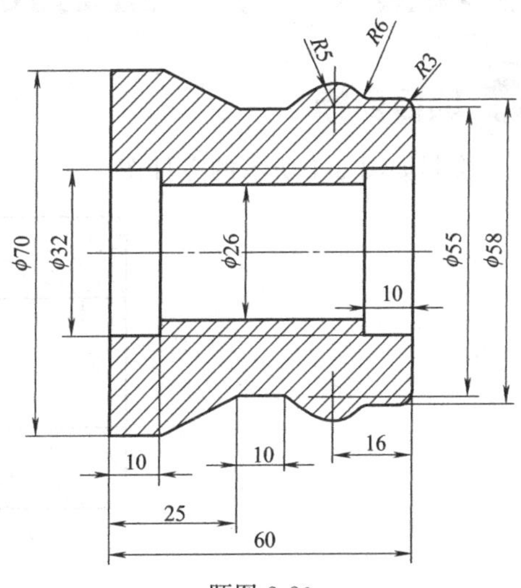

题图 2-20

项目三

特殊曲线的绘制

特殊曲线是指由基本元素组成的一些特定的图形或特定的曲线，这些曲线能完成造型设计的某种特殊要求。本项目设计了子项目（一）绘制孔/轴、子项目（二）绘制椭圆、子项目（三）绘制公式曲线，将详细介绍它们的功能和操作方法。

子项目（一） 绘制孔/轴

项目目标

绘制如图 3-1 所示的零件图。

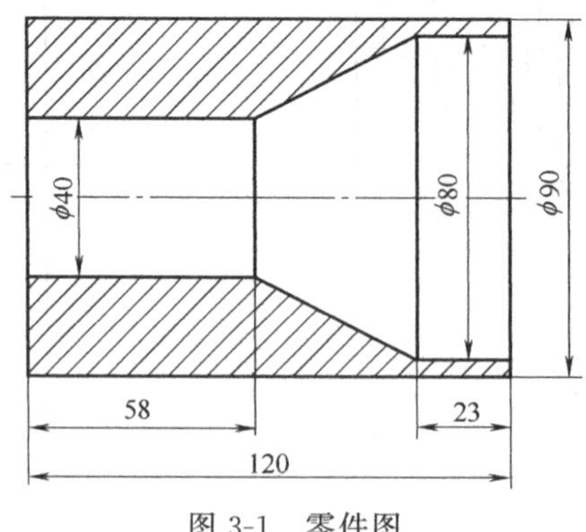

图 3-1 零件图

项目分析

如图 3-1 所示的零件表面包括圆柱面、圆锥面等，其轮廓线都是直线段，用直线功能可以绘制，但是一条线一条线地画比较麻烦，效率低，而利用 CAXA 数控车的“孔/轴”功能绘制这些轮廓线则比较简单、方便。本项目的重点是绘制“孔/轴”。

项目准备

【知识点一】 “孔/轴”绘制【命令名】hole

(1) 功能

“孔/轴”命令用来在给定位置画出带有中心线的轴或孔，或者画出带有中心线的圆锥孔或圆锥轴。

(2) 操作步骤

① 用鼠标左键单击“绘制工具”工具栏中的“孔/轴”按钮，或单击“绘图”菜单后再选择子菜单中的“孔/轴”项，弹出立即菜单如图 3-2 所示。

图 3-2 “孔/轴”立即菜单

② 用鼠标左键单击立即菜单“1：轴”后面的，则可进行“轴”或“孔”的切换，不论是画轴还是画孔，剩下的操作方法完全相同，轴与孔的区别只是在于在画孔时省略两端的端面线。

③ 用鼠标左键单击立即菜单中的“2：直接给出角度”后面的，则可进行“直接给出角度”或“两点确定角度”的模式切换。

a. “直接给出角度”的“孔/轴”绘制方式

• 按系统提示要求，移动鼠标或用键盘输入一个插入点，这时在立即菜单处出现一个新的立即菜单，如图 3-3 所示。

图 3-3 “孔/轴”绘制方式

立即菜单列出了画轴的已知条件，提示下面要进行的操作。此时如果移动鼠标会发现，一个直径为 100 的轴被显示出来，该轴以插入点为起点，其长度由用户给出。

• 如果单击立即菜单中的“2：起始直径”或“3：终止直径”，用户可以输入新值以重新确定轴或孔的直径，如果起始直径与终止直径不同，则画出的是圆锥孔或圆锥轴。

• 立即菜单“4：有中心线”：表示在轴或孔绘制完后，会自动添加中心线，如果单击鼠标左键改为“无中心线”方式则不会添加中心线。

• 当立即菜单中的所有内容设定完后，用鼠标确定轴或孔上一点，或由键盘输入轴或孔的长度。一旦输入结束，一个带有中心线的轴或孔就会被绘制出来。

b. “两点确定角度”的“孔/轴”绘制方式

• “两点确定角度”的“孔/轴”绘制方式立即菜单，如图 3-4 所示。

• 按系统提示要求，移动鼠标或用键盘输入一个插入点，这时在立即菜单处出现一个新的立即菜单，如图 3-5 所示。

图 3-4 “两点确定角度”的“孔/轴”绘制方式立即菜单

立即菜单列出了画轴的已知条件，提示下面要进行的操作。此时如果移动鼠标会发现，一个直径为 100 的轴被

图 3-5 “两点确定角度”的“孔/轴”绘制

显示出来，该轴以插入点为起点，其长度由用户给出。

• 如果单击立即菜单中的“2：起始直径”或“3：终止直径”，用户可以输入新值以重新确定轴或孔的直径，如果起始直径与终止直径不同，则画出的是圆锥孔或圆锥轴。

• 立即菜单“4：有中心线”：表示在轴或孔绘制完后，会自动添加中心线，如果单击鼠标左键改为“无中心线”方式则不会添加中心线。

• 当立即菜单中的所有内容设定完后，用鼠标确定轴或孔上一点，或由键盘输入轴或孔的长度。一旦输入结束，一个带有中心线的轴或孔被绘制出来。

④ 本命令可以连续地重复操作，单击鼠标右键停止操作。

例如：图 3-6（a）、（b）分别为用上述操作所画的轴和孔，但在实际绘图过程中孔应绘制在实体中，图 3-6（c）为阶梯轴和孔的综合例子。

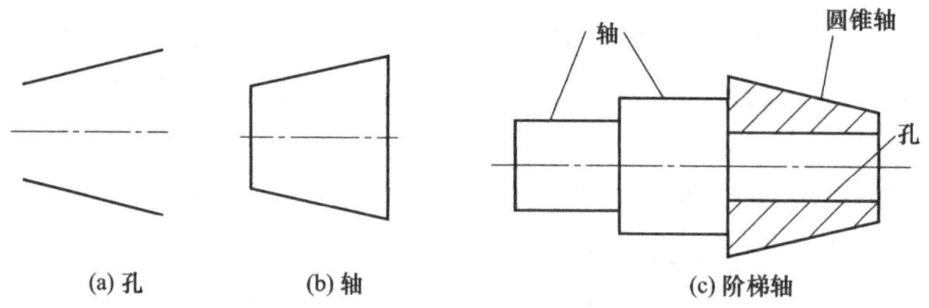

图 3-6 孔、轴、阶梯轴绘制实例

【知识点二】 过渡

CAXA 数控车的过渡包括圆角、倒角和尖角的过渡等。

1. 圆角过渡【命令名】corner

(1) 功能

“圆角过渡”用来在两圆弧（或直线）之间进行圆角的光滑过渡。

(2) 操作步骤

① 用鼠标左键单击“修改”菜单再选择下拉菜单中的“过渡”命令，或在“编辑”工具栏单击“过渡”按钮，弹出立即菜单，如图 3-7 所示。

② 用鼠标左键单击立即菜单“1:”后面的▼，则在立即菜单上方弹出选项菜单，如图 3-7 所示，用户可以在选项菜单中根据作图需要用鼠标选择不同的过渡形式。

③ 用鼠标左键单击立即菜单中“2:”后面的▼，则在其上方弹出一个如图 3-8 所示的选项菜单，用鼠标左键单击不同的选项可以进行裁剪方式的切换。

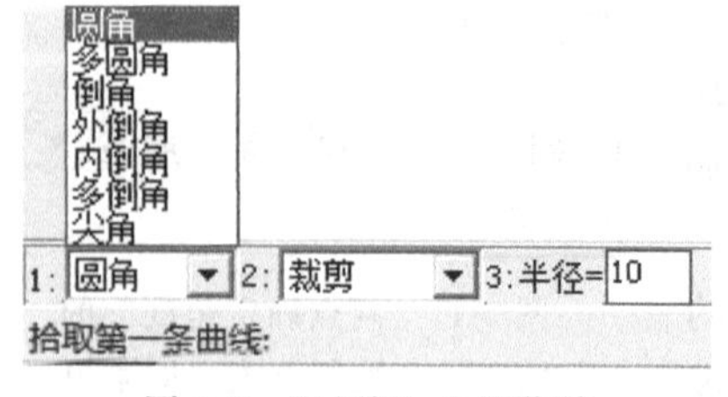

图 3-7 “过渡”立即菜单

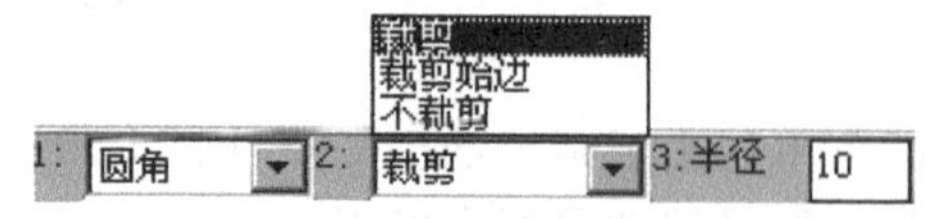

图 3-8 圆角过渡（1）

a. 裁剪：裁剪掉过渡后所有边的多余部分，如图 3-9（a）所示。

b. 裁剪始边：只裁剪掉起始边的多余部分。起始边也就是用户拾取的第一条曲线，如图 3-9（b）所示。

c. 不裁剪：执行过渡操作以后，原线段保留原样，不被裁剪，如图 3-9（c）所示。

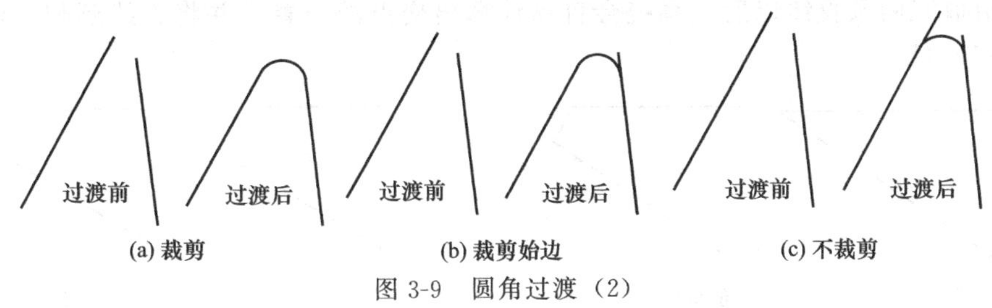

图 3-9　圆角过渡（2）

④ 单击立即菜单“3：半径”后，可按照提示输入过渡圆弧的半径值。

⑤ 按当前立即菜单的条件及操作和提示的要求，用鼠标拾取待过渡的第一条曲线，被拾取到的曲线呈红色显示，而操作提示变为“拾取第二条曲线”。在用鼠标拾取第二条曲线以后，在两条曲线之间用一个圆弧光滑过渡。

用鼠标拾取的曲线位置不同，会得到不同的结果，而且过渡圆弧半径的大小应合适，否则将得不到正确的结果。

2. 倒角过渡【命令名】corner

(1) 功能

“倒角”命令用来在两直线间进行倒角过渡。直线可被裁剪或向角的方向延伸。

(2) 操作步骤

① 用鼠标左键单击菜单“修改”，再选择下拉菜单中的“过渡”命令，或在“编辑”工具栏单击“过渡”按钮，弹出立即菜单，如图 3-10 所示。

② 在弹出的立即菜单中单击菜单“1:”后面的，并从菜单项中选择“倒角”功能，如图 3-10 所示。

图 3-10　倒角过渡

③ 用户可以从立即菜单项“2:”中选择裁剪的方式，操作方法及各选项的含义与“圆角过渡”中所介绍的一样。

④ 立即菜单中的“3：长度”和“4：倒角”两项内容表示倒角的轴向长度和倒角的角度。根据系统提示，从键盘输入新值可改变倒角的长度与角度，其中“轴向长度”是指从两直线的交点开始，沿所拾取的第一条直线方向的长度；“角度”是指倒角线与所拾取第一条直线的夹角，其范围是 0°～180°，其定义如图 3-11

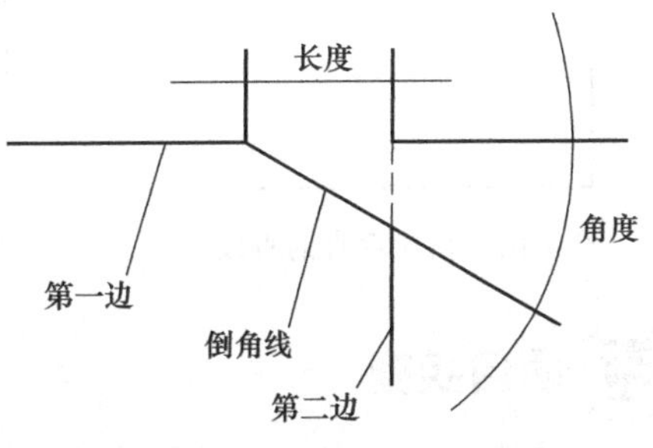

图 3-11　倒角的参数

所示。由于轴向长度和角度的定义均与第一条直线的拾取有关，所以两条直线拾取的顺序不同，作出的倒角也不同。

⑤ 若需倒角的两直线已相交（即已有交点），则拾取两直线后，立即作出一个由给定长度、给定角度确定的倒角，如图 3-12（a）。如果作倒角过渡的两条直线没有相交（即尚不存在交点），则拾取完两条直线以后，系统会自动计算出交点的位置，并将直线延伸，而后作出倒角，如图 3-12（b）。

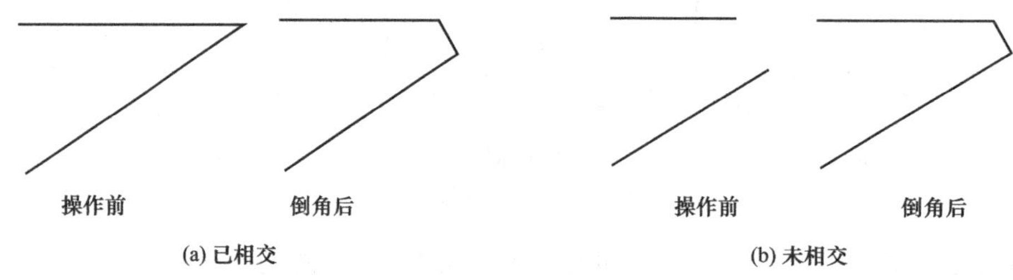

图 3-12 倒角的效果

本命令可以连续地重复操作，单击鼠标右键停止操作。

3. 外倒角或内倒角【命令名】corner

（1）功能

“外倒角”或“内倒角”命令用来绘制三条相垂直的直线外倒角或内倒角。

（2）操作步骤

① 单击并选择“修改”下拉菜单中的“过渡”命令或在“编辑”工具栏单击“过渡”按钮。

② 单击弹出的立即菜单中“1:”后面的▼，并从菜单项中选择“外倒角”或“内倒角”。

③ 立即菜单中的“2:”和“3:”两项内容表示倒角的轴向长度和倒角的角度。用户可按照系统提示，从键盘输入新值，改变倒角的长度与角度。

④ 根据系统提示，选择三条相互垂直的直线，这三条相互垂直的直线是指类似于如图 3-13 所示的三条直线，即直线 a、b 同垂直于 c，并且在 c 的同侧。

⑤ 外（内）倒角的结果与三条直线拾取的顺序无关，只决定于三条直线的相互垂直关系。

本命令可以连续地重复操作，单击鼠标右键停止操作。

例如：图 3-14 为阶梯轴倒角的实例，其中有外倒角，也有内倒角。首先选择“外倒角”方式，设置轴向长度为 2，倒角为 45°，然后选择线段 1、2、3，可绘制出外倒角；再选择“内倒角”方式，同样设置轴向长度为 2，倒角为 45°，然后选择线段 1、3、4，可绘制出内倒角。

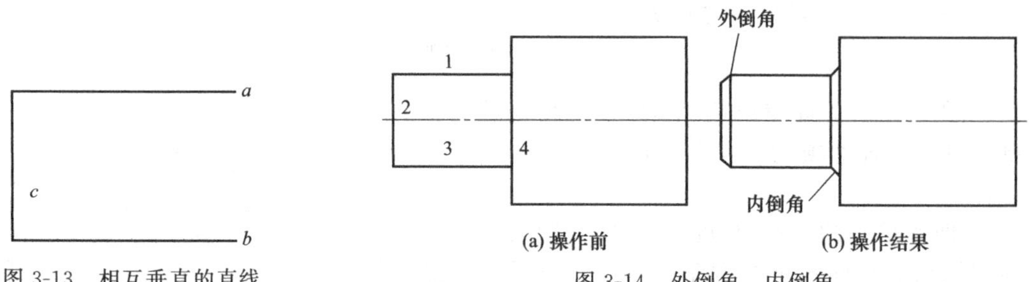

图 3-13 相互垂直的直线

图 3-14 外倒角、内倒角

项目实施

绘制图 3-1 零件图，绘图步骤如下。

① 进入“孔/轴”绘制功能，系统弹出立即菜单，如图 3-15 所示，选择“直接给出角度”方式。

图 3-15　“孔/轴”绘制功能立即菜单

立即菜单中的“3：中心线角度”CAXA 数控车中一般设定为 0，如图 3-15 所示。

② 按系统提示要求，移动鼠标或用键盘输入一个插入点，这时在立即菜单处出现一个新的立即菜单，如图 3-16 所示。

③ 单击立即菜单中的“2：起始直径”或“3：终止直径”，输入轴的直径 90，当立即菜单中的所有内容设定完后，由键盘输入轴的长度 120。一旦输入结束，一个带有中心线的轴被绘制出来，如图 3-17 所示。

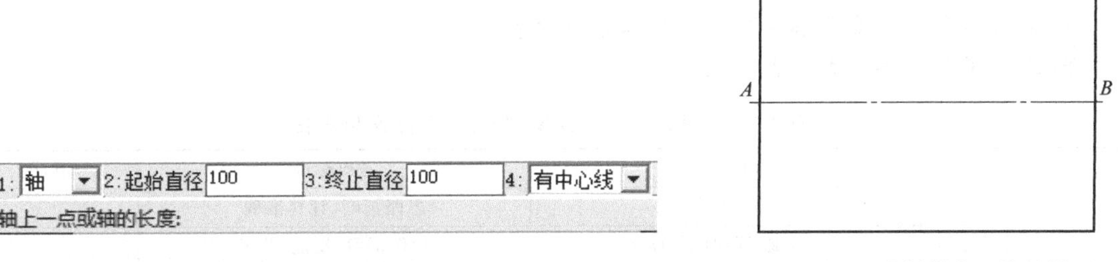

图 3-16　新的立即菜单（1）　　图 3-17　绘制带中心线的轴

④ 再进入“孔/轴”绘制功能，选择“直接给出角度”方式，按系统提示要求，移动鼠标拾取 A 点，出现立即菜单，如图 3-18 所示。

⑤ 单击立即菜单中的“2：起始直径”或“3：终止直径”，输入轴的直径 40，当立即菜单中的所有内容设定完后，由键盘输入轴的长度 58，则直径 40 的轴绘制出来，如图 3-19 所示。

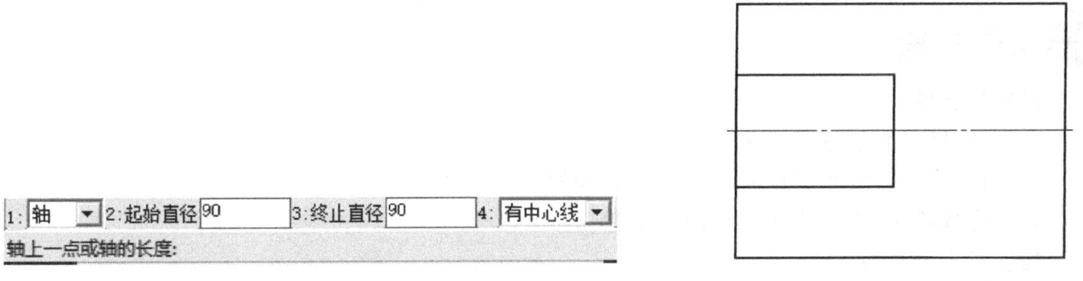

图 3-18　新的立即菜单（2）　　图 3-19　绘制直径 40，长度 58 的轴

⑥ 再单击立即菜单中的“3：终止直径”，输入轴的终止直径 80，设定完成后，由键盘输入轴的长度 39，则圆锥轴绘制出来，如图 3-20 所示。

⑦ 再单击立即菜单中的“2：起始直径”，输入轴的直径 80，设定完成后，由键盘输入轴的长度 23，则直径 80 的轴绘制出来，如图 3-21 所示。

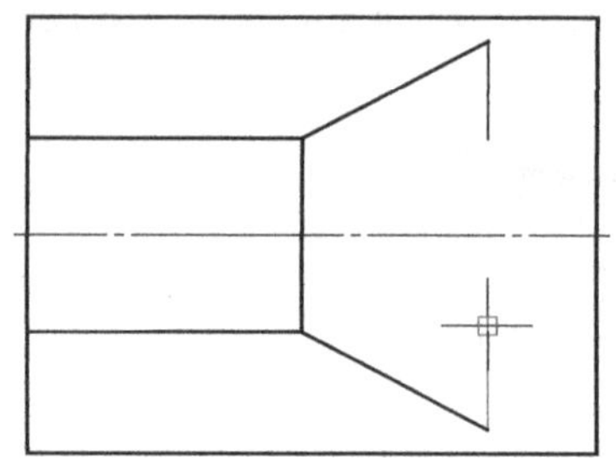
图 3-20 绘制圆锥轴

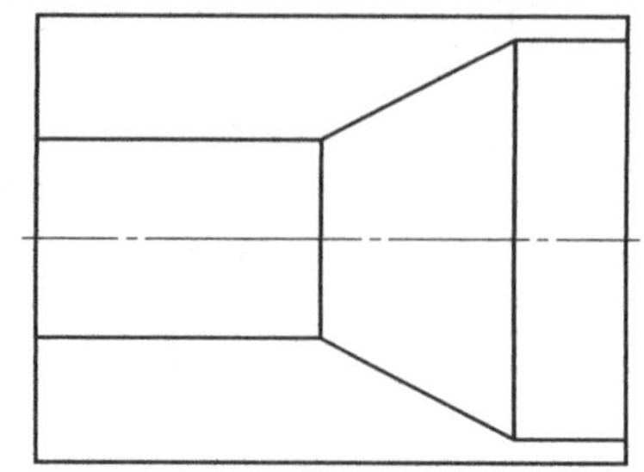
图 3-21 绘制直径 80，长度 23 的轴

⑧ 绘制剖面线，完成图形绘制，如图 3-1 所示。

绘制内轮廓这里采用绘制轴的方式，为什么没有采用绘制孔的方式？试一试采用绘制孔的方式绘制内轮廓，与采用绘制轴的方式有何不同？

项目测评

① 通过本项目实施有哪些收获？难点是什么？

② 填写子项目测评表（表 3-1）。

表 3-1 子项目（一）绘制“孔/轴”操作测评表

考核项目		考核内容		考核标准		测评
主要项目	1	节点坐标		思路清晰、计算准确		
	2	“孔/轴”等功能与操作		操作正确、规范、熟练		
	3	剖面线功能		绘制准确、规范		
	4	查询功能：坐标、距离		操作正确、规范、熟练		
	5	尺寸标注		标注准确、规范		
	6	其它		正确、规范		
文明生产	安全操作规范、机房管理规定					
结果		优秀	良好	及格	不及格	

项目拓展

(1) 思考题

① 本项目主要学习了哪些内容？

② 操作中遇到哪些难点问题？如何处理的？

③ “孔/轴” 等指令的功能和操作步骤。

(2) 绘制零件图

① 绘制如题图 3-1 所示零件图（习题知识点：“孔/轴” 等指令的功能与操作，注意利用“过渡” 功能倒角）。

② 绘制如题图 3-2 所示零件图（习题知识点：“孔/轴” 等指令的功能与操作，注意利用“过渡” 功能倒角）。

③ 绘制如题图 3-3 所示零件图（习题知识点：“孔/轴” 等指令的功能与操作，注意利用“过渡” 功能倒角）。

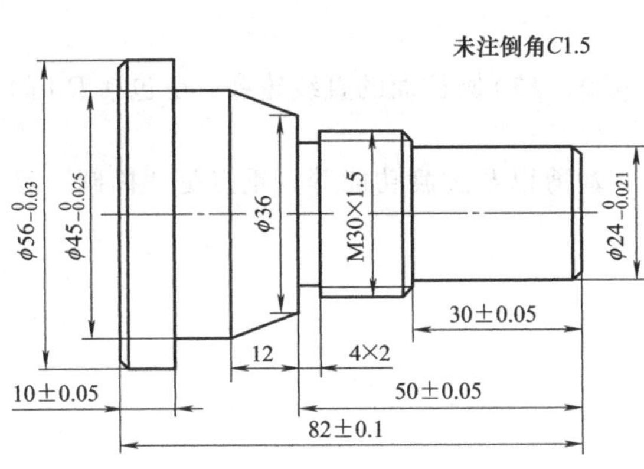

题图 3-1

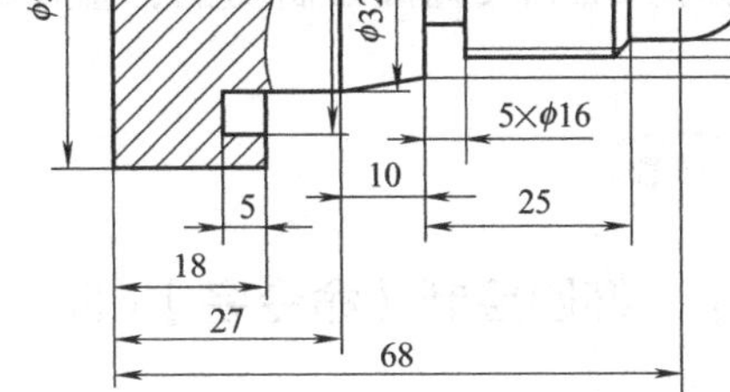

题图 3-2

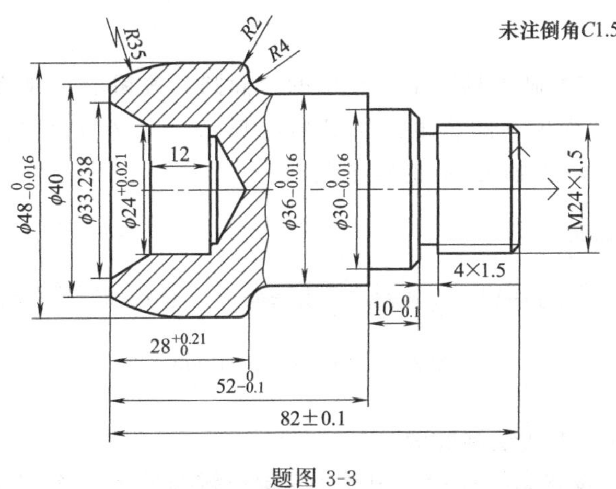

题图 3-3

子项目（二）　绘制椭圆

项目目标

绘制如图 3-22 所示零件图。

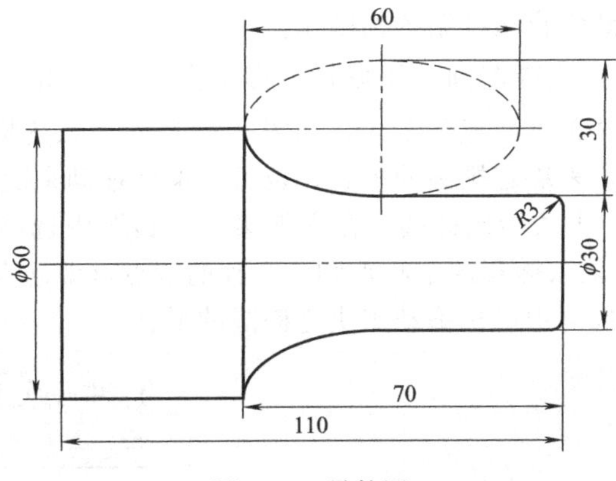

图 3-22　零件图

项目分析

① 分析如图 3-22 所示零件图：零件的轮廓有 $\phi60$、$\phi30$ 圆柱面的直线轮廓，也包括 $R3$ 的圆弧以及椭圆圆弧等轮廓。

② 完成本项目需要椭圆绘制功能、直线功能、裁剪以及过渡功能等，重点是“椭圆”绘制功能。

项目准备

【知识点】 椭圆绘制【命令名】ellipse

(1) 功能

用鼠标或键盘输入点确定椭圆的中心，然后按给定椭圆的长半轴、短半轴画一个任意方向的椭圆或椭圆弧。

(2) 操作步骤

① 用鼠标左键单击“绘制工具”工具栏中的“椭圆”按钮，或单击菜单“椭圆”后选择子菜单的“椭圆”项，弹出立即菜单，如图 3-23 所示。含义为以定位点为中心画一个旋转角为 0°、长半轴为 100、短半轴为 50 的整个椭圆。

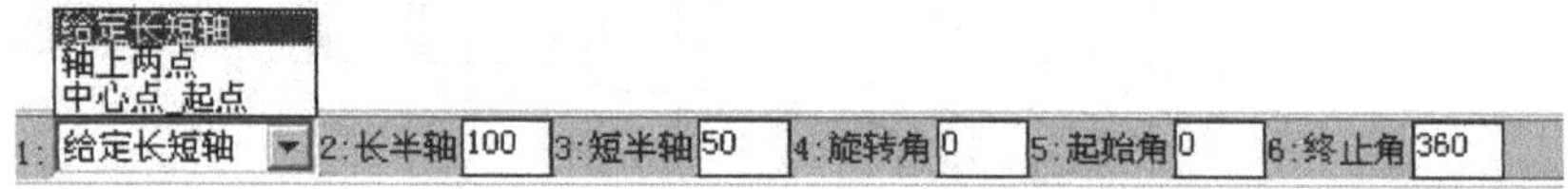

图 3-23 “椭圆”立即菜单

②“1：给定长短轴”方式绘制椭圆

a. 如图 3-23 所示，按状态栏提示，用鼠标左键或键盘输入一个定位点，椭圆即被绘制出来。操作中会发现，在移动鼠标确定定位点时，一个长半轴为 100、短半轴为 50 的椭圆随光标的移动而移动。

b. 如果用鼠标左键单击立即菜单中的“2：长半轴”或“3：短半轴”，按系统提示用户可重新定义待画椭圆的长半轴、短半轴的数值。

c. 如果单击立即菜单中的“4：旋转角”，可输入旋转角度，以确定椭圆的方向。

d. 如果单击立即菜单中的“5：起始角”和“6：终止角”，可输入椭圆的起始角和终止角，当起始角为 0°、终止角为 360°时，所画的为整个椭圆。当改变起始角、终止角时，所画的是一段从起始角开始、到终止角结束的椭圆弧。

③“1：轴上两点”方式绘制椭圆 用鼠标左键单击“1：给定长短轴”后面的▼，弹出椭圆绘制方式，从中选择“轴上两点”方式，如图 3-24 所示，系统提示输入一个轴的两端点，然后输入另一个轴的长度，来决定椭圆的形状；也可用鼠标拖动来决定椭圆的形状。

④“1：中心点_起点”方式绘制椭圆 在立即菜单“1：”中选择“中心点_起点”方式绘制椭圆，如图 3-25 所示。输入椭圆的中心点和一个轴的端点（即起点），然后输入另一个轴的长度来决定椭圆的形状；也可用鼠标拖动来决定椭圆的形状。

图 3-24 “轴上两点”方式绘制椭圆

1: 中心点_起点
中心点

图 3-25 “中心点_起点”方式绘制椭圆

本命令可以连续地重复操作，单击鼠标右键停止操作。

项目实施

绘制图 3-22 零件图，绘图步骤。

① 进入“孔/轴”绘制功能，选择“直接给出角度”方式。按系统提示要求，移动鼠标确定一个插入点，这时在立即菜单处出现一个新的立即菜单，如图 3-26 所示。

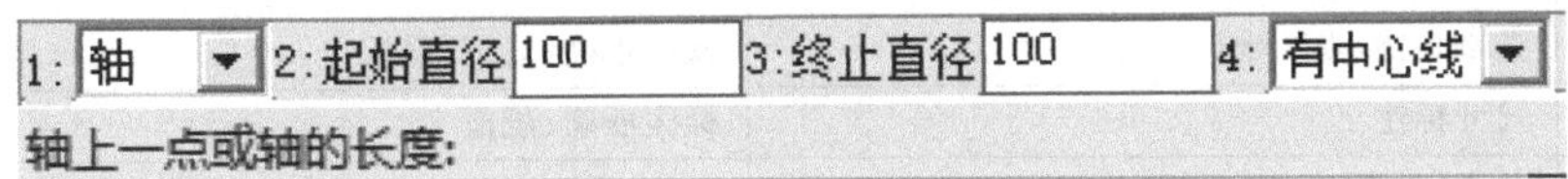

图 3-26　新的立即菜单

② 单击立即菜单中的“2：起始直径”或“3：终止直径”，输入轴的直径 60，当立即菜单中的所有内容设定完后，由键盘输入轴的长度 40，一旦输入结束，带有中心线的直径 60 的轴被绘制出来。

③ 单击立即菜单中的“2：起始直径”或“3：终止直径”，输入轴的直径 30，当立即菜单中的所有内容设定完后，由键盘输入轴的长度 70，绘制出直径 30 的轴，如图 3-27 所示。

④ 单击立即菜单中的“2：起始直径”或“3：终止直径”，输入轴的直径 60，当立即菜单中的内容设定完后，反向移动鼠标，由键盘输入轴的轴长度 40，绘制出直径 60 的轴，如图 3-28 所示。

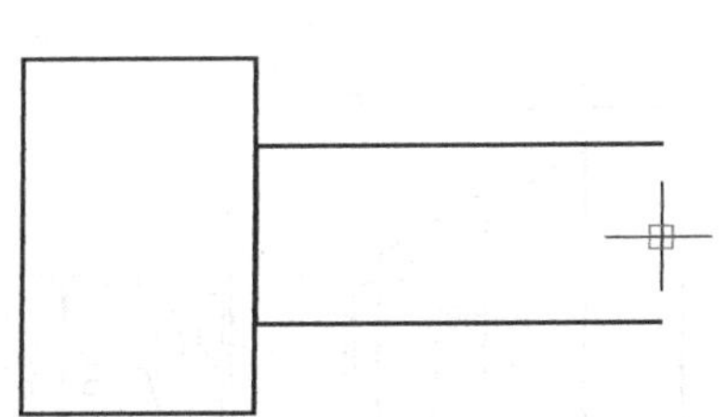

图 3-27　绘制直径 30 的轴

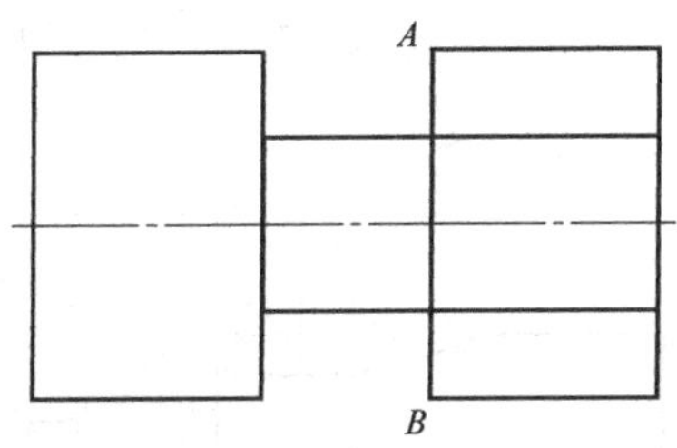

图 3-28　绘制直径 60 的轴

⑤ 选择“给定长短轴”方式绘制椭圆：用鼠标左键单击立即菜单中的“2：长半轴”或“3：短半轴”，按系统提示定义待画椭圆的长半轴 30、短半轴 15，分别以 A 点、B 点为基准点画出两椭圆，如图 3-29 所示。

⑥ 选择“两点_半径”方式绘制 $R3$ 的圆弧，再选择“裁剪”功能，裁掉多余的曲线，得到需要的零件图如图 3-22 所示。

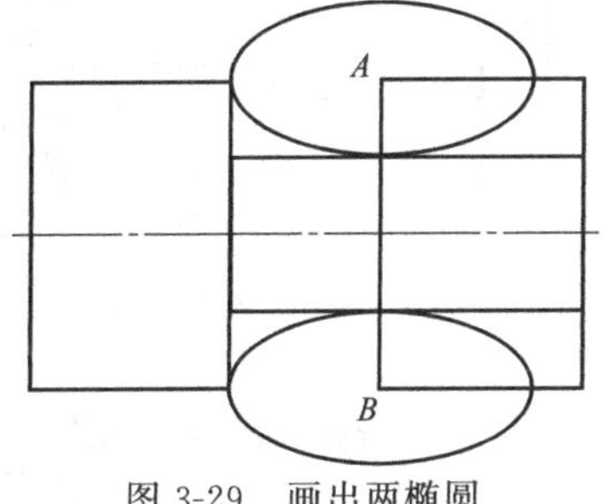

图 3-29　画出两椭圆

注意

绘制 $R3$ 的圆弧采用“圆角”过渡功能更方便、简洁。

项目测评

① 通过本项目实施有哪些收获？操作中遇到什么问题？

② 填写子项目测评表（表 3-2）。

表 3-2　子项目（二）绘制椭圆操作测评表

考核项目		考核内容		考核标准		测评
主要项目	1	节点坐标		思路清晰、计算准确		
	2	“孔/轴”等功能与操作		操作正确、规范、熟练		
	3	椭圆功能与操作		参数准确、绘制规范		
	4	圆弧绘制		操作正确、规范、熟练		
	5	查询功能：点的坐标		操作正确、规范、熟练		
	6	尺寸标注		标注准确、规范		
	7	其它		正确、规范		
文明生产	安全操作规范、机房管理规定					
结果		优秀	良好	及格	不及格	

项目拓展

(1) 思考题

① 本项目主要学习了哪些内容？

② 操作中遇到哪些难点问题？如何处理的？

③ “椭圆” 的功能、绘制方法、操作步骤。

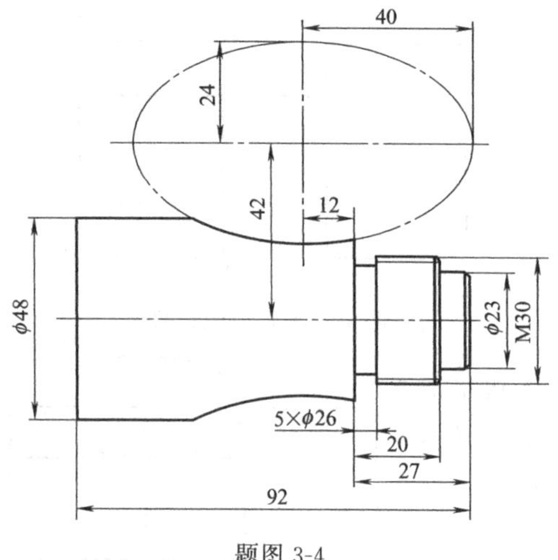

题图 3-4

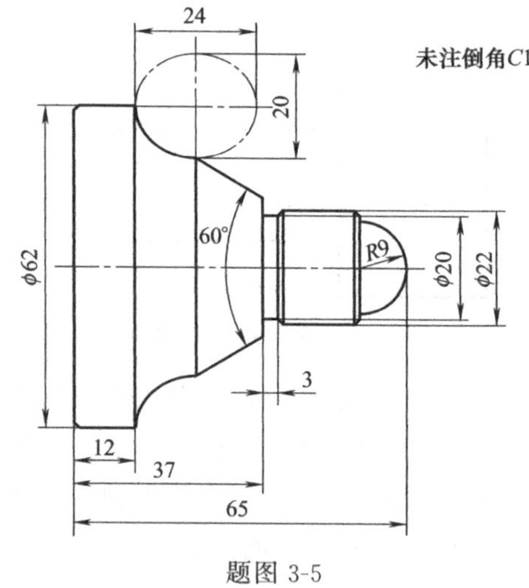

题图 3-5

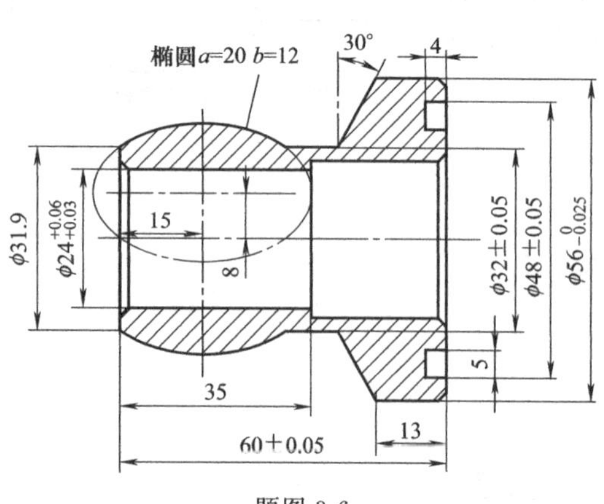

题图 3-6

(2) 绘制零件图

① 绘制如题图 3-4 所示零件图（习题知识点：椭圆等指令的功能与操作，注意利用“过渡”功能倒角）。

② 绘制如题图 3-5 所示零件图（习题知识点：椭圆等指令的功能与操作，注意利用“过渡”功能倒角）。

③ 绘制如题图 3-6 所示零件图（习题知识点：椭圆等指令的功能与操作，注意利用“过渡”功能倒角）。

子项目（三）　绘制公式曲线

项目目标

绘制如图 3-30 所示零件图。

项目分析

① 分析零件图 3-30：零件的轮廓有直线轮廓，包括 $\phi44$ 圆柱面、$\phi36$ 圆柱面和圆锥面的轮廓，还有右端的抛物线轮廓等。

② 圆柱面和圆锥面的绘制需要直线等功能，抛物线轮廓绘制需要公式曲线功能等；本项目的重点是公式曲线的概念、功能及绘制方法。

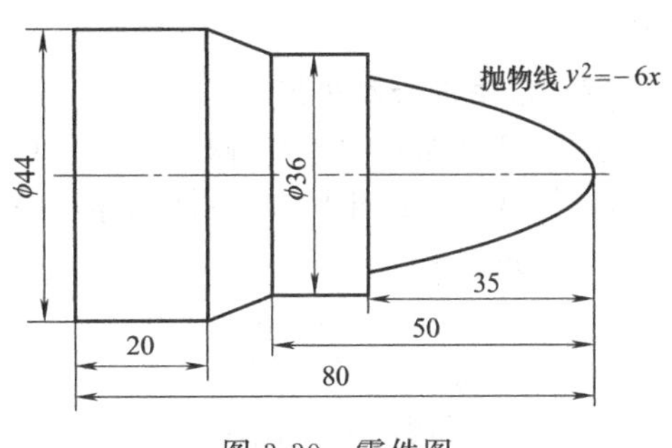

图 3-30　零件图

项目准备

【知识点一】　公式曲线

（1）功能

公式曲线即用数学表达式表示的曲线，也就是根据数学公式（或参数表达式）绘制出的相应的曲线。给出的数学公式既可以是直角坐标形式的，也可以是极坐标形式的。

公式曲线为用户提供了一种更方便、更精确的作图手段，以适应某些精确型腔、特殊轮廓曲线的绘图设计。用户只要交互输入数学公式、给定参数，计算机便会自动绘制出该公式描述的曲线。

（2）操作步骤

① 用鼠标左键单击“绘制工具”工具栏中的“公式曲线”按钮，或者单击“绘图”菜单后再选择子菜单中的“公式曲线”项，界面上将弹出“公式曲线”对话框，如图 3-31 所示。

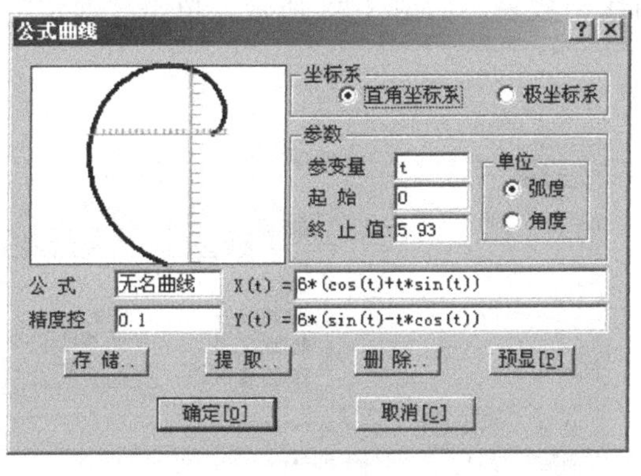

图 3-31　“公式曲线”对话框

② 可以在对话框中首先选择是在直角坐标系下还是在极坐标下输入公式。

③ 填写需要给定的参数：变量名、起终值（指变量的起始值、终止值即给定变量范围），并选择变量的单位。

④ 在编辑框中输入公式名、公式及精度，然后用户可以单击“预显”按钮，在左上角的预览框中可以看到设定的曲线。

⑤ 对话框中还有“存储”“提取”“删除”这三个按钮，“存储”一项是针对当前曲线而言，保存当前曲线；“提取”和“删除”都是对已存在的曲线进行操作，用左键单击这两项中的任何一个都会列出所有已存在公式曲线库的曲线，以供选取。

⑥ 设定完曲线后，单击“确定”，按照系统提示输入定位点以后，一条公式曲线就绘制出来了。

⑦ 本命令可以重复操作，单击鼠标右键可结束操作。

【知识点二】 函数表达式

(1) 功能

点的坐标和“公式曲线”的方程可以直接用函数表达式表达，本系统具有计算功能，它不仅能进行加、减、乘、除、平方、开方和三角函数等常用的数学计算，还能完成复杂表达式的计算。

(2) 常用符号及用法

①“+”(加)、“-”(减)、“*”(乘)、“/”(除)。

② 符号 sqrt：开平方，用法 sqrt (x)。

③ 三角函数

a. sin：正弦函数，用法 sin(x)。

b. cos：余弦函数，用法 cos(x)。

c. tan：正切函数，用法 tan(x) 等。

④ 符号 pow：计算 x^y 的值，用法 pow(x，y)。

例如：

① 数学计算式：60/91+(44.35)/23。

② 23 开平方：sqrt(23)。

③ 正弦函数：sin(70 * 3.14159/180) 等。

【知识点三】 常用公式曲线

(1) 正弦曲线

① 正弦曲线方程：$Y=\sin(X)$。

② 参数方程：$X=t$，$Y=\sin(t)$。

③ 填写公式曲线参数表，如图 3-32 所示，单击“确定”绘制出正弦曲线。

(2) 抛物线

① 抛物线方程：$y^2=2px$。

② 抛物线的参数方程：$X=2pt^2$，$Y=2pt$。

③ 例如：绘制抛物线 $y^2=10x$，填写公式曲线参数表，如图 3-33 所示，单击“确定”绘制出抛物线。

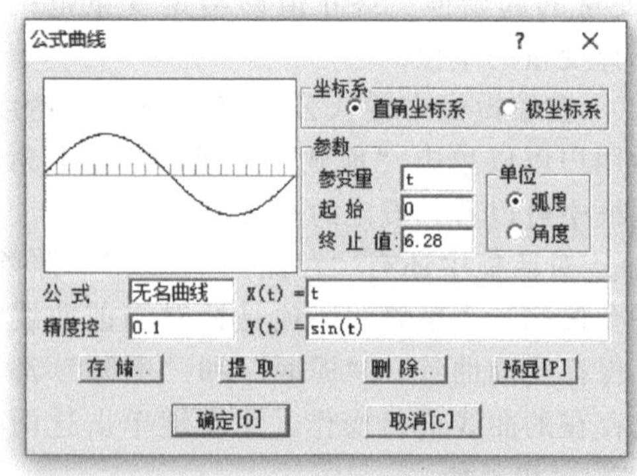

图 3-32 公式曲线（正弦曲线）

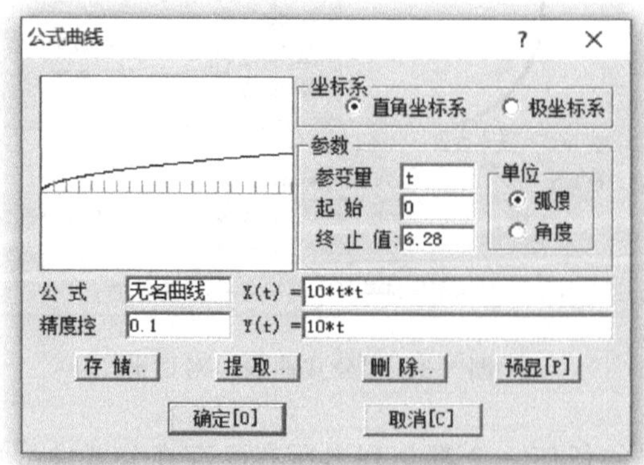

图 3-33 公式曲线（抛物线）

项目实施

绘制零件图 3-30，操作步骤。

① 选择线型“点画线”，再选择“两点线”功能，采用“正交”方式画出直线 AB，如图 3-34 所示。

② 进入“孔/轴”绘制功能，选择“直接给出角度”方式。以 A 点为“插入点”，逐步画出零件图左半部分，如图 3-33 所示。

③ 用鼠标左键单击“绘制工具”工具栏中的“公式曲线”按钮，或者单击“绘图”菜单后再选择子菜单中的“公式曲线”项，界面上将弹出公式曲线对话框，如图 3-35 所示。

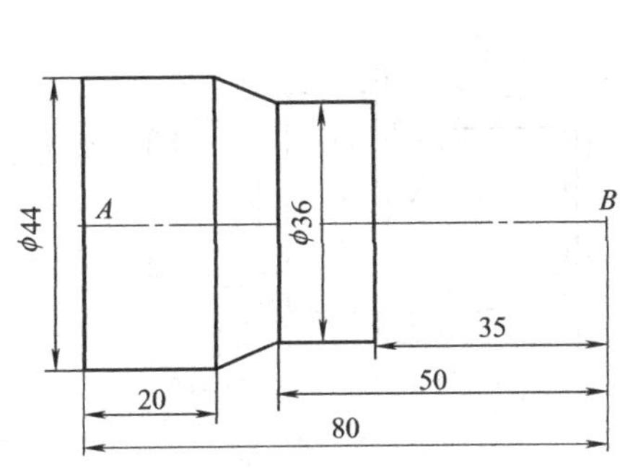

图 3-34　绘制各直线

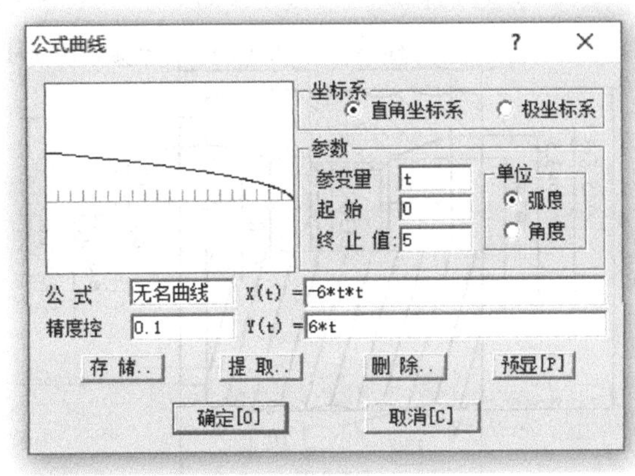

图 3-35　公式曲线（抛物线）

④ 设定完曲线的各项参数，如图 3-35 所示，单击“确定”，按照系统提示输入定位点 B 点，一条抛物线就绘制出来了，如图 3-36 所示。

⑤ 选择“裁剪”功能，裁掉多余的曲线，再选择“镜像”功能，画出对称的抛物线，得到零件图 3-30。

⑥ 单击鼠标右键，完成图形绘制。

图 3-36　绘制抛物线

项目测评

① 通过本项目实施有哪些收获？

② 填写子项目测评表（表 3-3）。

表 3-3　子项目（三）绘制公式曲线操作测评表

<table>
<tr><th colspan="2">考核项目</th><th colspan="2">考核内容</th><th colspan="2">考核标准</th><th>测评</th></tr>
<tr><td rowspan="8">主要项目</td><td>1</td><td colspan="2">节点坐标</td><td colspan="2">思路清晰、计算准确</td><td></td></tr>
<tr><td>2</td><td colspan="2">“孔/轴”等功能与操作</td><td colspan="2">操作正确、规范、熟练</td><td></td></tr>
<tr><td>3</td><td colspan="2">公式曲线功能与操作</td><td colspan="2">参数准确、绘制规范</td><td></td></tr>
<tr><td>4</td><td colspan="2">裁剪功能</td><td colspan="2">操作正确、规范、熟练</td><td></td></tr>
<tr><td>5</td><td colspan="2">查询功能:点的坐标</td><td colspan="2">操作正确、规范、熟练</td><td></td></tr>
<tr><td>6</td><td colspan="2">镜像功能</td><td colspan="2">操作正确、规范</td><td></td></tr>
<tr><td>7</td><td colspan="2">尺寸标注</td><td colspan="2">标注准确、规范</td><td></td></tr>
<tr><td>8</td><td colspan="2">其它</td><td colspan="2">正确、规范</td><td></td></tr>
<tr><td>文明生产</td><td colspan="3">安全操作规范、机房管理规定</td><td colspan="2"></td><td></td></tr>
<tr><td colspan="2">测评结果</td><td>优 秀</td><td>良 好</td><td>及 格</td><td>不及格</td><td></td></tr>
</table>

项目拓展

(1) 思考题

① 本项目主要学习了哪些内容？

② 本项目操作中遇到哪些难点问题？如何处理的？

③ 余弦曲线 $y = \cos(x)$ 的参数方程。

④ 抛物线的绘制方法、操作步骤。

(2) 绘制零件图

① 绘制如题图 3-7 所示零件图（习题知识点：公式曲线的功能与操作、椭圆绘制）。

② 绘制如题图 3-8 所示零件图（习题知识点：公式曲线的功能与操作、抛物线的绘制）。

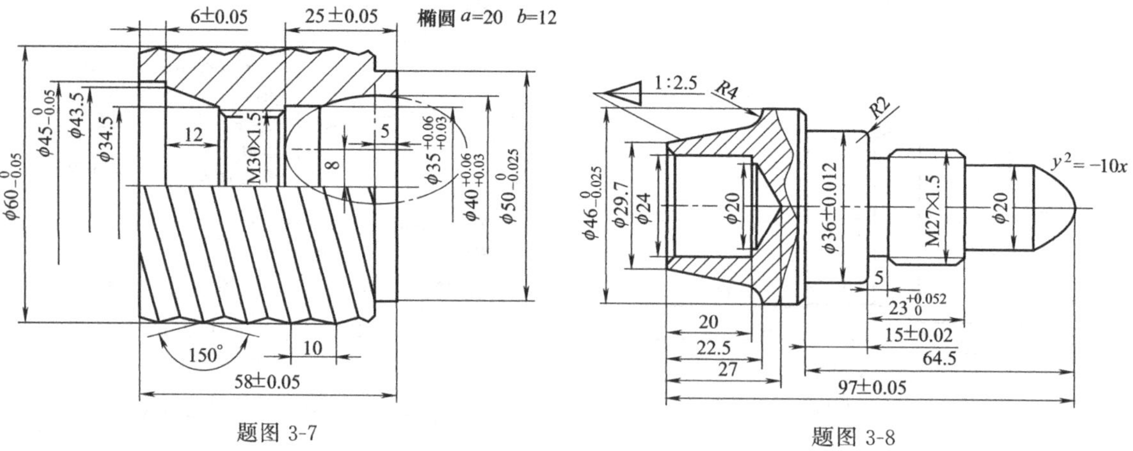

题图 3-7　　题图 3-8

③ 绘制题图 3-9 所示零件图（习题知识点：公式曲线的功能与操作、正弦曲线的绘制）。

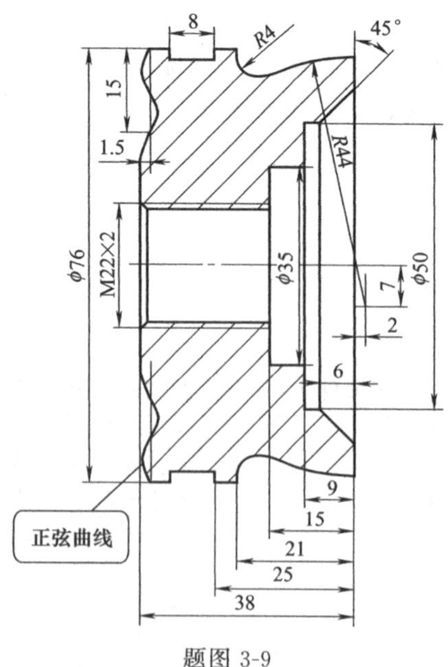

题图 3-9

项目四 CAXA数控车加工

本项目共设计了七个子项目，主要学习 CAXA 数控车的轮廓粗车与精车加工、车槽、车螺纹及钻孔加工等功能与操作。子项目（一）轮廓粗车：主要包括机床设置、后置处理、轮廓粗车的轮廓建模、粗车参数、刀具轨迹、仿真加工、代码生成等功能与操作；子项目（二）内轮廓粗车：主要包括内轮廓粗车的轮廓建模、粗车参数、刀具轨迹、仿真加工、代码生成等功能与操作；子项目（三）端面轮廓粗车：主要包括端面粗车的轮廓建模、粗车参数、刀具轨迹、仿真加工、代码生成等功能与操作；子项目（四）轮廓精车：主要包括轮廓精车的轮廓建模、精车参数、刀具轨迹、仿真加工、代码生成等功能与操作；子项目（五）CAXA 数控车轮廓车槽：主要包括轮廓车槽的轮廓建模、车槽参数、刀具轨迹、仿真加工、代码生成等功能与操作；子项目（六）CAXA 数控车螺纹：主要包括轮廓车螺纹的轮廓建模、车螺纹参数、刀具轨迹、仿真加工、代码生成等功能与操作；子项目（七）零件（工艺品高脚杯）的加工：主要包括钻孔加工的轮廓建模、加工参数、刀具轨迹、仿真加工、代码生成等功能与操作。

本项目的重点是机床设置、后置处理、轮廓车削的轮廓建模、车削参数、刀具轨迹、仿真加工、代码生成等功能与操作。

子项目（一） 轮廓粗车

项目目标

零件如图 4-1 所示，进行外轮廓粗车加工。

项目分析

(1) 分析零件结构

零件如图 4-1 所示，主要由 $\phi45$、$\phi36$、$\phi20$ 及 $\phi10$ 的圆柱面、一个圆锥面、$R6$ 和 $R5$ 的

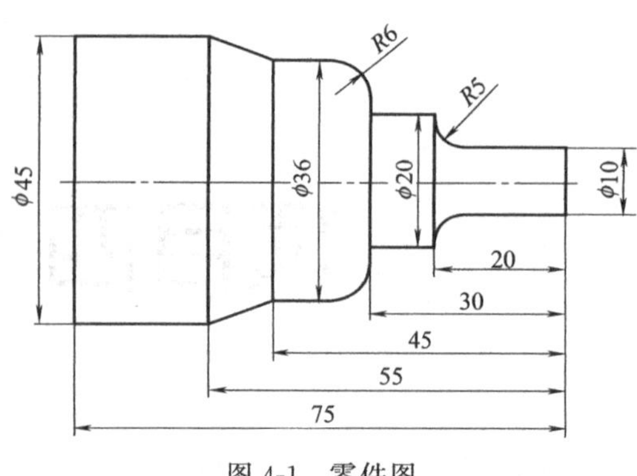

图 4-1　零件图

圆弧面、左右端面等组成，各部分尺寸完整，结构表达清楚。

(2) 零件加工分析

① 根据图样要求，选择零件毛坯尺寸 ϕ45mm×78mm；

② 车削端面，保证零件总长；

③ 进行轮廓粗车加工，去除大部分余量。粗车加工需要机床设置、后置处理、轮廓粗车等功能，本项目的重点是CAXA数控车的外轮廓粗车。

(3) 车削加工主要参数（表4-1）

表 4-1　外轮廓粗车加工参数

工步号	工步内容	刀具	主轴转速 /(r/min)	进给量 /(mm/min)	吃刀量 /mm
1	车削工件左端面	T0101	1500	100	0.3
2	调头车右端面,保证零件总长	T0102	1500	100	0.3
3	粗车工件外轮廓	T0102	800	200	2.0
4	文明生产:执行安全规程,场地整洁,工具整齐			审核:	

项目准备

【知识点一】　机床设置

(1) 功能

机床设置就是针对不同的机床、不同的数控系统，设置特定的数控代码、数控程序格式及参数，并生成配置文件。生成数控程序时，系统根据配置文件的定义生成用户所需要的特定代码格式的加工指令。

机床配置给用户提供了一种灵活方便的设置系统配置的方法，对不同的机床进行适当的配置，具有重要的实际意义。通过设置系统参数，后置处理所生成的数控程序可以直接输入数控机床或加工中心进行加工，而无需进行修改。如果已有的机床类型中没有所需的机床，可以增加新的机床类型以满足使用需求，并可对新增的机床进行设置。

(2) 操作步骤

用鼠标左键单击“数控车”菜单后选择子菜单的“机床设置”项，或单击工具栏中的“机床设置”按钮，弹出机床类型设置对话框，如图4-2所示。

现以某系统参数配置为例，具体配置方法如下。

① 用鼠标左键单击“机床名”后面的▼，可选择一个已存在的机床并进行修改。按“增加机床”按钮可增加系统没有的机床，按“删除机床”按钮可删除当前的机床，按“确定”按钮可将用户的更改保存，按“取消”按钮则放弃已做的更改。

② 可对机床的各种指令地址进行设置：包括主轴控制、数值插补方法、补偿方式、冷却控制、程序启停以及程序首尾控制符等的设置。

a. 行号地址 $Nxxxx$　每一个程序段前都有一个程序段号，即行号地址。系统可以根据行号识别程序段，行号可以连续递增，也可以间隔递增，建议用户采用间隔递增的方式，因为间隔行号可以随时插入程序段，对原程序进行修改，而无需改变后续行号。如果采用连续递增的方式，

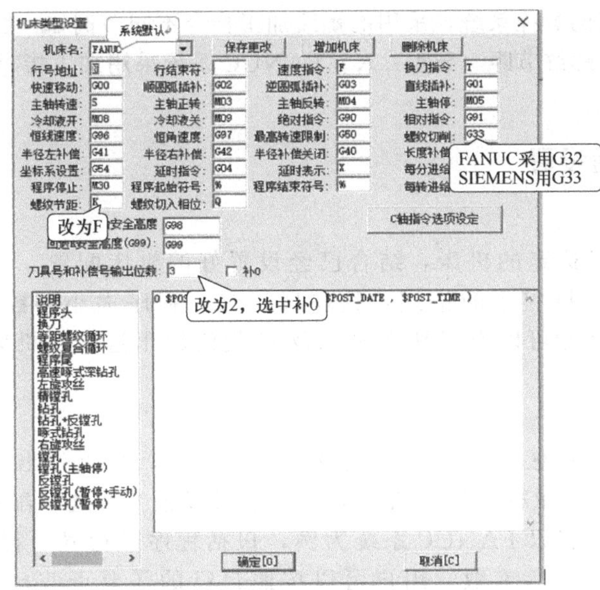

图 4-2　机床类型设置对话框

每修改一次程序，插入一个程序段，都必须对后续的所有程序段的行号进行修改，很不方便。

b. 行结束符　在数控程序中，一行数控代码就是一个程序段，应包括行号、数控代码和程序段结束符。不同的数控系统程序段结束符一般不同，有的系统以分号符“;”作为程序段结束符，有的系统结束符是“*”，有的是“#”，不尽相同。

c. 插补方式控制　数控系统都提供直线插补和圆弧插补，其中圆弧插补又可分为顺圆弧插补和逆圆弧插补。

d. 主轴控制指令　主轴控制指令包括主轴转速 *S*、主轴正转 M03、主轴反转 M04、主轴停 M05 等。

e. 冷却液开关控制指令　冷却液开 M07：M07 指令打开冷却液阀门开关，开始供给冷却液。冷却液关 M09：M09 指令关掉冷却液阀门开关，停止供给冷却液。

f. 恒角速度 G97　切削过程中按指定的主轴转速保持主轴转速恒定，直到下一指令改变该指令为止。机床一般都具有该功能，加工中如果零件轮廓的径向尺寸是变化的，如圆锥面、端面等，则随着径向尺寸的变化切削速度随着变化，零件表面加工质量也随着变化。

为了保证零件表面加工质量稳定，消除零件表面加工质量随着切削速度变化而变化，需要机床具有随着径向尺寸的变化而切削速度随之反向变化的功能，即恒线速度 G96 功能。

g. 恒线速度 G96　切削过程中按指定的线速度值保持线速度恒定。高档的数控机床具有该功能，加工中随着零件径向尺寸的变化主轴转速随之反向变化，使切削速度保持恒定，从而让零件表面加工质量保持恒定。

h. 最高转速 G50　G50 指令限制机床主轴的最高转速，常与恒线速度 G96 指令搭配使用。加工中采用 G96 指令时，随着零件径向尺寸的变小，主轴转速随之变大，为了保证机床、人身的安全，防止主轴转速无限地变大，机床主轴的转速设置了最高值。

不同的数控系统，采用的恒角速度、恒线速度、最高转速等指令可能不同，使用时注意查阅相关的使用手册。

i. 螺纹加工　不同的数控系统，采用的螺纹加工指令不同。例如：螺纹切削 SIEMENS 系统采用加工指令 G33、螺纹节距（导程）K；FANUC 系统采用加工指令 G32、螺纹节距（导程）F，如图 4-2 所示。

【知识点二】　后置设置

1. 功能

后置设置就是针对选定的机床，结合已经设置好的机床配置，对一些机床参数进行调整，如后置输出的数控程序的格式：程序段行号、程序大小、数据格式、编程方式、圆弧控制方式等。本功能可以设置缺省机床及 G 代码输出选项，机床名选择已存在的机床名。

2. 操作步骤

在“数控车”子菜单区中选取“后置设置”功能项，系统弹出“后置处理设置”参数表，如图 4-3 所示。用鼠标拾取“机床名”一栏可以很方便地从配置文件中调出需要的数控机床，后置参数设置以 FANUC 系统为例，包括程序段行号、程序大小、数据格式、编程方式、圆弧控制方式等参数，用户可以按照自己的需要更改已有机床的后置设置，按“确定”按钮可将用户的更改保存，“取消”则放弃已做的更改。

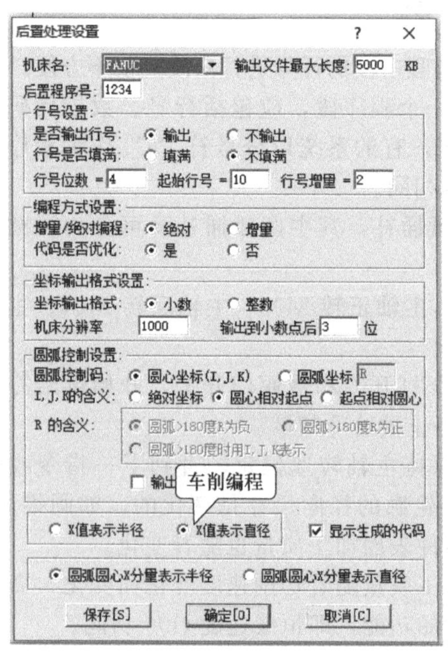

图 4-3 “后置处理设置”参数表

(1) 圆弧控制设置

设置控制圆弧的编程方式，即选择采用圆心编程方式还是采用半径编程方式。

① 圆心编程方式　当采用圆心编程方式时，圆心坐标（I，J，K）有三种含义。

a. 绝对坐标：采用绝对编程方式，圆心坐标值（I，J，K）以坐标系零点为参考点计算坐标值。

b. 相对起点：圆心坐标以圆弧起点为参考点计算坐标值。

c. 起点相对圆心：圆弧起点坐标以圆心坐标为参考点计算坐标值。

按圆心坐标编程时，圆心坐标的各种含义是针对不同的数控机床而言。不同机床之间其圆心坐标编程的含义不同，但对于特定的机床其含义只有其中一种。

② 半径编程方式　当采用半径编程时，采用半径正值、负值的方法来区别控制的圆弧是劣圆弧还是优圆弧。

a. 优圆弧：圆弧大于 180°，R 为负值。

b. 劣圆弧：圆弧小于 180°，R 为正值。

(2) X 值表示直径：软件系统采用直径编程；X 值表示半径：软件系统采用半径编程

数控车编程 X 值表示直径，使用 CAXA 数控车更要注意这一点。

【知识点三】　轮廓粗车的功能与操作

1. 功能

轮廓粗车用于对工件外轮廓表面、内轮廓表面和端面的粗车加工，用来快速清除毛坯的多余部分。

(1) 轮廓

CAXA 数控车中，轮廓就是表示零件表面的一系列首尾相接曲线的集合，分为被加工轮廓和毛坯轮廓。

① 被加工轮廓　被加工轮廓就是工件加工结束后得到的表面轮廓。

② 毛坯轮廓　毛坯轮廓就是加工前毛坯的表面轮廓。

(2) 粗车区域

被加工轮廓和毛坯轮廓的两端点相连，两轮廓共同构成一个封闭的区域，在此区域的材料将被加工去除。被加工轮廓和毛坯轮廓不能单独闭合或自相交，如图 4-4 所示。

2. 操作步骤

用鼠标左键单击菜单中的“数控车”，弹出子菜单选取“轮廓粗车”菜单项，或单击工具栏中的“轮廓粗车”按钮，系统弹出粗车参数表，如图 4-5 所示。

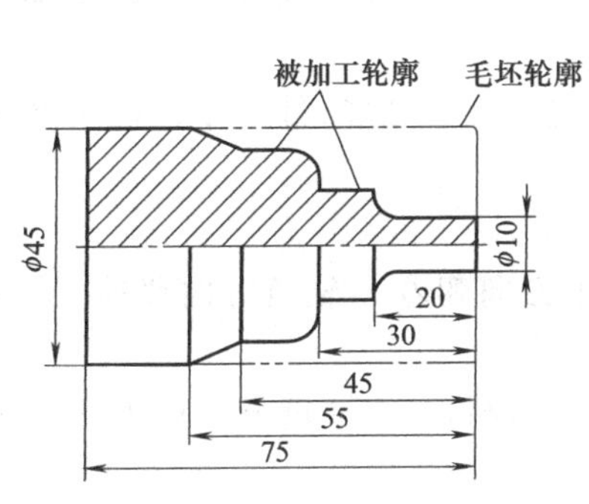

图 4-4　轮廓的概念

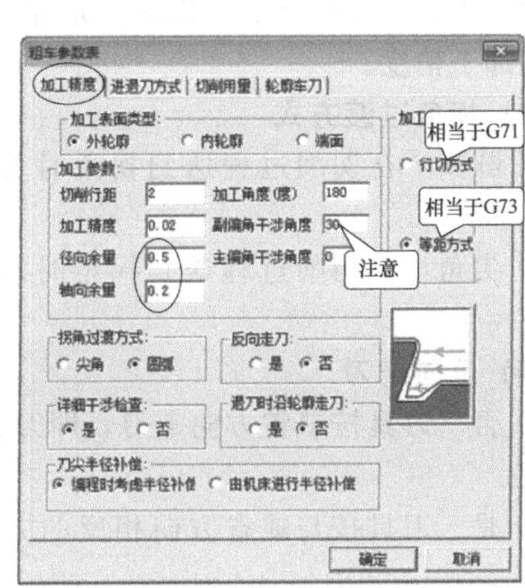

图 4-5　粗车参数表

【知识点四】　轮廓粗车参数表

粗车参数表包括加工精度、进退刀方式、切削用量、轮廓车刀等模块，图 4-5 中显示的是粗车加工精度的内容。

1. 加工精度

用鼠标左键点击对话框中的“加工精度”按钮即进入加工精度参数表，加工精度参数表主要用于对粗车加工中的各种工艺条件和加工方式进行限定，各加工参数含义说明如下。

(1) 加工表面类型

① 外轮廓　采用外轮廓车刀加工外轮廓，此时缺省加工方向角度为 180°。(在软件坐标系中 X 轴正方向代表机床的 Z 轴正方向，Y 轴正方向代表机床的 X 轴正方向，即本软件加工方向将软件的 XY 方向转换成机床的 ZX 方向。切削外轮廓，刀具由右到左运动，与机床的 Z 轴正方向成 180°，加工角度取 180°；切削端面，刀具从上到下做切削运动，与机床的 Z 轴正方向成 −90°或 270°，加工角度取 −90°或 270°。)

② 内轮廓　采用内轮廓车刀加工内轮廓，此时缺省加工方向角度为 180°。

③ 端面　此时缺省加工方向应垂直于系统 X 轴，即加工角度为－90°或 270°。

(2) 加工参数

① 副偏角干涉角度　做底切干涉检查时，确定干涉检查的角度。

注意

选取副偏角干涉角度尽量大一些，否则为了避免产生干涉，在零件容易发生干涉的部位粗车加工的余量会较大，达不到理想的加工要求。

② 主偏角干涉角度　做主偏角干涉检查时，确定干涉检查的角度。

③ 加工角度　刀具切削加工的方向与机床 Z 轴（软件系统的 X 轴正方向）正方向的夹角。

④ 切削行距　切削加工中每一刀的吃刀量（加工轨迹中两相邻切削行之间的距离）。

⑤ 加工余量　加工结束后，被加工表面没有加工的部分（与零件的设计尺寸比较），分为径向余量和轴向余量。

⑥ 加工精度　用户可按加工需要来控制加工的精度。对轮廓中的直线和圆弧，机床可以精确地加工；对由样条曲线组成的轮廓，系统将按给定的精度把样条转化成直线段来满足用户所需的加工精度。

(3) 拐角过渡方式

① 圆弧　在切削过程遇到拐角时刀具从轮廓的一边到另一边的过程中，以圆弧的方式过渡。

② 尖角　在切削过程遇到拐角时刀具从轮廓的一边到另一边的过程中，以尖角的方式过渡。

(4) 反向走刀

① 否　刀具按缺省方向走刀，即刀具从机床 Z 轴正方向朝着 Z 轴负方向移动。一般选择该方式。

② 是　刀具按与缺省方向相反的方向走刀，即刀具从机床 Z 轴负方向朝着 Z 轴正方向移动。

(5) 详细干涉检查

① 否　假定刀具前后干涉角均为 0°，对凹槽类的结构部分不做加工，以保证切削加工中没有干涉。一般不用。

② 是　加工凹槽类的结构时，用定义的干涉角度检查加工中是否有刀具主偏角及副偏角的干涉，并按定义的干涉角度生成无干涉的切削轨迹。一般选择该方式。

(6) 退刀时沿轮廓走刀

① 否　刀具退刀时，刀具要离开刚刚切削的零件轮廓表面。

② 是　刀具退刀时沿着刚刚切削的零件轮廓表面退刀。这种退刀方式刀具会划伤刚刚切削加工的零件轮廓表面，也会损坏刀具，一般不采用。

(7) 刀尖半径补偿

① 编程时考虑半径补偿　在生成加工轨迹时，系统根据当前所用刀具的刀尖半径进行补偿计算（按假想刀尖点编程）。所生成代码即为已经考虑半径补偿的代码，无需机床再进行刀尖半径补偿。

② 由机床进行半径补偿　在生成加工轨迹时，假设刀尖半径为 0，按轮廓编程，不进行刀尖半径补偿计算，所生成代码在用于实际加工时应根据实际刀尖半径由机床指定补偿值。

(8) 加工方式

① 行切方式　相当于 FANUC 系统的 G71 指令，自动编程时一般选用该方式，适用于加工用棒料毛坯的零件。

② 等距方式　相当于 FANUC 系统的 G73 指令，适用于加工已基本成型的工件，如铸件、锻件等。

2. 进退刀方式

用鼠标左键点击对话框中的“进退刀方式”按钮即进入“进退刀方式”参数表，该参数表用于对加工中的进退刀方式进行设定，设定的内容如图 4-6 所示。

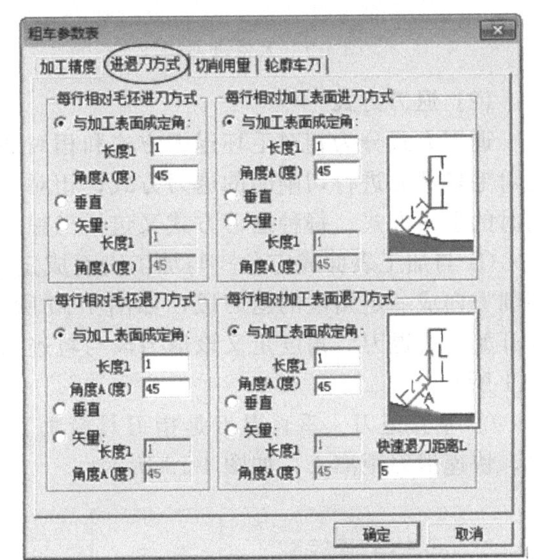

图 4-6　进退刀方式

(1) 进刀方式

进刀方式分为相对毛坯进刀和相对加工表面进刀两种方式。相对毛坯进刀方式用于指定对毛坯部分进行切削时的进刀方式；相对加工表面进刀方式用于指定对加工表面部分进行切削时的进刀方式。每种进刀方式又分为三种。

① 与加工表面成定角　与加工表面成定角进刀是指在每一切削行前加入一段与轨迹切削方向成一定角度的进刀段，刀具垂直进刀到该进刀段的起点，再沿该进刀段进刀至切削行。如图 4-7 所示，角度定义该进刀段与轨迹切削方向的夹角，长度定义该进刀段的长度。

② 垂直进刀　垂直进刀是指刀具沿垂直于 Z 轴的方向直接进刀到每一切削行的起始点，如图 4-8 所示。

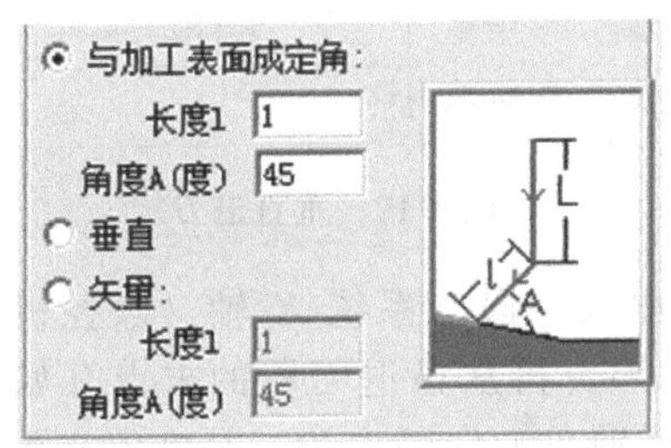

图 4-7　与加工表面成定角进刀

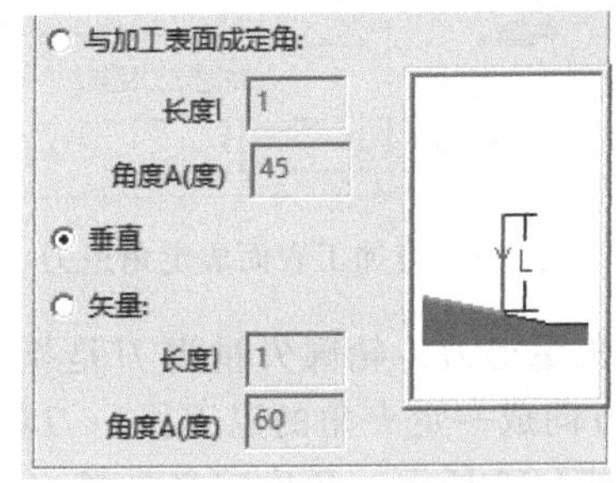

图 4-8　垂直进刀

③ 矢量进刀　矢量进刀是指在每一切削行前加入一段与系统 X 轴（机床 Z 轴）正方向成一定夹角的进刀段，刀具进刀到该进刀段的起点，再沿该进刀段进刀至切削行。角度定义矢量（进刀段）与系统 X 轴（数控机床的 Z 轴）正方向的夹角，长度定义矢量（进刀段）的长度，如图 4-9 所示。

矢量进刀的角度是进刀段与数控机床的 Z 轴正方向的夹角，加工内轮廓时要注意选取，防止出现扎刀。例如：以图 4-9 的矢量进刀方式加工内轮廓会出现扎刀，如图 4-10 所示。

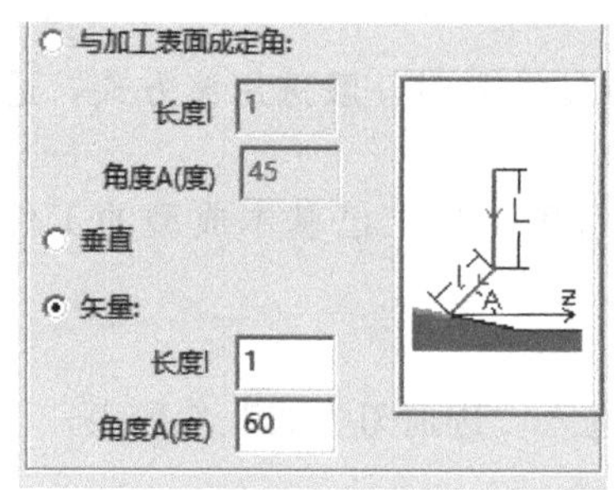

图 4-9 矢量进刀

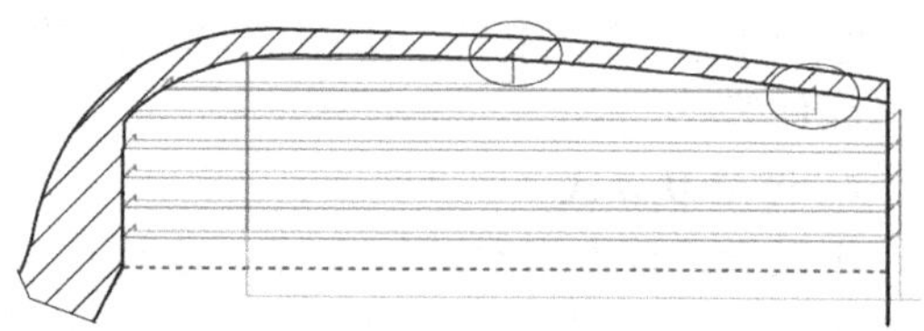

图 4-10 矢量进刀方式加工内轮廓会出现扎刀

(2) 退刀方式

退刀方式分为相对毛坯退刀方式和相对加工表面退刀方式两种。相对毛坯退刀方式用于指定对毛坯部分进行切削时的退刀方式；相对加工表面退刀方式用于指定对加工表面部分进行切削时的退刀方式。每种退刀方式又包括三种。

① 与加工表面成定角 与加工表面成定角退刀是指在每一切削行的后面加入一段与轨迹切削方向成一定角度的退刀段，如图 4-10 所示，刀具先沿该退刀段退刀，再从该退刀段的末点开始垂直退刀。角度定义该退刀段与轨迹切削方向的夹角，长度定义该退刀段的长度。如图 4-11 所示。

② 垂直退刀 垂直退刀是指刀具沿垂直于系统 X 轴（数控机床的 Z 轴）的方向直接退刀，快速退刀距离 L，如图 4-12 所示。

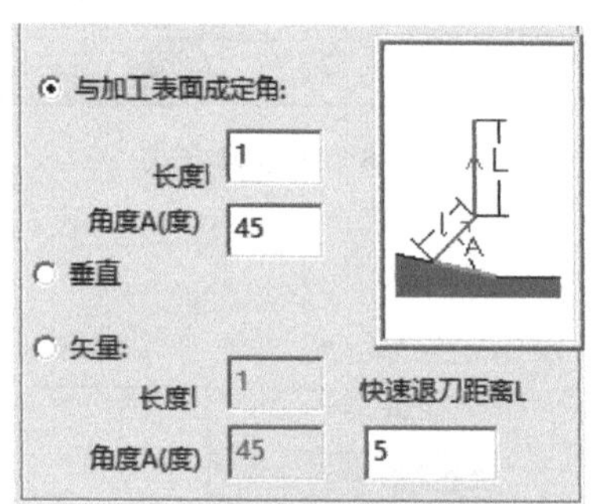

图 4-11 与加工表面成定角退刀

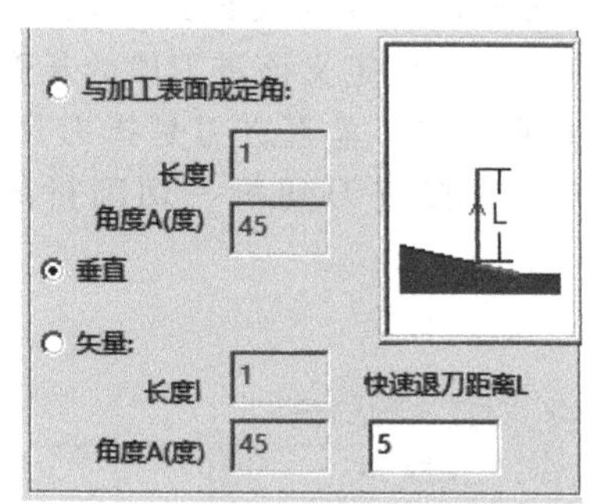

图 4-12 垂直退刀

③ 矢量退刀 轮廓矢量退刀是指在每一切削行后加入一段与系统 X 轴（数控机床的 Z 轴）正方向成一定夹角的退刀段，刀具先沿该退刀段退刀，再从该退刀段的末点开始垂直退刀，如图 4-13 所示，角度定义矢量（退刀段）与系统 X 轴正方向的夹角，长度定义矢量（退刀段）的长度，快速退刀距离 L 表示以给定的退刀速度回退的距离（相对值），在此距离上以机床允许的快速进给速度 G00 退刀。

矢量退刀的角度是进刀段与数控机床的 Z 轴正方向的夹角，加工内轮廓时要注意选取，防止扎刀。例如：以图 4-13 的矢量退刀方式加工内轮廓会出现扎刀，如图 4-14 所示。

3. 切削用量

在每种刀具轨迹生成时，都需要设置一些与切削用量及机床加工相关的参数。用鼠标左键点击“切削用量”按钮可进入切削用量参数设置窗口，各参数说明如图 4-15 所示。

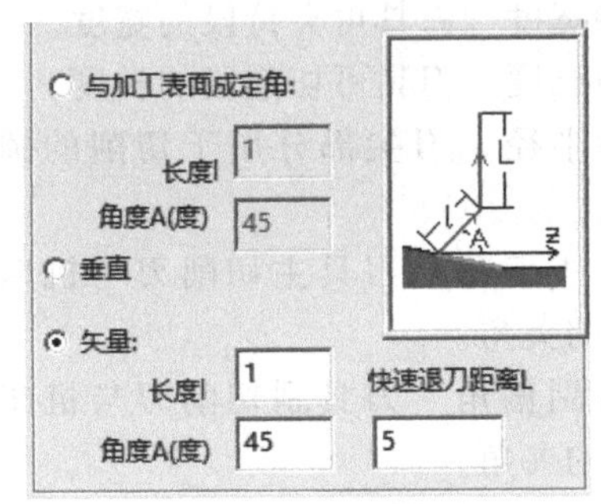

图 4-13 矢量退刀

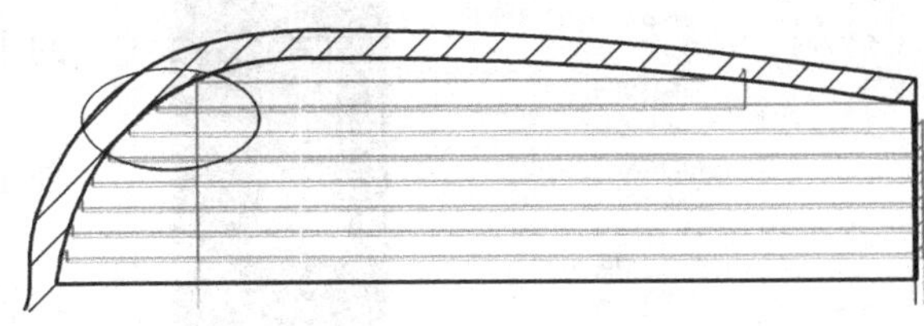

图 4-14 矢量退刀方式加工内轮廓会出现扎刀

(1) 速度设定

① 进退刀时快速走刀

是：以系统设定的 G00 快速进退刀，优先选用。

否：进刀、退刀的速度分别设定，一般不采用。

接近速度：刀具接近工件时的进给速度。

退刀速度：刀具离开工件的速度。

② 进刀量　进刀量分为每分钟进刀量、每转进刀量，注意选择、区分。

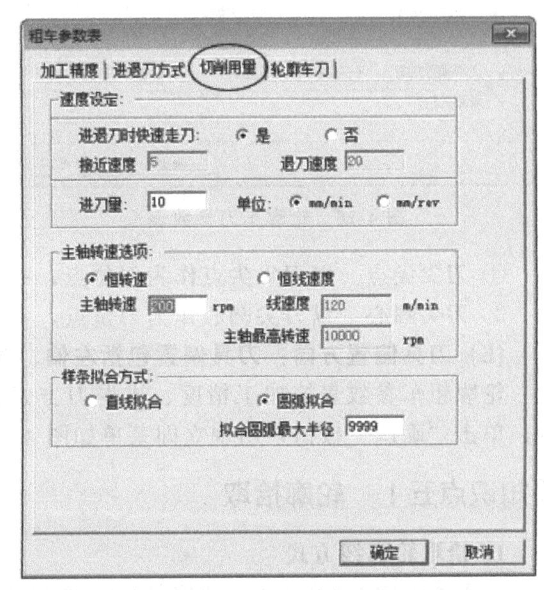

图 4-15 切削用量

(2) 主轴转速选项

① 恒转速　切削加工中主轴按指定的主轴转速（此时要设定数值，单位是 r/min）转动，并保持主轴转速恒定，直到下一指令改变该转速。

② 恒线速度　切削加工中切削速度按指定的线速度值（此时要设定线速度值和主轴最高转速数值），并保持线速度恒定。

(3) 样条拟合方式

① 直线拟合　对加工轮廓中的样条线，根据给定的加工精度用直线段进行拟合。

② 圆弧拟合　对加工轮廓中的样条线，根据给定的加工精度用圆弧段进行拟合。

4. 轮廓车刀

用鼠标左键点击“轮廓车刀”按钮，进入轮廓车刀参数设置对话框，如图 4-16 所示，用于对加工中所用的刀具参数进行设置。

(1) 当前轮廓车刀

显示当前使用的刀具的名称。当前刀具就是在加工中要使用的刀具，在加工轨迹的生成中要使用当前刀具的刀具参数。

(2) 当前轮廓车刀参数

① 刀具名　刀具的名称，如 lt0、外轮廓车刀、内轮廓车刀等，用于刀具标识和列表，用汉字标识更直观。注意：刀具名是唯一的。

② 刀具号　刀具的系列号，如 01、02 号刀，用于数控程序的自动换刀指令。刀具号是唯一的，并对应于机床的刀库。

③ 刀具补偿号　刀具补偿值的序列号，如 01、02 号刀补，其值对应于机床的数据库。

④ 刀柄长度　刀具可夹持段的长度。

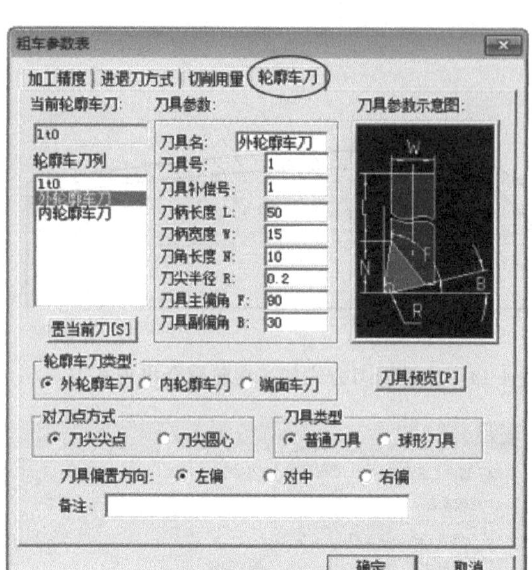

图 4-16 轮廓车刀参数表

⑤ 刀柄宽度　刀具可夹持段的宽度。

⑥ 刀角长度　刀具可切削段的长度。

⑦ 刀尖半径　刀尖部分用于切削的圆弧的半径。

⑧ 刀具主偏角　刀具主切削刃与机床 Z 轴轴线之间的夹角。

⑨ 刀具副偏角　刀具副切削刃与机床 Z 轴轴线之间的夹角。

(3) 轮廓车刀类型

① 外轮廓车刀。

② 内轮廓车刀。

③ 端面车刀。

(4) 刀具预览

轮廓车刀类型、刀具参数等设定以后，可以利用“刀具预览”验证所选刀具。

(5) 对刀点方式

① 刀尖尖点　以刀尖尖点作为刀位点，一般用于普通车刀。

② 刀尖圆心　以刀尖圆心作为刀位点，一般用于球形（圆弧）车刀。

(6) 刀具偏置方向：刀具偏置包括左偏、对中、右偏三种方式

轮廓粗车参数表的加工精度、进退刀方式、切削用量、轮廓车刀等参数的内容设定好以后，单击“确认”按钮，出现立即菜单如图 4-17 所示，系统提示拾取被加工工件表面轮廓。

【知识点五】 轮廓拾取

1. 拾取轮廓线方式

可以单击图 4-17 中“1：限制链拾取”后面的▼，弹出立即菜单如图 4-18 所示。

图 4-17 拾取轮廓

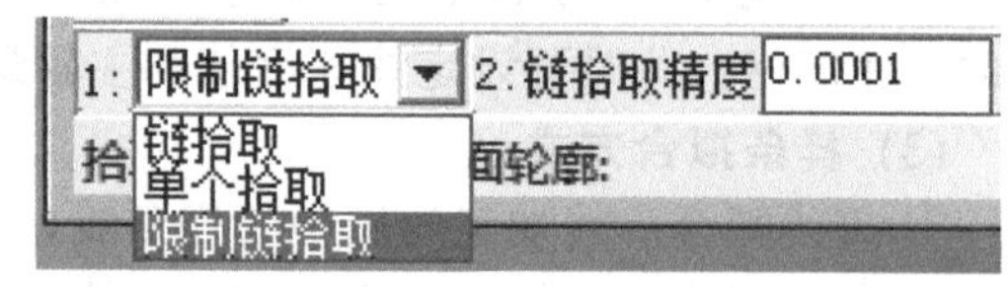

图 4-18 轮廓拾取方式

轮廓拾取立即菜单提供了三种轮廓拾取的方式：单个拾取、链拾取和限制链拾取。

(1) 单个拾取

“单个拾取”需拾取各条需要的曲线，适合于曲线条数不多且不适合于“链拾取”的情况。

(2) 限制链拾取

“限制链拾取”需指定起始曲线、搜索方向和限制曲线，系统按起始曲线及搜索方向自动寻找首尾搭接的曲线至指定的限制曲线。适用于曲线首尾相连、路径单一的场合，要避开有两根以上曲线搭接在一起的情形，以正确地拾取所需要的曲线。

采用单个拾取或限制链拾取可以将加工轮廓与毛坯轮廓区分开。为了发现操作中存在的曲线搭接或缝隙等问题，建议初学者采用“单个拾取”方式。

(3) 链拾取

“链拾取”需指定起始曲线及链搜索方向，系统按起始曲线及搜索方向自动寻找所有首尾搭接的曲线。适合于需批量处理的曲线数目较大且无两根以上曲线搭接在一起的情形。

数控车中不采用链拾取方式拾取轮廓线，这是由车削工艺决定的。

2.“单个拾取”轮廓

(1) 拾取被加工轮廓

按照系统提示拾取第一条轮廓线后，此轮廓线变为红色的虚线，系统给出提示：选择方向，要求选择一个方向，此方向只表示拾取轮廓线的方向，与刀具的加工方向无关。如图 4-19 所示，用鼠标左键单击轮廓线逐一拾取加工轮廓，完成后单击鼠标右键，此时系统提示“拾取毛坯轮廓”。

(2) 拾取毛坯轮廓

拾取毛坯轮廓方法与拾取被加工轮廓类似，完成拾取后单击鼠标右键，此时系统提示“确定进退刀点”。

【知识点六】　确定进退刀点，生成刀具轨迹

用鼠标左键指定一点为刀具加工前和加工后所在的位置，该位置点就是进退刀点，按鼠标右键可以忽略该点的输入。确定进退刀点之后，系统生成绿色的刀具轨迹，如图 4-20 所示。

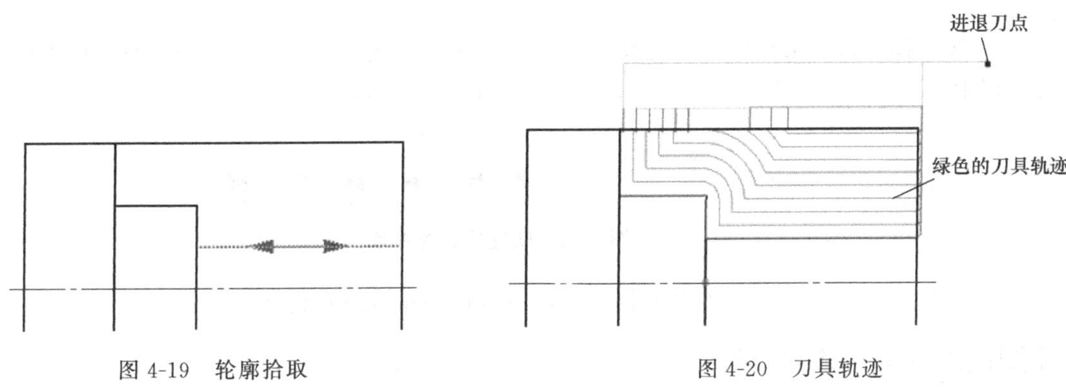

图 4-19　轮廓拾取　　图 4-20　刀具轨迹

加工轮廓与毛坯轮廓必须构成一个封闭区域，被加工轮廓和毛坯轮廓不能单独闭合或自相交，也不能有缝隙、重合或相交，否则操作会出现错误。

【知识点七】　轨迹仿真

(1) 功能

对已有的加工轨迹进行加工过程模拟，以检查加工轨迹的正确性。对系统生成的加工轨迹，仿真时用生成轨迹时的加工参数，即轨迹中记录的参数；对从外部反读进来的刀位轨迹，仿真时用系统当前的加工参数。

(2) 操作步骤

① 用鼠标左键单击菜单“数控车”，再在其子菜单中选取“轨迹仿真”功能项，或单击工具栏中的“轨迹仿真”按钮，出现立即菜单，如图 4-21 所示。

② 仿真的方式　用鼠标左键单击立即菜单“1：动态”后面的▼，出现子菜单，如图 4-22 所示。

图 4-21　轨迹仿真立即菜单（1）

图 4-22　轨迹仿真立即菜单（2）

轨迹仿真分为动态仿真、静态仿真和二维实体仿真三种方式。

a. 动态仿真

仿真时模拟动态的切削过程，不保留刀具在每一个切削位置的图像。

b. 静态仿真

仿真过程中保留刀具在每一个切削位置的图像，直至仿真结束。

c. 二维实体仿真

仿真前先渲染实体区域，仿真加工时刀具不断抹去它切削掉部分的染色区域。

③ 在立即菜单“2：步长”后面的数值区可指定仿真的步长，来控制仿真的速度，也可以通过调节速度条控制仿真速度。当步长设为 0 时，步长值在仿真中无效；当步长大于 0 时，仿真中每一个切削位置之间的间隔距离即为所设的步长。

④ 用鼠标左键单击拾取要仿真的加工轨迹，在结束拾取前仍可修改仿真的类型或仿真的步长。

⑤ 按鼠标右键结束拾取，系统弹出仿真控制条，如图 4-23 所示。按开始键开始仿真，仿真过程中可进行暂停、上一步、下一步、终止和速度调节操作。

图 4-23　轨迹仿真控制条

⑥ 仿真结束，可以按开始键重新仿真，或者按终止键终止仿真。

【知识点八】　参数修改

1. 功能

对生成的轨迹不满意时可以用参数修改功能对轨迹的各种参数进行修改，以生成新的加工轨迹。

2. 操作步骤

用鼠标左键在菜单“数控车”的子菜单区中选取“参数修改”菜单项，则提示用户拾取要进行参数修改的加工轨迹。拾取轨迹后将弹出该轨迹的参数表供用户修改，参数修改完毕选取“确定”按钮，即依据新的参数重新生成该轨迹。

【知识点九】　生成代码

1. 功能

按照当前机床类型的配置要求，把已经生成的加工轨迹转化生成 G 代码数据文件，即 CNC 数控程序，有了数控程序就可以直接输入机床进行数控加工。

2. 操作步骤

用鼠标左键单击主菜单中的“数控车”菜单，弹出子菜单再选择其中的“代码生成”命令，或单击数控车工具栏中的“代码生成”图标，则弹出一个需要用户输入文件名的对话框，要求用户填写后置程序文件名，如图 4-24 所示。此外系统还在信息提示区给出当前生成的数控程序所适用的数控系统和机床系统信息，它表明目前所调用的机床配置和后置设置情况。

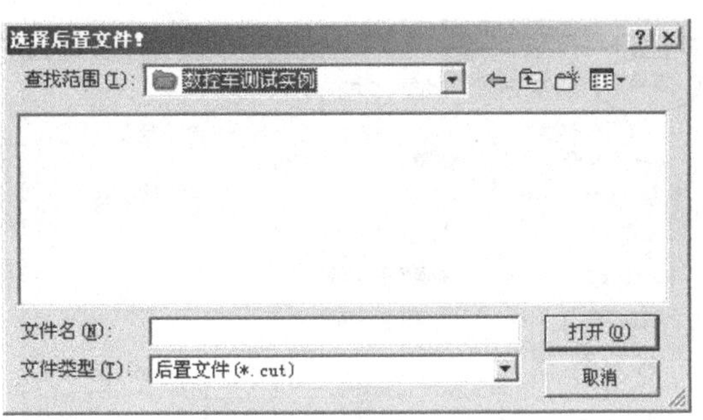

图 4-24 后置程序文件

输入文件名后选择保存按钮，系统提示拾取加工轨迹。当拾取到加工轨迹后，该加工轨迹变为被拾取颜色，单击鼠标右键结束拾取，系统即生成数控程序。拾取时可使用系统提供的拾取工具，可以同时拾取多个加工轨迹，被拾取轨迹的代码将生成在一个文件当中，代码生成的先后顺序与加工轨迹拾取的先后顺序相同。

项目实施

零件如图 4-1 所示，零件毛坯尺寸 ϕ45mm×78mm，进行外轮廓粗车加工，操作步骤如下。

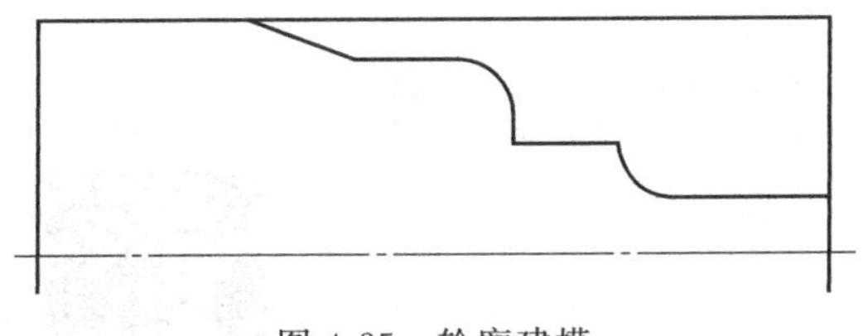

图 4-25 轮廓建模

(1) 轮廓建模

车削加工的零件是回转类零件，要生成粗加工轨迹，只需绘制要加工部分的上半部分外轮廓和毛坯轮廓，组成封闭的区域（加工切除的部分），其余线条无需画出，如图 4-25 所示。

坐标系建立在工件的端面上，这样可以方便绘图，但是对刀时要注意坐标系原点的位置。

(2) 填写参数表

用鼠标左键单击主菜单中的“数控车”后选择“轮廓粗车”命令，或单击工具栏中的“轮廓粗车”图标，系统弹出“粗车参数表”对话框，如图 4-26 所示：

① 单击“加工精度”选项按钮，根据所列参数按要求填写该对话框，如图 4-26 所示。

② 单击“进退刀方式”选项按钮，根据所列参数按要求填写该对话框，选择进退刀方式，如图 4-27 所示。

③ 单击“切削用量”选项按钮，根据所列参数按要求填写该对话框，选择切削用量，如图 4-28 所示。

④ 单击“轮廓车刀”选项按钮，根据所列参数按要求填写该对话框，选择刀具及确定刀具参数，如图 4-29 所示。

粗车参数表的参数都填写完成后，单击“确定”按钮，弹出轮廓拾取立即菜单，如图 4-30 所示。

(3) 拾取加工轮廓

系统提示用户拾取被加工工件表面轮廓线。系统默认拾取方式为“限制链拾取”，如果选择“链拾取”或“单个拾取”，状态栏中的“限制链拾取”会变为“链拾取”或“单个拾取”。

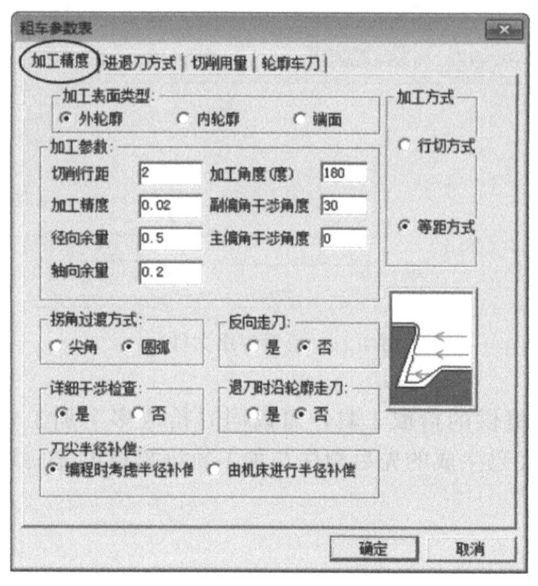

图 4-26　粗车加工参数表

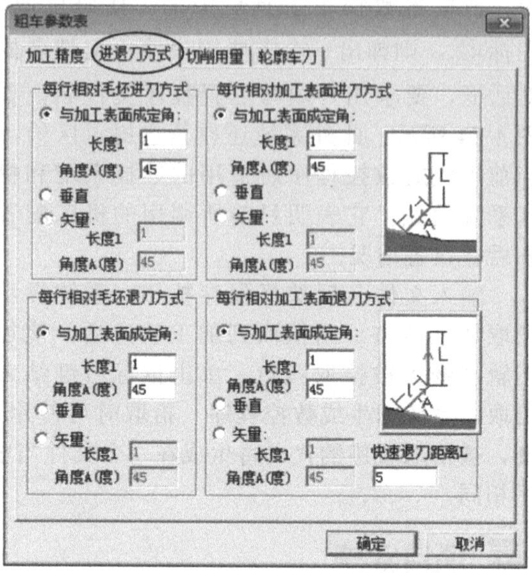

图 4-27　进退刀方式

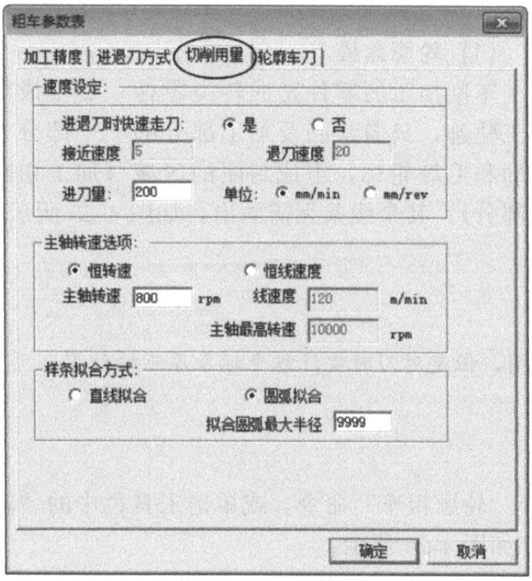

图 4-28　切削用量

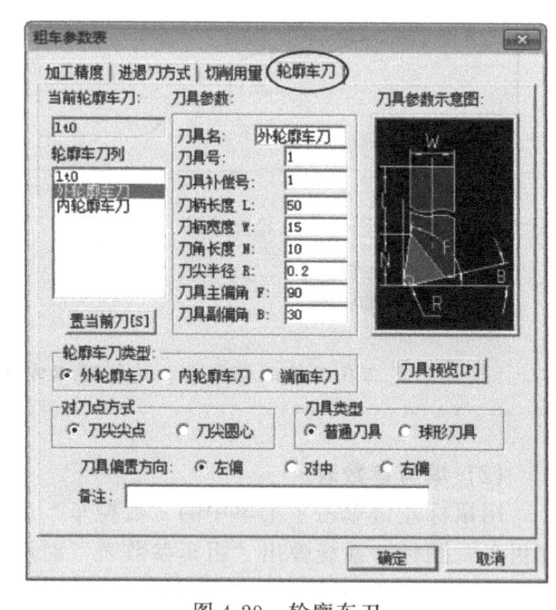

图 4-29　轮廓车刀

图 4-30　轮廓拾取方式

采用“限制链拾取”方式，用鼠标左键单击拾取左、右两条限制轮廓线，该两条轮廓线变成红色的虚线，如图 4-31 所示，系统自动拾取该两条限制轮廓线之间相互连接的被加工工件表面轮廓线。用“限制链拾取”或“单个拾取”可以很容易地将加工轮廓与毛坯轮廓区分开。

(4) 拾取毛坯轮廓

拾取方法与拾取加工轮廓类似。

(5) 确定进退刀点、生成刀具轨迹

指定一点为刀具加工前和加工后所在的位置，若单击鼠标右键可忽略该点的输入。当确定进退刀点之后，系统生成绿色的刀具轨迹，如图 4-32 所示。

(6) 轨迹仿真

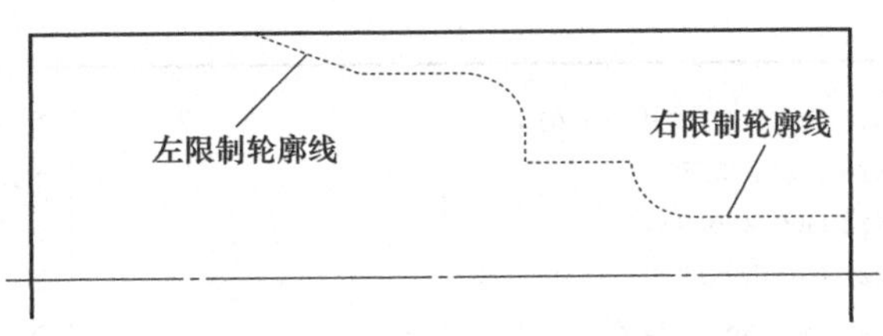

图 4-31　限制链拾取加工轮廓

① 在“数控车”子菜单区中选取“轨迹仿真”功能项，同时可指定仿真的类型（二维仿真，比较直观、真实）和仿真的步长。

② 拾取要仿真的加工轨迹，此时可使用系统提供的选择拾取工具。在结束拾取前仍可修改仿真的类型或仿真的步长。

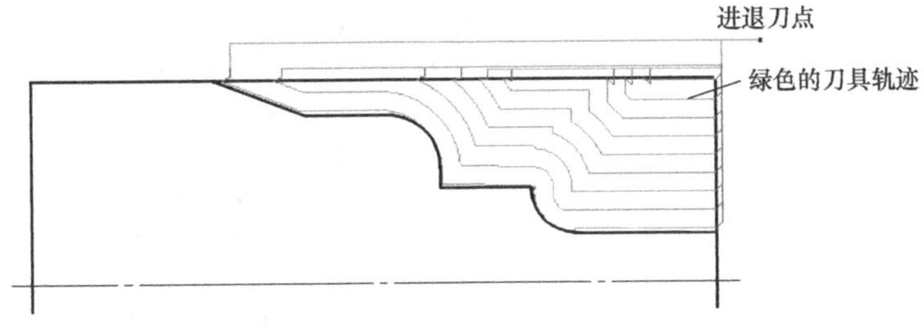

图 4-32　刀具轨迹

③ 按鼠标右键结束拾取，系统弹出仿真控制条，如图 4-33 所示。按开始键开始仿真，检查加工轨迹的正确性。仿真过程中可进行暂停、上一步、下一步、终止和速度调节操作。

④ 仿真结束，可以按开始键重新仿真，或者按终止键终止仿真。

⑤ 检查加工轨迹无误后，进行下一步操作“代码生成”。

(7) 代码生成

单击主菜单中的“数控车”后选择“代码生成”命令项，或单击数控车工具栏中的“代码生成”图标，系统弹出“选择后置文件”对话框，如图 4-34 所示。

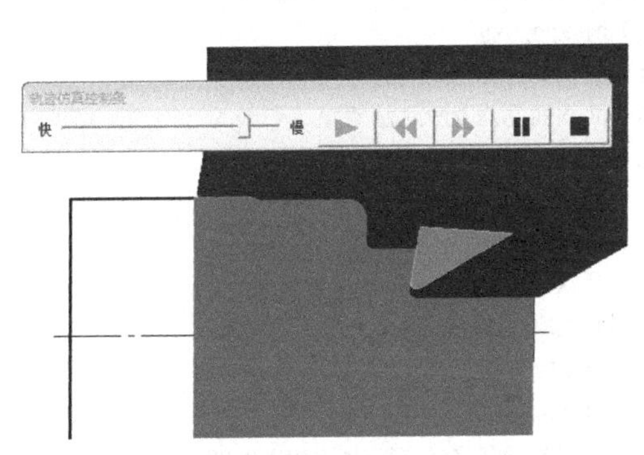

图 4-33　仿真加工

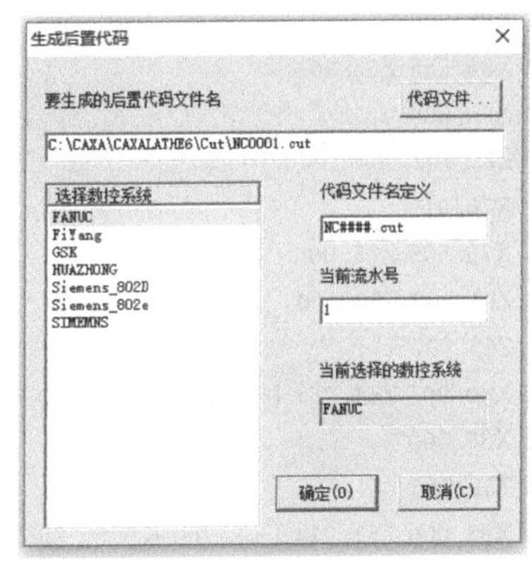

图 4-34　生成后置代码

选择存取后置文件（·cut）的地址，并填写文件名称后，单击“确定”按钮，状态栏提示：拾取刀具轨迹。用鼠标左键单击绘图区中刚刚生成的刀具轨迹，轨迹变成红色，单击鼠标右键确定，系统自动生成加工指令代码，见表 4-2。

表 4-2　粗车加工程序

O1234	N116 G00 X90.229
(36,09/16/19,22:05:03)	N118 G00 Z75.707
N10 G50 S10000	N120 G00 X68.919
N12 G00 G97 S500 T0101	N122 G00 X67.505 Z75.000
N14 M03	N124 G01 Z74.500 F50.000
N16 M08	N126 G01 Z61.115

续表

N18 G00 X96.320 Z80.015 N20 G00 Z75.707 N22 G00 X90.919 N24 G00 X88.919 N26 G00 X87.505 Z75.000 N28 G98 G01 Z74.500 F50.000 N30 G01 Z67.257 N32 G01 X88.000 N34 G00 X86.586 Z67.964 N36 G00 X90.000 N38 G00 Z75.707 N40 G00 X84.919 N42 G00 X83.505 Z75.000 N44 G01 Z74.500 F50.000 N46 G01 Z65.722 N48 G03 X84.501 Z65.257 I−9.300 K−10.465 N50 G01 X88.000 N52 G00 X86.586 Z65.964 N54 G00 X90.000 N56 G00 Z75.707 N58 G00 X80.919 N60 G00 X79.505 Z75.000 N62 G01 Z74.500 F50.000 N64 G01 Z64.782 N66 G03 X82.793 Z63.257 I−7.300 K−9.524 N68 G01 X88.000 N70 G00 X86.586 Z63.964 N72 G00 X90.000 N74 G00 Z75.707 N76 G00 X76.919 N78 G00 X75.505 Z75.000 N80 G01 Z74.500 F50.000 N82 G01 Z63.737 N84 G03 X80.905 Z61.257 I−5.300 K−8.480 N86 G01 X85.505 N88 G01 Z52.755 N90 G03 X88.000 Z51.914 I−8.700 K−14.255 N92 G00 X87.706 Z52.903 N94 G00 X90.000 N96 G00 Z75.707 N98 G00 X72.919 N100 G00 X71.505 Z75.000 N102 G01 Z74.500 F50.000 N104 G01 Z62.545 N106 G03 X78.761 Z59.257 I−3.300 K−7.288 N108 G01 X81.505 N110 G01 Z51.584 N112 G03 X88.000 Z49.323 I−6.700 K−13.084 N114 G00 X87.916 Z50.322	N128 G03 X76.218 Z57.257 I−1.300 K−5.857 N130 G01 X77.505 N132 G01 Z50.298 N134 G03 X88.000 Z46.395 I−4.700 K−11.798 N136 G00 X88.229 Z47.389 N138 G00 X90.794 N140 G00 Z75.707 N142 G00 X64.919 N144 G00 X63.505 Z75.000 N146 G01 Z74.500 F50.000 N148 G01 Z59.200 N150 G02 X63.602 Z59.204 I0.000 K0.300 N152 G03 X72.905 Z55.257 I0.651 K−3.947 N154 G01 X73.505 N156 G01 Z48.854 N158 G03 X88.000 Z42.441 I−2.700 K−10.354 N160 G00 X88.794 Z43.359 N162 G00 X90.828 N164 G00 Z75.707 N166 G00 X60.919 N168 G00 X59.505 Z75.000 N170 G01 Z74.500 F50.000 N172 G01 Z58.364 N174 G02 X64.253 Z57.231 I2.000 K1.136 N176 G03 X68.905 Z55.257 I0.326 K−1.973 N178 G01 X69.505 Z47.172 N180 G03 X85.505 Z38.500 I−0.700 K−8.672 N182 G01 Z29.989 N184 G01 X88.000 Z26.660 N186 G00 X88.828 Z27.570 N188 G00 X90.828 N190 G00 Z75.707 N192 G00 X56.919 N194 G00 X55.505 Z75.000 N196 G01 Z74.500 F50.000 N198 G01 Z59.500 N200 G01 X54.905 N202 G02 X64.905 Z55.257 I4.300 K0.000 N204 G01 X65.505 Z45.200 N206 G01 X68.105 N208 G03 X81.505 Z38.500 I−0.000 K−6.700 N210 G01 Z29.627 N212 G01 X88.000 Z20.961 N214 G00 X88.828 Z21.871 N216 G00 X90.919 N218 G00 X96.320 N220 G00 Z80.015 N222 M09 N224 M30

项目测评

① 通过本项目实施有哪些收获？

② 填写子项目测评表（表 4-3）。

表 4-3 子项目（一）轮廓粗车操作测评表

考核项目		考核内容		考核标准		测评
主要项目	1	节点坐标		思路清晰、计算准确		
	2	图形绘制功能与操作		操作正确、规范、熟练		
	3	机床设置		参数准确、规范		
	4	后置处理		操作正确、规范、熟练		
	5	粗车功能		操作规范、参数准确		
	6	仿真加工功能		操作正确、规范		
	7	代码生成		准确、规范		
	8	其它：进退刀点等		正确、规范		
文明生产	安全操作规范、机房管理规定					
结果		优秀	良好	及格	不及格	

项目拓展

（1）思考题

① 本项目主要学习了哪些内容？

② 本项目操作中遇到哪些难点问题？如何处理的？

③ 外轮廓粗车的功能、操作步骤。

（2）绘制零件图

① 外轮廓粗车如题图 4-1 所示零件图（习题知识要点：外轮廓粗车，轮廓车刀、进退刀点等）。

② 外轮廓粗车如题图 4-2 所示子弹挂件零件图（习题知识要点：外轮廓粗车，轮廓车刀、进退刀点等）。

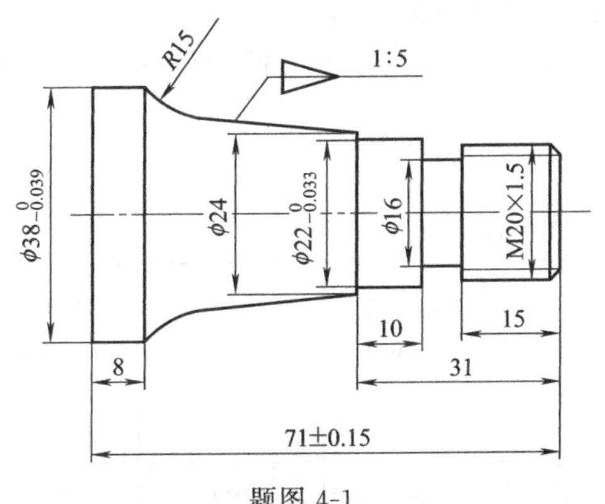

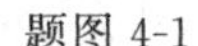
题图 4-1

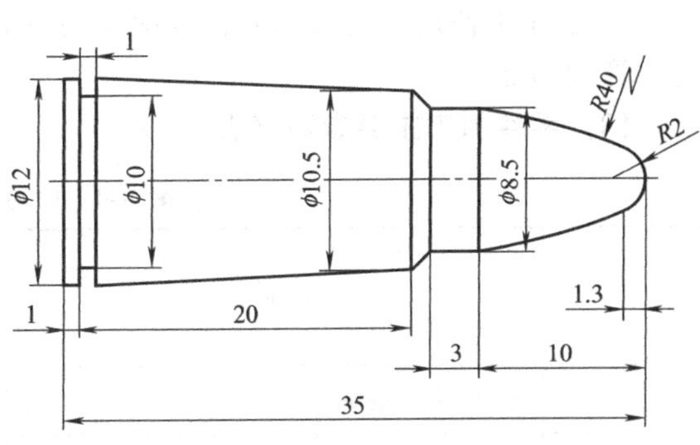

题图 4-2

③ 外轮廓粗车如题图 4-3 所示零件图（习题知识要点：外轮廓粗车，轮廓车刀、进退刀点等）。

④ 外轮廓粗车如题图 4-4 所示零件图（习题知识要点：外轮廓粗车，轮廓车刀、进退刀点等）。

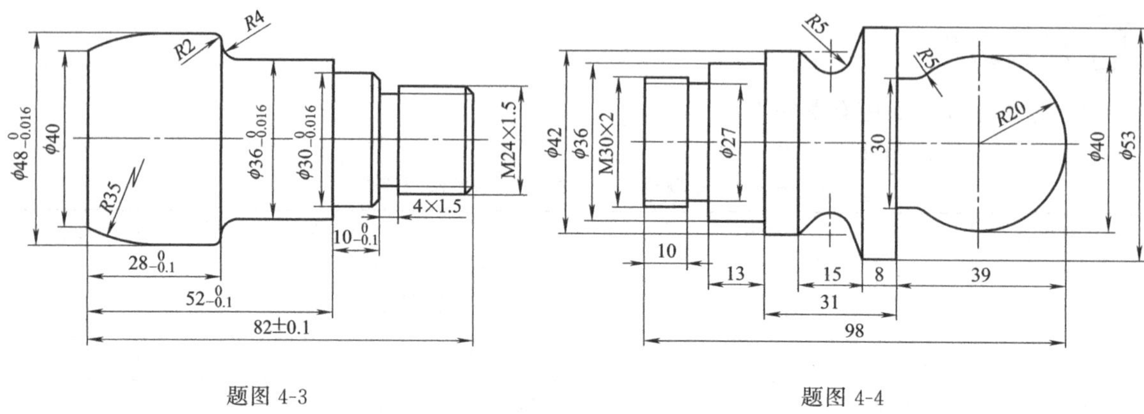

题图 4-3　　　　题图 4-4

子项目（二）　内轮廓粗车

项目目标

零件如图 4-35 所示，要求对零件内轮廓粗车加工。

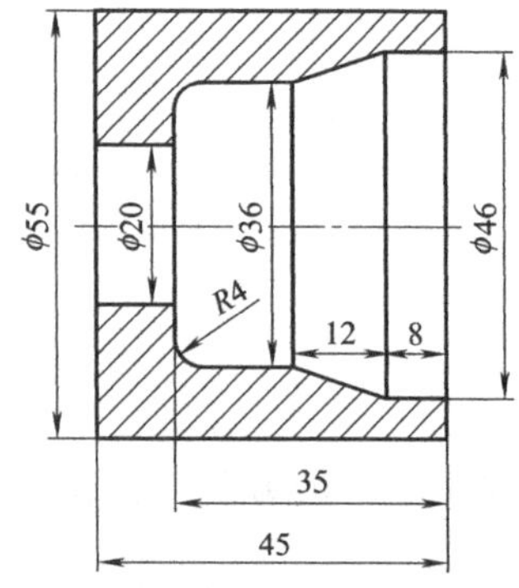

图 4-35　带有内轮廓的零件图

项目分析

（1）分析零件结构

零件图如图 4-35 所示，零件内轮廓主要由三个圆柱面、一个圆锥面组成。根据图样要求，选择零件毛坯尺寸 ϕ55mm×50mm，ϕ20mm 的内孔表面已经加工好，是内轮廓车削加工的毛坯轮廓，进行内轮廓粗车加工。

（2）零件加工分析

① 根据图样要求，进行内轮廓粗车加工，需要机床设置、后置处理、轮廓粗车等功能，本项目的重点是 CAXA 数控车的内轮廓粗车。

② 为了保证零件的长度尺寸，需要车削工件端面，用到端面车刀。

③ 加工中使用内轮廓车刀、端面车刀等，需要刀具库的知识，本项目的另一个重点是刀具库管理功能。

（3）零件加工主要参数（表 4-4）

表 4-4　内轮廓粗车加工参数

工步号	工步内容	刀具	主轴转速 /(r/min)	进给量 /(mm/min)	吃刀量 /mm
1	车削工件左端面	T0101	1500	100	0.3
2	调头车右端面，保证零件总长	T0103	1500	100	0.3
3	粗车工件内轮廓	T0202	800	200	1.5
4	文明生产：执行安全规程，场地整洁，工具整齐			审核：	

项目准备

【知识点一】 内轮廓粗车参数

① 用鼠标左键单击主菜单中的“数控车”菜单，再选择“轮廓粗车”命令，或单击数控车工具栏中的“轮廓粗车”图标，系统弹出“粗车参数表”对话框，如图 4-36 所示。

② 内轮廓表面　在参数表中首先要确定被加工的表面是内轮廓表面，接着按加工要求确定其它各加工参数：拐角过渡方式、是否反向走刀、干涉检查、刀尖半径补偿等，如图 4-36 所示。

③ 内轮廓车刀　单击“轮廓车刀”选项菜单，选择刀具、确定刀具参数，如图 4-37 所示。

注 意

刀柄宽度、切削刃长度等参数在满足加工要求的情况下尽量小些，防止加工中碰刀。

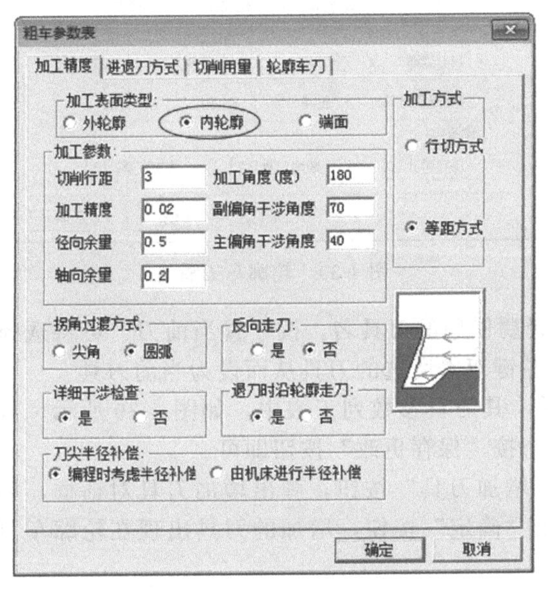

图 4-36　内轮廓粗车参数

图 4-37　内轮廓车刀参数

【知识点二】 刀具库管理

1. 功能

刀具库管理功能用来定义、确定刀具的有关数据，便于用户从刀具库中选取刀具信息和对刀具库进行维护。刀具库管理功能包括轮廓车刀、切槽刀具、螺纹车刀、钻孔刀具和铣刀五种类型刀具的管理。

随着学习的深入，加工中用到的刀具越来越多，利用刀具库管理功能可以准备各种刀具及其参数，便于用户根据加工的需要选用合适的刀具。

2. 操作方法

在菜单“数控车”的子菜单中选取“刀具库管理”菜单项，系统弹出刀具库管理对话框，如图 4-38 所示。用户可以按照自己的需要添加新的刀具、对已有刀具的参数进行修改、更换使用的当前刀等。

(1) 轮廓车刀的刀具库管理

① 进入刀具库管理功能，选择轮廓车刀功能项，如图 4-39 所示。

② 轮廓车刀列表　显示刀具库中所有同类型刀具的名称，图 4-39 中列出 lt0、外轮廓车刀、内轮廓车刀、端面车刀等，可通过鼠标或键盘的上、下键选择不同的刀具名，刀具参数表中将显示所选刀具的参数。用鼠标左键双击所选的刀具还能将其置为当前刀具。

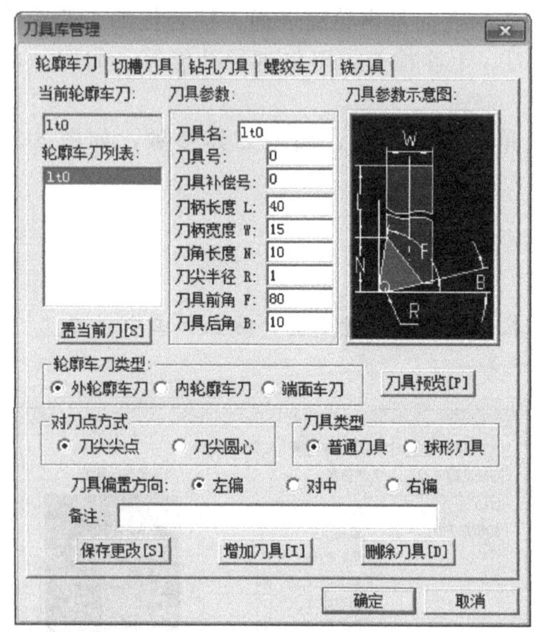

图 4-38　刀具库管理

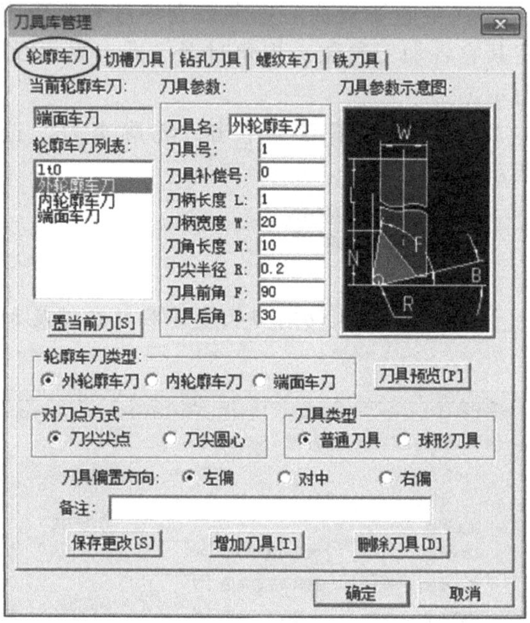

图 4-39　轮廓车刀管理

③ 置当前刀（选择刀具）　在刀具列表中选择要使用的刀具名，按“置当前刀”可将选择的刀具设为当前刀具，也可在刀具列表中用鼠标左键双击所选的刀具从而设为当前刀具。

④ 保存更改　将选择的刀具设为当前刀具后，其刀具参数列于表中，如图 4-39 所示，可根据加工需要对刀具参数进行修改，改变参数后，按“保存更改”按钮即可。

⑤ 增加刀具　当需要定义新的刀具时，按“增加刀具”按钮，弹出增加刀具对话框，如图 4-40 所示。按要求填写刀具参数，完成后单击“确定”按钮，增加的刀具出现在轮廓车刀列表中。

⑥ 删除刀具　在刀具列表中选择要删除的刀具名，按“删除刀具”按钮可从刀具库中删除所选择的刀具。注意：不能删除当前刀具。

刀具库中的各种刀具只是同一类刀具的简单描述，并非完全符合国标或其它标准，所以只列出了对轨迹生成有影响的部分参数，其它与具体加工工艺相关的刀具参数并未列出。例如：将各种外轮廓、内轮廓、端面粗车与精车的刀具均归为轮廓车刀，对轨迹生成没有影响，其它补充信息可在“备注”栏中输入。

(2) 车槽刀具

进入刀具库管理功能，选择车槽刀具功能项，如图 4-41 所示。

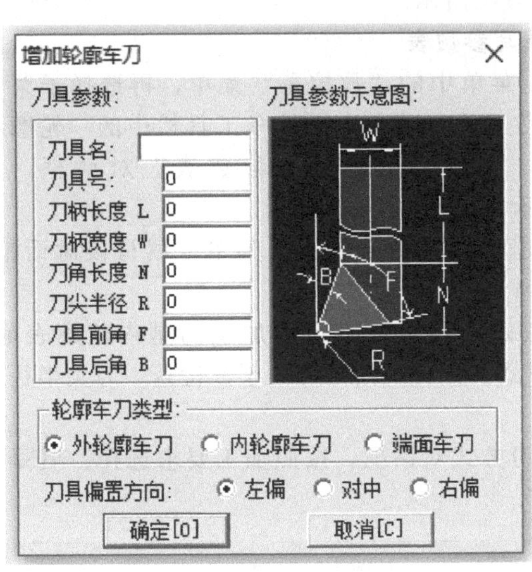

图 4-40　增加刀具对话框

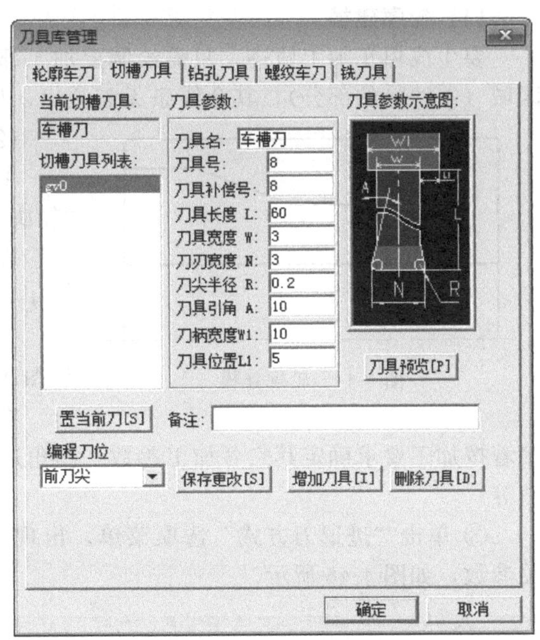

图 4-41　车槽刀具功能项

(3) **钻孔刀具**

进入刀具库管理功能，选择钻孔刀具功能项，如图 4-42 所示。

(4) **螺纹车刀**

进入刀具库管理功能，选择螺纹车刀功能项，如图 4-43 所示。

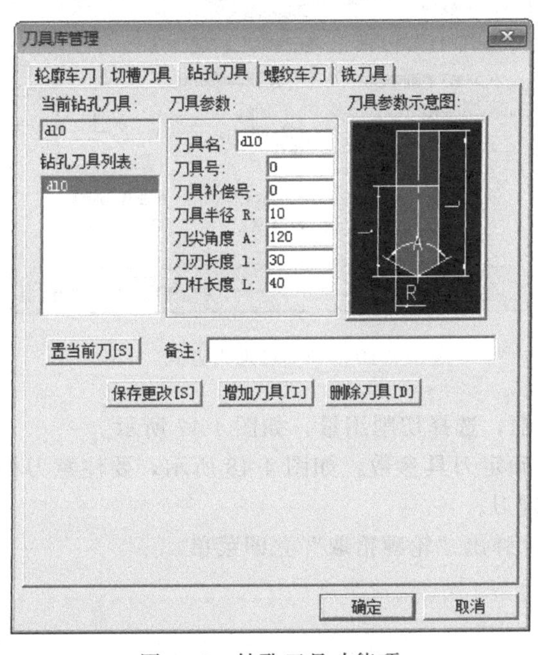

图 4-42　钻孔刀具功能项

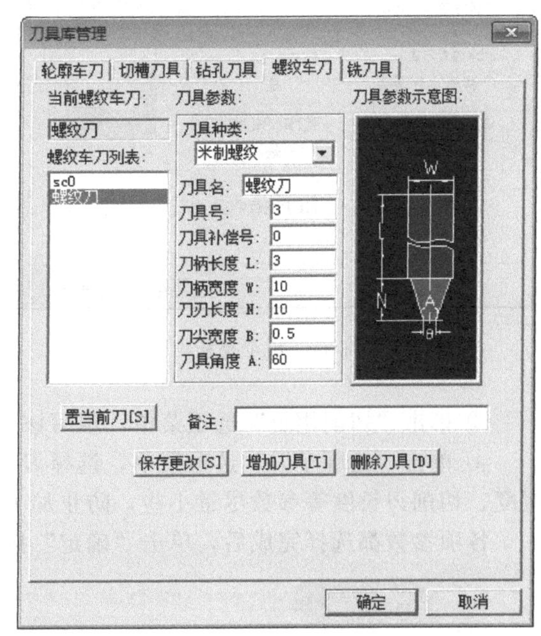

图 4-43　螺纹车刀功能项

项目实施

如图 4-35 所示零件内轮廓粗车，操作步骤如下。

(1) 轮廓建模

要生成粗车加工轨迹，只需绘制要加工部分的上半部分加工轮廓和毛坯轮廓，组成封闭的区域（需切除的部分），其余线条无需画出，如图 4-44 所示。

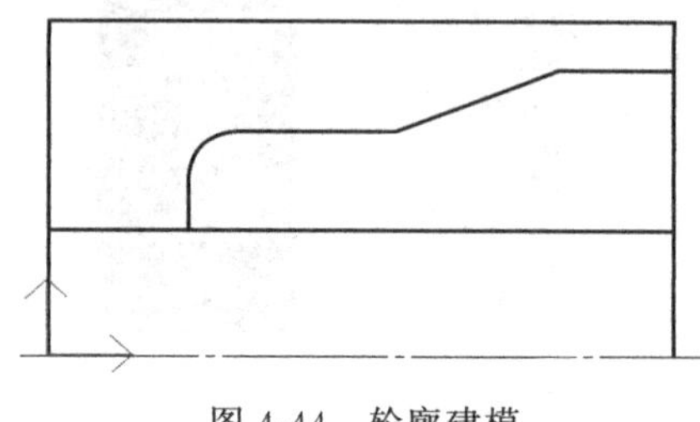

图 4-44 轮廓建模

(2) 填写参数表

单击主菜单中的“数控车”菜单，再选择子菜单“轮廓粗车”命令，或单击数控车工具栏中的“轮廓粗车”图标，系统弹出“粗车参数表”对话框，如图 4-45 所示。

① 单击“加工精度”选项菜单，填写该对话框，如图 4-45 所示。

在参数表中首先要确定被加工的是内轮廓表面，接着按加工要求确定其它各加工参数：拐角过渡方式、是否反向走刀、干涉检查、刀尖半径补偿等。

② 单击“进退刀方式”选项菜单，出现进退刀方式对话框，按照加工要求选择、填写相关参数，如图 4-46 所示。

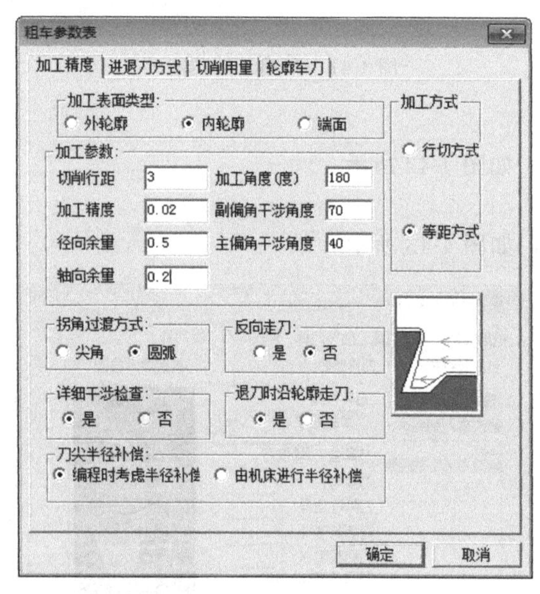

图 4-45 粗车参数表

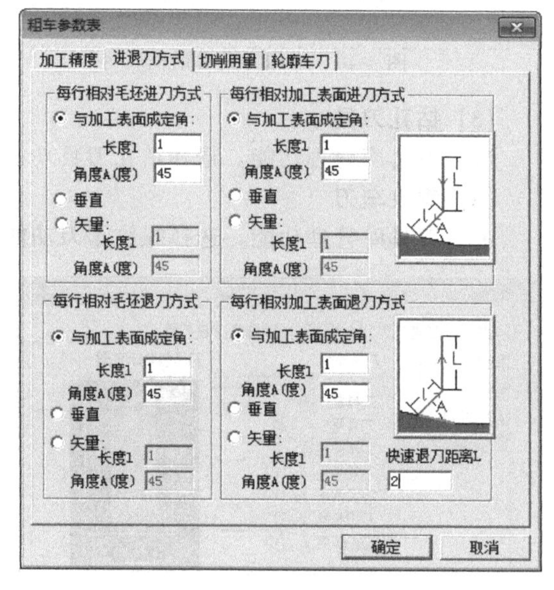

图 4-46 进退刀方式

③ 单击“切削用量”选项菜单，填写该对话框，选择切削用量，如图 4-47 所示。

④ 单击“轮廓车刀”选项菜单，选择刀具及确定刀具参数，如图 4-48 所示，要注意刀柄宽度、切削刃长度等参数尽量小些，防止加工中碰刀。

各项参数都选择完成后，单击“确定”按钮，弹出“轮廓拾取”立即菜单。

可以利用刀具库管理功能，先准备多种轮廓车刀、设定好参数，加工时根据需要直接选取就可以了。

(3) 轮廓拾取

采用限制链拾取方式，分别拾取被加工轮廓、毛坯轮廓，完成后单击鼠标右键确认。

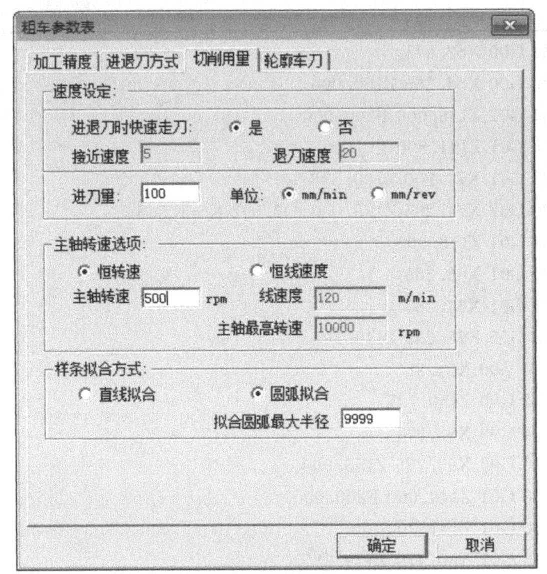

图 4-47　切削用量

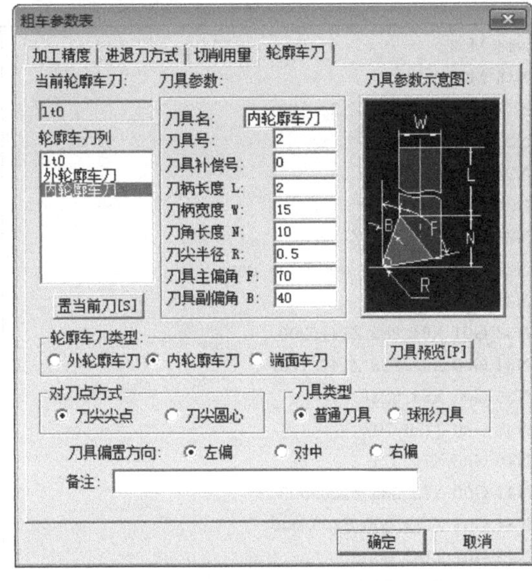

图 4-48　轮廓车刀参数表

(4) 确定进退刀点、生成刀具轨迹

加工内轮廓，确定进退刀点时应使刀杆中心处于 Z 坐标轴上，进退刀点在 Z 坐标轴上方，如图 4-49 所示。

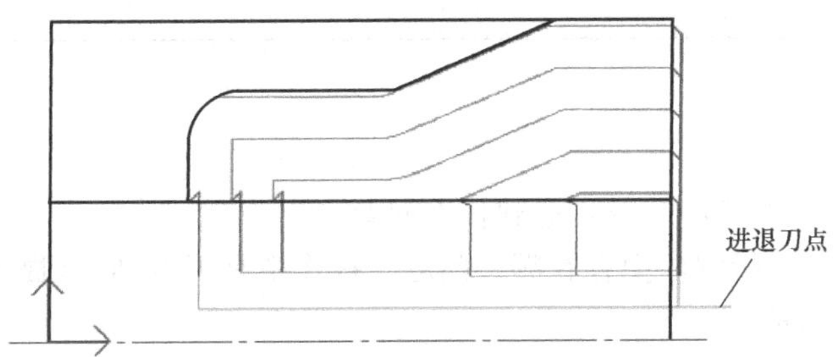

图 4-49　内轮廓加工轨迹

(5) 轨迹仿真加工

选择二维仿真方式，检查加工轨迹的正确性，无误后进行下一步操作。

(6) 代码生成

用鼠标左键单击主菜单中的“数控车”菜单，弹出子菜单再选择其中的“代码生成”命令，或单击数控车工具栏中的“代码生成”图标，用鼠标左键单击刀具轨迹从而拾取刀具轨迹，单击鼠标右键确定，系统自动生成加工指令代码，见表 4-5。

表 4-5　内轮廓粗车加工程序

O1234	N72 G01 X64.285
(33,04/13/19,18:32:13)	N74 G00 X65.699 Z121.707
N10 G50 S10000	N76 G00 X54.285
N12 G00 G97 S800 T0202	N78 G00 Z150.707

续表

N14 M03 N16 M08 N18 G00 X49.981 Z155.593 N20 G00 Z150.707 N22 G00 X53.523 N24 G00 X64.871 N26 G00 X66.285 Z150.000 N28 G98 G01 Z149.000 F200.000 N30 G01 Z143.600 N32 G01 X64.285 Z141.200 N34 G00 X63.523 Z142.125 N36 G00 X53.523 N38 G00 Z150.707 N40 G00 X70.871 N42 G00 X72.285 Z150.000 N44 G01 Z149.000 F200.000 N46 G01 Z143.000 N48 G01 X64.285 Z133.400 N50 G00 X63.523 Z134.325 N52 G00 X53.523 N54 G00 Z150.707 N56 G00 X76.871 N58 G00 X78.285 Z150.000 N60 G01 Z149.000 F200.000 N62 G01 Z142.400 N64 G01 X69.362 Z131.692 N66 G02 X68.285 Z129.000 I6.462 K−2.692 N68 G01 Z121.000 N70 G01 X66.285	N80 G00 X82.871 N82 G00 X84.285 Z150.000 N84 G01 Z149.000 F200.000 N86 G01 Z141.800 N88 G01 X74.900 Z130.538 N90 G02 X74.285 Z129.000 I3.692 K−1.538 N92 G01 Z118.000 N94 G01 X66.285 N96 G01 X64.285 N98 G00 X65.699 Z118.707 N100 G00 X54.285 N102 G00 Z150.707 N104 G00 X88.871 N106 G00 X90.285 Z150.000 N108 G01 Z149.000 F200.000 N110 G01 Z141.200 N112 G01 X80.439 Z129.385 N114 G02 X80.285 Z129.000 I0.923 K−0.385 N116 G01 Z118.000 N118 G03 X74.285 Z115.000 I−3.000 K0.000 N120 G01 X66.285 N122 G01 X64.285 N124 G00 X65.699 Z115.707 N126 G00 X53.523 N128 G00 X49.981 N130 G00 Z155.593 N132 M09 N134 M30 %

项目测评

① 通过本项目实施有哪些收获？遇到什么问题？

② 程序见表 4-6，分析程序中存在哪些问题？操作中是否遇到？（提示：主轴转速、选刀、进给速度等参数是否设定）

③ 填写子项目测评表（表 4-7）。

表 4-6　程序

O1234 (33,04/13/19,11:43:35) N10 G50 S10000 N12 G00 G97 S20 T00 N14 M03 N16 M08 N18 G00 X58.660 Z83.457 N20 G00 Z74.707 N24 G00 X11.414 N26 G00 X10.000 Z74.000 N28 G98 G01 Z55.000 F20.000	N30 G01 X18.000 N32 G03 X20.000 Z54.000 I0.000 K−1.000 N34 G01 Z45.000 N36 G01 X34.000 N38 G03 X36.000 Z44.000 I0.000 K−1.000 N40 G01 Z29.215 N42 G01 X44.824 Z19.410 N48 G00 X58.660 N50 G00 Z83.457 N52 M09 N54 M30

表 4-7 子项目（二）内轮廓粗车操作测评表

考核项目		考核内容		考核标准		测评
主要项目	1	节点坐标		思路清晰、计算准确		
	2	图形绘制功能与操作		操作正确、规范、熟练		
	3	机床设置		参数设置准确、规范		
	4	后置处理		操作正确、规范、熟练		
	5	刀具库管理		操作规范、熟练		
	6	内轮廓粗车功能		操作规范、参数准确		
	7	仿真加工功能		操作正确、规范		
	8	代码生成		准确、规范		
	9	其它:进退刀点位置等		正确、规范		
文明生产		安全操作规范、机房管理规定				
结果		优秀	良好	及格	不及格	

项目拓展

(1) 思考题

① 本项目主要学习了哪些内容？

② 操作中遇到哪些难点问题？如何处理的？

③ 内、外轮廓粗车的功能、绘制方法、操作步骤。

(2) 绘制零件图，轮廓粗车

① 轮廓粗车如题图 4-5 所示零件图（习题知识要点：内轮廓粗车，内轮廓车刀、进退刀点等）。

② 轮廓粗车如题图 4-6 所示零件图（习题知识要点：零件左端的加工，特别是内轮廓粗车、内轮廓车刀、进退刀点等）。

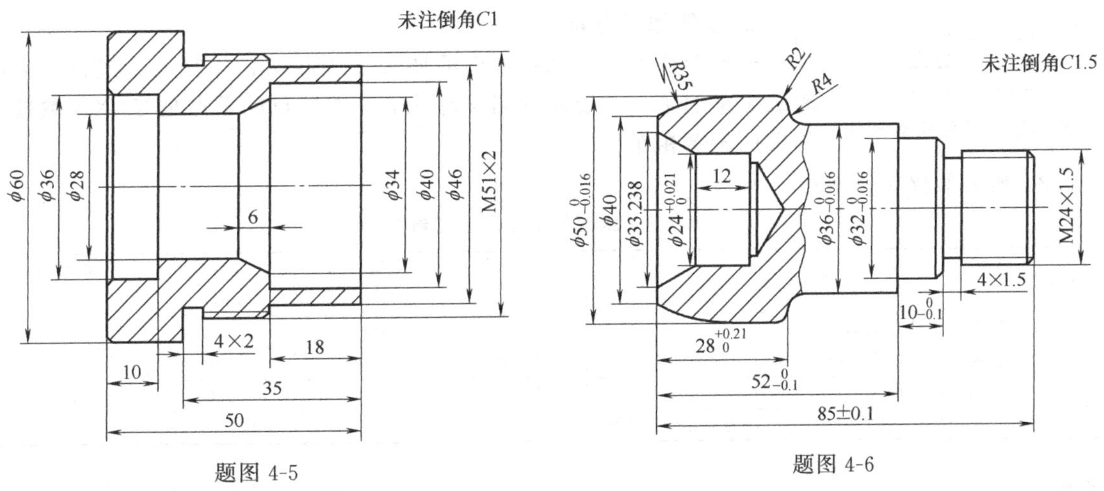

题图 4-5

题图 4-6

③ 轮廓粗车如题图 4-7 所示零件图（习题知识要点：内轮廓粗车，内轮廓车刀、进退刀点等）。

④ 轮廓粗车如题图 4-8 所示零件图（习题知识要点：零件左端的加工，特别是内轮廓粗车、内轮廓车刀、进退刀点等）。

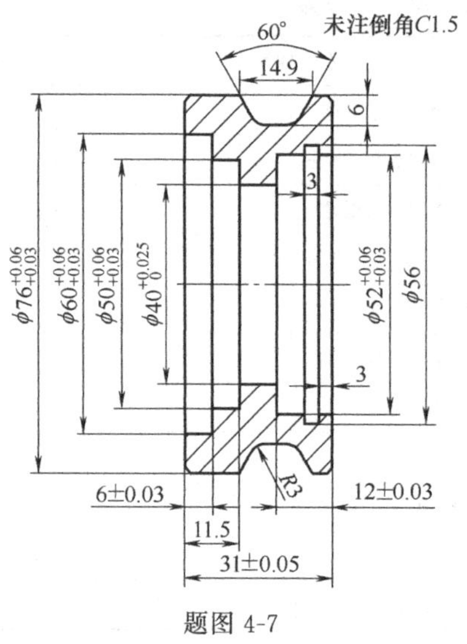

题图 4-7

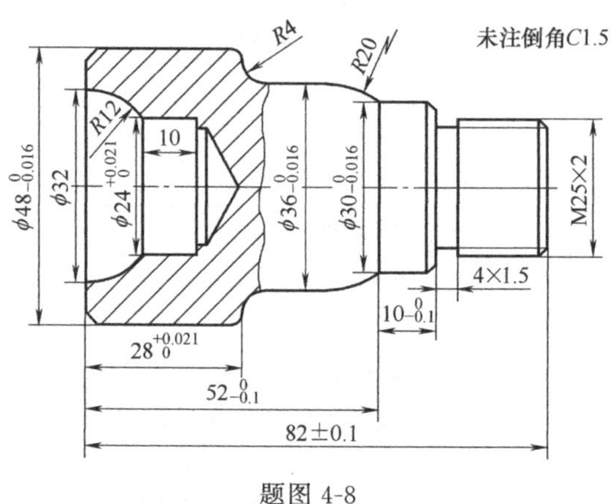

题图 4-8

子项目（三） 端面轮廓粗车

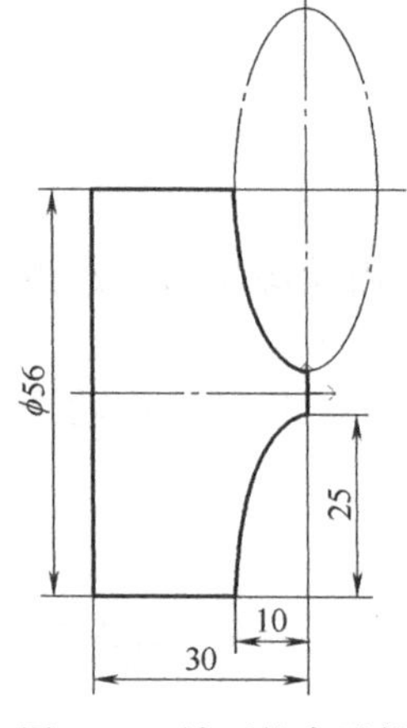

图 4-50 端面轮廓零件

项目目标

零件如图 4-50 所示，右端面轮廓粗车削加工。

项目分析

1. 分析零件结构

零件如图 4-50 所示，各部分尺寸完整，表达清楚。主要轮廓是右端面，该轮廓径向尺寸远大于轴向尺寸。

2. 零件加工分析

根据图样要求，选择零件毛坯尺寸 ϕ56mm×35mm，进行右端面轮廓粗车加工，需要轮廓粗车等功能，本项目的重点是 CAXA 数控车的端面轮廓粗车。

3. 加工参数（表 4-8）

表 4-8 端面轮廓粗车加工参数

工步号	工步内容	刀具	主轴转速 /(r/min)	进给量 /(mm/min)	吃刀量 /mm
1	车削工件左端面	T0304	1500	100	0.3
2	调头车右端面，保证零件总长	T0303	1500	100	0.3
3	粗车右端面轮廓	T0303	1000	100	1.0
4	文明生产：执行安全规程，场地整洁，工具整齐			审核：	

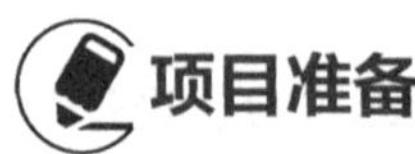

项目准备

【知识点】 端面轮廓粗车

① 用鼠标左键单击主菜单中的“数控车”菜单，弹出子菜单再选择“轮廓粗车”命令，

或单击数控车工具栏中的“轮廓粗车”图标，系统弹出“粗车参数表”对话框如图 4-51 所示。

②“加工精度” 用鼠标左键单击“加工精度”选项菜单，弹出“加工精度”对话框，如图 4-51 所示。填写该参数表，首先要确定被加工的轮廓是端面轮廓，接着按加工要求确定其它各加工参数：拐角过渡方式、是否反向走刀、干涉检查、刀尖半径补偿等。

车削端面的加工方向应垂直于系统 X 轴（数控机床 Z 轴），即加工角度为−90°或 270°。

③ 进退刀方式 用鼠标左键点击图 4-51 对话框中的“进退刀方式”按钮即进入“进退刀方式”参数表，该参数表用于对加工中的进退刀方式进行设定，设定的内容如图 4-52 所示。

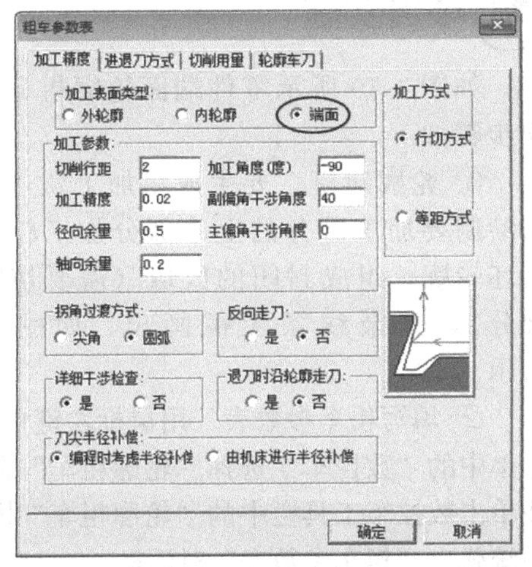

图 4-51 端面粗车参数

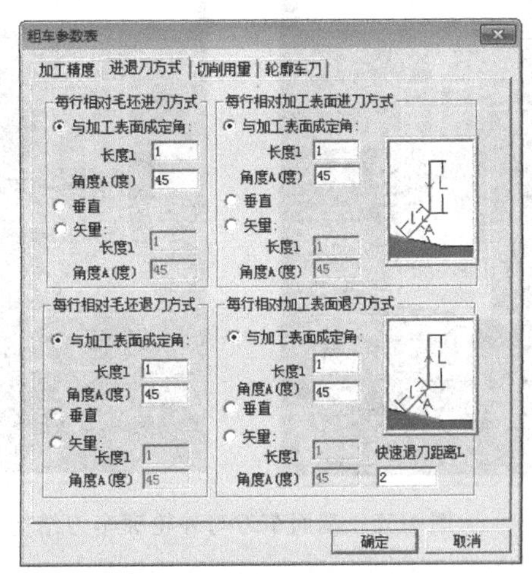

图 4-52 端面粗车进退刀方式

④ 切削用量 在每种刀具轨迹生成时，都需要设置一些与切削用量及机床加工相关的参数。点击“切削用量”按钮可进入切削用量参数设置页，各参数说明如图 4-53 所示。

⑤ 单击“轮廓车刀”选项菜单，选择刀具及确定刀具参数，如图 4-54 所示，要正确选择刀具参数。

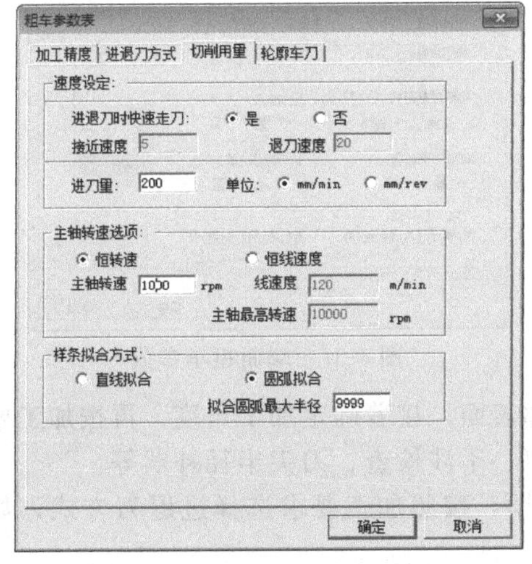

图 4-53 端面粗车切削用量

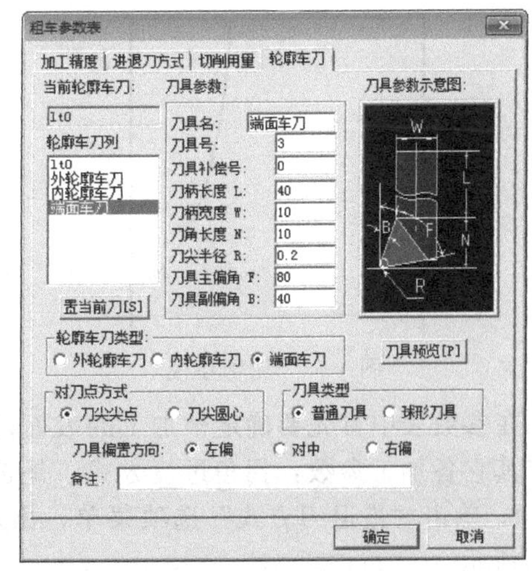

图 4-54 端面车刀参数

a. 刀具主偏角：刀具主切削刃与机床 X 轴之间的夹角。

b. 刀具副偏角：刀具副切削刃与机床 X 轴之间的夹角。

注意

① 端面车刀与轮廓车刀结构类似，但是主切削刃、副切削刃是相反的，刀具的主偏角 F、副偏角 B 也是相反的，如图 4-55 所示。

② 可以利用刀具库管理功能，先准备多种轮廓车刀、设定好参数，加工时根据需要直接选取就可以了。

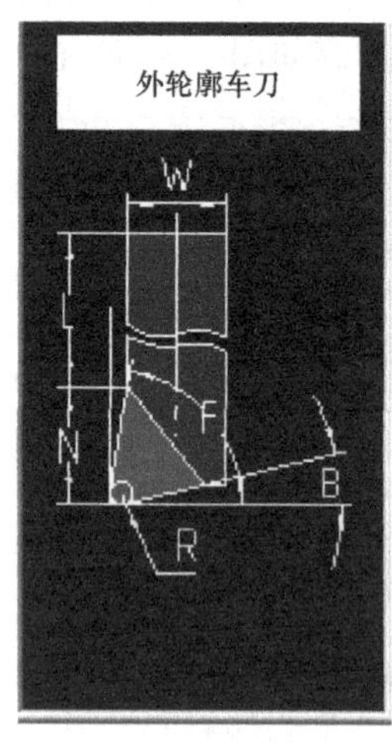

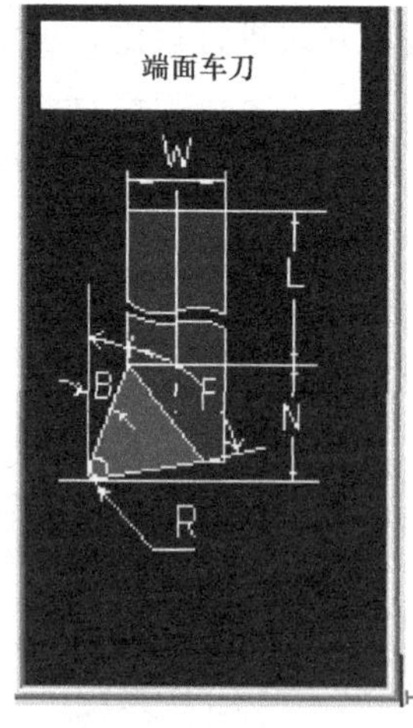

图 4-55 端面车刀与外轮廓车刀结构

项目实施

如图 4-50 所示零件端面轮廓粗车，操作步骤如下。

① 轮廓建模 要生成粗加工轨迹，只需绘制要加工部分的上半部分加工轮廓和毛坯轮廓，组成封闭的区域（需要切除的部分），其余线条无需画出，如图 4-56 所示。

② 填写粗车参数表 用鼠标左键单击主菜单中的“数控车”选择“轮廓粗车”命令，或单击数控车工具栏中的“轮廓粗车”图标，系统弹出“粗车参数表”对话框。

a. 单击“加工精度”选项菜单，填写该对话框，如图 4-57 所示。

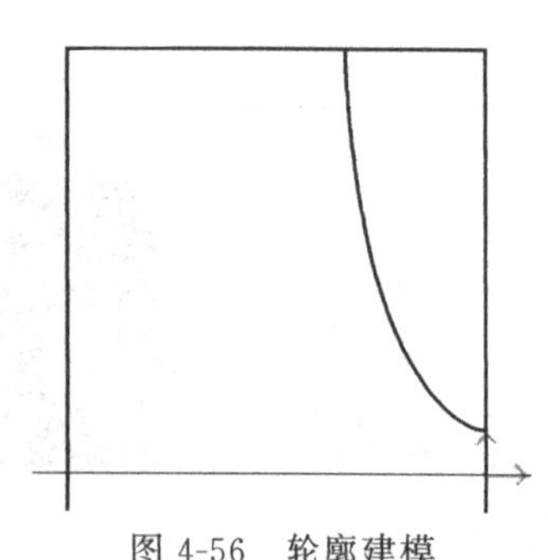

图 4-56 轮廓建模

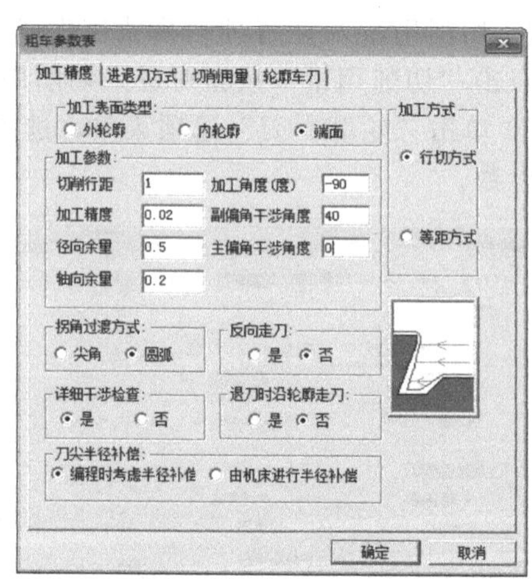

图 4-57 端面粗车参数

在参数表中首先要确定被加工的表面是端面轮廓表面，接着确定加工角度，再按加工要求确定其它各加工参数：拐角过渡方式、是否反向走刀、干涉检查、刀尖半径补偿等。

b. 单击“进退刀方式”选项菜单，出现该对话框，按照加工要求选择进退刀方式，如图 4-58 所示。

c. 单击“切削用量”选项菜单，填写该对话框，选择切削用量，如图 4-59 所示。

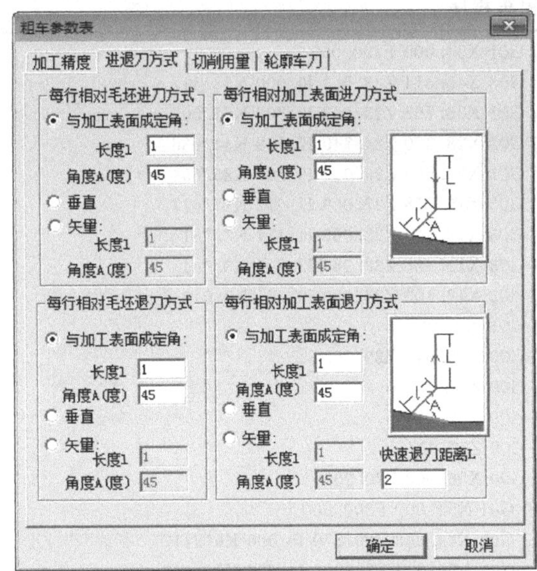

图 4-58 端面粗车进退刀方式

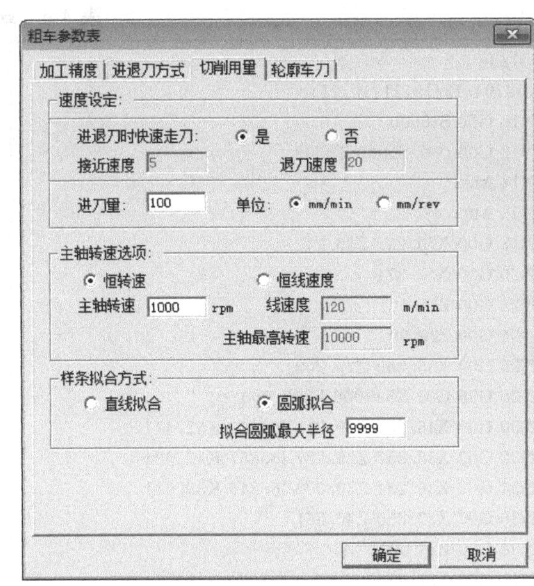

图 4-59 端面粗车切削用量

d. 单击“轮廓车刀”选项菜单，选择刀具及确定刀具参数，如图 4-60 所示，要注意刀柄宽度、切削刃长度等参数尽量小些，防止碰刀。

各项参数都选择完成后，单击“确定”按钮，进行下一步操作。

③ 拾取加工轮廓、毛坯轮廓，单击右键确认。

④ 确定进退刀点、生成刀具轨迹。如图 4-61 所示。

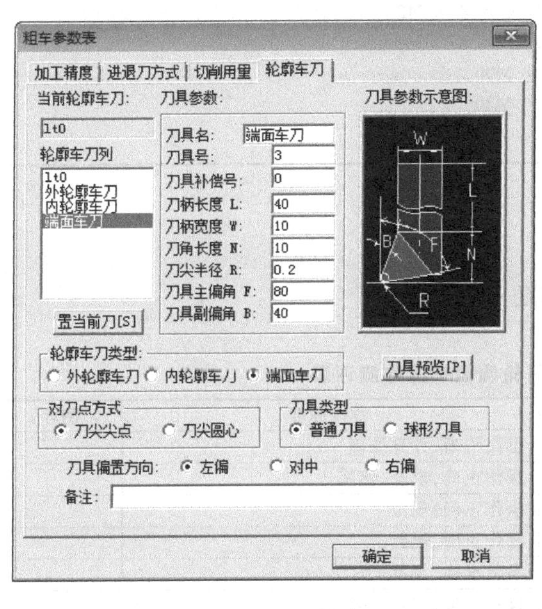

图 4-60 端面粗车车刀

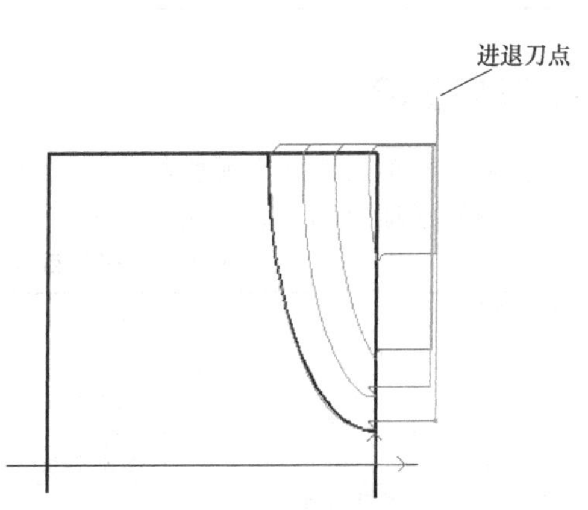

图 4-61 确定进退刀点、生成刀具轨迹

⑤ 轨迹仿真加工　检查加工轨迹的正确性，无误后进行下一步操作。

⑥ 代码生成　单击主菜单中的“数控车”后，再选择“代码生成”命令，或单击数控车工具栏中的“代码生成”图标，拾取刀具轨迹，单击右键确定，系统自动生成加工指令代码，见表 4-9。

表 4-9 端面粗车程序

```
O1234
(33,04/13/19,21:10:21)
N10 G50 S10000
N12 G00 G97 S1000 T0303
N14 M03
N16 M08
N18 G00 X70.298 Z36.742
N20 G00 X57.374
N22 G00 Z35.561
N24 G00 Z29.907
N26 G00 X55.960 Z29.200
N28 G98 G01 X54.000 F200.000
N30 G03 X46.206 Z29.345 I0.000 K52.417
N32 G03 X38.657 Z29.787 I3.357 K45.024
N34 G03 X36.234 Z30.000 I6.240 K39.011
N36 G00 X37.890 Z30.561
N38 G00 Z35.561
N40 G00 X57.414
N42 G00 Z26.907
N44 G00 X56.000 Z26.200
N46 G01 X54.000 F200.000
N48 G03 X45.760 Z26.353 I0.000 K55.417
N50 G03 X37.710 Z26.824 I3.580 K48.015
N52 G03 X29.853 Z27.645 I6.714 K41.973
N54 G03 X23.062 Z28.807 I5.857 K22.650
N56 G03 X19.761 Z29.632 I6.425 K14.922
N58 G03 X18.646 Z30.000 I2.623 K4.578
N60 G00 X20.627 Z30.138
N62 G00 Z35.138
N64 G00 X57.414
N66 G00 Z23.907
N68 G00 X56.000 Z23.200
N70 G01 X54.000 F200.000
N72 G03 X45.314 Z23.362 I0.000 K58.417
N74 G03 X36.762 Z23.862 I3.803 K51.007
N76 G03 X28.350 Z24.740 I7.188 K44.936
N78 G03 X20.689 Z26.052 I6.608 K25.554
N80 G03 X16.778 Z27.029 I7.612 K17.677
N82 G03 X13.917 Z28.066 I4.114 K7.181
N84 G03 X12.423 Z28.960 I2.783 K3.084
N86 G03 X12.400 Z29.000 I0.064 K0.040
N88 G01 Z30.000
N90 G00 X13.814 Z29.293
N92 G00 Z35.000
N94 G00 X57.414
N96 G00 Z20.907
N98 G00 X56.000 Z20.200
N100 G01 X54.000 F200.000
N102 G03 X44.868 Z20.370 I0.000 K61.417
N104 G03 X35.814 Z20.900 I4.026 K53.999
N106 G03 X26.848 Z21.836 I7.661 K47.898
N108 G03 X18.316 Z23.296 I7.359 K28.459
N110 G03 X13.795 Z24.426 I8.798 K20.432
N112 G03 X9.897 Z25.838 I5.605 K9.784
N114 G03 X7.324 Z27.379 I4.793 K5.312
N116 G03 X6.400 Z29.000 I2.614 K1.621
N118 G01 Z30.000
N120 G00 X7.814 Z29.293
N122 G00 Z35.561
N124 G00 Z36.742
N126 G00 X70.298
N128 M09
N130 M30
%
```

项目测评

① 通过本项目实施有哪些收获？遇到什么问题？

② 填写子项目测评表（表 4-10）。

表 4-10 子项目（三）端面轮廓粗车操作测评表

考核项目		考核内容		考核标准		测评
主要项目	1	节点坐标		思路清晰、计算准确		
	2	轮廓建模	直线功能	操作正确、规范、熟练		
			抛物线	操作正确、规范		
			裁剪、镜像	操作正确、规范		
	3	机床设置		参数准确、规范		
	4	后置处理		操作正确、规范、熟练		
	5	端面轮廓粗车功能		操作规范、参数准确		
	6	仿真加工功能		操作正确、规范		
	7	代码生成		准确、规范		
	8	其它：进退刀点等		正确、规范		
文明生产	安全操作规范、机房管理规定					
结果		优秀	良好	及格	不及格	

项目拓展

(1) 思考题

① 本项目主要学习了哪些内容？

② 操作中遇到哪些难点问题？如何处理的？

③ 端面轮廓粗车的功能、绘制方法、操作步骤。

(2) 绘制零件图

① 轮廓粗车如题图 4-9 所示零件图（习题知识要点：零件左端面和右端面的加工，包括端面轮廓粗车、端面轮廓车刀、进退刀点等）。

② 轮廓粗车如题图 4-10 所示零件图（习题知识要点：零件的轮廓粗车加工，包括外轮廓和内轮廓粗车、轮廓车刀、端面轮廓粗车、端面车刀、进退刀点等）。

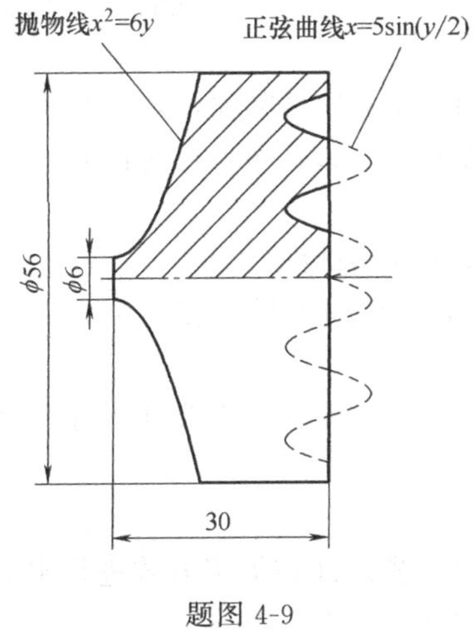

题图 4-9

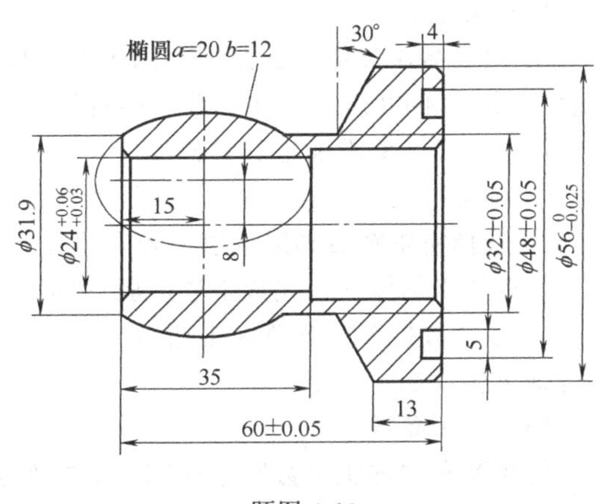

题图 4-10

子项目（四） 轮廓精车

项目目标

零件如图 4-62 所示，要求进行外轮廓粗车加工、轮廓精车加工。

项目分析

(1) 分析零件结构

如图 4-62 所示零件，外轮廓包括四个圆柱面、一个圆锥面、一个圆弧曲面及两个端面，尺寸完整、清晰。

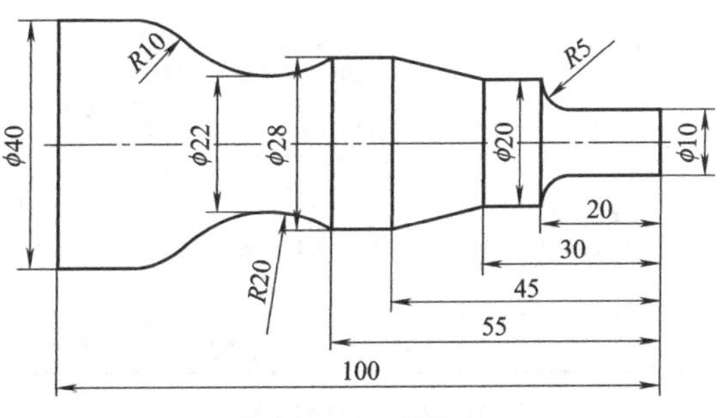

图 4-62 零件

(2) 工艺分析

选用零件毛坯尺寸 ϕ45mm × 105mm，根据加工要求对零件进行轮廓粗车、精车，需要 CAXA 数控车轮廓精车等功能，本项目的重点是轮廓精车。

(3) 精车加工的主要参数（表 4-11）

表 4-11 外轮廓精车加工参数

工步号	工 步 内 容	刀具	主轴转速/(r/min)	进给量/(mm/min)	吃刀量/mm
1	精车工件外轮廓	T0101	1500	50	0.10
2	文明生产：执行安全规程，场地整洁，工具整齐			审核：	

项目准备

【知识点】 轮廓精车

(1) 功能

轮廓精车实现对工件外轮廓表面、内轮廓表面和端面的精车加工。做轮廓精车时要确定被加工轮廓，被加工轮廓就是加工结束后的工件表面轮廓，被加工轮廓不能闭合或自相交。

(2) 操作步骤

① 用鼠标在菜单“数控车”的子菜单区中选取“轮廓精车”菜单项，系统弹出“加工参数表”，如图 4-63 所示。在参数表中首先要确定被加工的是外轮廓表面，还是内轮廓表面或端面，接着按加工要求确定其它各加工参数。

② 确定参数后拾取被加工轮廓，此时可使用系统提供的轮廓拾取工具。

③ 选择完轮廓后确定进退刀点，指定一点为刀具加工前和加工后所在的位置。按鼠标右键可忽略该点的输入，完成上述步骤后即可生成精车加工轨迹。

④ 在“数控车”菜单区中选取“生成代码”功能项，拾取刚生成的刀具轨迹，单击鼠标右键即可生成加工指令。

(3) 加工参数

轮廓精车“加工参数”主要用于对精车加工中的各种工艺条件和加工方式进行限定。如图 4-63 所示，用鼠标左键单击“加工参数”按钮，就进入“加工参数”功能。

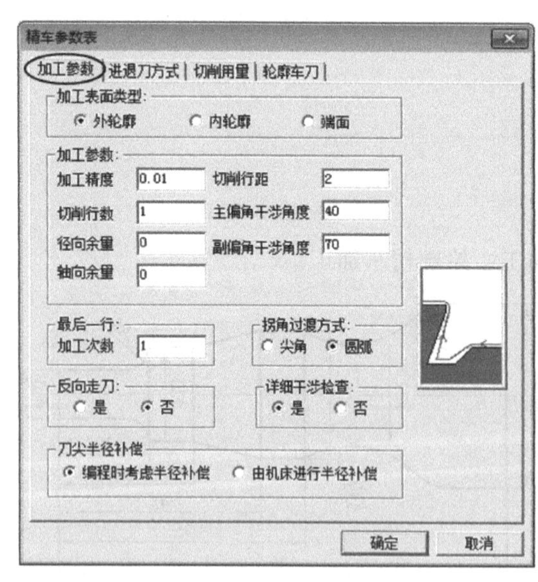

图 4-63 轮廓精车

① 加工表面类型

a. 外轮廓：采用外轮廓车刀加工外轮廓，此时缺省加工方向角度为 180°。

b. 内轮廓：采用内轮廓车刀加工内轮廓，此时缺省加工方向角度为 180°。

c. 端面：此时缺省加工方向应垂直于系统 X 轴，即加工角度为－90°或 270°。

② 加工参数

a. 加工精度：用户可按需要来控制加工的精度。对轮廓中的直线和圆弧，机床可以精确地加工；对由样条曲线组成的轮廓，系统将按给定的精度把样条转化成直线段来满足用户所需的加工精度。

b. 切削行距：行与行之间的距离。沿加工轮廓走刀一次称为一行。

c. 切削行数：刀位轨迹的加工行数，不包括最后一行的重复次数。

d. 加工余量：被加工表面没有加工部分的剩余量。分为径向余量、轴向余量。

e. 主偏角干涉角度：做底切干涉检查时，确定干涉检查的角度。避免加工锥面、圆弧曲面等表面时出现刀具主切削刃与工件发生干涉。

f. 副偏角干涉角度：做底切干涉检查时，确定干涉检查的角度。正确设置该角度，可以避免加工锥面、圆弧曲面等表面时出现刀具副切削刃与工件发生干涉。

副偏角干涉角度要设定尽量大的数值，否则加工锥面、圆弧曲面等表面时为了避免干涉，会产生较大的余量，达不到精度要求。

③ 最后一行加工次数　精车时为提高车削的表面质量，最后一行常常在相同进给量的情况进行多次车削，该处定义多次切削时的次数。

④ 拐角过渡方式

a. 圆弧：在切削过程遇到拐角时刀具从轮廓的一边到另一边的过程中，以圆弧的方式过渡。

b. 尖角：在切削过程遇到拐角时刀具从轮廓的一边到另一边的过程中，以尖角的方式过渡。

⑤ 反向走刀

a. 否：刀具按缺省方向走刀，即刀具从 Z 轴的正方向向 Z 轴的负方向移动。

b. 是：刀具按与缺省方向相反的方向走刀。

⑥ 详细干涉检查

a. 否：假定刀具前、后干涉角均为 0°，对凹槽部分不做加工，以保证切削轨迹无前角及底切干涉。

b. 是：加工凹槽时，用定义的干涉角度检查加工中是否有刀具前角及底切干涉，并按定义的干涉角度生成无干涉的切削轨迹。

⑦ 刀尖半径补偿

a. 编程时考虑半径补偿：在生成加工轨迹时，系统根据当前所用刀具的刀尖半径进行补偿计算（按假想刀尖点编程）。所生成代码即为已考虑半径补偿的代码，无需机床再进行刀尖半径补偿。

b. 由机床进行半径补偿：在生成加工轨迹时，假设刀尖半径为 0，按轮廓编程，不进行刀尖半径补偿计算。所生成代码在用于实际加工时应根据实际刀尖半径由机床指定补偿值。

(4) 进退刀方式

点击“进退刀方式”标签即进入进退刀方式参数表，该参数表用于对加工中的进退刀方式进行设定，如图 4-64 所示。

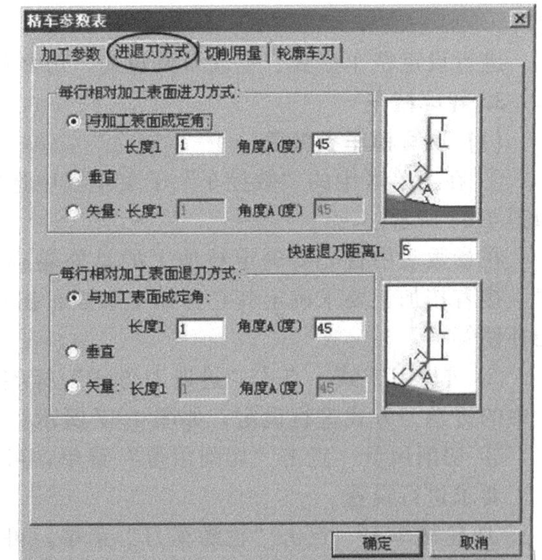

图 4-64　进退刀方式

① 进刀方式

a. 与加工表面成定角：指在每一切削行前加入一段与轨迹切削方向夹角成一定角度的进刀段，刀具垂直进刀到该进刀段的起点，再沿该进刀段进刀至切削行。角度定义该进刀段与轨迹切削方向的夹角，长度定义该进刀段的长度。

b. 垂直进刀：指刀具直接进刀到每一切削行的起始点。

c. 矢量进刀：指在每一切削行前加入一段与机床 Z 轴正方向（系统 X 轴正方向）成一定夹角的进刀段，刀具进刀到该进刀段的起点，再沿该进刀段进刀至切削行。角度定义矢量（进刀段）与机床 Z 轴正方向（系统 X 轴正方向）的夹角，长度定义矢量（进刀段）的长度。

② 退刀方式

a. 与加工表面成定角：指在每一切削行后加入一段与轨迹切削方向夹角成一定角度的退刀段，刀具先沿该退刀段退刀，再从该退刀段的末点开始垂直退刀。角度定义该退刀段与轨迹切削方向的夹角，长度定义该退刀段的长度。

b. 垂直退刀：指刀具直接进刀到每一切削行的起始点。

c. 矢量退刀：指在每一切削行后加入一段与机床 Z 轴正方向（系统 X 轴正方向）成一定夹角的退刀段，刀具先沿该退刀段退刀，再从该退刀段的末点开始垂直退刀。角度定义矢量（退刀段）与机床 Z 轴正方向（系统 X 轴正方向）的夹角，长度定义矢量（退刀段）的长度。

③ 切削用量　切削用量参数表的说明请参考轮廓粗车中的说明。

④ 轮廓车刀　点击“轮廓车刀”标签可进入轮廓车刀参数设置页。该页用于对加工中所用的刀具参数进行设置，具体参数说明请参考轮廓粗车中的说明。

项目实施

某零件图如图 4-62 所示，零件毛坯尺寸 ϕ45mm×80mm，进行外轮廓粗车加工、轮廓精车加工，操作步骤如下。

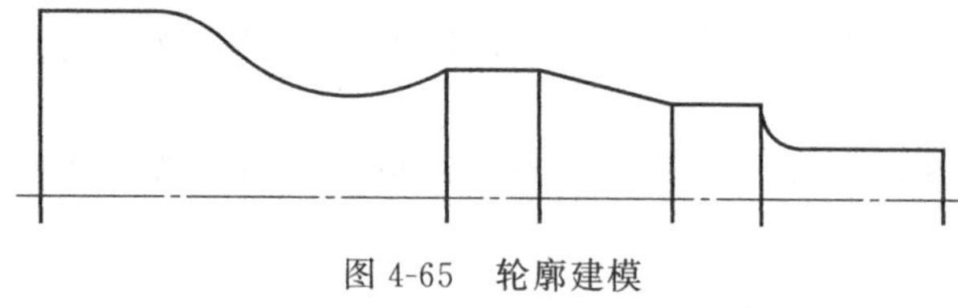

图 4-65　轮廓建模

1. 轮廓建模

要生成精加工轨迹，只需绘制要加工部分的上半部分外轮廓即可，其余线条无需画出，如图 4-65 所示。

2. 轮廓粗车加工

进行设定粗车参数、生成刀具轨迹、仿真加工、代码生成等操作，完成轮廓粗车加工。

3. 轮廓精车

(1) 填写精车参数表

① 在菜单区中的“数控车”子菜单区中选取“轮廓精车”菜单项，系统弹出加工参数表，如图 4-66 所示。

在参数表中首先要确定被加工的是外轮廓表面，还是内轮廓表面或端面，这里选择外轮廓。接着按加工要求确定其它各加工参数：拐角过渡方式、是否反向走刀、干涉检查、刀尖半径补偿等。

② 进退刀方式　点击“进退刀方式”标签即进入进退刀方式参数表，该参数表用于对加工中的进退刀方式进行设定，如图 4-67 所示。

③ 切削用量　点击“切削用量”菜单，可进入切削用量参数设置，各项切削用量参数按加工要求进行设置。

④ 轮廓车刀　点击“轮廓车刀”菜单，可进入轮廓车刀参数设置页，对加工中所用的刀具参数按加工要求进行设置，完成后单击“确定”。

(2) 拾取加工轮廓生成精车加工轨迹

确定参数后拾取被加工轮廓，此时可使用系统提供的轮廓拾取工具。选择完拾取方式拾取加工轮廓后，确定进退刀点，指定一点为刀具加工前和加工后所在的位置，按鼠标右键可忽略该点的输入，完成上述步骤后即可生成精车加工轨迹，如图 4-68 所示。

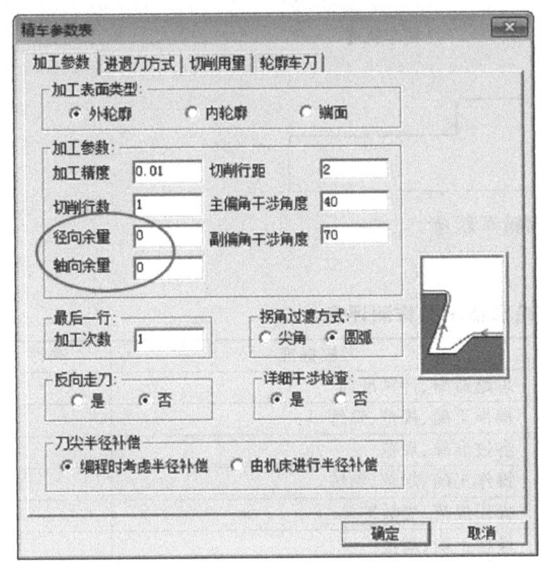

图 4-66　精车参数表

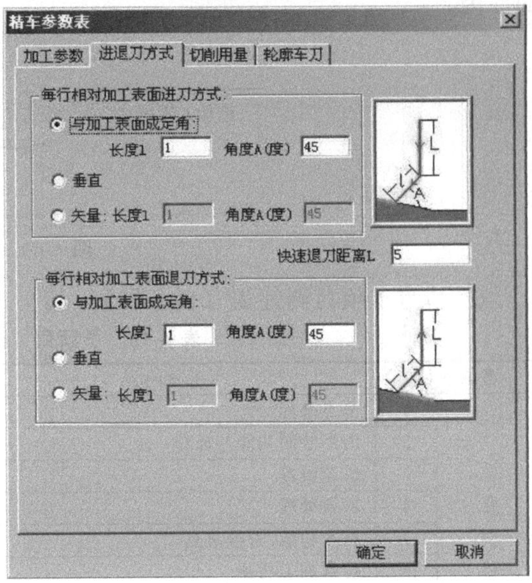

图 4-67　进退刀方式

(3) 轨迹仿真

① 在“数控车”子菜单区中选取“轨迹仿真”功能项，同时可指定仿真的类型（二维仿真，比较直观、真实）和仿真的步长。

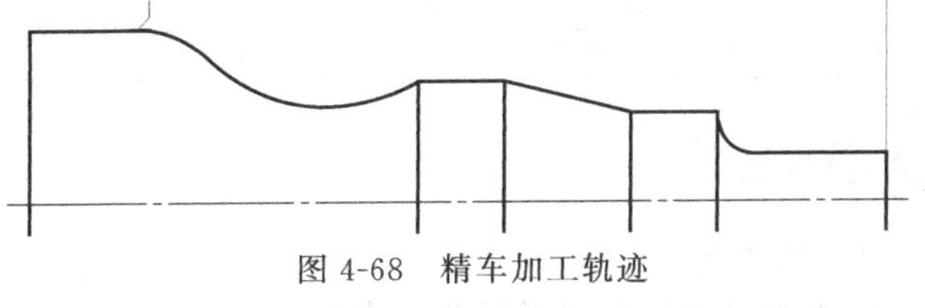

图 4-68　精车加工轨迹

② 拾取要仿真的加工轨迹，此时可使用系统提供的选择拾取工具。在结束拾取前仍可修改仿真的类型或仿真的步长。

③ 按鼠标右键结束拾取，系统弹出仿真控制条，按开始键开始仿真加工，检查加工轨迹的正确性。仿真过程中可进行暂停、上一步、下一步、终止和速度调节操作。

④ 仿真结束，可以按开始键重新仿真，或者按终止键终止仿真。

⑤ 检查加工轨迹无误后，进行下一步操作“代码生成”。

(4) 代码生成

用鼠标单击主菜单中的“数控车”再选择子菜单中的“代码生成”命令，或单击数控车工具栏中的“代码生成”图标，拾取刚生成的刀具轨迹，即可生成加工指令代码，如表 4-12 所示。

表 4-12　轮廓精车程序

O1234	N26 G98 G01 Z84.723 F50.000
(36,09/17/19,21:01:51)	N28 G02 X21.001 Z80.250 I4.500 K0.000
N10 G50 S10000	N30 G01 Z69.784
N12 G00 G97 S1500 T0101	N32 G01 X28.496 Z54.784
N14 M03	N34 G01 Z44.579
N16 M08	N36 G02 X34.196 Z20.261 I16.500 K−10.392
N18 G00 X42.611 Z105.121	N38 G03 X40.496 Z12.763 I−7.350 K−7.498
N20 G00 X47.324 Z100.430	N40 G00 X43.324 Z14.177
N22 G00 X12.415	N42 G00 X47.324
N24 G00 X11.001 Z99.723	—

项目测评

① 通过本项目实施有哪些收获？

② 如图 4-69 所示的轮廓精车轨迹，操作中是否遇到类似的情况？分析存在的问题及产生的原因。

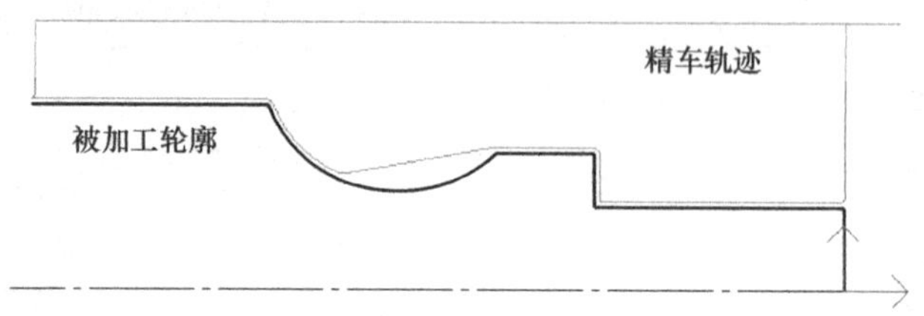

图 4-69 轮廓精车轨迹

③ 填写子项目测评表（表 4-13）。

表 4-13 子项目（四）轮廓精车操作测评表

考核项目		考核内容		考核标准		测评
主要项目	1	节点坐标		思路清晰、计算准确		
	2	图形绘制功能与操作		操作正确、规范、熟练		
	3	机床设置		参数准确、规范		
	4	后置处理		操作正确、规范、熟练		
	5	精车功能:考核重点		操作规范、参数准确		
	6	仿真加工功能		操作正确、规范		
	7	代码生成		准确、规范		
	8	其它:进退刀点等		正确、规范		
文明生产	安全操作规范、机房管理规定					
结果		优秀	良好	及格	不及格	

项目拓展

(1) 思考题

① 本项目主要学习了哪些内容？

② 操作中遇到哪些难点问题？如何处理的？

③ 外轮廓精车的功能和操作步骤。

(2) 绘制零件图

① 外轮廓粗车、精车如题图 4-11 所示零件图（习题知识要点：零件的外轮廓粗车和精车、轮廓车刀、进退刀点等）。

② 外轮廓粗车、精车如题图 4-12 所示零件图（习题知识要点：零件的内、外轮廓的粗车和精车，轮廓车刀，进退刀点等）。

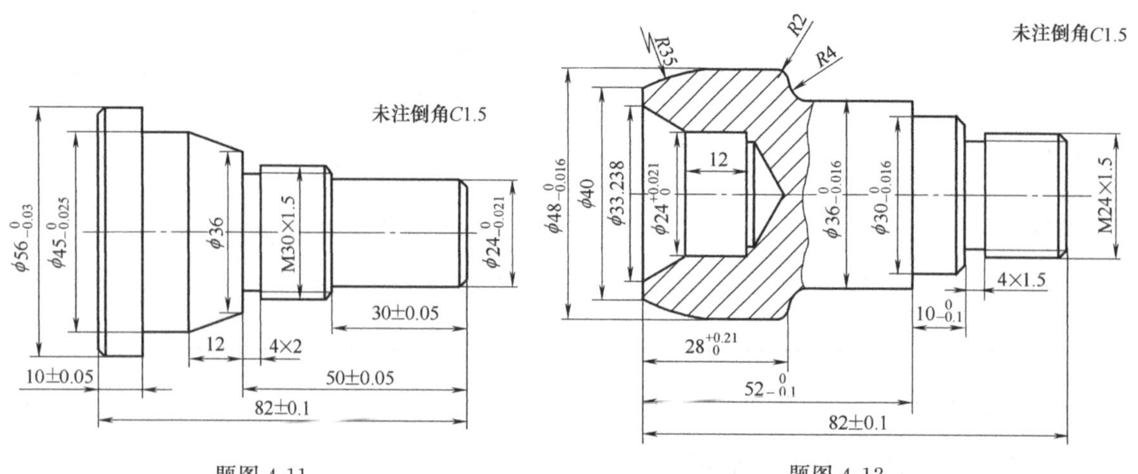

题图 4-11　　题图 4-12

子项目（五） CAXA数控车轮廓车槽

项目目标

零件如图 4-70 所示，零件毛坯尺 ϕ45mm×80mm，外轮廓车削加工已经完成，要求利用 CAXA 数控车切槽并生成数控代码。

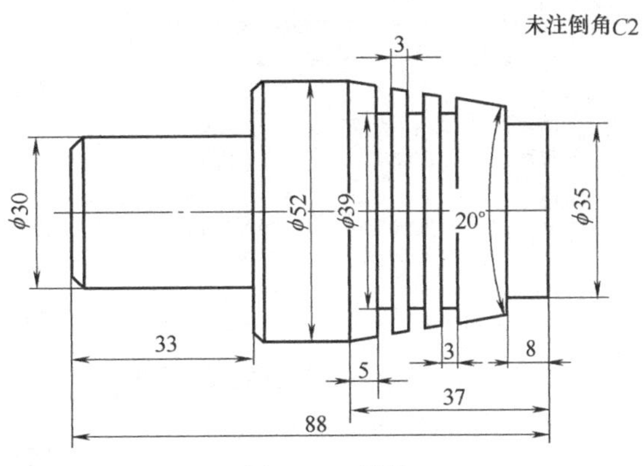

图 4-70 零件

项目分析

(1) 分析零件结构

如图 4-70 所示零件，外轮廓圆锥面、圆柱面车削加工已经完成，要求进行轮廓车槽，需要 CAXA 数控车的车槽功能，本项目的重点是轮廓车槽。

(2) 车槽加工参数（表 4-14）

表 4-14 车槽加工参数

工步号	工步内容	刀具	主轴转速 /(r/min)	进给量 /(mm/min)	吃刀量 /mm
1	工件外轮廓车槽	T0404	300	80	1.0
2	文明生产：执行安全规程，场地整洁，工具整齐			审核：	

项目准备

【知识点】 轮廓车槽

(1) 功能

车槽用于在工件外轮廓表面、内轮廓表面和端面等表面进行切槽加工，还可以加工由直线构成的轮廓表面（代替轮廓粗车、精车）。切槽时要确定被加工轮廓，被加工轮廓就是加工结束后的工件表面轮廓，被加工轮廓不能闭合或自相交。

(2) 操作步骤

① 在菜单区中的“数控车”子菜单区中选取“车槽”菜单项，系统弹出加工参数表，如图 4-71 所示。在参数表中首先要确定被加工的表面是外轮廓表面、内轮廓表面还是端面，接着按加工要求确定其它各加工参数。

② 确定参数后拾取被加工轮廓，此时可使用系统提供的轮廓拾取工具。

③ 拾取完轮廓后确定进退刀点。指定一点为刀具加工前和加工后所在的位置即进退刀点，按鼠标右键可忽略该点的输入。

④ 完成上述步骤后即可生成切槽加工轨迹。在“数控车”菜单区中选取“生成代码”功能项，拾取刚生成的刀具轨迹，即可生成加工指令。

(3) 切槽加工参数

① 切槽表面类型

a. 外轮廓：外轮廓切槽，或用切槽刀加工外轮廓。

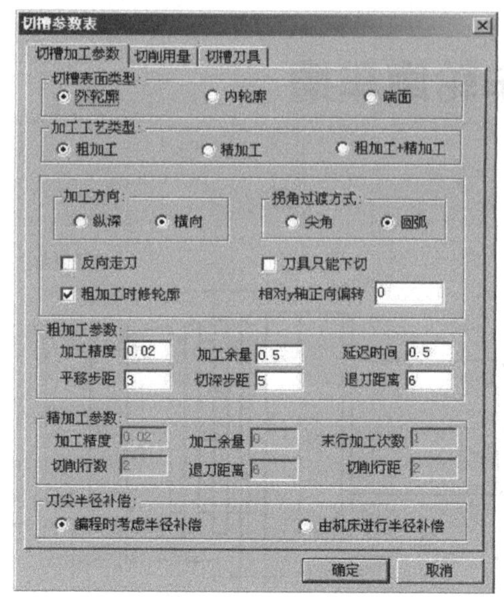

图 4-71 车槽加工参数

b. 内轮廓：内轮廓切槽，或用切槽刀加工内轮廓。

c. 端面：端面切槽，或用切槽刀加工端面。

② 加工工艺类型

a. 粗加工：对槽只进行粗加工。

b. 精加工：对槽只进行精加工。

c. 粗加工＋精加工：对槽进行粗加工之后接着进行精加工。

③ 拐角过渡方式

a. 圆弧：在切削过程遇到拐角时刀具从轮廓的一边到另一边的过程中，以圆弧的方式过渡。

b. 尖角：在切削过程遇到拐角时刀具从轮廓的一边到另一边的过程中，以尖角的方式过渡。

④ 粗加工参数

a. 延迟时间：粗车槽时，刀具在槽的底部停留的时间。

b. 切深步距：粗车槽时，刀具每一次纵向切槽的切入量（机床 X 方向）。

c. 平移步距：粗车槽时，刀具切到指定的切深量后进行下一次切削前的水平平移量（机床 Z 方向）。

d. 退刀距离：粗车槽中进行下一行切削前退刀到槽外的距离。

e. 加工余量：粗加工时，被加工表面给后面的精加工预留的材料层厚度。

⑤ 精加工参数

a. 切削行距：精加工时每一刀的吃刀量（加工轨迹中行与行之间的距离）。

b. 切削行数：精加工刀位轨迹的加工行数，不包括最后一行的重复次数。

c. 退刀距离：精加工中切削完一行之后，进行下一行切削前退刀的距离。

d. 加工余量：精加工时，被加工表面预留的材料层厚度。如果零件此时完成了所有加工，该参数取 0 值，否则不为 0 值。

e. 末行加工次数：精车槽时，为提高加工的表面质量，最后一行常常在相同进给量的情况下进行多次车削，该处定义多次切削的次数。

(4) 切削用量参数表

点击“切削用量”菜单可进入切槽切削用量参数设置窗口，该窗口用于对加工中所用的切槽刀具参数进行设置，如图 4-72 所示。

(5) 切槽刀具

点击“切槽刀具”菜单可进入切槽车刀参数设置窗口，该窗口用于对加工中所用的切槽刀具参数进行设置，如图 4-73 所示。

① 当前切槽刀具　显示当前使用的刀具的名称。当前刀具就是在加工中要使用的刀具，在加工轨迹的生成中要使用当前刀具的刀具参数。

② 刀具参数

a. 刀具名：刀具的名称，用于刀具标识和列表。刀具名是唯一的。

b. 刀具号：刀具的系列号，用于数控程序的自动换刀指令。刀具号唯一，并对应机床的刀库。

c. 刀具补偿号：刀具补偿值的序列号，其值对应于机床的数据库。

d. 刀具长度：刀具的总体长度。

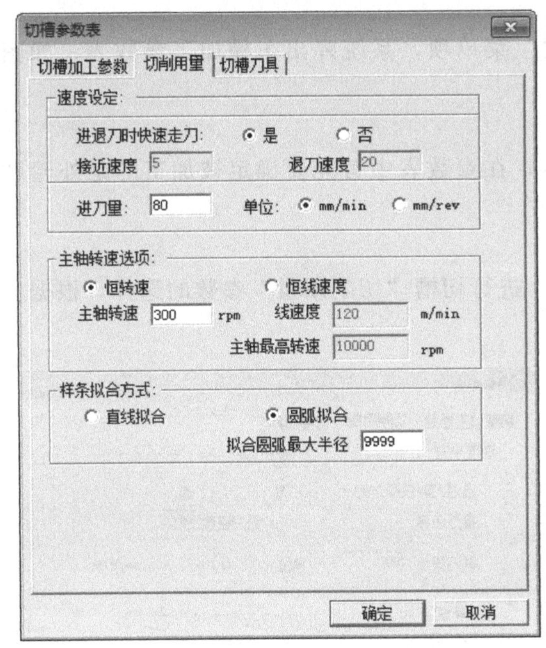

图 4-72　切槽参数表

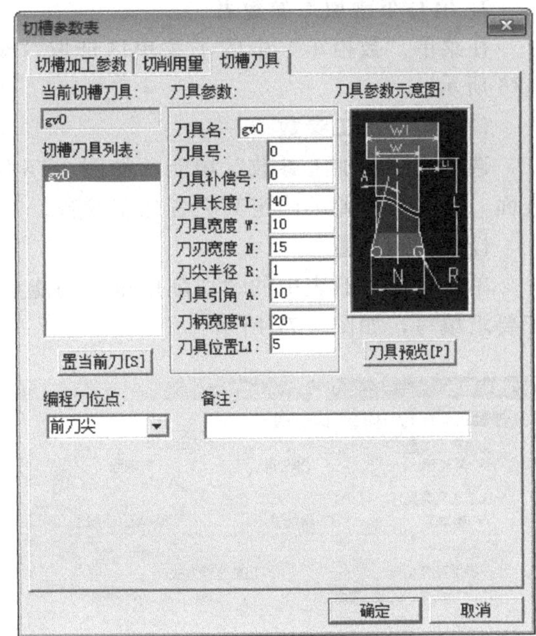

图 4-73　切槽刀具参数表

e. 刀柄宽度：刀具可夹持段的宽度。

f. 刀刃宽度：刀具切削刃的宽度。注意：刀刃宽度不能小于刀柄宽度。

g. 刀尖半径：刀尖部分用于切削的圆弧的半径。

h. 刀具引角：刀具切削段两侧边与垂直于切削方向的夹角。

③ 切槽刀具列表　显示刀具库中所有同类型刀具的名称，可通过鼠标或键盘的上、下键选择不同的刀具名，刀具参数表中将显示所选刀具的参数。用鼠标双击所选的刀具还能将其置为当前刀具。

④ 置当前刀　将所选的刀具设置为当前刀具。

⑤ 刀具预览　显示刀具的轮廓、结构。

⑥ 编程刀位点　车槽刀刀位点，如图 4-74 所示，根据加工需要选取。

项目实施

零件图如图 4-70 所示，外轮廓已完成加工，要求利用 CAXA 数控车切槽并生成数控代码。进行轮廓切槽加工，操作步骤如下。

1. 轮廓建模

要生成加工轨迹，只需绘制要加工部分的上半部分外轮廓即可，其余线条无需画出，如图 4-75 所示。

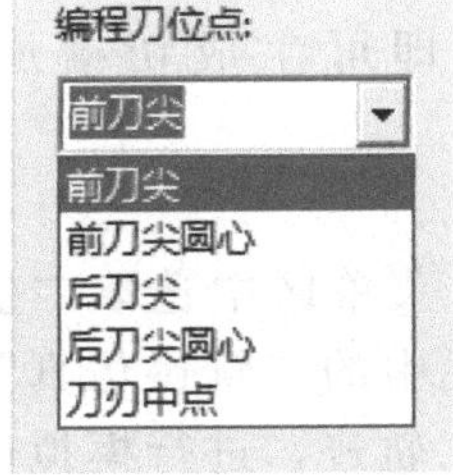

图 4-74　车槽刀刀位点

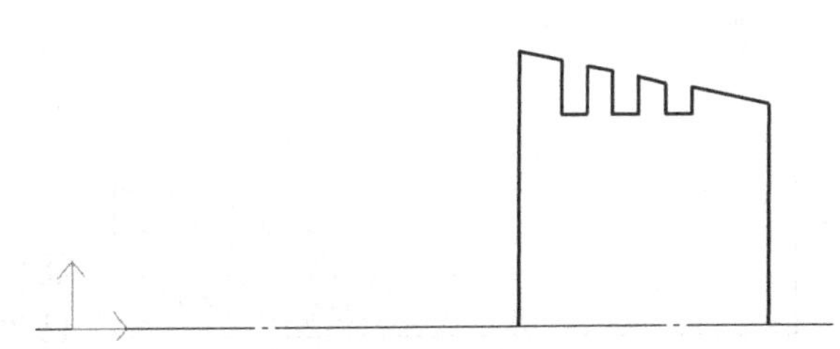

图 4-75　轮廓建模

2. 填写车槽加工参数表

在菜单“数控车”中的子菜单区选取“车槽”菜单项，系统弹出车槽加工参数表，如图4-76所示。

(1) 车槽加工参数

选择“车槽加工参数”功能，如图4-76所示，在参数表中首先要确定被加工的是外轮廓表面，再按加工要求确定其它各加工参数。

(2) 切削用量

单击车槽参数表中的“切削用量”功能菜单，进行切槽“切削用量”参数的选择，根据加工要求填写，如图4-77所示。

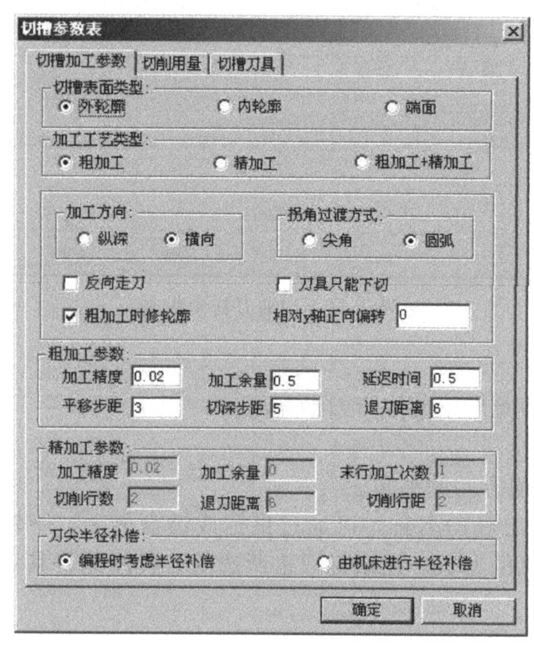

图4-76 车槽加工参数

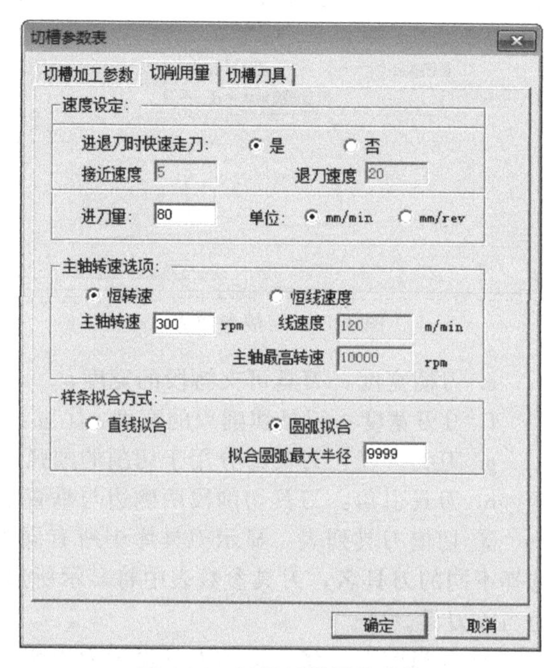

图4-77 切槽切削用量参数

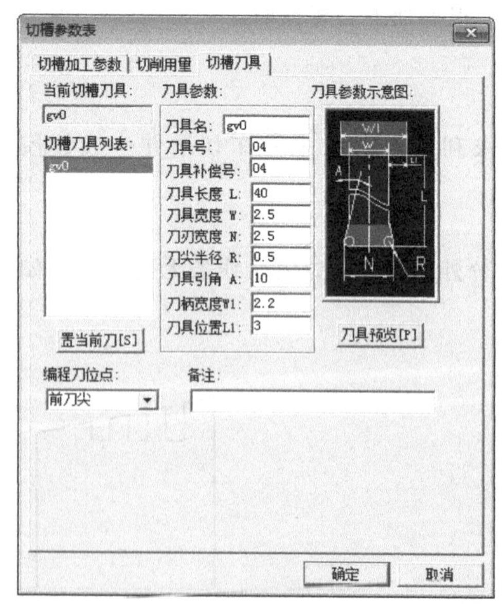

图4-78 切槽刀具参数

(3) 切槽刀具

单击车槽参数表中的“切槽刀具”功能菜单，进行切槽刀具参数的选择，要根据加工要求填写，如图4-78所示。

3. 轮廓拾取，生成切槽加工轨迹

所有参数填写完成后单击“确定”按钮，就可使用系统提供的轮廓拾取工具，拾取被加工轮廓。拾取完轮廓后确定一点为刀具加工前和加工后所在的位置，按鼠标右键可忽略该点的输入。完成上述步骤后即可生成切槽加工轨迹，如图4-79所示。

4. 轨迹仿真

在“数控车”菜单区中选取“生成代码”功能项，单击工具栏中的“轨迹仿真”图标，拾取已生成的切槽加工轨迹，进行模拟仿真加工。如果仿真加工符合要求，就进行下一步；如果仿真加工效果不理想，就分析原因，通过修改相关的参数来改变，重新生成切槽的加工轨迹，再仿真加工、验证，直至符合加工要求。

5. 生成代码

在“数控车”菜单区中选取“生成代码”功能项，拾取刚生成的刀具轨迹，即可生成加工指令，如表 4-15 所示。

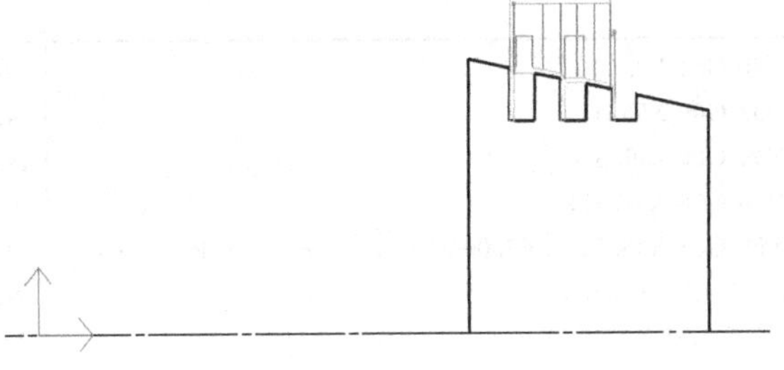

图 4-79 切槽加工轨迹

表 4-15 切槽加工程序

O1234	N128 G00 X56.179
(33,04/14/19,15:14:58)	N130 G00 Z64.700
N10 G50 S10000	N132 G00 X48.063
N12 G00 G97 S600 T0404	N134 G01 Z62.800 F200.000
N14 M03	N136 G04 X0.500
N16 M08	N138 G03 X47.924 Z62.474
N18 G00 X63.990 Z84.732	I−0.800 K0.000
N20 G00 Z68.000	N140 G04 X0.500
N22 G00 X62.179	N142 G00 X56.179
N24 G00 X56.179	N144 G00 Z64.700
N26 G98 G01 X46.888 F200.000	N146 G00 X48.063
N28 G04X0.500	N148 G02 X48.039 Z64.839
N30 G00 X62.179	I−0.800 K0.000 F200.000
N32 G00 Z66.000	N150 G04X0.500
N34 G00 X56.179	N152 G01 X46.981 Z67.839
N36 G01 X47.629 F200.000	N154 G04 X0.500
N38 G04 X0.500	N156 G02 X45.405 Z68.500
N40 G00 X62.179	I−0.788 K−0.139
N42 G00 Z64.000	N158 G04 X0.500
N44 G00 X56.179	N160 G01 X41.000
N46 G01 X48.063 F200.000	N162 G04 X0.500
N48 G04 X0.500	N164 G00 X56.179
N50 G00 X62.179	N166 G00 Z68.000
N52 G00 Z62.000	N168 G00 X44.347
N54 G00 X56.179	N170 G01 X41.000 F200.000
N56 G01 X49.004 F200.000	N172 G04 X0.500
N58 G04X0.500	N174 G01 Z68.500
N60 G00 X62.179	N176 G04 X0.500
N62 G00 Z60.000	N178 G00 X55.637
N64 G00 X56.179	N180 G00 X56.779
N66 G01 X49.745 F200.000	N182 G00 X55.637
N68 G04 X0.500	N184 G00 X44.347
N70 G00 X62.179	N186 G01 X40.000 F200.000
N72 G00 Z56.500	N188 G01 Z68.000
N74 G00 X56.179	N190 G01 X45.405
N76 G01 X50.062 F200.000	N192 G03 X45.996 Z67.752 I0.000 K−0.300
N78 G04 X0.500	N194 G01 X47.054 Z64.752
N80 G00 X62.179	N196 G03 X47.063 Z64.700
N82 G00 X56.779	I−0.295 K−0.052
N84 G00 X55.637	N198 G01 Z62.800
N86 G00 X49.637	N200 G03 X46.463 Z62.500
N88 G01 X41.000 F200.000	I−0.300 K0.000

续表

N90 G04 X0. 500 N92 G00 X56. 179 N94 G00 Z56. 800 N96 G00 X50. 179 N98 G03 X48. 579 Z56. 000 I—0. 800 K0. 000 F200. 000 N100 G04 X0. 500 N102 G01 X41. 000 N104 G04 X0. 500 N106 G01 Z56. 500 N108 G04X0. 500 N110 G00 X56. 179 N112 G00 Z58. 700 N114 G00 X50. 179 N116 G02 X50. 154 Z58. 839 I—0. 800 K0. 000 F200. 000 N118 G04X0. 500 N120 G01 X49. 096 Z61. 839 N122 G04X0. 500 N124 G02 X47. 924 Z62. 474 I—0. 788 K—0. 139 N126 G04 X0. 500	N202 G01 X40. 000 N204 G01 Z62. 000 N206 G01 X47. 521 N208 G03 X48. 112 Z61. 752 I0. 000 K—0. 300 N210 G01 X49. 170 Z58. 752 N212 G03 X49. 179 Z58. 700 I—0. 295 K—0. 052 N214 G01 Z56. 800 N216 G03 X48. 579 Z56. 500 I—0. 300 K0. 000 N218 G01 X40. 000 N220 G01 Z56. 000 N222 G01 X49. 637 N224 G00 X55. 637 N226 G00 X63. 990 N228 G00 Z84. 732 N230 M09 N232 M30

项目测评

① 通过本项目实施有哪些收获?

② 填写子项目测评表（表 4-16)。

表 4-16 子项目（五）轮廓车槽操作测评表

考核项目		考核内容		考核标准		测评
主要项目	1	节点坐标		思路清晰、计算准确		
	2	图形绘制功能与操作		操作正确、规范、熟练		
	3	机床设置		参数准确、规范		
	4	后置处理		操作正确、规范、熟练		
	5	车槽功能:考核重点		操作规范、参数准确		
	6	仿真加工功能		操作正确、规范		
	7	代码生成		准确、规范		
	8	其它:进退刀点等		正确、规范		
文明生产		安全操作规范、机房管理规定				
结果		优秀	良好	及格	不及格	

项目拓展

(1) 思考题

① 本项目主要学习了哪些内容?

② 操作中遇到哪些难点问题? 如何处理的?

③ 轮廓车槽的功能、操作步骤。

(2) 绘制零件图

① 如题图 4-13 所示零件图，要求外轮廓粗车、精车、车槽加工。

② 如题图 4-14 所示零件图，要求外轮廓粗车、精车、车槽加工。

③ 如题图 4-15 所示零件图，要求外轮廓粗车、精车、车槽加工。

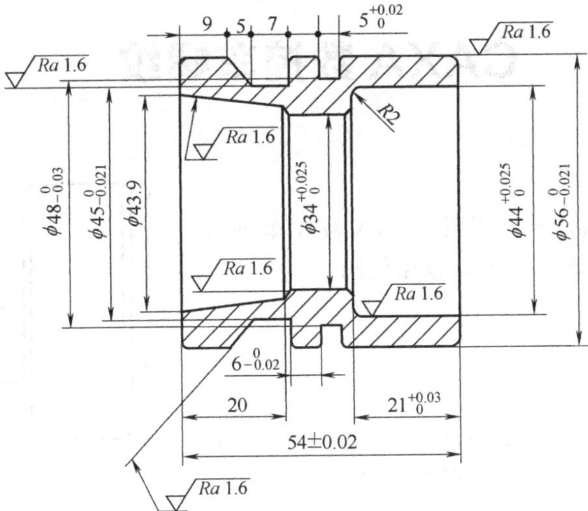

题图 4-13

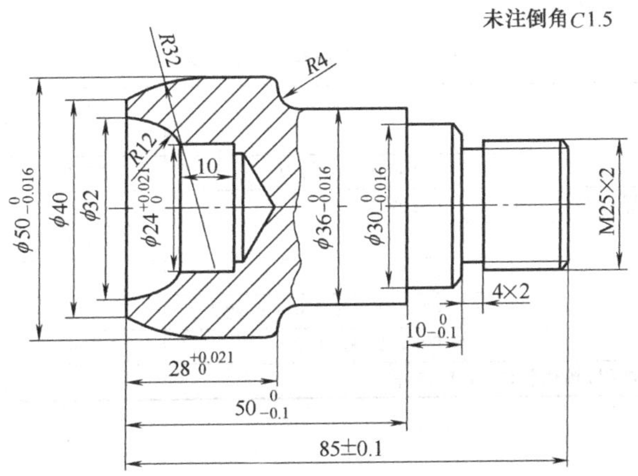

题图 4-14

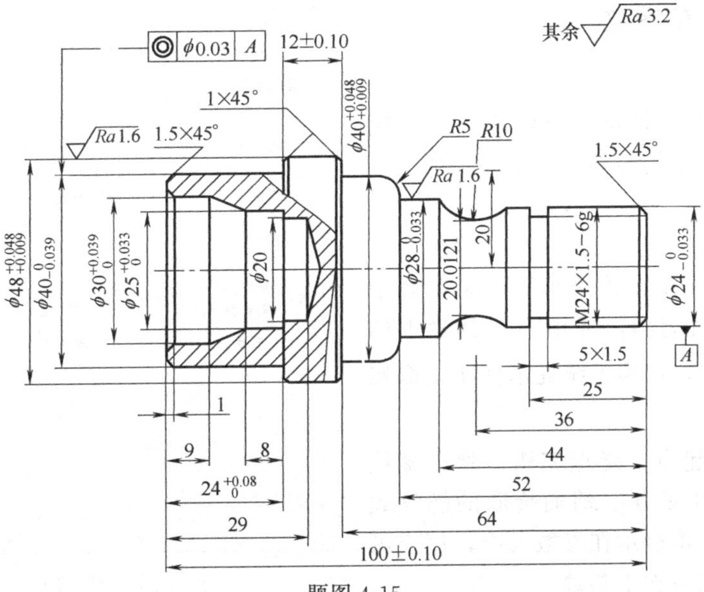

题图 4-15

子项目（六） CAXA数控车螺纹

项目目标

零件如图4-80所示，要求利用CAXA数控车进行外轮廓车削、切槽、车螺纹并生成数控代码。

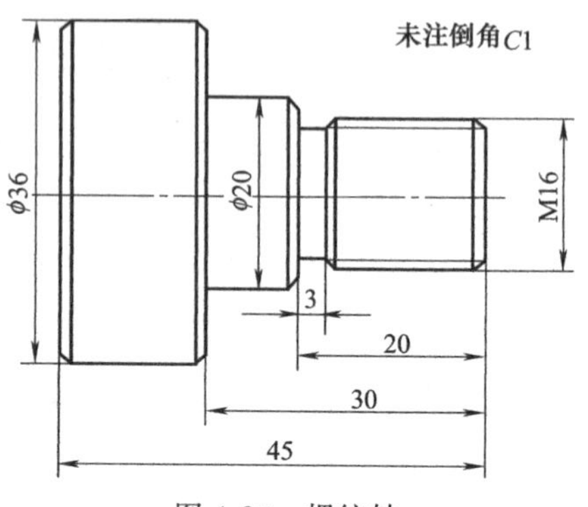

图4-80 螺纹轴

项目分析

1. 分析零件结构

如图4-80所示零件，主要由两个圆柱面、一个退刀槽面和一个外螺纹面组成。根据图样要求，选择零件毛坯尺寸ϕ40mm×48mm，进行外轮廓粗车、精车、切槽和车螺纹等加工。本项目的重点是车螺纹加工。

2. 加工参数（表4-17）

表4-17 外轮廓粗车加工参数表

工步号	工步内容	刀具	主轴转速/(r/min)	进给量/(mm/min)	吃刀量/mm
1	车削工件左端面	T0101，90°正偏刀	1500	100	0.3
2	调头车工件右端面，保证零件总长	T0102	1500	100	0.3
3	粗车工件外轮廓	T0102	800	200	2.0
4	精车工件外轮廓	T0102	1500	50	0.1
5	车削退刀槽	T04，刀宽2.5mm车槽刀	600	80	1.5
6	车螺纹	T05，60°螺纹刀	500	2	按表
7	文明生产：执行安全规程，场地整洁，工具整齐			审核：	

项目准备

【知识点一】 车螺纹

(1) 功能

车螺纹的功能是非固定循环方式加工螺纹，可对螺纹加工中的各种工艺条件、加工方式进行更为灵活地控制。

(2) 操作步骤

① 用鼠标左键在“数控车”子菜单区中选取“车螺纹”功能项，或单击工具栏中的“车螺纹”按钮，按照系统提示依次拾取螺纹起点、终点。

② 拾取螺纹起点、终点完毕，弹出螺纹参数表，如图4-81所示。前面拾取的螺纹起点、终点的坐标也将显示在参数表中，用户可在该参数表中确定各加工参数。

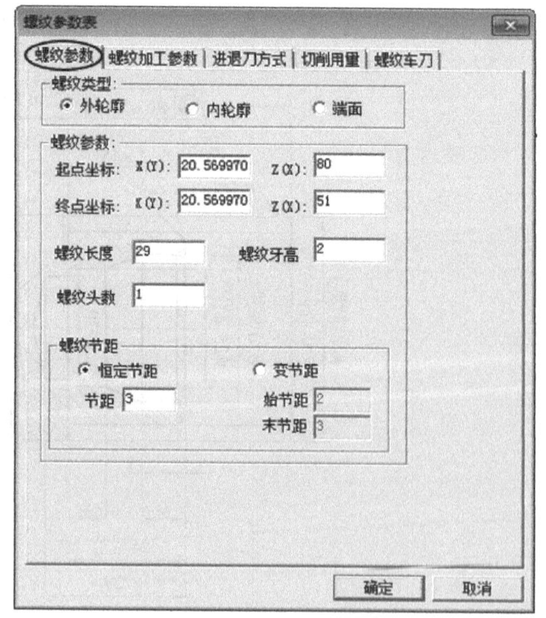

图4-81 螺纹加工参数表

③ 参数填写完毕，点击“确认”按钮，即生成螺纹车削刀具轨迹。

④ 在“数控车”菜单区中选取“生成代码”功能项，拾取刚刚生成的刀具轨迹，即可生成螺纹加工指令。

(3) 螺纹参数表

① 螺纹参数　如图 4-81 所示，“螺纹参数”参数表主要包含了与螺纹性质相关的参数。

a. 螺纹类型　螺纹分为外轮廓螺纹、内轮廓螺纹、端面螺纹。

b. 螺纹参数

• 起点坐标：车螺纹的起始点坐标，单位为 mm。

• 终点坐标：车螺纹的终止点坐标，单位为 mm。

螺纹起点和终点坐标来自前一步的拾取结果，用户也可以进行修改。为了加工完整的螺纹，螺纹起点和终点处增加升速进刀段 δ_1 和降速退刀段 δ_2，一般根据加工需要 δ_1、δ_2 分别取 2mm、1mm 左右（根据主轴转速和螺纹导程来确定）。

• 螺纹长度：螺纹的起始点到终止点的距离。

• 螺纹牙高：螺纹牙的高度。

• 螺纹头数：一个螺纹零件的螺旋线数目。

c. 螺纹节距

• 恒定节距：同一条螺旋线上，两个相邻螺纹轮廓上对应点之间的距离为恒定值（对应于螺纹的螺距）。

• 变节距：两个相邻螺纹轮廓上对应点之间的距离为变化的值（始节距：起始端螺纹的节距；末节距：终止端螺纹的节距）。

② 螺纹加工参数　用鼠标左键点击图 4-81 对话框中的“螺纹加工参数”菜单即进入螺纹加工参数表，如图 4-82 所示，“螺纹加工参数”参数表用于对螺纹加工中的工艺条件和加工方式进行设置。

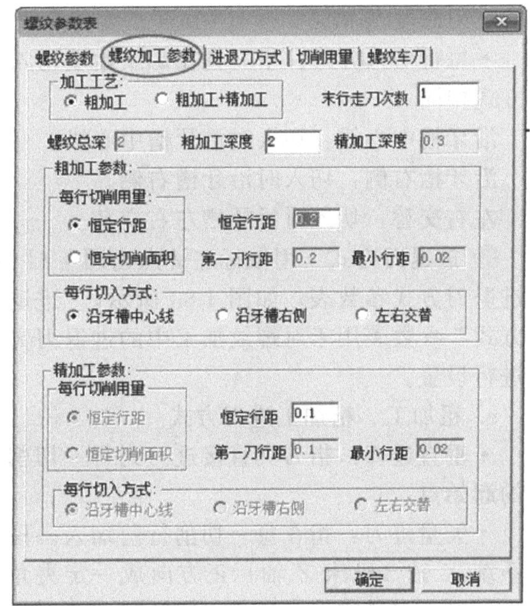

图 4-82　螺纹加工参数表

a. 加工工艺

• 粗加工：指直接采用粗切方式加工螺纹。

• 粗加工＋精加工：指根据指定的粗加工深度进行粗切后，再采用精切方式（如采用更小的行距）切除剩余量（精加工深度）。

b. 末行走刀次数：为提高加工质量，最后一个切削行有时需要重复走刀多次，此时需要指定重复走刀次数。

c. 螺纹深度

• 螺纹总深：螺纹粗加工和精加工总的切深量。

螺纹总深要对应于螺纹牙高，二者是相等的。

• 粗加工深度：螺纹粗加工的切深量。

• 精加工深度：螺纹精加工的切深量。

d. 粗加工参数

• 每行切削用量。

恒定行距：加工时沿恒定的行距进行加工。

恒定切削面积：为保证每次切削的切削面积恒定，各次切削深度将逐步减小，直至等于最小行距。用户需指定第一刀行距及最小行距。吃刀深度规定如下：第 n 刀的吃刀深度为第一刀的吃刀深度$\sqrt{n}$倍。

• 每行切入方式：指刀具在螺纹始端切入时的切入方式。刀具在螺纹末端的退出方式与切入方式相同。

沿牙槽中心线：切入时沿牙槽中心线。

沿牙槽右侧：切入时沿牙槽右侧。

左右交替：切入时沿牙槽左右交替。

e. 精加工参数

• 每行切削用量。

恒定行距：加工时沿恒定的行距进行加工。

恒定切削面积：为保证每次切削的切削面积恒定，各次切削深度将逐步减小，直至等于最小行距。用户需指定第一刀行距及最小行距。吃刀深度规定如下：第 n 刀的吃刀深度为第一刀的吃刀深度$\sqrt{n}$倍。

• 每行切入方式：指刀具在螺纹始端切入时的切入方式。刀具在螺纹末端的退出方式与切入方式相同。

沿牙槽中心线：切入时沿牙槽中心线。

沿牙槽右侧：切入时沿牙槽右侧。

左右交替：切入时沿牙槽左右交替。

③ 进退刀方式　用鼠标左键点击图 4-81 对话框中的“进退刀方式”菜单，即进入螺纹加工进退刀方式参数表，如图 4-83 所示，“进退刀方式”参数表用于对螺纹加工中的进退刀方式进行设置。

图 4-83　螺纹加工进退刀方式参数表

a. 粗加工、精加工进刀方式

• 垂直进刀：指刀具直接进刀到每一切削行的起始点。

• 矢量进刀：指在每一切削行前加入一段与系统 X 轴（机床 Z 轴）正方向成一定夹角的进刀段，刀具进刀到该进刀段的起点，再沿该进刀段进刀至切削行。

长度：定义矢量（进刀段）的长度。

角度：定义矢量（进刀段）与系统 X 轴正方向的夹角。

b. 粗加工、精加工退刀方式

• 垂直退刀：指刀具直接退刀到每一切削行的起始点。

• 矢量退刀：指在每一切削行后加入一段与系统 X 轴（机床 Z 轴）正方向成一定夹角

的退刀段，刀具先沿该退刀段退刀，再从该退刀段的末点开始垂直退刀。

长度：定义矢量（退刀段）的长度。

角度：定义矢量（退刀段）与系统 X 轴正方向的夹角。

c. 快速退刀距离：以给定的退刀速度回退的距离（相对值），在此距离上以机床允许的最大进给速度 G00 退刀。

④ 切削用量　用鼠标左键点击图 4-81 对话框中的“切削用量”菜单，即进入螺纹加工切削用量的设定窗口，如图 4-84 所示。

⑤ 螺纹车刀　用鼠标左键点击“螺纹车刀”标签可进入螺纹车刀参数设置窗口，用于对加工中所用的螺纹车刀参数进行设置，具体参数说明如图 4-85 所示。

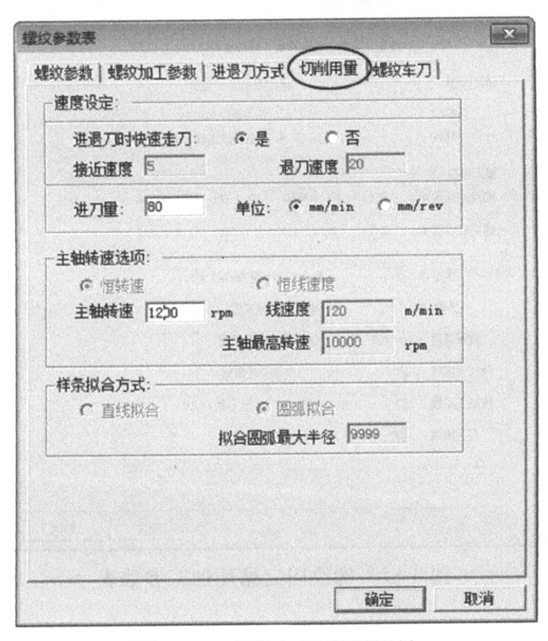

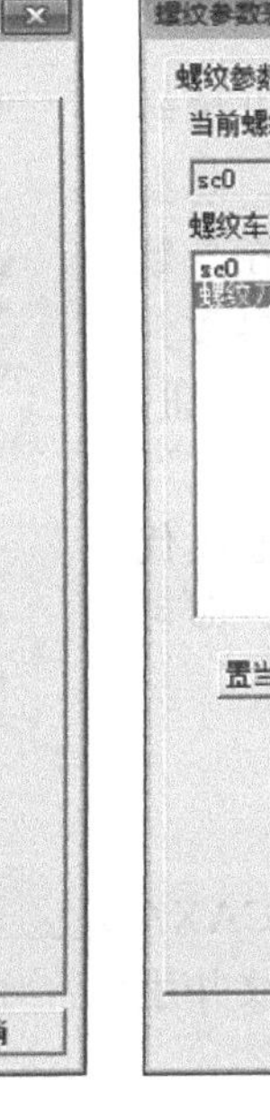

图 4-84　螺纹加工切削用量

图 4-85　螺纹车刀参数设置

a. 当前螺纹车刀　显示当前使用的刀具的刀具名。当前刀具就是在加工中要使用的刀具，在加工轨迹的生成中要使用当前刀具的刀具参数。

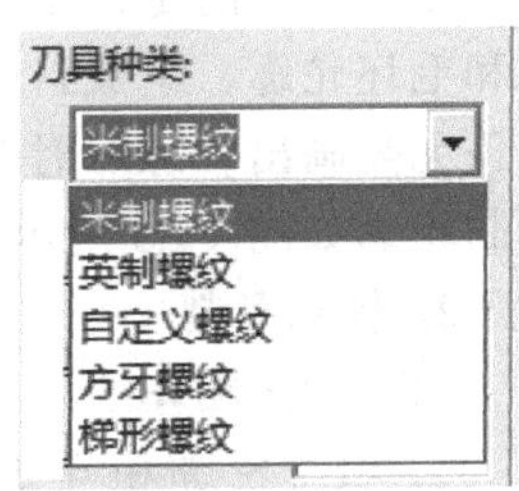

图 4-86　螺纹刀具种类

b. 刀具参数　刀具种类：如图 4-86 所示，根据加工需要选取合适的螺纹刀。

刀具名：刀具的名称，用于刀具标识和列表。刀具名是唯一的。

刀具号：刀具的系列号，用于后置处理的自动换刀指令。刀具号唯一，并对应机床的刀库。

刀具补偿号：刀具补偿值的序列号，其值对应于机床的数据库。

刀柄长度：刀具可夹持段的长度。

刀柄宽度：刀具可夹持段的宽度。

刀刃长度：刀具切削刃的长度。

刀尖宽度：螺纹牙底宽度。对于三角螺纹车刀，刀尖宽度等于 0。

刀具角度：螺纹刀具两切削刃的夹角，该角度决定了车削出的螺纹的牙型角。

c. 螺纹车刀列表　显示刀具库中所有同类型刀具的名称，可通过鼠标或键盘的上、下键选择不同的刀具名，刀具参数表中将显示所选刀具的参数。用鼠标双击所选的刀具还能将其置为当前刀具。

d. 置当前刀　将所选的刀具置为当前刀具。

【知识点二】 螺纹固定循环

(1) 功能

螺纹固定循环方式加工螺纹，可对螺纹加工中的各种工艺条件、加工方式进行更为灵活的控制。

(2) 操作步骤

① 用鼠标左键在“数控车”子菜单区中选取“螺纹固定循环”功能项，或单击工具栏中的“螺纹固定循环”按钮▣，按照系统提示依次拾取螺纹起点、终点。

② 拾取螺纹起点、终点完毕，弹出螺纹固定循环加工参数表，如图 4-87 所示。前面拾取的螺纹起点、终点的坐标也将显示在参数表中，用户可在该参数表中确定各加工参数。

③ 参数填写完毕，点击“确认”按钮，即生成螺纹车削刀具轨迹。

④ 在“数控车”菜单区中选取“生成代码”功能项，拾取刚刚生成的刀具轨迹，即可生成螺纹加工指令。

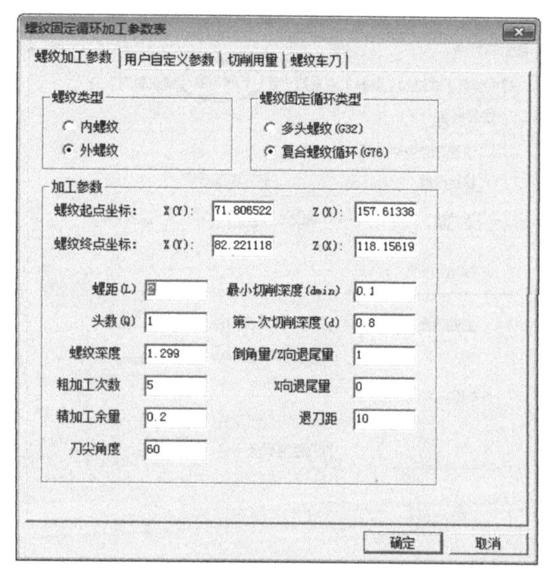

图 4-87　螺纹固定循环加工参数表

项目实施

零件图如图 4-80 所示，要求利用 CAXA 数控车进行外轮廓加工、切槽、加工螺纹并生成数控代码。加工操作步骤。

1. 轮廓建模

车削加工的零件是回转类零件，要生成粗加工轨迹，只需绘制要加工部分的上半部分外轮廓和毛坯轮廓，组成封闭的区域（需切除部分），其余线条无需画出。练习时为简化绘图，倒角结构不画出，绘制轮廓如图 4-88 所示。

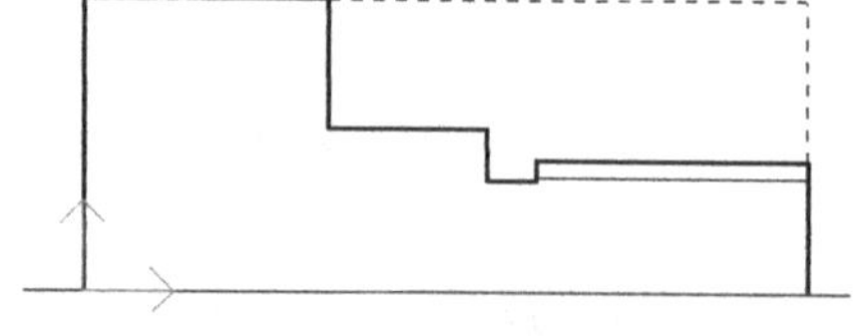

图 4-88　轮廓建模

2. 轮廓车削

(1) 轮廓粗车

① 填写轮廓粗车加工参数表　单击主菜单中的“数控车”后选择“轮廓粗车”命令，或单击数控车工具栏中的“轮廓粗车”图标，系统弹出“粗车参数表”对话框，按加工要求确定车槽加工参数、切削用量、切槽刀具各加工参数。

② 生成轮廓粗车加工轨迹　所有参数填写完成后单击“确定”按钮，就可使用系统提供的轮廓拾取工具，拾取被加工轮廓。拾取完轮廓后确定一点为刀具加工前和加工后所在的位置，按鼠标右键可忽略该点的输入。完成上述步骤后即可生成轮廓粗车加工轨迹，如图 4-89 所示。

(2) 轮廓精车

① 填写轮廓精车加工参数表　在菜单区中的“数控车”子菜单区中选取“轮廓精车”菜单项，系统弹出加工参数表，按加工要求确定轮廓精车加工参数、切削用量、精车刀具各加工

参数。

② 生成轮廓精车加工轨迹 所有参数填写完成后单击“确定”按钮，就可使用系统提供的轮廓拾取工具，拾取被加工轮廓。拾取完轮廓后确定一点为刀具加工前和加工后所在的位置，按鼠标右键可忽略该点的输入。完成上述步骤后即可生成轮廓精车加工轨迹，如图 4-89 所示。

粗车轮廓轨迹
精车轮廓轨迹

图 4-89 轮廓粗车、精车加工轨迹

(3) 生成代码

选择“生成代码”功能，依次拾取轮廓粗车、精车加工轨迹，拾取完轮廓后单击鼠标右键生成代码，如表 4-18 所示。

表 4-18 轮廓车削加工程序

```
O1234
(35,07/24/19,17:03:53)
N10 G50 S10000
N12 G00 G97 S600 T0101
N14 M03
N16 M08
N18 G00 X50.103 Z47.238
N20 G00 Z46.157
N22 G00 X44.919
N24 G00 X34.919
N26 G00 X33.505 Z45.449
N28 G98 G01 Z15.200 F200.000
N30 G00 X34.919 Z15.907
N32 G00 X44.919
N34 G00 Z46.207
N36 G00 X30.919
N38 G00 X29.505 Z45.500
N40 G01 Z15.200 F200.000
N42 G00 X30.919 Z15.907
N44 G00 X40.919
N46 G00 Z46.207
N48 G00 X26.919
N50 G00 X25.505 Z45.500
N52 G01 Z15.200 F200.000
N54 G00 X26.919 Z15.907
N56 G00 X36.919
N58 G00 Z46.207
N60 G00 X23.319
N62 G00 X21.905 Z45.500
N64 G01 Z15.200 F200.000
N66 G00 X23.319 Z15.907
N68 G00 X33.319
N70 G00 Z46.207
N72 G00 X19.319
N74 G00 X17.905 Z45.500
N76 G01 Z25.163 F200.000
N78 G00 X19.319 Z25.870
N80 G00 X44.919
N82 G00 X50.103
N84 G00 Z47.238
N86 M01
N88 G50 S10000
N90 G00 G97 S600 T0101
N92 M03
N94 M08
N96 G00 X43.013 Z49.568
N98 G00 X44.505 Z44.707
N100 G00 X17.919
N102 G00 X16.505 Z44.000
N104 G98 G01 Z43.000 F200.000
N106 G01 Z28.000
N108 G01 Z27.000
N110 G03 X16.237 Z26.500 I-1.000 K0.000
N112 G01 X14.505 Z25.000
N114 G01 X16.505
N116 G01 X18.505
N118 G03 X20.505 Z24.000 I0.000 K-1.000
N120 G01 Z23.000
N122 G01 Z15.000
N124 G01 X34.505
N126 G00 X33.090 Z15.707
N128 G00 X44.505
N130 G00 X43.013 Z49.568
N132 M09
N134 M30
```

3. 轮廓车槽加工

(1) 填写车槽加工参数表

在菜单“数控车”中的子菜单区选取“车槽”菜单项，系统弹出加工参数表，如图 4-77 所示。按加工要求确定车槽加工参数、切削用量、切槽刀具等加工参数。

(2) 轮廓拾取生成切槽加工轨迹

所有参数填写完成后单击“确定”按钮，就可使用系统提供的轮廓拾取工具，拾取被加工轮廓。拾取完轮廓后确定一点为刀具加工前和加工后所在的位置，按鼠标右键可忽略该点的输入。完成上述步骤后即可生成切槽加工轨迹，如图 4-90 所示。

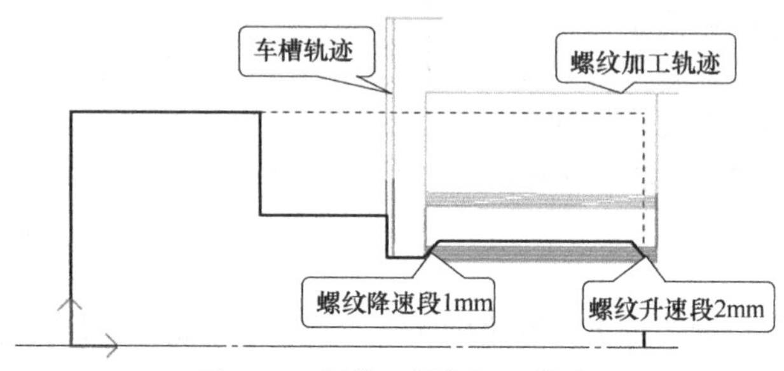

图 4-90　切槽、螺纹加工轨迹

4. 螺纹加工操作步骤

(1) 填写加工参数表

在“数控车”子菜单区中选取“车螺纹”功能项，根据状态栏的提示，依次拾取螺纹起点、终点。拾取完毕，弹出螺纹加工参数表，如图 4-91 所示。

① 螺纹参数　点击对话框中的“螺纹参数”菜单即进入加工参数表，“螺纹参数”参数表主要包含了与螺纹性质相关的参数，如螺纹深度、节距、头数等。螺纹起点和终点坐标来自前一步的拾取结果，用户也可以进行修改。

② 螺纹加工参数　“螺纹加工参数”参数表则用于对螺纹加工中的工艺条件和加工方式进行设置，如图 4-92 所示。

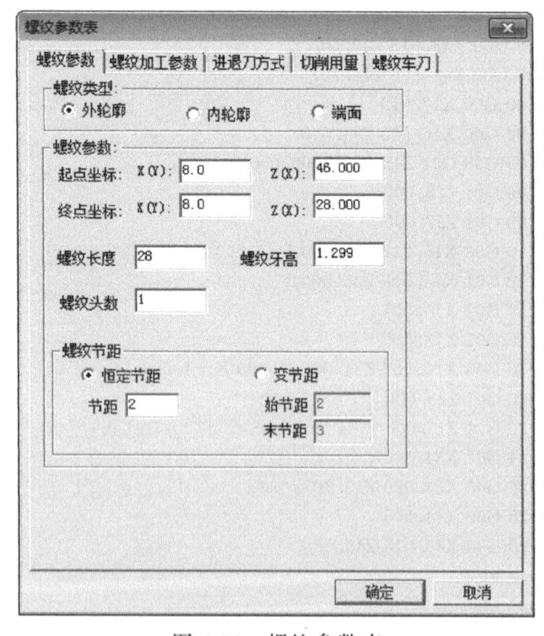

图 4-91　螺纹参数表

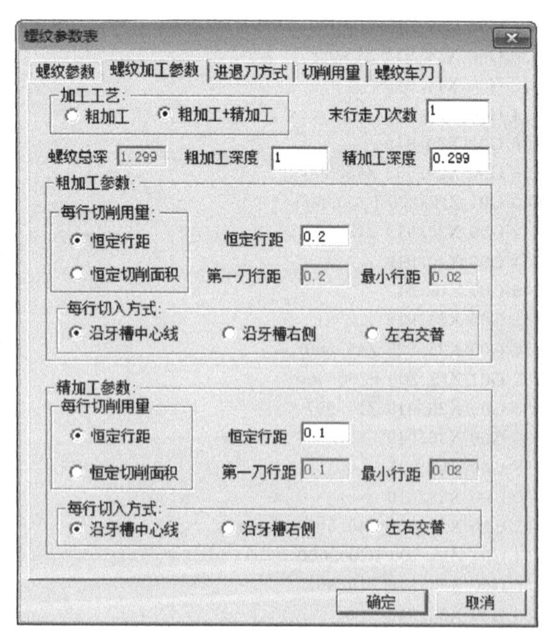

图 4-92　螺纹加工参数

③ 进退刀方式　点击螺纹参数表对话框中的“进退刀方式”菜单即进入进退刀方式的选择，根据工艺要求选择进退刀方式，如图 4-93 所示。

④ 切削用量　点击螺纹参数表对话框中的“切削用量”菜单即进入螺纹加工切削用量的设定，如图 4-94 所示。

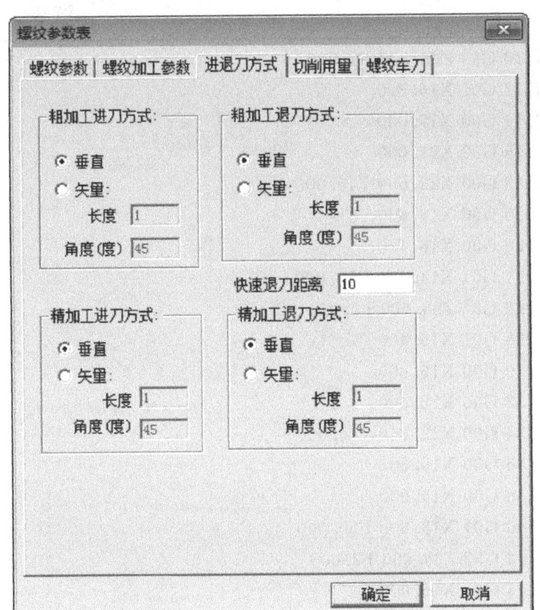

图 4-93 螺纹加工进退刀方式

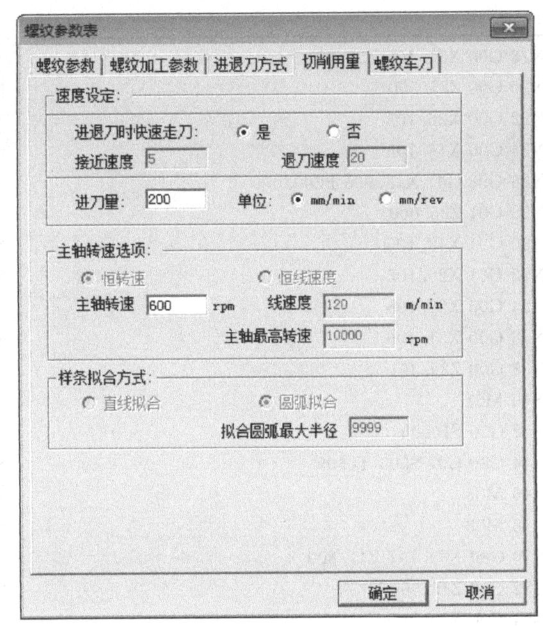

图 4-94 螺纹加工切削用量

⑤ 螺纹车刀 用鼠标左键点击螺纹参数表对话框中的“螺纹车刀”标签可进入螺纹车刀参数设置窗口，该窗口用于对加工中所用的螺纹车刀参数进行设置，如图 4-95 所示。

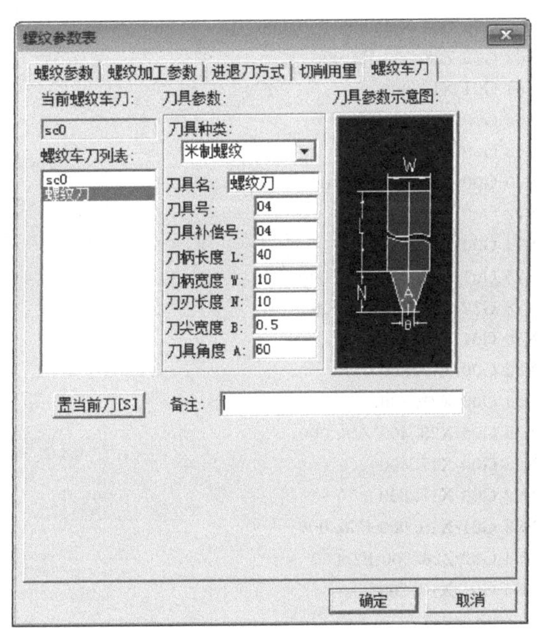

图 4-95 螺纹车刀参数

所有参数填写完成后，单击对话框中的“确认”按钮。

(2) 输入进退刀点生成刀具轨迹

系统提示：输入进退刀点。根据加工要求可以用鼠标左键指定一点为刀具的进退刀点，单击右键可忽略该点的输入。当确定进退刀点后，系统自动生成螺纹加工轨迹，如图 4-90 所示。

(3) 生成代码

在“数控车”菜单区中选取“生成代码”功能项，则弹出一个需要用户输入文件名的对话框，要求用户填写后置程序文件名。输入文件名后单击保存按钮，系统提示拾取加工轨迹。当拾取到加工轨迹后，该加工轨迹变为被拾取颜色，鼠标右键结束拾取，系统即可生成数控加工程序，如表 4-19 所示。

表 4-19 车槽、车螺纹加工程序

O1234 (36,08/11/19,21:46:09) N10 G50 S10000 N12 G00 G97 S600 T0404 N14 M03 N16 M08	N98 G00 X17.400 N100 G00 X23.400 N102 G00 X23.000 Z46.000 N104 G00 X17.000 N106 G00 X16.800 N108 G01 X14.600 F50.000

续表

N18 G00 X51.406 Z29.391	N110 G32 Z28.000 F2.000
N20 G00 Z25.500	N112 G01 X16.800
N22 G00 X26.105	N114 G00 X17.000
N24 G00 X16.105	N116 G00 X23.000
N26 G98 G01 X13.905 F200.000	N118 G00 X22.600 Z46.000
N28 G01 Z25.000	N120 G00 X16.600
N30 G01 X18.105	N122 G00 X16.400
N32 G01 X20.105	N124 G01 X14.200 F50.000
N34 G00 X26.105	N126 G32 Z28.000 F2.000
N36 G00 X51.406	N128 G01 X16.400
N38 G00 Z29.391	N130 G00 X16.600
N40 M01	N132 G00 X22.600
N42 G50 S10000	N134 G00 X22.200 Z46.000
N44 G00 G97 S500 T0505	N136 G00 X16.200
N46 M03	N138 G00 X16.000
N48 M08	N140 G01 X13.800 F50.000
N50 G00 X39.797 Z47.800	N142 G32 Z28.000 F2.000
N52 G00 Z46.000	N144 G01 X16.000
N54 G00 X24.200	N146 G00 X16.200
N56 G00 X18.200	N148 G00 X22.200
N58 G00 X18.000	N150 G00 Z46.000
N60 G98 G01 X15.800 F50.000	N152 G00 X22.002
N62 G32 Z28.000 F2.000	N154 G00 X16.002
N64 G01 X18.000	N156 G00 X15.802
N66 G00 X18.200	N158 G01 X13.602 F50.000
N68 G00 X24.200	N160 G32 Z28.000 F2.000
N70 G00 X23.800 Z46.000	N162 G01 X15.802
N72 G00 X17.800	N164 G00 X16.002
N74 G00 X17.600	N166 G00 X22.002
N76 G01 X15.400 F50.000	N168 G00 X21.802 Z46.000
N78 G32 Z28.000 F2.000	N170 G00 X15.802
N80 G01 X17.600	N172 G00 X15.602
N82 G00 X17.800	N174 G01 X13.402 F50.000
N84 G00 X23.800	N176 G32 Z28.000 F2.000
N86 G00 X23.400 Z46.000	N178 G01 X15.602
N88 G00 X17.400	N180 G00 X15.802
N90 G00 X17.200	N182 G00 X21.802
N92 G01 X15.000 F50.000	N184 G00 X39.797
N94 G32 Z28.000 F2.000	N186 G00 Z47.800
N96 G01 X17.200	N188 M09
	N190 M30

不同的数控系统，采用的螺纹加工指令不同，FANUC系统采用加工指令G32、螺纹节距（导程）F，如表4-19所示的螺纹加工程序。

① 通过本项目实施有哪些收获？遇到的难点问题是什么？

② 填写子项目测评表（表 4-20）。

表 4-20 子项目（六）轮廓加工操作测评表

<table>
<tr><th colspan="2">考核项目</th><th colspan="2">考核内容</th><th colspan="2">考核标准</th><th>测评</th></tr>
<tr><td rowspan="10">主要项目</td><td>1</td><td colspan="2">节点坐标</td><td colspan="2">思路清晰、计算准确</td><td></td></tr>
<tr><td>2</td><td colspan="2">图形绘制功能与操作</td><td colspan="2">操作正确、规范、熟练</td><td></td></tr>
<tr><td>3</td><td colspan="2">机床设置</td><td colspan="2">参数准确、规范</td><td></td></tr>
<tr><td>4</td><td colspan="2">后置处理</td><td colspan="2">操作正确、规范、熟练</td><td></td></tr>
<tr><td rowspan="3">5</td><td rowspan="3">车削：考核重点</td><td>轮廓车削</td><td colspan="2" rowspan="3">操作规范、参数准确</td><td></td></tr>
<tr><td>车槽功能</td><td></td></tr>
<tr><td>车螺纹</td><td></td></tr>
<tr><td>6</td><td colspan="2">仿真加工功能</td><td colspan="2">操作正确、规范</td><td></td></tr>
<tr><td>7</td><td colspan="2">代码生成</td><td colspan="2">准确、规范</td><td></td></tr>
<tr><td>8</td><td colspan="2">其它：进退刀点等</td><td colspan="2">正确、规范</td><td></td></tr>
<tr><td>文明生产</td><td colspan="3">安全操作规范、机房管理规定</td><td colspan="2"></td><td></td></tr>
<tr><td colspan="2">结果</td><td>优秀</td><td>良好</td><td>及格</td><td>不及格</td><td></td></tr>
</table>

项目拓展

（1）思考题

① 本项目主要学习了哪些内容？

② 操作中遇到哪些难点问题？如何处理的？

③ CAXA 数控车车螺纹的功能、操作步骤。

（2）绘制零件图，完成车削加工

① 如题图 4-16 所示零件图，要求轮廓粗车、精车、车槽、车螺纹加工（重点：车槽、车内螺纹）。

② 如题图 4-17 所示零件图，要求轮廓粗车、精车、车槽、车螺纹加工（重点：车椭圆轮廓面、车内螺纹）。

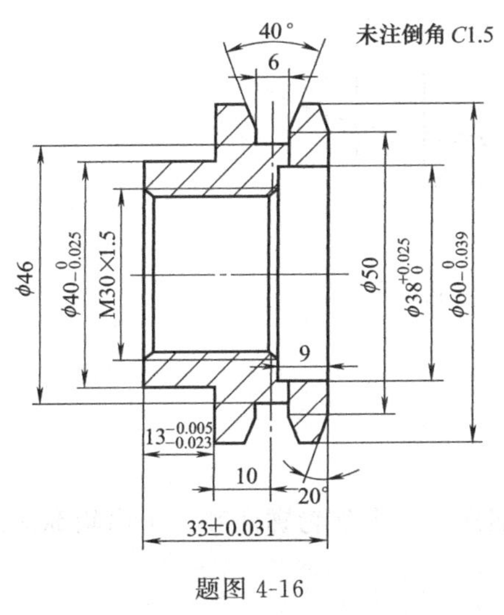

题图 4-16

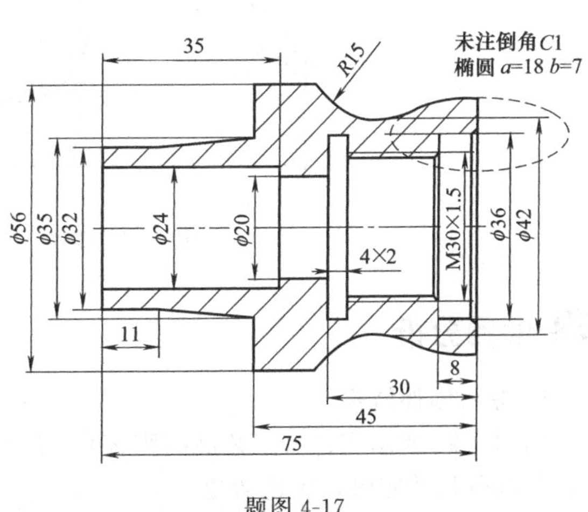

题图 4-17

③ 如题图 4-18 所示零件图，要求轮廓粗车、精车、车槽、车螺纹加工（重点：车槽、车内轮廓和螺纹）。

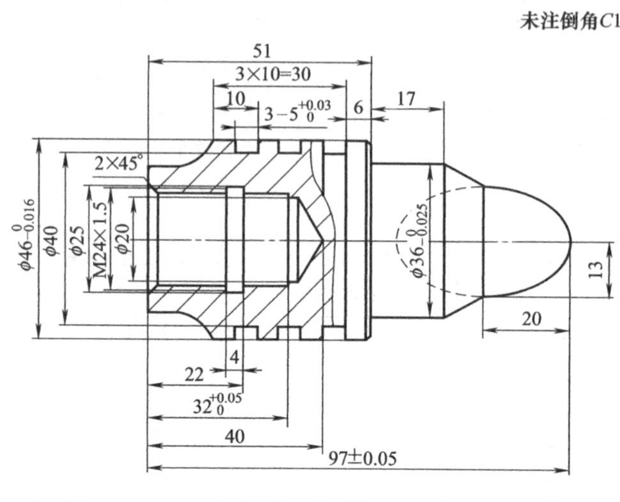

题图 4-18

子项目（七） 零件（工艺品高脚杯）的加工

项目目标

零件（工艺品高脚杯）如图 4-96 所示，要求加工零件的各轮廓面并生成程序。

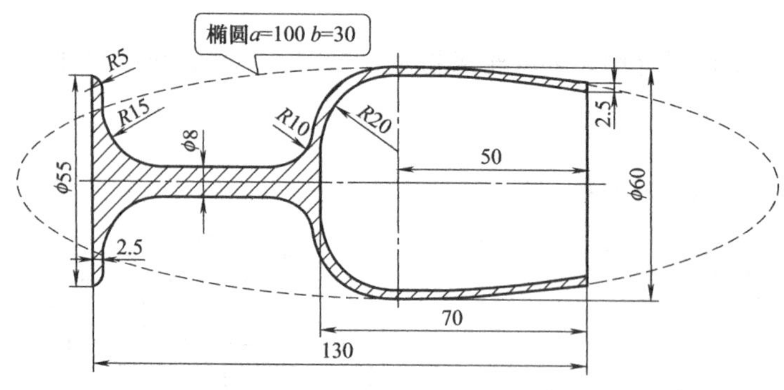

图 4-96 零件（工艺品高脚杯）图

项目分析

1. 分析零件结构

如图 4-96 所示零件（工艺品高脚杯），主要由两个端面、一个外轮廓面和一个内轮廓面组成，各部分尺寸完整，表达清楚。

2. 加工工艺分析

根据图样要求，选择尺寸 φ65mm 零件毛坯，进行右端面车削→钻孔加工→内轮廓粗车、精车→外轮廓粗车、精车→切断加工，如图 4-97 所示。

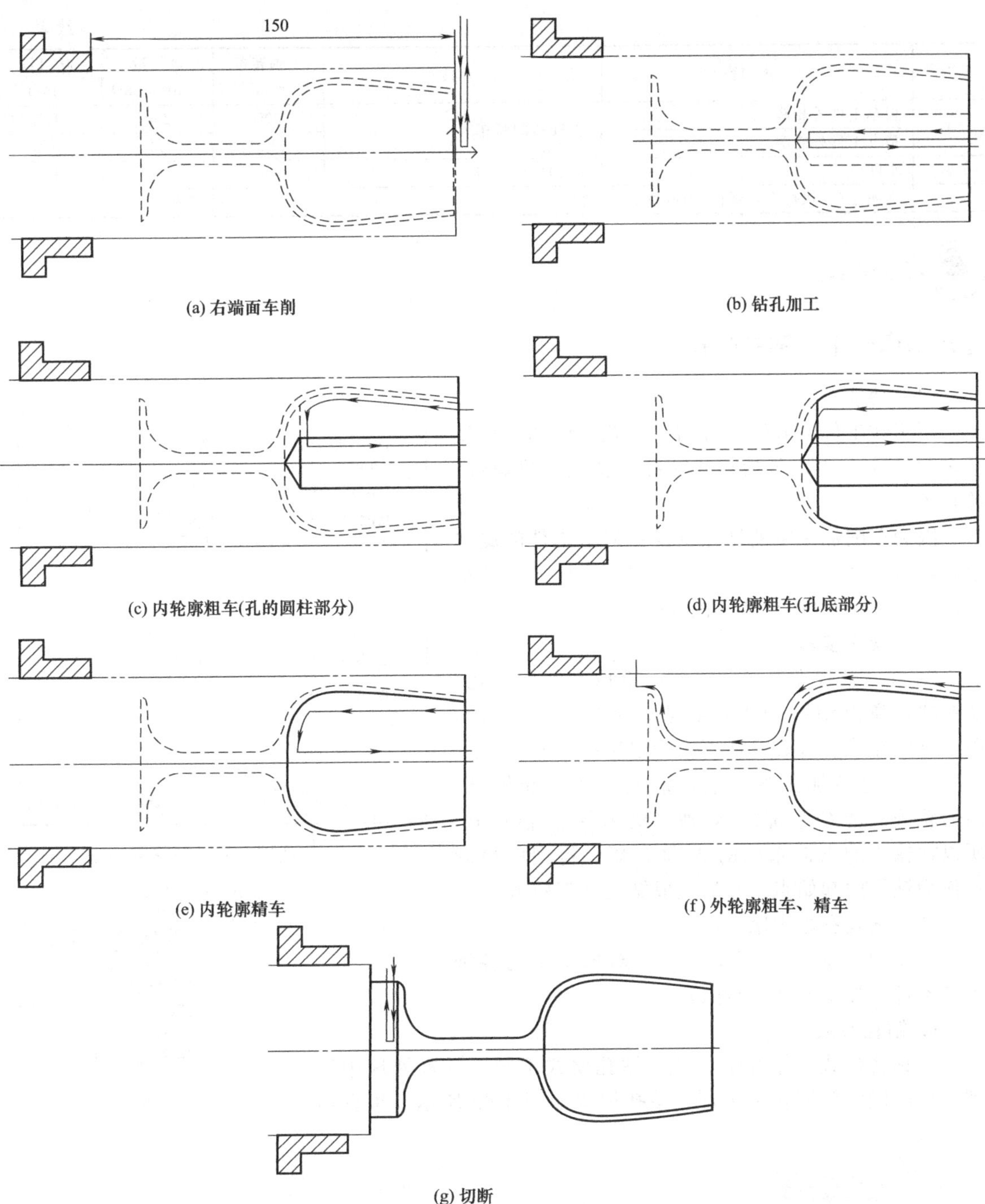

(a) 右端面车削　(b) 钻孔加工

(c) 内轮廓粗车(孔的圆柱部分)　(d) 内轮廓粗车(孔底部分)

(e) 内轮廓精车　(f) 外轮廓粗车、精车

(g) 切断

图 4-97　加工工艺分析

3. 加工工艺品高脚杯的主要参数（表 4-21）

表 4-21　车削加工参数

工步号	工步内容	刀 具	主轴转速 /(r/min)	进给量 /(mm/min)	吃刀量 /mm
1	车削工件右端面	T0101,90°正偏刀	1500	100	0.3
2	钻孔 ϕ20mm	T0606,D20 钻头	500	20	10
3	粗车工件内轮廓	T0202,内轮廓车刀	800	150	1.5
	精车工件内轮廓		1500	50	0.2

续表

工步号	工步内容	刀具	主轴转速/(r/min)	进给量/(mm/min)	吃刀量/mm
4	粗车工件外轮廓	T0303,圆弧车刀	800	200	1.5
	精车工件外轮廓		1500	50	0.2
5	车断	T0404,车断刀	600	80	1.5
6	文明生产:执行安全规程,场地整洁,工具整齐			审核:	

项目准备

【知识点一】 钻中心孔

(1) 功能

用于在工件的旋转中心钻中心孔，该功能提供了多种钻孔方式，包括啄式钻孔、钻孔、攻螺纹、镗孔等。

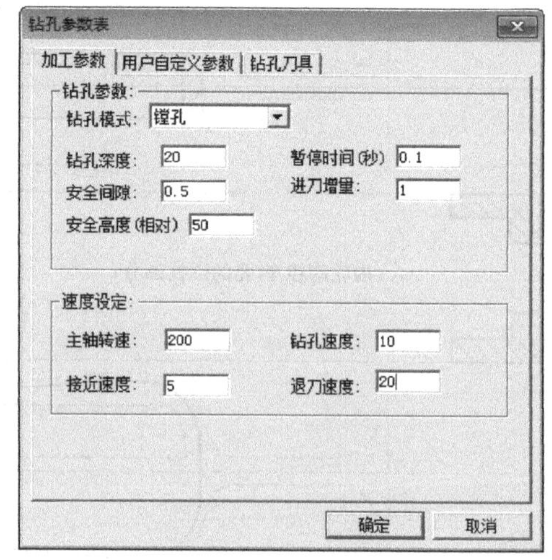

图 4-98 钻孔参数表

因为车削加工中的钻孔位置只能是工件的旋转中心，所以最终所有的加工轨迹都在工件的旋转轴上，也就是系统的 X 轴（机床的 Z 轴）上。

(2) 操作步骤

① 在“数控车”子菜单区中选取“钻中心孔”功能项，弹出钻孔加工参数表，如图 4-98 所示，用户可以在该参数表对话框中确定钻孔的各参数。

② 确定各加工参数后，拾取钻孔的起始点，因为轨迹只能在系统的 X 轴（机床的 Z 轴）上，所以把输入的点向系统的 X 轴投影，得到的投影点作为钻孔的起始点，然后生成钻孔加工轨迹。

(3) 钻孔参数说明

① 加工参数　加工参数主要对加工中的各种工艺条件和加工方式进行限定。

a. 钻孔参数

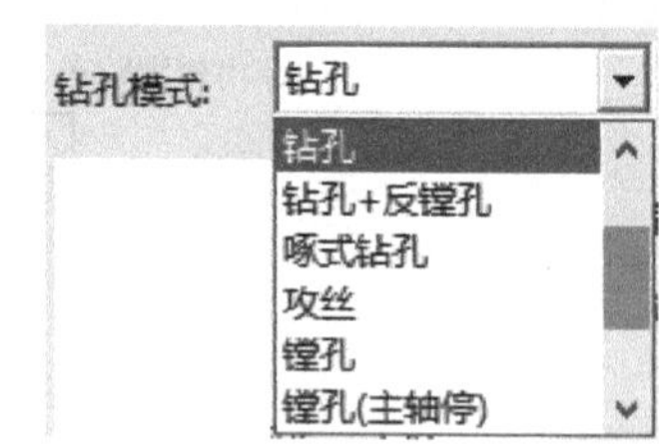

图 4-99 钻孔模式

• 钻孔模式：钻孔的方式，钻孔模式不同，后置处理中用到机床的固定循环指令不同。钻孔模式如图 4-99 所示，根据需要选取。

CAXA 数控车中钻孔、啄式钻孔、镗孔等模式对应的循环指令是 G81、G83、G85，主要用于数控铣床、加工中心等机床，不适合于数控车床。

• 钻孔深度：要钻孔的深度。

• 暂停时间：钻孔时刀具在工件孔的底部停留的时间。

• 进刀增量：深孔钻时每次进刀量或镗孔时每次侧进量。

• 安全间隙：当钻下一个孔时，刀具从前一个孔顶端的抬起量。

b. 速度设定

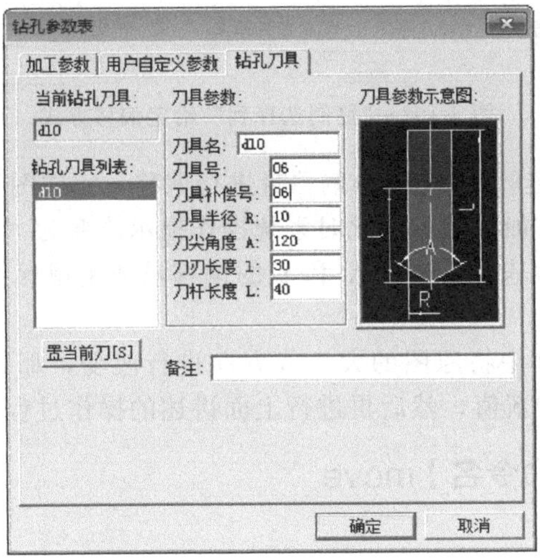

图 4-100　钻孔刀具参数表

- 主轴转速：机床主轴旋转的速度。计量单位是机床缺省的单位。
- 钻孔速度：钻孔时的进给速度。
- 接近速度：刀具接近工件时的进给速度。
- 退刀速度：刀具离开工件的速度。

② 钻孔车刀　点击“钻孔车刀”标签可进入钻孔车刀参数设置窗口，如图 4-100 所示，该窗口用于对加工中所用的钻孔刀具参数进行设置，具体参数说明请参考“刀具管理”中的说明。

【知识点二】　复制选择到【命令名】copy

(1) 功能

对拾取到的实体进行复制粘贴。

(2) 基本操作

① 用鼠标左键单击菜单“修改”并选择下拉菜单中的“复制选择到”命令，或在“编辑”工具栏单击“复制选择到”按钮，弹出如图 4-101 所示的立即菜单。

图 4-101　“复制选择到”立即菜单

②“给定两点”方式

a. 给定两点　给定两点是指通过两点的定位方式完成图形元素复制粘贴。

b. 保持原态　可根据需要在立即菜单“2：”中选择保持原态和粘贴为块。

c. 非正交　限定“复制选择到”时的移动形式，用鼠标单击该项，则该项内容变为“正交”。

d. 旋转角　图形在进行复制或平移时，允许指定实体的旋转角度，可由键盘输入新值。

e. 比例　进行“复制选择到”操作之前，允许用户指定被复制图形的缩放系数。

f. 份数　当选择复制操作时，在立即菜单“6：份数”中进行数量选择。所谓份数即要复制的实体数量。系统根据用户指定的两点距离和份数，计算每份的间距，然后再进行复制。

③“给定偏移”方式

a. 在立即菜单“1：”中选择“给定偏移”方式，如图 4-102 所示。

图 4-102 “复制选择到”给定偏移方式

b. 给定偏移　按照给定的 X 或 Y 向偏移量进行偏移，完成图形元素复制粘贴。用户拾取到实体以后，按下鼠标右键加以确定，此时系统操作提示改变为“X 和 Y 方向偏移量”。系统要求用户以给定的基准点为基准，输入 X 和 Y 的偏移量或由鼠标给出一个复制的位置点。给出位置点后，则复制完成。

c. 如果用户希望在操作中将原图的大小或方向进行改变，那么应当在拾取实体以前，先设置旋转角度和缩放比例的新值，然后再进行上面讲述的操作过程。

【知识点三】　平移【命令名】move

(1) 功能

对拾取到的实体进行平移。

(2) 操作步骤

① 用鼠标左键单击菜单“修改”并选择下拉菜单中的“平移”命令，或在“编辑”工具栏单击“平移”按钮，弹出如图 4-103 所示的立即菜单。

图 4-103 “平移”立即菜单

②“给定两点”方式

a. 给定两点　立即菜单“1：给定两点”是指通过两点的定位方式完成图形元素移动。

b. 保持原态　根据需要在立即菜单“2：”中选择“保持原态”和“平移为块”。

c. 非正交　限定“平移”时的移动形式，用鼠标单击该项，则该项内容变为“正交”。

d. 旋转角　图形在进行平移时，允许指定实体的旋转角度，可由键盘输入新值。

e. 比例　进行平移操作之前，允许用户指定被平移图形的缩放系数。

③“给定偏移”方式

a. 给定偏移　将实体移动到一个指定位置上，可根据需要在立即菜单“1：”中选择“给定偏移”，如图 4-104 所示。

图 4-104 “给定偏移”平移

所谓给定偏移，就是允许用户用给定偏移量的方式进行“平移”。用户拾取到实体以后，按下鼠标右键加以确定。此时系统自动给出一个基准点（一般来说，直线的基准点定在中点处，圆、圆弧、矩形的基准点定在中心处，其它实体如样条曲线等实体的基准点也定在中心处），同时操作提示改变为“X 和 Y 方向偏移量或位置点”。系统要求用户以给定的基准点为基准，输入 X 和 Y 的偏移量或由鼠标给出一个“平移”的位置点，给出位置点后，则“平移”完成。

b. 如果希望在“平移”操作中，将原图的大小或方向进行改变，那么应当在拾取实体以前，先设置旋转角度和缩放比例的新值，然后再进行上面讲述的操作过程。

(3)“平移”的简便方法

CAXA 数控车还提供了一种简便的方法实现曲线的“平移”。首先拾取曲线，然后用鼠标拾取靠近曲线中点的位置，再次移动鼠标，可以看到曲线已“挂”到十字光标上，这时可按系统提示用键盘或鼠标输入定位点，这样就可方便、快捷地实现曲线的平移。

用这种方法只能实现平移，不能实现复制操作。

【知识点四】　等距线【命令名】offset

(1) 功能

绘制给定曲线的等距线。CAXA 数控车具有链拾取功能，它能把首尾相连的图形元素作为一个整体进行等距，这将大大加快作图过程中某些薄壁零件剖面的绘制。

(2) 操作步骤

① 用鼠标左键单击菜单“绘图”并选择下拉菜单中的“等距线”命令，或单击“绘制工具”工具栏中的“等距线”按钮，弹出如图 4-105 所示的立即菜单，等距功能默认为指定距离方式。

1: 单个拾取 ▼ 2: 指定距离 ▼ 3: 单向 ▼ 4: 空心 ▼ 5:距离 5　6:份数 1
拾取曲线:

图 4-105　“等距线”立即菜单

② 用户可以在弹出的立即菜单中选择“单个拾取”或“链拾取”，若是单个拾取，则只选中一个元素；若是链拾取，则与该元素首尾相连的元素也一起被选中。

③ 在立即菜单“2:”中可选择“指定距离”或者“过点方式”。“指定距离”方式是指选择箭头方向确定等距方向，给定距离的数值来生成给定曲线的等距线；“过点方式”是指通过某个给定的点生成给定曲线的等距线。

④ 在立即菜单“3:”中可选取“单向”或“双向”选项。“单向”是指在直线的一侧绘制等距线，而“双向”是指在直线两侧均绘制等距线。

⑤ 在立即菜单“4:”中可选择“空心”或“实心”。“实心”是指原曲线与等距线之间进行填充，而“空心”方式只画等距线，不进行填充。

⑥ 如果是“指定距离”方式，则单击立即菜单“5：距离”，可按照提示输入等距线与原直线的距离，编辑框中的数值为系统默认值。

⑦ 在立即菜单“1:”中选择“单个拾取”，如果是“指定距离”方式，单击立即菜单“6：份数”，则可按系统提示输入份数。比如设置份数为 3，距离为 5，则从拾取的曲线开始，每隔 5mm 绘制一条等距线，一共绘制 3 条。如果是“过点方式”方式，单击立即菜单“6：份数”，按系统提示输入份数，则从拾取的曲线开始生成以点到直线的垂直距离为等距离的多条等距线。

⑧ 立即菜单项设置好以后，按系统提示拾取曲线，选择方向（若选“双向”方式，则不必选方向），等距线可自动绘出。

⑨ 此命令可以重复操作，单击鼠标右键结束操作。

【知识点五】　加工干涉

(1) 功能

加工干涉是指在切削被加工表面时，刀具切削了不应该切削的部分，也称为“过切”。过切严重影响了零件的加工，必须采取相应措施消除加工干涉。

(2) 车削加工干涉

车削加工干涉主要出现在圆弧类表面的加工中，特别是一些临界加工状态，如图 4-106 所示。

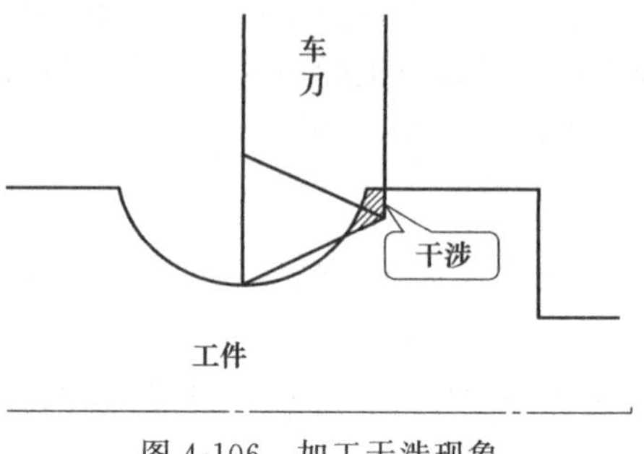

图 4-106 加工干涉现象

消除车削加工干涉的措施：

① 车刀可选用主偏角和副偏角较大的尖刀，但此时刀具强度低，切削进给量和吃刀量不能太大，为了提高零件表面加工质量，可以采用大的切削速度即主轴转速。

② 车刀可选用圆弧形车刀。圆弧形车刀的主要参数除了前角、后角外，切削刃的形状及其圆弧半径也是重要参数。选择圆弧形车刀的圆弧半径时注意以下几点。

a. 圆弧形车刀的圆弧半径不能大于零件凹形轮廓上的最小半径，否则将发生加工干涉。

b. 圆弧形车刀的圆弧半径不能太小，否则不仅难于制造，还会因为其刀头强度低及刀体散热能力差，使车刀的使用寿命降低。

c. 圆弧形车刀的对刀点要采用刀尖圆心。

项目实施

零件（工艺品高脚杯）图如图 4-96 所示，要求利用 CAXA 数控车进行外轮廓加工、内轮廓加工等并生成数控代码，加工操作步骤：

(1) 轮廓建模

车削加工的零件是回转类零件，要生成加工轨迹，只需绘制要加工部分的上半部分外轮廓和毛坯轮廓，组成封闭的区域（需切除部分），其余线条无需画出。

① 利用两点线、平行线等功能，绘制各直线，如图 4-107 所示。

② 选择“椭圆”功能，绘制椭圆；选择“裁剪”功能，裁掉多余部分，保留杯子外轮廓部分，如图 4-107 所示。

③ 选择“复制选择到”功能，将杯子外轮廓部分复制下移 2.5mm，绘制出杯子的内轮廓部分，如图 4-107 所示。

④ 选择“两点-半径”圆弧功能，绘制杯子内轮廓圆弧 $R20$；再选择“等距线”功能，绘制杯子外轮廓圆弧如图 4-108 所示。

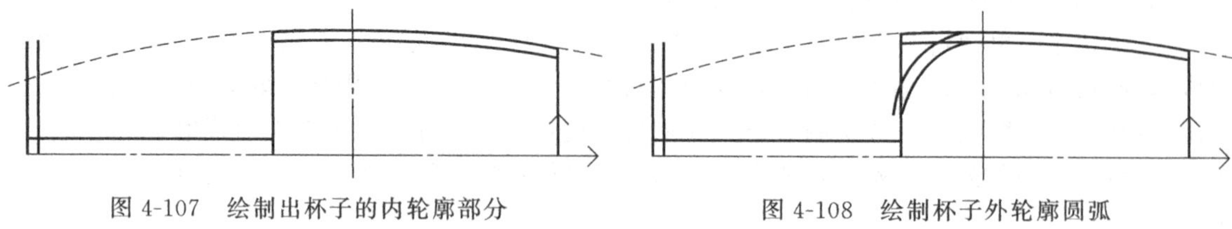
图 4-107 绘制出杯子的内轮廓部分　　图 4-108 绘制杯子外轮廓圆弧

⑤ 选择“两点-半径”圆弧功能，绘制杯子外轮廓 $R5$、$R15$、$R10$ 的圆弧，如图 4-109 所示。

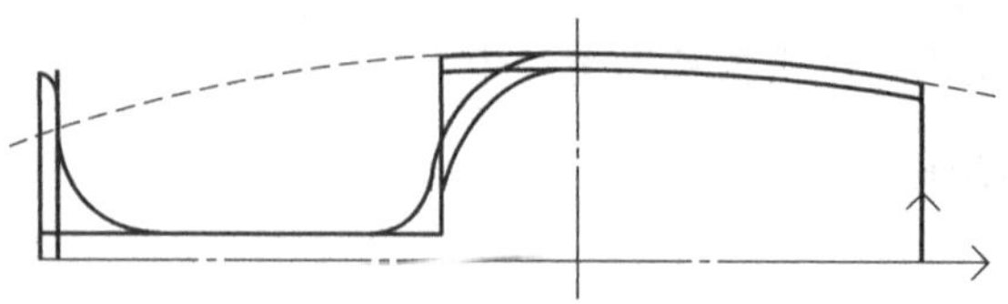
图 4-109 绘制杯子外轮廓 $R5$、$R15$、$R10$ 的圆弧

⑥ 选择“裁剪”功能，裁掉多余部分曲线。为直观、形象描述零件，可以利用镜像功能绘制出完整零件图，如图 4-110 所示。

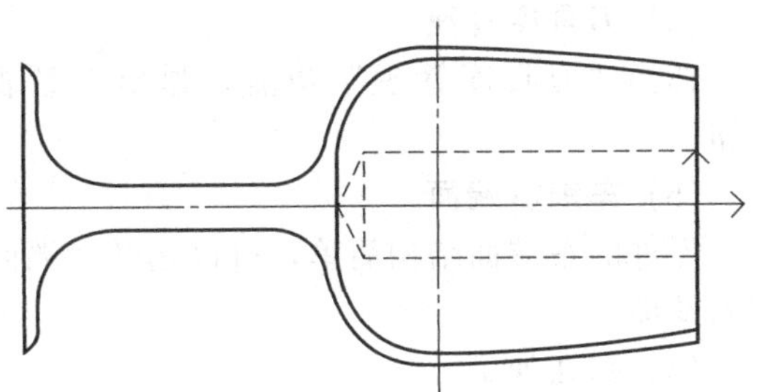

图 4-110　绘制出完整零件图

（2）机床设置

选择“机床类型设置”功能，弹出对话框，如图 4-111 所示，填写参数后点击“确定”按钮。

（3）后置处理设置

选择“后置处理设置”功能，弹出对话框，如图 4-112 所示，填写参数后点击“确定”按钮。

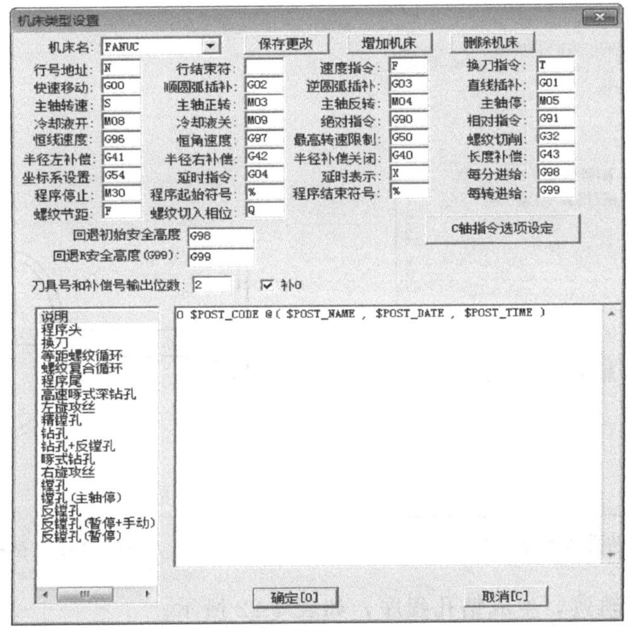

图 4-111　机床类型设置

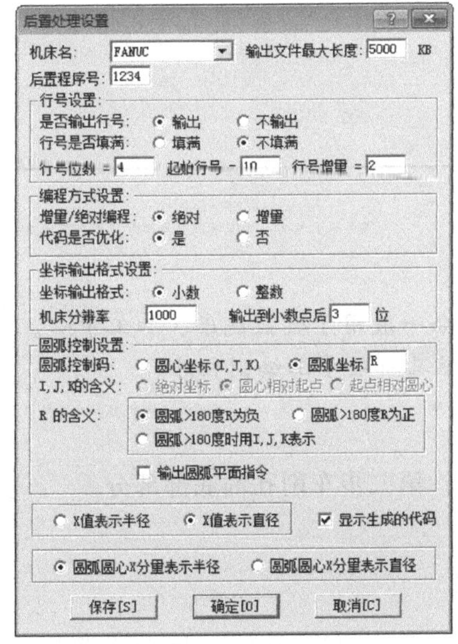

图 4-112　后置处理设置

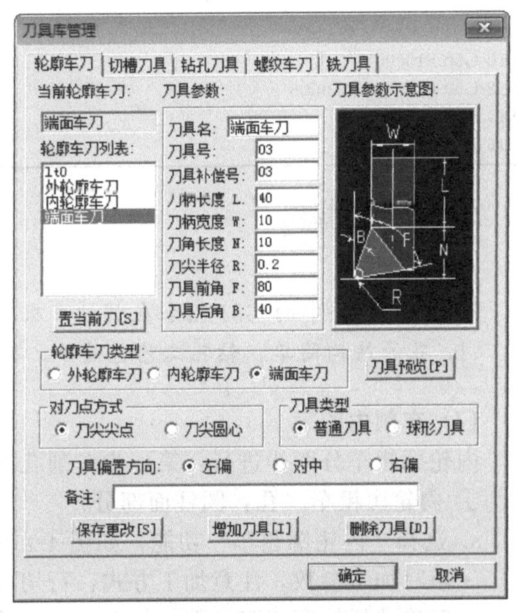

图 4-113　刀具库管理

(4) 刀具库管理

选择“刀具库管理”功能，弹出对话框，如图 4-113 所示，填写参数后点击“确定”按钮。

(5) 车削右端面

零件的右端面结构简单，可以选择“端面车削”功能车削右端面，也可以手工编程完成车削右端面。

(6) 钻孔加工

① 选择“钻孔”功能，填写加工参数，如图 4-114 所示。

② 参数填写完成，生成加工轨迹，如图 4-115 所示（完成钻孔加工，效果如图 4-110 所示）。

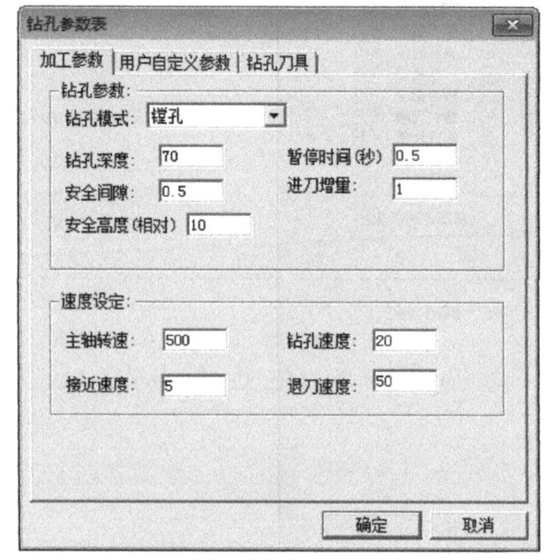

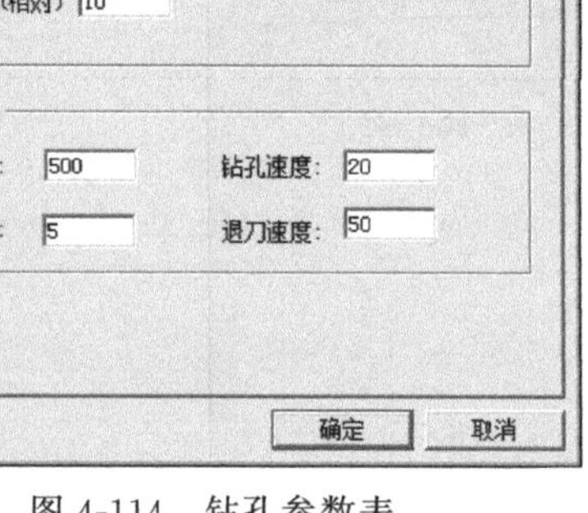

图 4-114　钻孔参数表

钻孔加工轨迹

图 4-115　钻孔加工轨迹

③ 拾取钻孔加工轨迹，生成钻孔程序，如表 4-22 所示。

表 4-22　钻孔程序

O1234	N18 G00 X0.000 Z10.000
(35,07/29/19,21:49:48)	N20 G99 G81 X0.000 Z−70.500 R−9.500 F50.000 K70
N10 G50 S10000	N22 G80
N12 G00 G97 S500 T0606	N24 M09
N14 M03	N26 M30
N16 M08	

注意

a. 钻孔程序中的 G81 指令在数控车床不适用，该指令一般用于数控铣床、加工中心。

b. 孔的结构简单，钻孔工艺也简单，数控车加工中钻孔一般手工编制程序。

(7) 车削内轮廓

内轮廓粗车分两步进行：第一步车削孔的圆柱面部分；第二步车削孔的底部部分。

① 内轮廓粗车（孔：圆柱面部分）

a. 选择“内轮廓粗车”功能，如图 4-116 所示。

• 填写加工参数，注意加工方式：行切方式。

• 正确选择轮廓车刀参数，如图 4-117 所示。

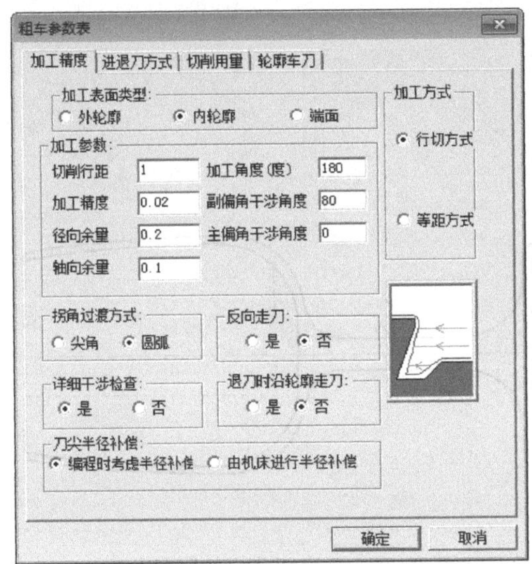

图 4-116 内轮廓粗车参数表（1）

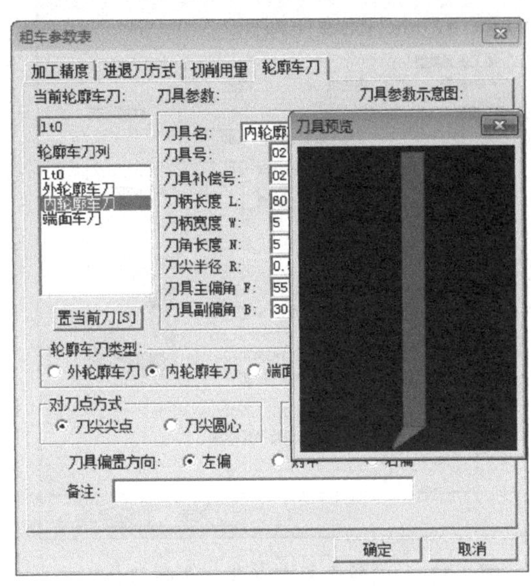

图 4-117 内轮廓粗车参数表（2）

b. 生成加工轨迹，如图 4-118 所示。

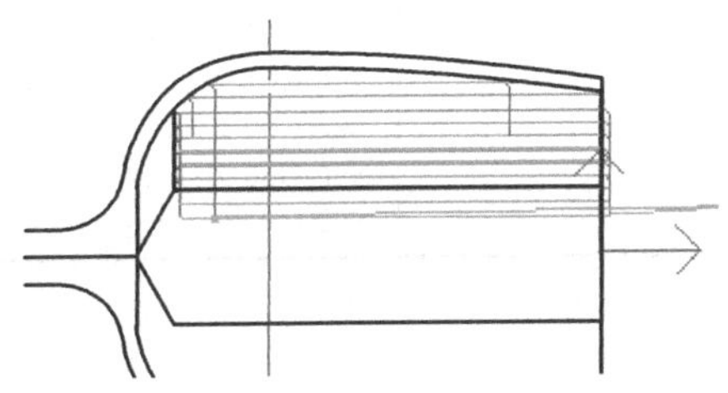

图 4-118 孔（圆柱面部分）粗车轨迹

c. 拾取加工轨迹，生成程序，如表 4-23 所示。

表 4-23 内轮廓粗车程序

%	N----
O1234	N32 G00 Z1.207
(35,07/30/19,11:23:14)	N34 G00 X25.586
N10 G50 S10000	N36 G00 X27.000 Z0.500
N12 G00 G97 S600 T0202	N38 G01 Z−64.026 F200.000
N14 M03	N40 G00 X25.586 Z−63.319
N16 M08	N42 G00 X15.586
N18 G00 X14.138 Z23.026	----

② 内轮廓粗车（孔：孔底部分）

a. 选择“内轮廓粗车”功能，填写加工参数，此时加工方式最好选用“等距方式”，如图 4-119 所示。

b. 生成加工轨迹，如图 4-120 所示。

c. 拾取加工轨迹，生成程序，如表 4-24 所示。

③ 内轮廓精车

a. 选择“内轮廓精车”功能，填写加工参数，生成加工轨迹如图 4-121 所示。

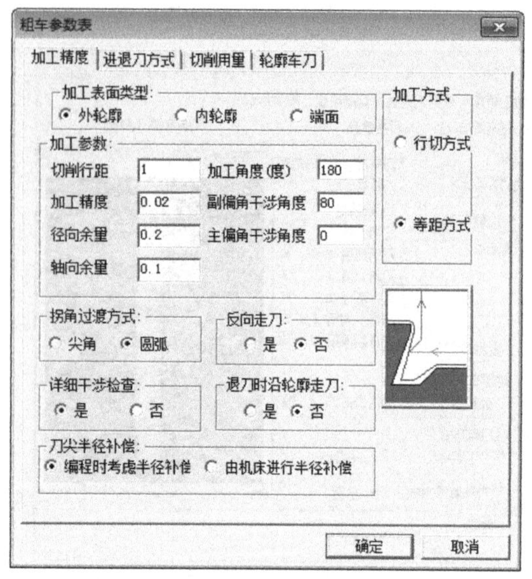

图 4-119 内轮廓粗车（孔：孔底部分）

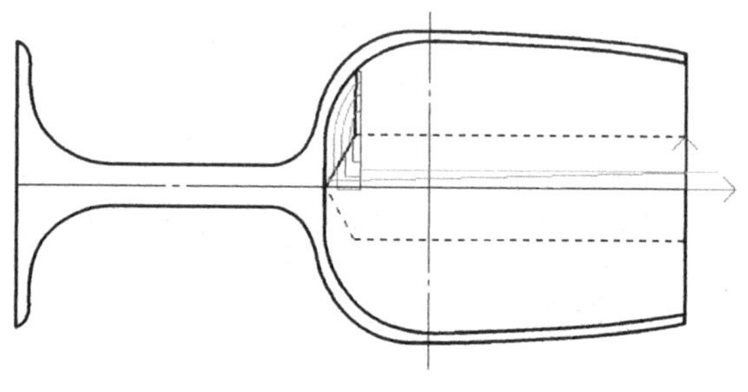

图 4-120 孔底部分内轮廓粗车轨迹

表 4-24 内轮廓粗车程序

O1234 (35,07/30/19,11:18:14) N10 G50 S10000 N12 G00 G97 S800 T0202 N14 M03 N16 M08 ---- ----	N80 G00 Z−63.585 N82 G00 X23.717 N84 G00 X24.000 Z−63.726 N86 G01 Z−69.422 F10.000 N88 G00 X23.717 Z−69.281 N90 G00 X21.717 N92 -------

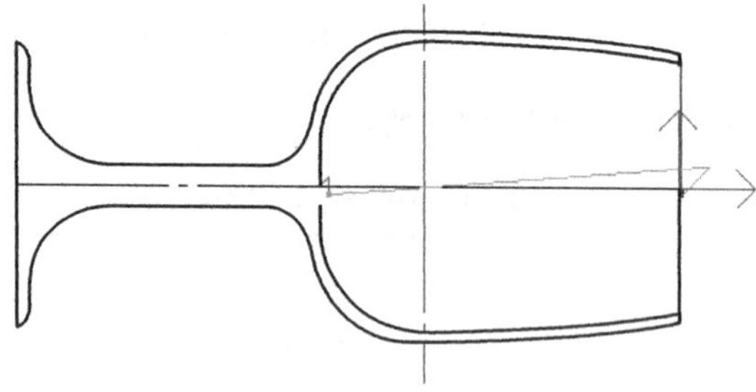

图 4-121 内轮廓精车加工轨迹

b. 拾取精车加工轨迹，生成加工程序，如表 4-25 所示。

表 4-25 内轮廓精车加工程序

% O1234 (35,07/30/19,11:27:33) N10 G50 S10000 N12 G00 G97 S1500 T0202 N14 M03 N16 M08 N18 G00 X3.448 Z11.211	N20 G00 X-3.600 Z0.342 N22 G00 X46.333 N24 G00 X47.967 Z−0.234 N26 G98 G03 X52.863 Z−18.226 I−246.663 K−42.723 F200.000 N28 G03 X55.421 Z−36.342 I−317.245 K−31.495 N30 G03 X55.856 Z 43.270 I−327.025 K−13.736 N-------

在这里内轮廓粗车孔的圆柱面部分、孔底部分的轨迹和内轮廓精车的轨迹，为了清晰起见各自在一个图上，需要各自生成一个程序。实际应用中为了简化操作，三个轨迹可以放在同一个图上，按照加工顺序依次拾取轨迹，生成一个总的程序。

(8) 车削外轮廓

① 外轮廓粗车

a. 选择“外轮廓粗车”功能，填写加工参数，如图 4-122 所示。

b. 轮廓拾取，生成加工轨迹，如图 4-123 所示。

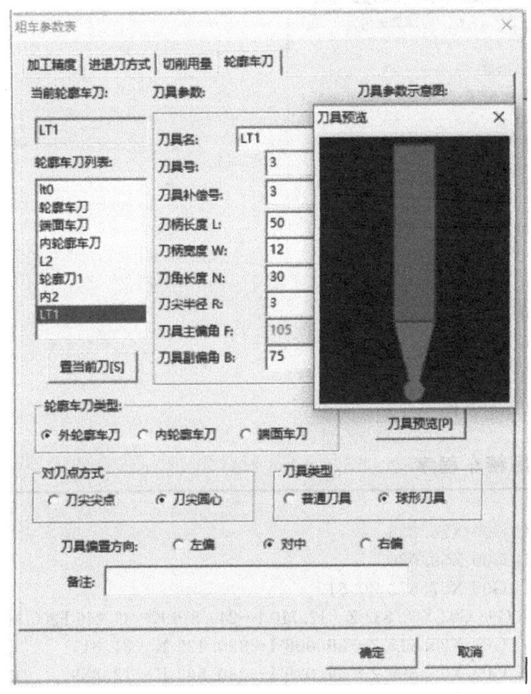

图 4-122 外轮廓粗车参数表

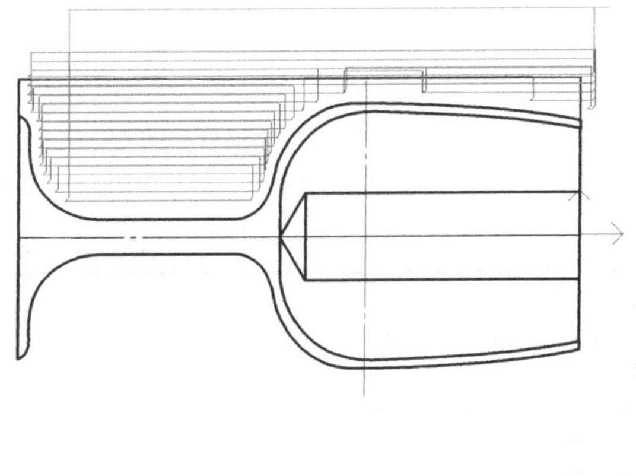

图 4-123 外轮廓粗车轨迹

c. 拾取粗车加工轨迹，生成加工程序，如表 4-26 所示。

表 4-26 外轮廓粗车程序

% O1234 (35,07/30/19,15:51:06) N10 G50 S10000 N12 G00 G97 S600 T0707 N14 M03 N16 M08 N18 G00 X90.421 Z8.562 N20 G00 Z2.898 N22 G00 X72.814	N24 G00 X62.814 N26 G00 X61.400 Z2.191 N28 G98 G01 Z−127.900 F200.000 N30 G00 X62.814 Z−127.193 N32 G00 X72.814 N34 G00 Z2.907 N36 G00 X58.814 N38 G00 X57.400 Z2.200 N40 G01 Z−18.611 F200.000 N------

② 外轮廓精车

a. 选择“外轮廓精车”功能，填写加工参数，如图 4-124 所示。

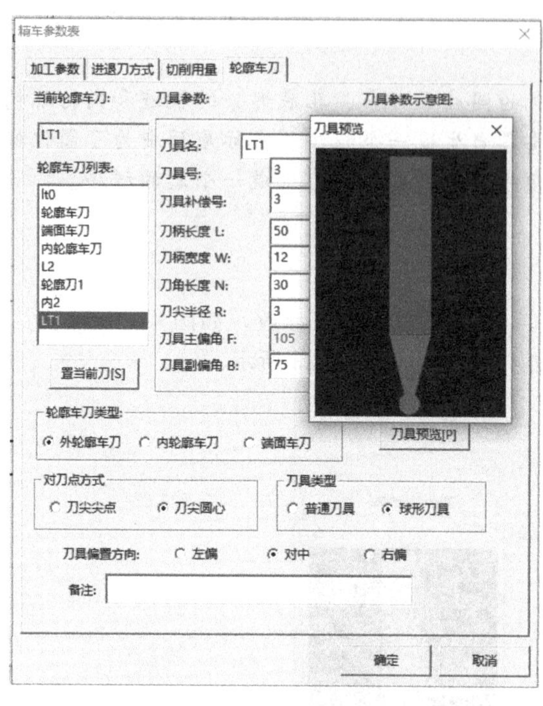

图 4-124　外轮廓精车参数表

b. 生成加工轨迹，如图 4-125 所示。

c. 拾取精车加工轨迹，生成加工程序，如表 4-27 所示。

表 4-27　外轮廓精车程序

O1234 (35,07/30/19,15:47:51) N10 G50 S10000 N12 G00 G97 S600 T0303 N14 M03 N16 M08 N18 G00 X90.696 Z9.325 N20 G00 Z1.329	N22 G00 X78.338 N24 G00 X59.026 N26 G00 X57.873 Z0.512 N28 G98 G03 X62.832 Z−17.710 I−249.816 K−43.269 F200.000 N30 G03 X65.415 Z−36.008 I−320.429 K−31.811 N32 G03 X65.896 Z−44.076 I−330.663 K−13.889 N------

d. 仿真加工，如图 4-126 所示。

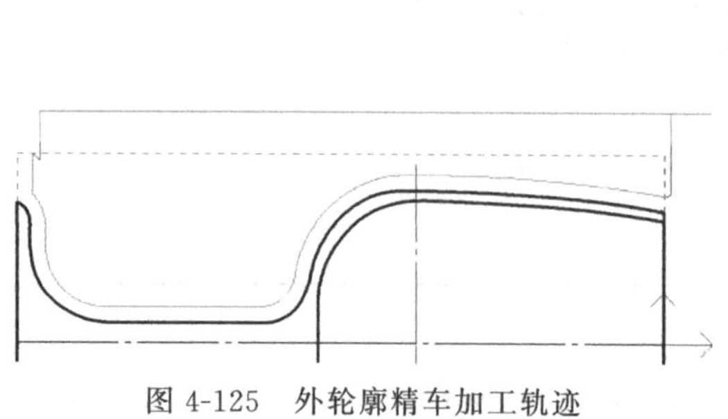

图 4-125　外轮廓精车加工轨迹

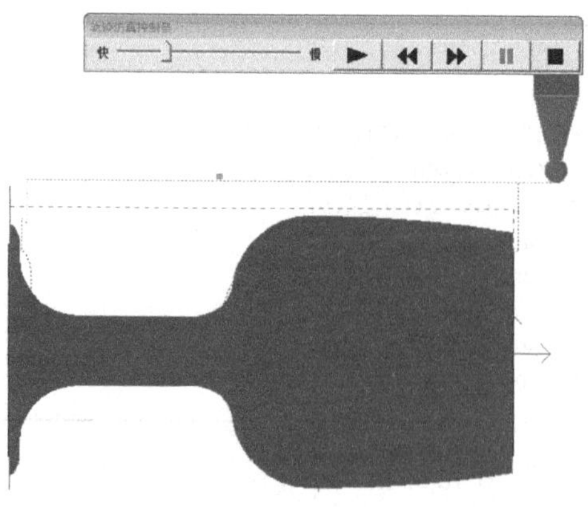

图 4-126　仿真加工

(9) 切断

零件的切断操作简单，可以选择“车槽”功能实现零件切断，也可以手工编程完成零件切断。

项目测评

① 通过本项目实施有哪些收获？

② 填写子项目测评表（表 4-28）。

表 4-28 子项目（七）零件（工艺品高脚杯）的加工操作测评表

考核项目		考核内容		考核标准	测评
主要项目	1	节点坐标		思路清晰、计算准确	
	2	图形绘制功能与操作		操作正确、规范、熟练	
	3	机床设置		参数准确、规范	
	4	后置处理		操作正确、规范、熟练	
	5	车削:考核重点	钻中心孔	操作规范、工艺参数准确	
			内轮廓车削		
			外轮廓车削		
			车断		
	6	仿真加工功能		操作正确、规范	
	7	代码生成		准确、规范	
	8	其它:进退刀点等		正确、规范	
文明生产		安全操作规范、机房管理规定			
结果		优秀	良好	及格	不及格

项目拓展

(1) 思考题

① 本项目主要学习了哪些内容？

② 操作中遇到哪些难点问题？如何处理的？

③ 钻中心孔的功能和操作步骤。

(2) 绘制零件图完成车削加工

① 如题图 4-19 所示零件图，要求轮廓粗车、精车、车槽、车螺纹等加工（习题知识点：轮廓车削、车螺纹、车槽及调头加工等）。

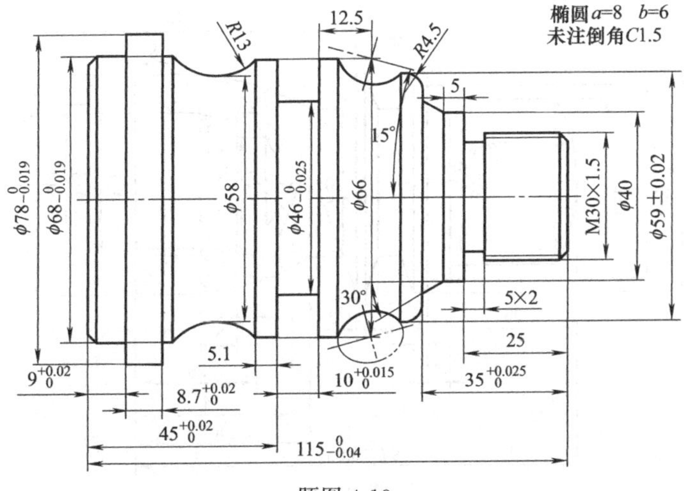

题图 4-19

② 如题图 4-20 所示零件图，要求轮廓粗车、精车、车槽、车螺纹等加工（习题知识点：钻孔加工、内轮廓车削、外轮廓车削、车螺纹及调头加工等）。

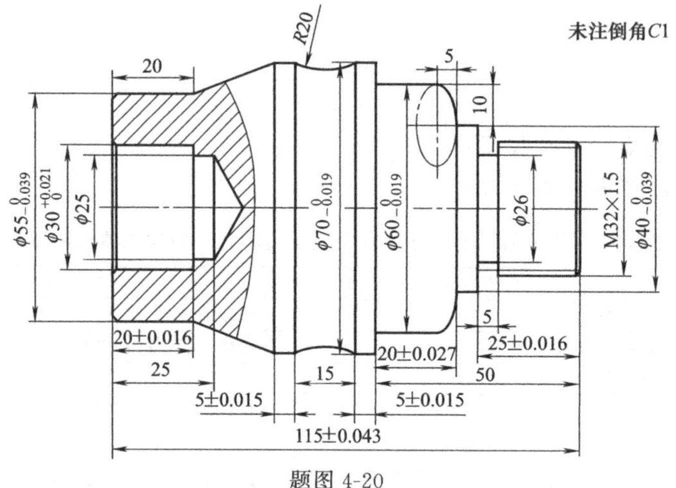

题图 4-20

③ 如题图 4-21 所示零件图，要求轮廓粗车、精车、车槽、车螺纹等加工（习题知识点：钻孔加工、内轮廓车削、外轮廓车削、车螺纹及调头加工等）。

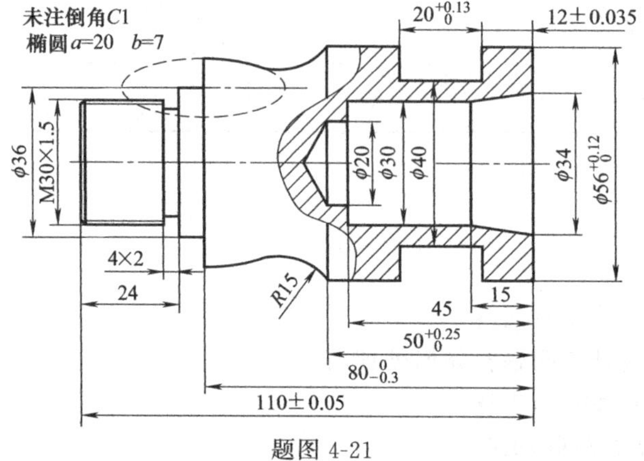

题图 4-21

④ 如题图 4-22 所示零件图，要求轮廓粗车、精车、车槽、车螺纹等加工（习题知识点：钻孔加工、内轮廓车削、外轮廓车削、车螺纹及调头加工等）。

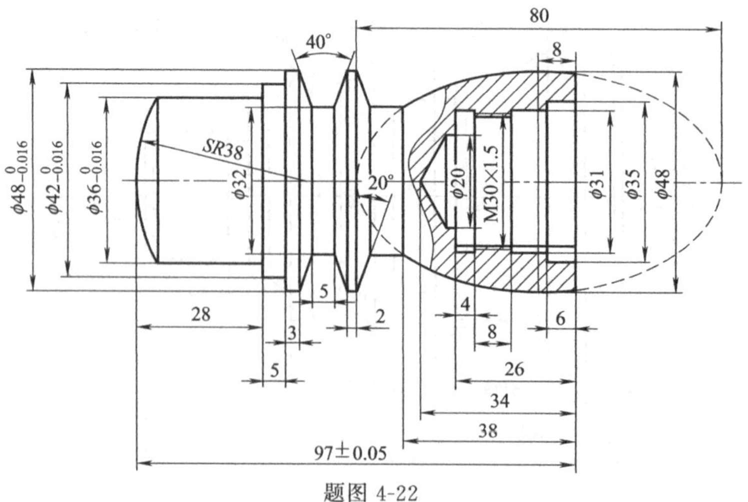

题图 4-22

⑤ 如题图 4-23 所示零件（工艺品酒杯）图，要求内外轮廓粗车、精车、车断等加工（习题知识点：钻孔加工、内轮廓车削、外轮廓车削、车断等）。

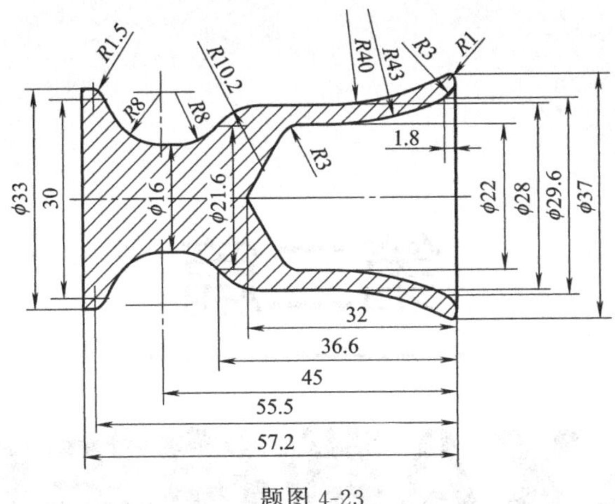

题图 4-23

⑥ 如题图 4-24 所示轴零件图，要求轮廓粗车、精车、车槽、车螺纹等加工（习题知识点：钻孔加工、内轮廓车削、外轮廓车削、车螺纹、车槽及调头加工等）。

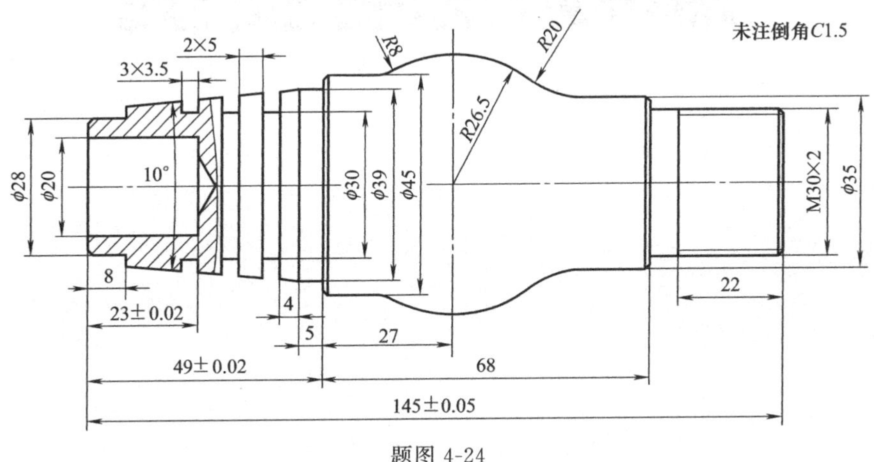

题图 4-24

第二篇

CAXA数控车自动编程应用实例

项目五

数控车工技能等级鉴定实例

本项目以高级（三级）数控车工的轴类零件加工为例，介绍自动编程的应用，重点是数控车削加工的思路、步骤以及加工操作中容易出现的问题和注意事项，后面附带数控车工三级（高级工）、二级（技师）鉴定的习题。

项目目标

高级（三级）数控车工技能等级鉴定实例：轴类零件如图5-1所示，要求编程加工该零件。

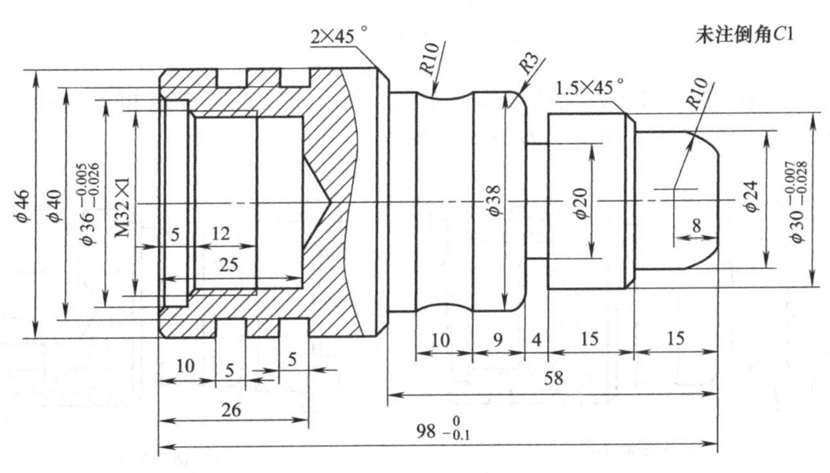

图5-1　轴类零件

项目分析

(1) 分析零件结构

① 图 5-1 所示的零件为轴类零件，主要由两个端面、一个外轮廓面和一个内轮廓面、三个外槽及内螺纹等轮廓组成，尺寸标注完整、结构表达清晰。

② 根据图样要求，选择尺寸 $\phi 50$mm×101mm 零件毛坯。

③ 零件的长度 $98_{-0.10}^{\ 0}$mm、直径 $\phi 36_{-0.026}^{-0.005}$mm、直径 $\phi 30_{-0.028}^{-0.007}$mm 等尺寸有公差要求，需要计算尺寸的“中值”。

(2) 零件车削加工工艺分析

① 进行零件右端部分车削包括右端面车削、外轮廓粗车、精车和切槽加工等，如图 5-2 所示。

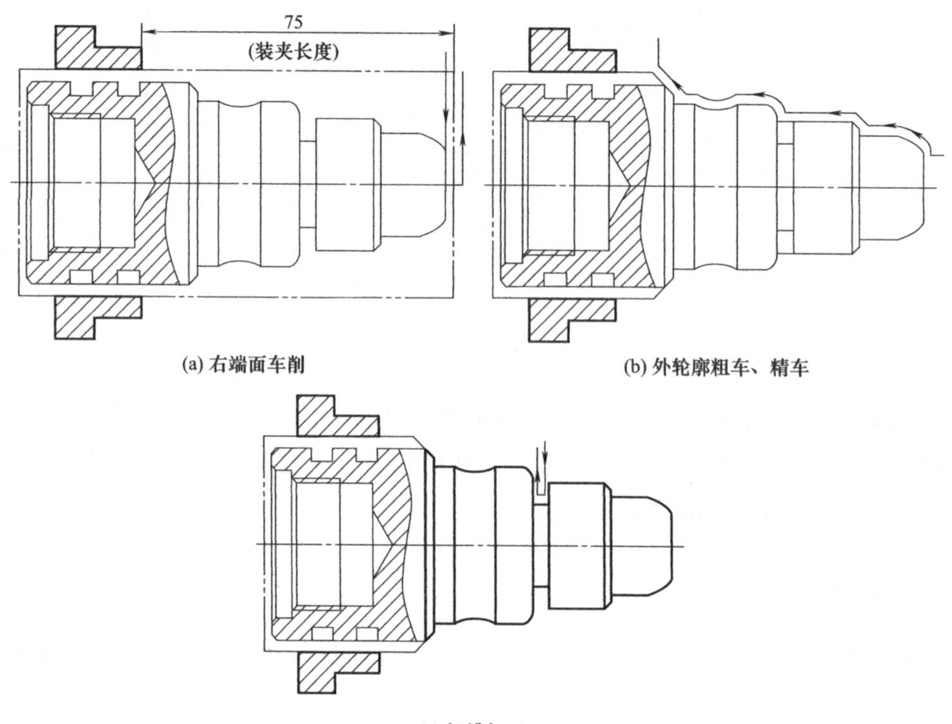

(a) 右端面车削　(b) 外轮廓粗车、精车

(c) 切槽加工

图 5-2 零件车削加工工艺分析（右端部分）

② 调头加工零件的左端部分包括左端面车削、钻孔加工、内轮廓粗车和精车、车内螺纹、外轮廓粗车和精车、外轮廓车槽等，如图 5-3 所示。

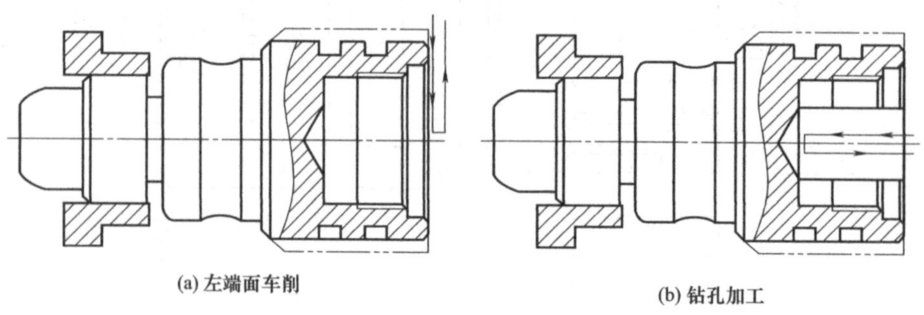

(a) 左端面车削　(b) 钻孔加工

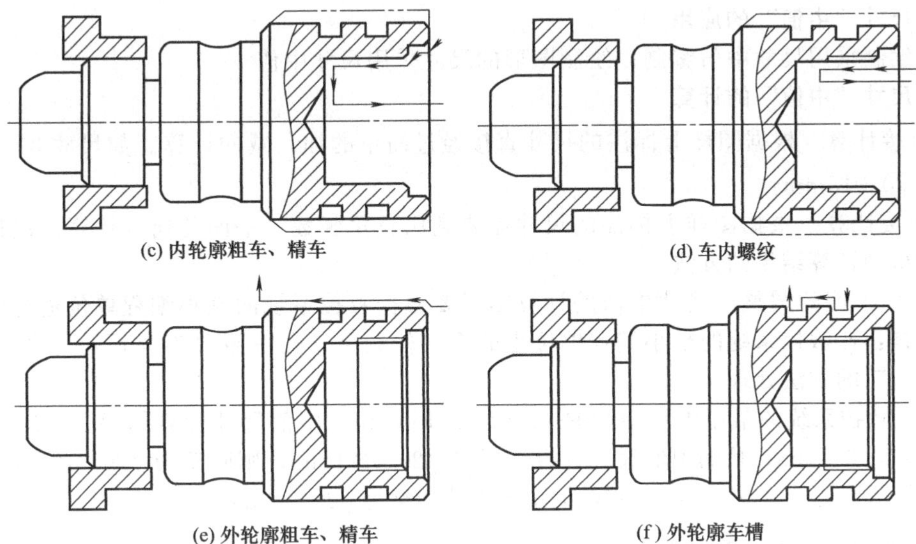
(c) 内轮廓粗车、精车　(d) 车内螺纹
(e) 外轮廓粗车、精车　(f) 外轮廓车槽

图 5-3　零件车削加工工艺分析（左端部分）

(3) 加工的主要参数（表 5-1）

表 5-1　车削加工参数

工步		工步内容	刀具	主轴转速 /(r/min)	进给量 /(mm/min)	吃刀量 /mm
加工右端	1	车削工件右端面	T0101,90°正偏刀	1500	100	0.2
	2	粗车工件外轮廓		800	200	2
		精车工件外轮廓		1500	100	0.2
	3	右端车槽	T0303,车槽刀	600	80	1.0
	4	检测				
调头加工左端	5	车削工件左端面	T0102,90°正偏刀	1500	100	0.2
	6	钻孔 ϕ15mm	T0505,D15 钻头	500	50	10
	7	粗车工件内轮廓	T0606,内轮廓车刀	800	150	1.5
		精车工件内轮廓		1500	50	0.2
	8	车内螺纹	T0707,内螺纹刀	500		
	9	粗车工件外轮廓	T0102,90°正偏刀	800	200	1.5
		精车工件外轮廓		1500	50	0.2
	10	车槽	T0304,车槽刀	600	80	1.0
	11	检测				
	12	文明生产:执行安全规程,场地整洁,工具整齐			审核:	

注意

这个实例属于单件加工，某些操作可以简化，如采用一把刀具粗车加工、精车加工工件的内、外轮廓。实际加工中批量生产粗车加工、精车加工的刀具要分开，因为粗车加工的工作量远远大于精车，粗车加工的刀具容易磨损，如果用于精车，保证不了零件的加工精度。

项目准备

【知识点一】　尺寸的“中值”计算及应用

(1) 尺寸“中值”

尺寸“中值”是指尺寸的两极限尺寸的平均值。

(2) 尺寸“中值”的应用

程序编制采用尺寸中值编制；绘制图形的尺寸采用尺寸中值。

(3) 尺寸“中值”的计算

① 直接计算　根据图样上标注的尺寸直接经过简单的加、减的计算。如尺寸 $30^{+0.03}_{0}$mm，其中值为 30.015mm。

② 间接计算　根据图样上标注的尺寸需要利用三角函数、平面几何等计算方法进行计算后，才能得到计算结果的方法。

③ 尺寸中值的圆整　尺寸中值的计算结果要根据数控系统的最小编程单位进行圆整，圆整的原则是：比数控系统的最小编程单位小的下一位数字，孔按照“四舍五入”的方法处理，轴按照“入”的方法处理。

例如：数控系统的最小编程单位是 0.001mm 时，孔的中值尺寸计算结果是 ϕ20.0125mm，则圆整为 ϕ20.013mm；孔的中值尺寸计算结果是 ϕ20.0121mm，则圆整为 ϕ20.012mm；轴的中值尺寸计算结果是 ϕ20.0121mm，则轴的中值尺寸圆整为 ϕ20.013mm。

【知识点二】　打断【命令名】break

(1) 功能

“打断”是将一条指定曲线在指定点处打断成两条曲线，以便于进行其它操作。

(2) 操作步骤

① 用鼠标左键单击菜单“修改”并选择下拉菜单中的“打断”命令，或在“编辑”工具栏中单击“打断”按钮。

② 按照系统提示要求用鼠标左键点击拾取一条待打断的曲线；拾取后该曲线变成红色，这时提示改变为“选取打断点”；根据当前作图需要，移动鼠标仔细地选取打断点，打断点也可用键盘输入点的坐标确定，选中后按下鼠标左键，曲线被打断。

注意

a. 曲线被打断后，在屏幕上所显示的曲线与打断前并没有什么两样，但实际上原来的曲线已经变成了两条互不相干的曲线，即各自成为了一个独立的图素。

b. 打断点选在需打断的曲线上，为作图准确，可充分利用智能点、栅格点、导航点以及系统的工具点菜单。

c. 为了方便、灵活地使用打断功能，数控车也允许用户把打断点设在曲线外，使用规则是若欲打断线为直线，则系统从用户选定点向直线作垂线，设定垂足为打断点；若欲打断线为圆弧或圆，则从圆心向用户设定点作直线，该直线与圆弧交点被设定为打断点。

【知识点三】　旋转【命令名】rotate

(1) 功能

“旋转”命令是对拾取到的实体进行旋转或旋转复制。

(2) 操作步骤

① 用鼠标左键单击菜单“修改”并选择下拉菜单中的“旋转”命令，或在“编辑”工具栏单击“旋转”按钮，弹出立即菜单，如图 5-4 所示。

1: 旋转角度 ▼	2: 旋转 ▼	3: 非正交 ▼
拾取添加		

图 5-4　“旋转”命令

②“旋转角度”方式旋转

a. 按照系统提示拾取要旋转的实体，可以单个拾取，也可用窗口拾取，拾取到的实体变为红色，拾取完成后点鼠标右键加以确认。

b. 操作提示变为“基点”，用鼠标指定一个旋转基点。操作提示变为“旋转角”，此时可以由键盘输入旋转角度，也可以用鼠标移动来确定旋转角。由鼠标确定旋转角时，拾取的实体随光标的移动而旋转。当确定了旋转位置之后，按下左键，旋转操作结束。

c. 用鼠标左键选择立即菜单中的“2：旋转”，则该项内容变为“2：拷贝”，用户按这个菜单内容能够进行复制操作。复制操作的方法与操作过程与旋转操作完全相同，只是复制后原图不消失。

③“起始终止点”方式旋转

a. 用鼠标左键单击立即菜单“1:”后面的▼，选择“起始终止点”方式旋转，如图 5-5 所示。

b. 按系统提示进行操作，操作的方法和操作过程与“旋转角度”方式旋转操作基本相同。

图 5-5　“起始终止点”方式旋转

【知识点四】　用户坐标系

(1) 功能

用户坐标系的功能是设置、切换、可见和删除用户坐标系。

(2) 操作步骤

① 用鼠标左键单击“工具”菜单的“用户坐标系”，弹出的子菜单如图 5-6 所示，然后选择子菜单中需要的项目功能。

②“设置”【命令名】setucs

a. “设置”命令用来设置用户坐标系。单击“设置”一项，系统提示：“请指定用户坐标系原点:”。

b. 输入新设置坐标系的原点（如用键盘输入坐标值，所输入的坐标值为新坐标系原点在原坐标系中的坐标值），然后系统再提示：“请输入坐标系旋转角<－360，360>:”。

c. 输入旋转角后，新坐标系设置完成，并将新坐标系设为当前坐标系。

d. 如果坐标系为不可见状态，则坐标系设置命令无效，系统弹出如图 5-7 所示的警告框。

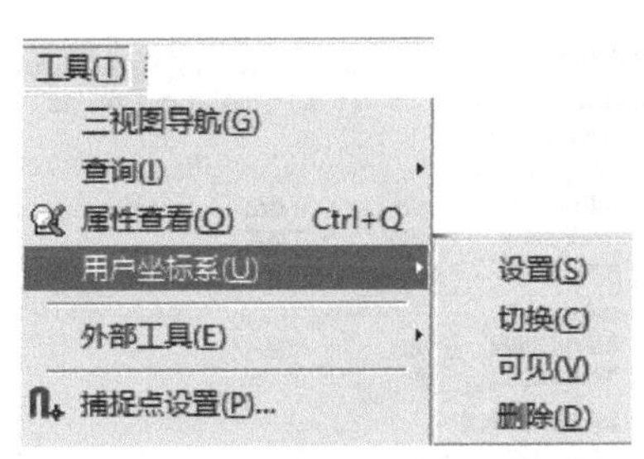

图 5-6　用户坐标系

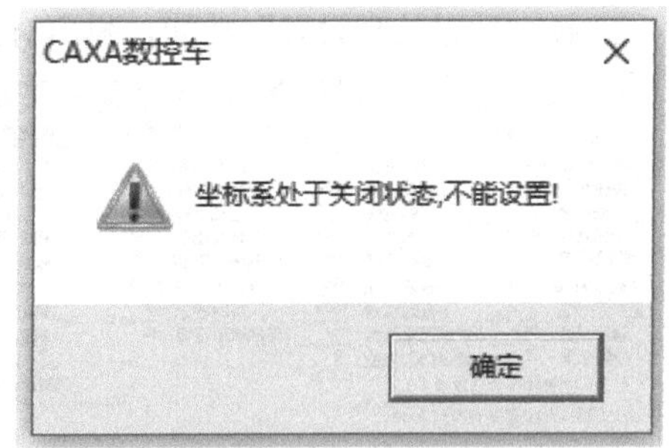

图 5-7　系统警告框

“设置”功能的使用，可以给编程、加工操作带来极大的方便。

③“切换”【命令名】switch

a. “切换”命令用来切换当前用户坐标系。单击“切换”一项，原当前坐标系失效，坐标系标志变为非当前坐标系颜色（缺省为红色），新的当前坐标系生效，坐标系标志变为当前坐标系颜色（缺省为紫色）。坐标系颜色可以在系统配置对话框中的颜色设置页中进行设置。

b. 如果坐标系为不可见状态，则坐标系切换命令无效。

c. 可用功能键 F5 实现坐标系的切换。

④“可见”【命令名】drawucs

a. “可见”命令用来隐藏或显示用户坐标系。

b. 用鼠标左键单击“可见”一项，如果当前坐标系可见，则变为不可见，否则变为可见。坐标系“可见”指在屏幕上显示用户坐标系，“不可见”指在屏幕上隐藏用户坐标系。

⑤“删除”【命令名】delucs

a. 删除当前坐标系，单击“删除”一项，弹出如图 5-8 所示的对话框。

b. 单击“确定”按钮，删除当前坐标系；单击“取消”按钮，放弃删除当前坐标系。

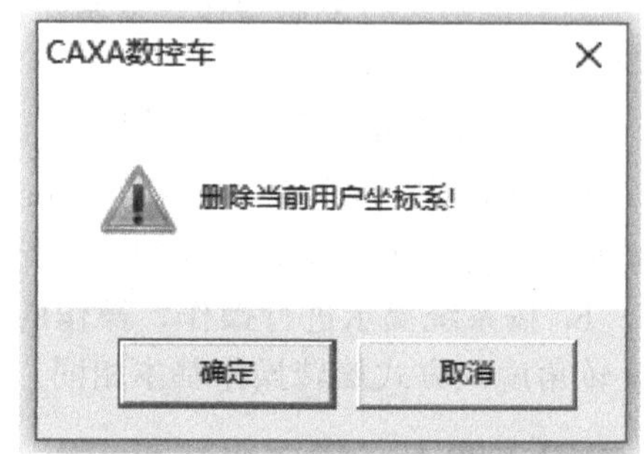

图 5-8 删除当前用户坐标系

c. 如果坐标系为不可见状态，则坐标系删除命令无效。

项目实施

打开“CAXA 数控车”软件，进行操作。

1. 机床类型设置

选择“机床类型设置”功能，弹出对话框，如图 5-9 所示，填写参数后点击“确定”按钮。

操作中根据需要选择数控机床，不同的系统指令有所不同，如 FANUC 系统的螺纹加工是 G32、螺纹节距采用 F，要注意设置。

2. 后置处理设置

选择“后置处理设置”功能，弹出对话框，如图 5-10 所示，填写参数后点击“确定”按钮。

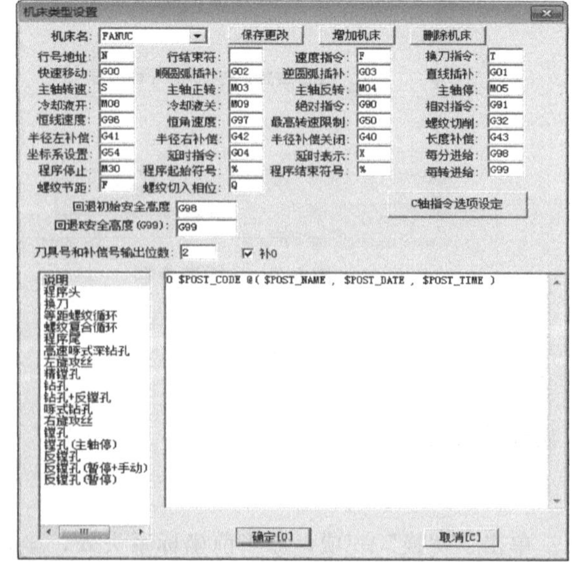

图 5-9 机床类型设置

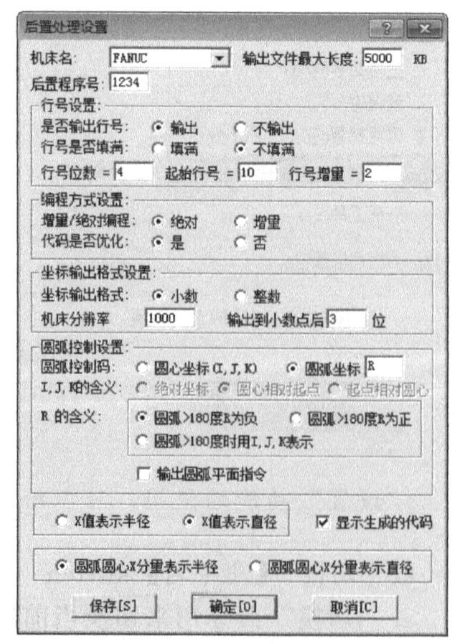

图 5-10 后置处理设置

3. 刀具库管理

选择“刀具库管理”功能，弹出对话框，如图 5-11 所示，填写参数后点击“确定”按钮。

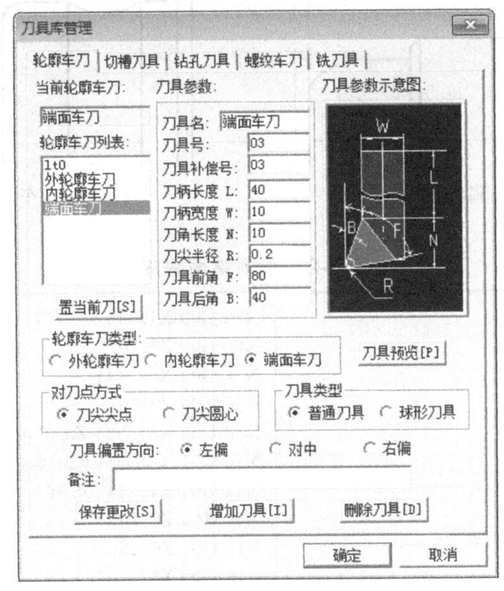

图 5-11　刀具库管理

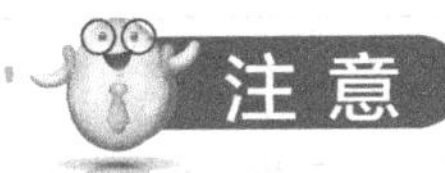

操作中根据数控加工的需要选择加工刀具，不同的零件加工要求有所不同，采用的刀具有所不同，要注意设置刀具的参数，以便于选用。

4. 分析图 5-1 零件的相关尺寸，进行“中值”计算后零件的尺寸（图 5-12）

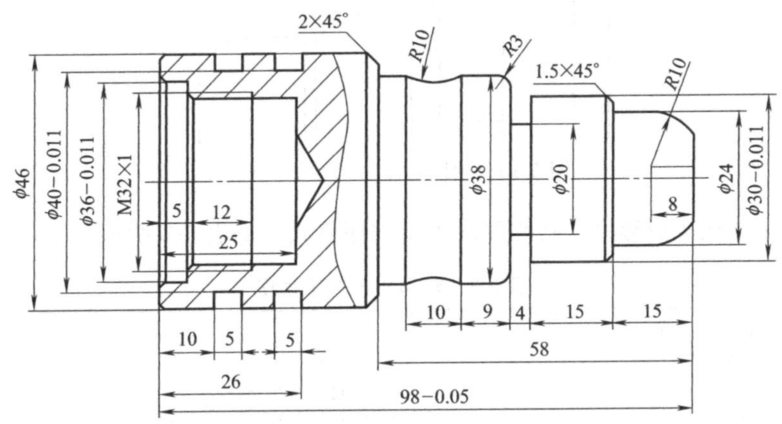

图 5-12　“中值”计算后零件的尺寸

5. 车削零件的右端部分

(1) 零件右端部分轮廓造型（图 5-13）

(2) 车削右端面

① 选择轮廓车削的端面车削功能，生成加工轨迹，如图 5-14 所示。

② 拾取车削端面加工轨迹，生成程序，如表 5-2 所示。

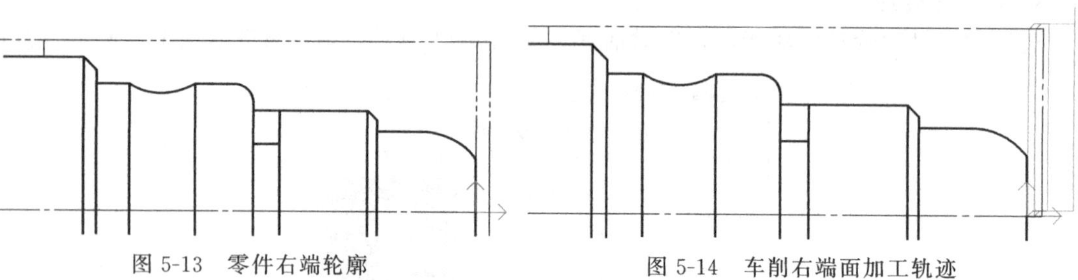

图 5-13 零件右端轮廓　　　　图 5-14 车削右端面加工轨迹

表 5-2 车削端面程序

O1234 改为子程序 O1001	N30 G00 X1.414 Z1.707
(36,08/10/19,20:59:14)	N32 G00 Z2.707
N10 G50 S10000	N34 G00 X52.441
N12 G00 G97 S500 T0101	N36 G00 Z0.707
N14 M03	N38 G00 X51.026 Z0.000
N16 M08	N40 G01 X-0.000 F50.000
N18 G00 X57.195 Z6.259	N42 G00 X1.414 Z0.707
N20 G00 X52.441	N44 G00 Z2.707
N22 G00 Z2.707	N46 G00 Z6.259
N24 G00 Z1.707	N48 G00 X57.195
N26 G00 X51.026 Z1.000	N50 M09
N28 G98 G01 X0.000 F50.000	N52 M30 改为 M99,子程序格式

(3) 车削外轮廓

① 选择轮廓粗车、精车功能，填写相关参数表，生成加工轨迹，如图 5-15 所示。

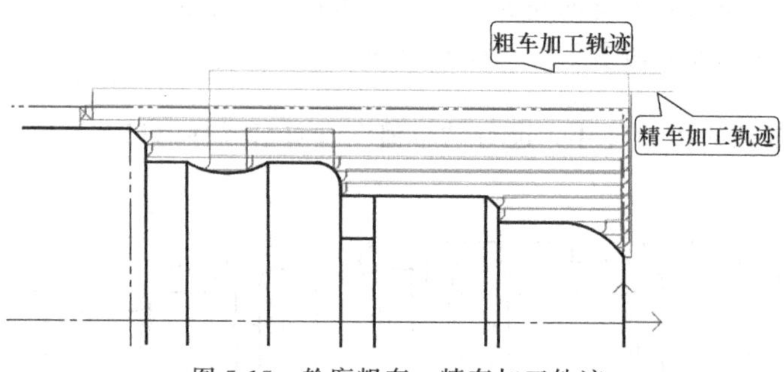

图 5-15 轮廓粗车、精车加工轨迹

② 拾取加工轨迹生成程序，将程序改为子程序格式，如表 5-3 所示。

表 5-3 轮廓车削加工程序

O1234 改为子程序 O1002	N136 G00 X30.441
(35,08/08/19,21:19:20)	N138 G00 Z0.707
N10 G50 S10000	N140 G00 X25.441
N12 G00 G97 S1000 T11	N142 G00 X24.026 Z0.000
N14 M03	N144 G01 Z−15.000 F200.000
N16 M08	N146 G00 X25.441 Z−14.293
N18 G00 X59.932 Z4.553	N148 G00 X27.441
N20 G00 Z0.707	N150 G00 Z0.707
N22 G00 X51.441	N152 G00 X22.441
N24 G00 X49.441	N154 G00 X21.026 Z0.000
N26 G00 X48.026 Z0.000	N156 G01 Z−2.873 F200.000
N28 G98 G01 Z−66.000 F200.000	N158 G00 X22.441 Z−2.166
N30 G00 X49.441 Z−65.293	N160 G00 X24.441

续表

N32 G00 X51. 441 N34 G00 Z0. 707 N36 G00 X46. 441 N38 G00 X45. 026 Z0. 000 N40 G01 Z−59. 630 F200. 000 N42 G00 X46. 441 Z−58. 923 N44 G00 X48. 441 N46 G00 Z0. 707 N48 G00 X43. 441 N50 G00 X42. 026 Z0. 000 N52 G01 Z−58. 130 F200. 000 N54 G00 X43. 441 Z−57. 423 N56 G00 X45. 441 N58 G00 Z0. 707 N60 G00 X40. 441 N62 G00 X39. 026 Z0. 000 N64 G01 Z−58. 000 F200. 000 N66 G00 X40. 441 Z−57. 293 N68 G00 X42. 441 N70 G00 Z0. 707 N72 G00 X37. 441 N74 G00 X36. 026 Z0. 000 N76 G01 Z−34. 889 F200. 000 N78 G00 X46. 026 N80 G00 Z−45. 594 N82 G00 X36. 026 N84 G01 Z−50. 806 F200. 000 N86 G00 X37. 441 Z−50. 099 N88 G00 X39. 441 N90 G00 Z0. 707 N92 G00 X37. 441 N94 G00 X36. 026 Z0. 000 N96 G01 Z−34. 889 F200. 000 N98 G00 X37. 441 Z−34. 182 N100 G00 X39. 441 N102 G00 Z0. 707 N104 G00 X34. 441 N106 G00 X33. 026 Z0. 000 N108 G01 Z−34. 080 F200. 000 N110 G00 X34. 441 Z−33. 373 N112 G00 X36. 441 N114 G00 Z0. 707 N116 G00 X31. 441 N118 G00 X30. 026 Z0. 000 N120 G01 Z−34. 000 F200. 000 N122 G00 X31. 441 Z−33. 293 N124 G00 X33. 441 N126 G00 Z0. 707 N128 G00 X28. 441 N130 G00 X27. 026 Z0. 000 N132 G01 Z−15. 130 F200. 000 N134 G00 X28. 441 Z−14. 423	N162 G00 Z0. 707 N164 G00 X19. 441 N166 G00 X18. 026 Z−0. 000 N168 G01 Z−0. 971 F200. 000 N170 G00 X19. 441 Z−0. 263 N172 G00 X39. 441 N174 G00 Z−44. 886 N176 G00 X37. 441 N178 G00 X36. 026 Z−45. 594 N180 G01 Z−50. 806 F200. 000 N182 G00 X37. 441 Z−50. 099 N184 G00 X51. 441 N186 G00 X59. 932 N188 G00 Z4. 553 N190 M01 N192 G50 S10000 N194 G00 G97 S1500 T0101 N196 M03 N198 M08 N200 G00 X55. 484 Z6. 074 N202 G00 Z0. 950 N204 G00 X54. 626 N206 G00 X15. 603 N208 G00 X15. 882 Z−0. 040 N210 G98 G03 X24. 000 Z−8. 705 I−6. 141 K−8. 160 F200. 000 N212 G01 Z−15. 000 N214 G01 X26. 600 N216 G03 X26. 883 Z−15. 059 I0. 000 K−0. 200 N218 G01 X29. 883 Z−16. 559 N220 G03 X30. 000 Z−16. 700 I−0. 141 K−0. 141 N222 G01 Z−30. 200 N224 G01 Z−34. 000 N226 G01 X31. 600 N228 G03 X38. 000 Z−37. 200 I0. 000 K−3. 200 N230 G01 Z−43. 200 N232 G03 X37. 946 Z−43. 300 I−0. 200 K0. 000 N234 G02 Z−53. 100 I8. 487 K−4. 900 N236 G03 X38. 000 Z−53. 200 I−0. 173 K−0. 100 N238 G01 Z−58. 000 N240 G01 X41. 600 N242 G03 X41. 883 Z−58. 059 I0. 000 K−0. 200 N244 G01 X45. 883 Z−60. 059 N246 G03 X46. 000 Z−60. 200 I−0. 141 K−0. 141 N248 G01 Z−66. 000 N250 G01 X50. 626 N252 G00 X47. 798 Z−64. 586 N254 G00 X54. 626 N256 G00 X55. 484 N258 G00 Z6. 074 N260 M09 N262 M30 改为子程序格式 M99

(4) 车槽

① 选择车槽功能，填写相关参数表，生成加工轨迹，如图 5-16 所示。

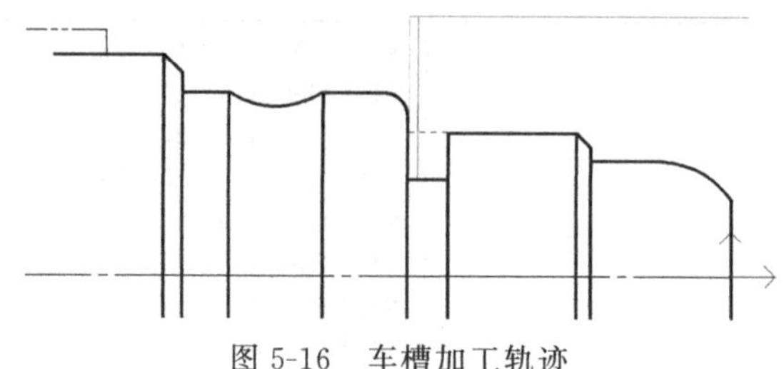

图 5-16 车槽加工轨迹

② 拾取车槽加工轨迹，生成程序，如表 5-4 所示。

表 5-4 车槽程序

O1234 改为子程序 O1003	N24 G00 X29.600
(35,08/09/19,09:30:58)	N26 G98 G01 X20.000 F200.000
N10 G50 S10000	N28 G01 Z−34.000
N12 G00 G97 S500 T0303	N30 G01 X29.600
N14 M03	N32 G00 X35.600
N16 M08	N34 G00 X54.146
N18 G00 X54.146 Z1.613	N36 G00 Z1.613
N20 G00 Z−33.000	N38 M09
N22 G00 X35.600	N40 M30 改为子程序格式 M99

6. 零件调头加工

(1) 绘制零件左端部分图形（图 5-17）

(2) 车削左端面

① 选择端面车削功能，保证零件总长尺寸 97.95mm，填写相关参数表，生成加工轨迹，如图 5-18 所示。

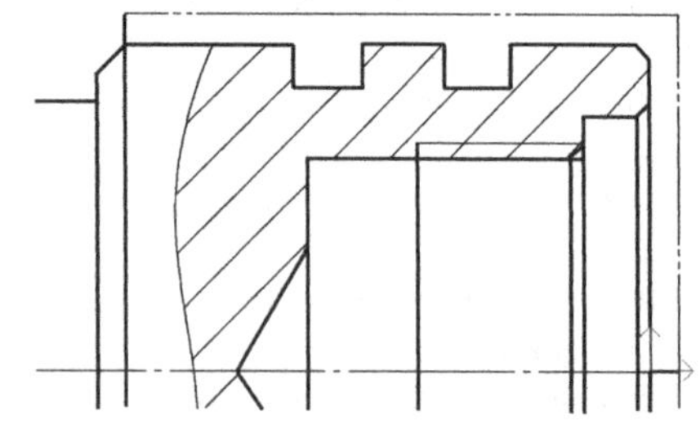

图 5-17 零件左端部分图形

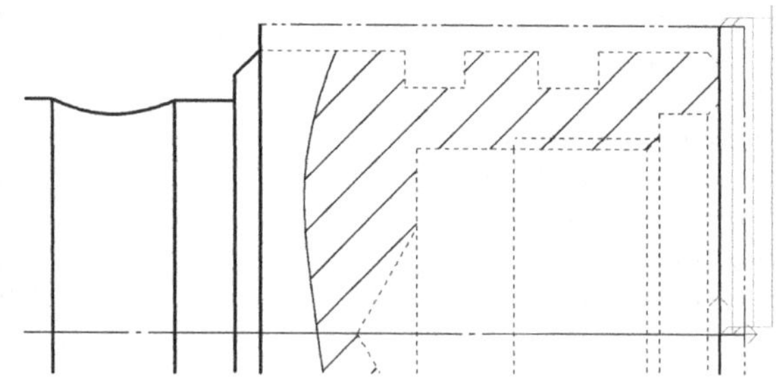

图 5-18 车削左端面加工轨迹

② 拾取车削左端面加工轨迹，生成程序，如表 5-5 所示。

表 5-5 车削左端面程序

O1234 改为子程序 O1004	N30 G00 X1.414 Z1.707
(36,08/10/19,21:07:38)	N32 G00 Z2.707
N10 G50 S10000	N34 G00 X51.654
N12 G00 G97 S500 T0102	N36 G00 Z0.707
N14 M03	N38 G00 X50.239 Z−0.000
N16 M08	N40 G01 X-0.000 F50.000
N18 G00 X55.256 Z4.322	N42 G00 X1.414 Z0.707
N20 G00 X51.654	N44 G00 Z2.707
N22 G00 Z2.707	N46 G00 Z4.322
N24 G00 Z1.707	N48 G00 X55.256
N26 G00 X50.239 Z1.000	N50 M09
N28 G98 G01 X0.000 F50.000	N52 M30 改为子程序格式 M99

(3) 钻孔加工

选择钻孔功能，填写相关参数表，生成加工轨迹。拾取钻孔加工轨迹生成程序，如表 5-6 所示。

表 5-6　钻孔程序

O1234　　改为子程序 O1005 (36,08/10/19,20:21:19) N10 G50 S10000 N12 G00 G97 S500 T0606 N14 M03 N16 M08	N18 G00 X0.000 Z10.000 N20 G99 G81 X0.000 Z−29.830 R-9.500 F50.000 K30 N22 G80 N24 M09 N26 M30　　改为子程序格式 M99

(4) 内轮廓车削

① 选择内轮廓粗车、精车功能，填写相关参数表，生成加工轨迹，如图 5-19 所示。

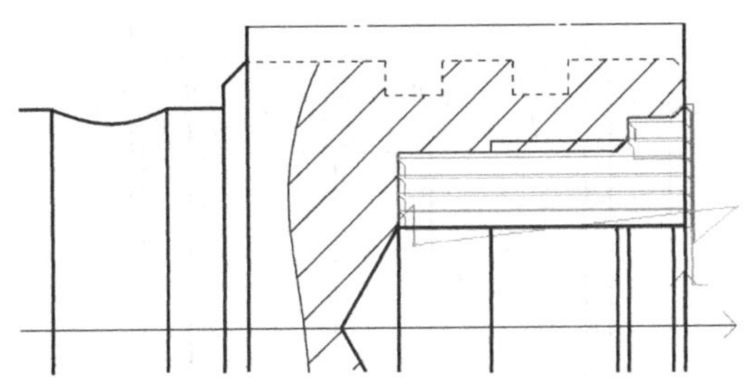

图 5-19　内轮廓车削加工轨迹

② 拾取内轮廓粗车、精车加工轨迹，生成程序，如表 5-7 所示。

表 5-7　内轮廓粗车、精车程序

O1234　　改为子程序 O1006 (36,08/09/19,11:15:31) N10 G50 S10000 N12 G00 G97 S800 T0606 N14 M03 N16 M08 N18 G00 X6.955 Z2.069 N20 G00 Z0.707 N22 G00 X16.831 N24 G00 X18.831 N26 G00 X20.245 Z0.000 N28 G98 G01 Z−25.000 F200.000 N30 G00 X18.831 Z−24.293 N32 G00 X16.831 N34 G00 Z0.707 N36 G00 X21.831 N38 G00 X23.245 Z0.000 N40 G01 Z−25.000 F200.000 N42 G00 X21.831 Z−24.293 N44 G00 X19.831 N46 G00 Z0.707 N48 G00 X24.831 N50 G00 X26.245 Z0.000 N52 G01 Z−25.000 F200.000 N54 G00 X24.831 Z−24.293 N56 G00 X22.831 N58 G00 Z0.707	N82 G00 Z0.707 N84 G00 X33.831 N86 G00 X35.245 Z0.000 N88 G01 Z−5.000 F200.000 N90 G00 X33.831 Z−4.293 N92 G00 X31.831 N94 G00 Z0.707 N96 G00 X36.831 N98 G00 X38.245 Z0.000 N100 G01 Z−0.115 F200.000 N102 G00 X36.831 Z0.593 N104 G00 X16.831 N106 G00 X6.955 N108 G00 Z2.069 N110 M01 N112 G50 S10000 N114 G00 G97 S1500 T0606 N116 M03 N118 M08 N120 G00 X20.527 Z4.732 N122 G00 X14.245 Z0.854 N124 G00 X38.181 N126 G00 Z−0.146 N128 G98 G01 X36.181 Z−1.146 F200.000 N130 G02 X36.000 Z−1.730 I0.354 K−0.354 N132 G01 Z−5.000 N134 G01 X33.000

续表

N60 G00 X27.831 N62 G00 X29.245 Z0.000 N64 G01 Z−25.000 F200.000 N66 G00 X27.831 Z−24.293 N68 G00 X25.831 N70 G00 Z0.707 N72 G00 X30.831 N74 G00 X32.245 Z0.000 N76 G01 Z−5.170 F200.000 N78 G00 X30.831 Z−4.463 N80 G00 X28.831	N136 G02 X32.293 Z−5.146 I0.000 K−0.500 N138 G01 X30.293 Z−6.146 N140 G02 X30.000 Z−6.500 I0.354 K−0.354 N142 G01 Z−25.000 N144 G01 X18.245 N146 G00 X21.073 Z−23.586 N148 G00 X14.245 N150 G00 X20.527 Z4.732 N152 M09 N154 M30　　改为子程序格式 M99

(5) 车削内螺纹

① 选择车螺纹功能，填写相关参数表，生成加工轨迹，如图 5-20 所示。

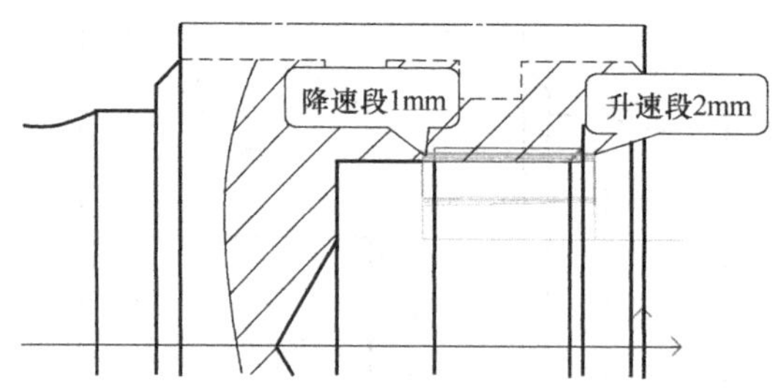

图 5-20　车削内螺纹加工轨迹

② 拾取螺纹加工轨迹，生成加工程序，如表 5-8 所示。

表 5-8　车削内螺纹程序

O1234　　改为子程序 O1007 (36,08/11/19,09:46:32) N10 G50 S10000 N12 G00 G97 S500 T0707 N14 M03 N16 M08 N18 G00 X17.252 Z3.277 N20 G00 Z−4.000 N22 G00 X22.900 N24 G00 X28.900 N26 G00 X29.100 N28 G98 G01 X30.000 F50.000 N30 G33 Z−18.000 K2.000 N32 G01 X29.100 N34 G00 X28.900 N36 G00 X22.900 N38 G00 X23.400 Z−4.000 N40 G00 X29.400 N42 G00 X29.600 N44 G01 X30.500 F50.000 N46 G33 Z−18.000 K2.000 N48 G01 X29.600 N50 G00 X29.400 N52 G00 X23.400 N54 G00 X23.800 Z−4.000 N56 G00 X29.800	N58 G00 X30.000 N60 G01 X30.900 F50.000 N62 G33 Z−18.000 K2.000 N64 G01 X30.000 N66 G00 X29.800 N68 G00 X23.800 N70 G00 Z−4.000 N72 G00 X23.998 N74 G00 X29.998 N76 G00 X30.198 N78 G01 X31.098 F50.000 N80 G33 Z−18.000 K2.000 N82 G01 X30.198 N84 G00 X29.998 N86 G00 X23.998 N88 G00 X24.198 Z−4.000 N90 G00 X30.198 N92 G00 X30.398 N94 G01 X31.298 F50.000 N96 G33 Z−18.000 K2.000 N98 G01 X30.398 N100 G00 X30.198 N102 G00 X24.198 N104 G00 X17.252 N106 G00 Z3.277 N108 M09 N110 M30　　改为子程序格式 M99

(6) 外轮廓车削

① 分别选择外轮廓粗车、精车功能，填写相关参数表，生成轮廓粗车、精车加工轨迹，如图 5-21 所示。

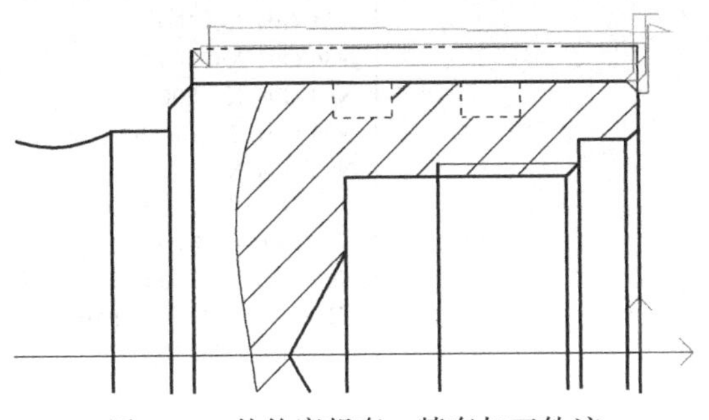

图 5-21 外轮廓粗车、精车加工轨迹

② 拾取外轮廓粗车、精车加工轨迹，生成加工程序，如表 5-9 所示。

表 5-9 外轮廓粗车、精车程序

O1234　　改为子程序 O1008	N50 M01
(36,08/09/19,11:19:35)	N52 G50 S10000
N10 G50 S10000	N54 G00 G97 S1500 T0102
N12 G00 G97 S800 T0102	N56 M03
N14 M03	N58 M08
N16 M08	N60 G00 X54.220 Z2.947
N18 G00 X57.183 Z1.778	N62 G00 X55.560 Z0.941
N20 G00 Z0.707	N64 G00 X43.883
N22 G00 X52.374	N66 G00 Z−0.059
N24 G00 X50.374	N68 G98 G01 X45.883 Z−1.059 F200.000
N26 G00 X48.960 Z0.000	N70 G03 X46.000 Z−1.200 I−0.141 K−0.141
N28 G98 G01 Z−38.000 F200.000	N72 G01 Z−10.200
N30 G00 X50.374 Z−37.293	N74 G01 Z−15.200
N32 G00 X52.374	N76 G01 Z−21.200
N34 G00 Z0.707	N78 G01 Z−26.200
N36 G00 X47.374	N80 G01 Z−38.000
N38 G00 X45.960 Z0.000	N82 G01 X51.560
N40 G01 Z−1.112 F200.000	N84 G00 X48.731 Z−36.586
N42 G00 X47.374 Z−0.405	N86 G00 X55.560
N44 G00 X52.374	N88 G00 X54.220 Z2.947
N46 G00 X57.183	N90 M09
N48 G00 Z1.778	N92 M30　　改为子程序格式 M99

(7) 车槽

① 选择车槽功能，填写相关参数表，生成加工轨迹，如图 5-22 所示。

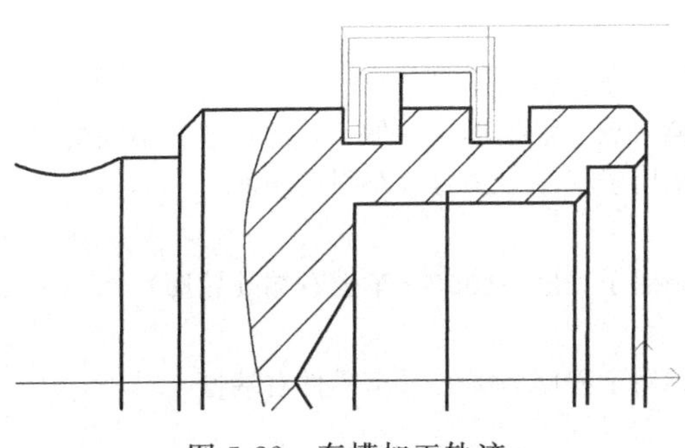

图 5-22 车槽加工轨迹

② 拾取车槽加工轨迹，生成加工程序，如表 5-10 所示。

表 5-10 轮廓车槽程序

O1234 改为子程序 O1009 (35,08/09/19,10:17:26) N10 G50 S10000 N12 G00 G97 S800 T0304 N14 M03 N16 M08 N18 G00 X56.643 Z1.353 N20 G00 Z−13.000 N22 G00 X49.600 N24 G00 X45.600 N26 G98 G01 X45.000 F200.000 N28 G04 X0.500 N30 G01 Z−14.500 N32 G04 X0.500 N34 G00 X53.000 N36 G00 Z−13.000 N38 G00 X45.000 N40 G01 X41.000 F200.000 N42 G04 X0.500 N44 G01 Z−14.500 N46 G04 X0.500 N48 G01 X45.000 N50 G04 X0.500 N52 G00 X53.000 N54 G00 Z−13.000 N56 G00 X41.000 N58 G01 Z−14.500 F200.000 N60 G04 X0.500 N62 G00 X49.000 N64 G00 X45.000 N66 G01 X49.600 F200.000 N68 G04 X0.500 N70 G03 X51.000 Z−15.200 I0.000 K−0.700 N72 G04 X0.500 N74 G01 Z−17.300 N76 G04 X0.500 N78 G01 Z−23.300 N80 G04X0.500	N82 G03 X49.600 Z−24.000 I−0.700 K0.000 N84 G04 X0.500 N86 G01 X45.000 N88 G04 X0.500 N90 G01 Z−25.500 N92 G04 X0.500 N94 G00 X53.000 N96 G00 Z−24.000 N98 G00 X45.000 N100 G01 X41.000 F200.000 N102 G04 X0.500 N104 G01 Z−25.500 N106 G04 X0.500 N108 G01 X45.000 N110 G04 X0.500 N112 G00 X53.000 N114 G00 Z−24.000 N116 G00 X41.000 N118 G01 Z−25.500 F200.000 N120 G04 X0.500 N122 G00 X49.600 N124 G00 X56.000 N126 G00 Z−12.500 N128 G00 X45.600 N130 G01 X40.000 F200.000 N132 G01 Z−15.000 N134 G01 X49.600 N136 G03 X50.000 Z−15.200 I0.000 K−0.200 N138 G01 Z−17.300 N140 G01 Z−23.300 N142 G03 X49.600 Z−23.500 I−0.200 K0.000 N144 G01 X40.000 N146 G01 Z−26.000 N148 G01 X45.600 N150 G00 X56.000 N152 G00 X56.643 N154 G00 Z1.353 N156 M09 N158 M30 改为子程序格式 M99

7. 主程序

如图 5-1 所示零件各部分的加工程序已经完成，为了系统、方便地加工零件，采用主程序调用子程序方式（以 FANUC 0i 系统为例），这种方式主程序简单、清晰，利于调整、便于加工操作。

```
O1000;              主程序号
G00 X60.0 Z30.0;    换刀点，根据不同的加工，注意选择不同的 X、Z 值
M98 P011001;        调用子程序 O1001（车削右端面）
G00 X60.0 Z30.0;
M98 P011002;        调用子程序 O1002（车削右端外轮廓）
G00 X60.0 Z30.0;
M98 P011003;        调用子程序 O1003（车零件右端槽）
G00 X60.0 Z30.0;
```

```
M00                    程序暂停，工件调头
M98 P011004;           调用子程序 O1004（车削左端面）
G00 X60.0 Z30.0;
M98 P011005;           调用子程序 O1005（钻孔加工）
G00 X60.0 Z30.0;
M98 P011006;           调用子程序 O1006（左端内轮廓粗车、精车）
G00 X60.0 Z30.0;
M98 P011007;           调用子程序 O1007（左端车削内螺纹）
G00 X60.0 Z30.0;
M98 P011008;           调用子程序 O1008（左端外轮廓粗车、精车）
G00 X60.0 Z30.0;
M98 P011009;           调用子程序 O1009（左端车槽）
G00 X60.0 Z30.0;
M30
O1001        子程序 O1001
……
O1002        子程序 O1002
……
……
```

项目测评

① 通过本项目实施有哪些收获？

② 填写项目测评表（表 5-11）。

表 5-11 项目（五）高级工鉴定操作测评表

考核项目		考核内容		考核标准	测评
主要项目	1	节点坐标		思路清晰、计算准确	
	2	图形绘制功能与操作		操作正确、规范、熟练	
	3	机床设置		参数准确、规范	
	4	后置处理		操作正确、规范、熟练	
	5	车削右端调头加工左调	车削工件右端面	操作规范、工艺参数准确	
	6		粗车工件外轮廓		
	7		精车工件外轮廓		
	8		车槽		
	9		检测		
	10		车削工件左端面		
	11		钻孔 ϕ15mm		
	12		粗车工件内轮廓		
	13		精车工件内轮廓		
	14		车内螺纹		
	15		车工件外轮廓		
	16		车槽		
	17	检测			
	18	仿真加工功能		操作正确、规范	
	19	代码生成		准确、规范	
	20	其它：进退刀点等		正确、规范	
文明生产	安全操作规范、机房管理规定				
结果	优秀	良好	及格	不及格	

项目拓展

(1) 高级（三级）数控车工技能鉴定练习题

① 配合件，如题图 5-1 所示。

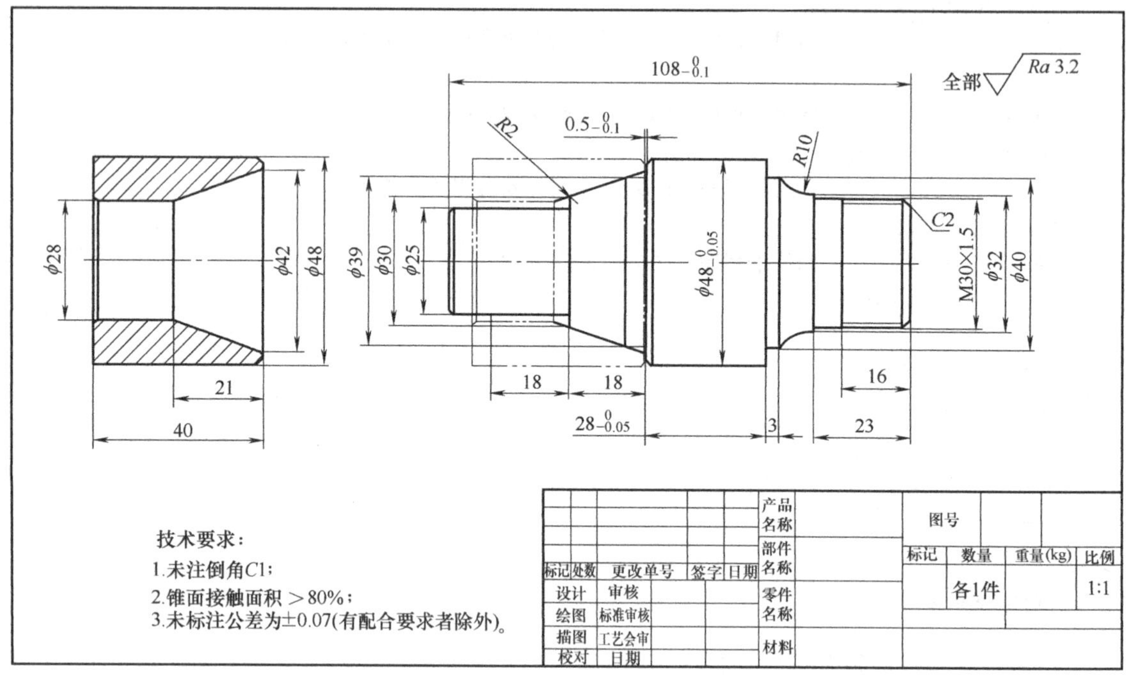

题图 5-1

② 轴类配合零件加工，如题图 5-2 所示（考核时间：120min）。

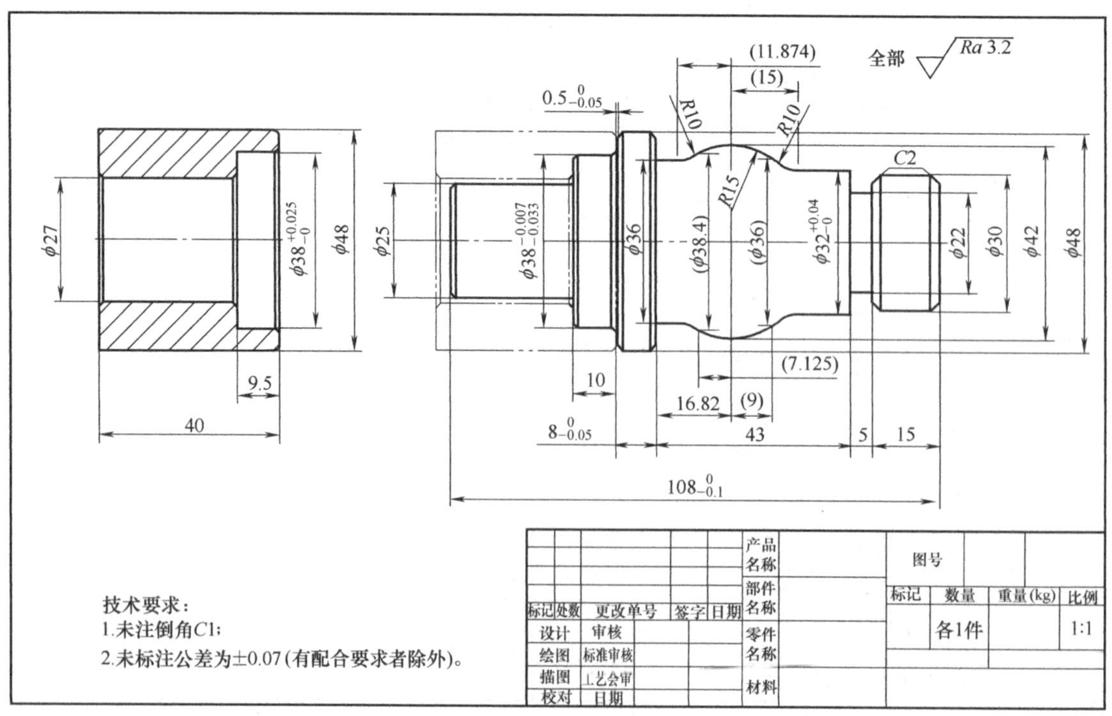

题图 5-2

③ 轴类零件加工，如题图 5-3 所示（考核时间：120min）。

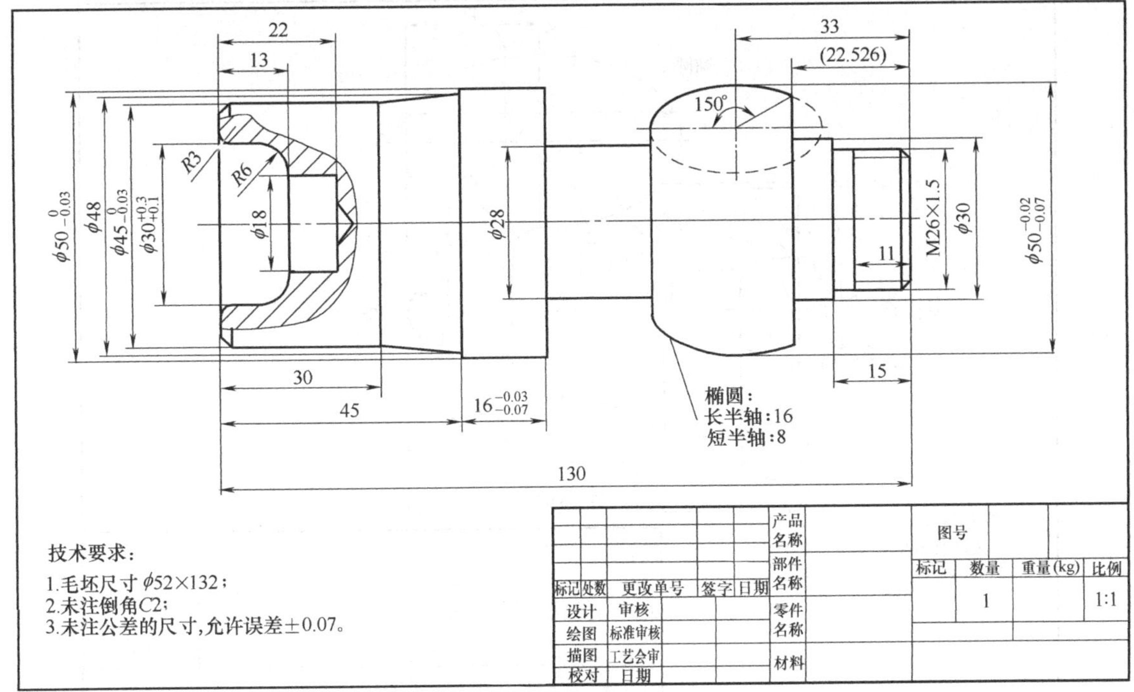

题图 5-3

④ 轴类零件加工，如题图 5-4 所示（考核时间：120min）。

技术要求：

1.热处理T235；

2.未注公差IT12；

3.未注倒角1.5×45°。

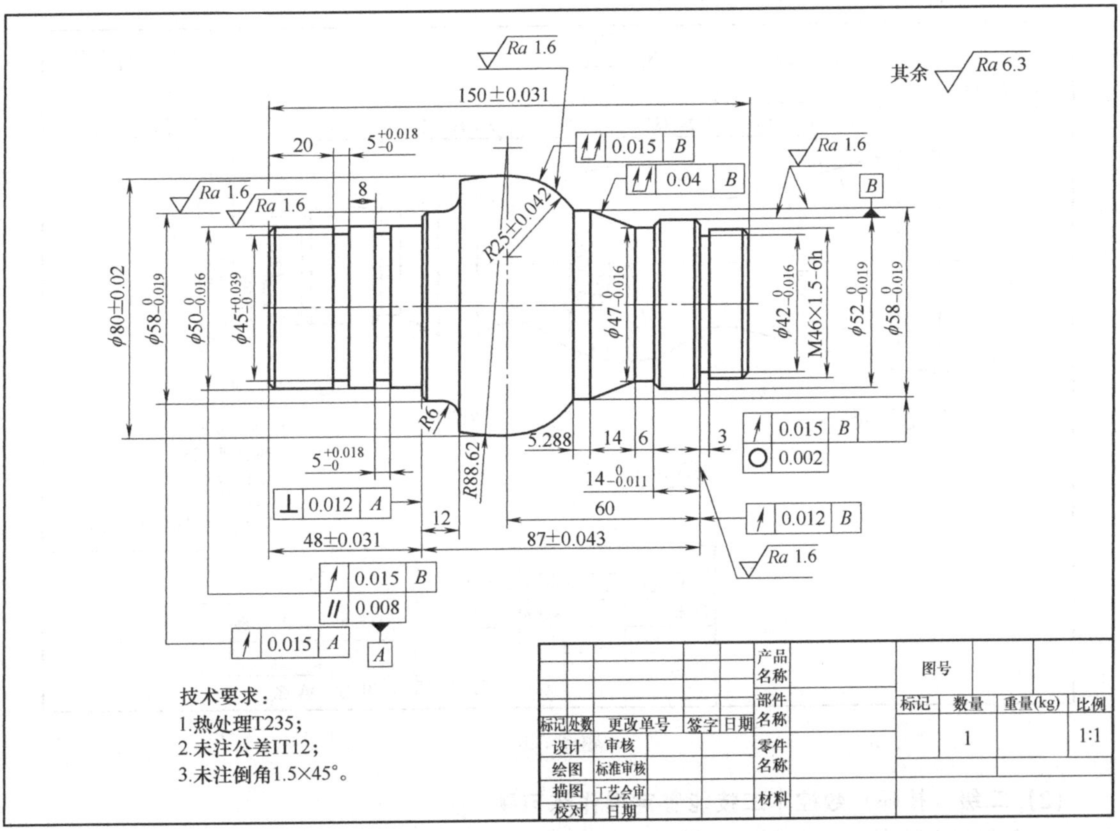

题图 5-4

⑤ 轴类零件加工，如题图 5-5 所示（考核时间：120min）。

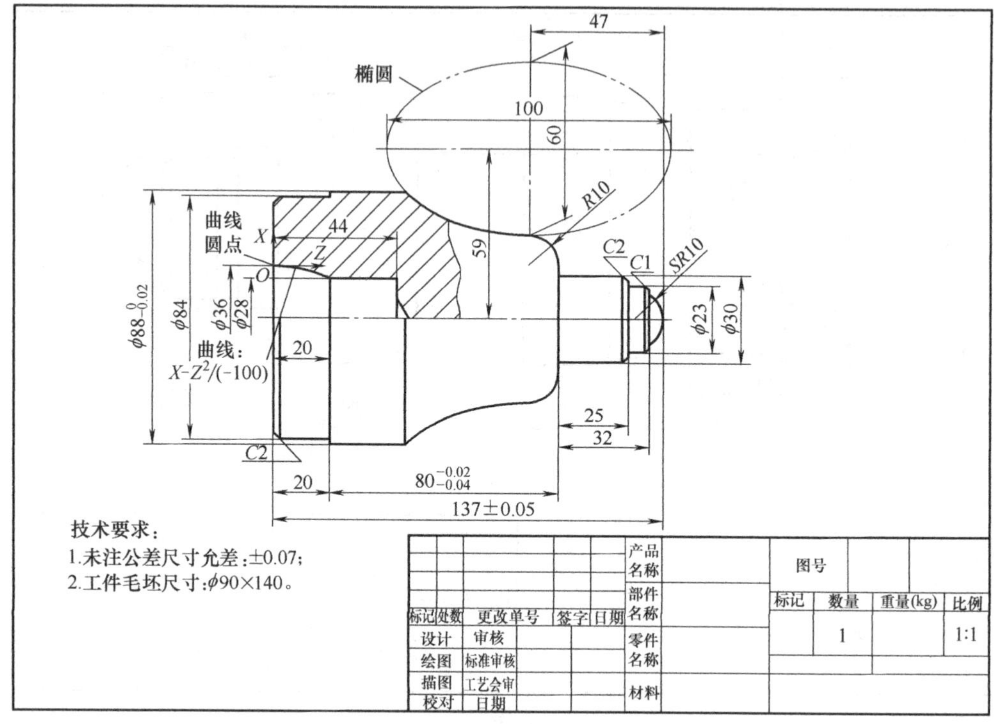

题图 5-5

⑥ 轴类零件加工，如题图 5-6 所示。

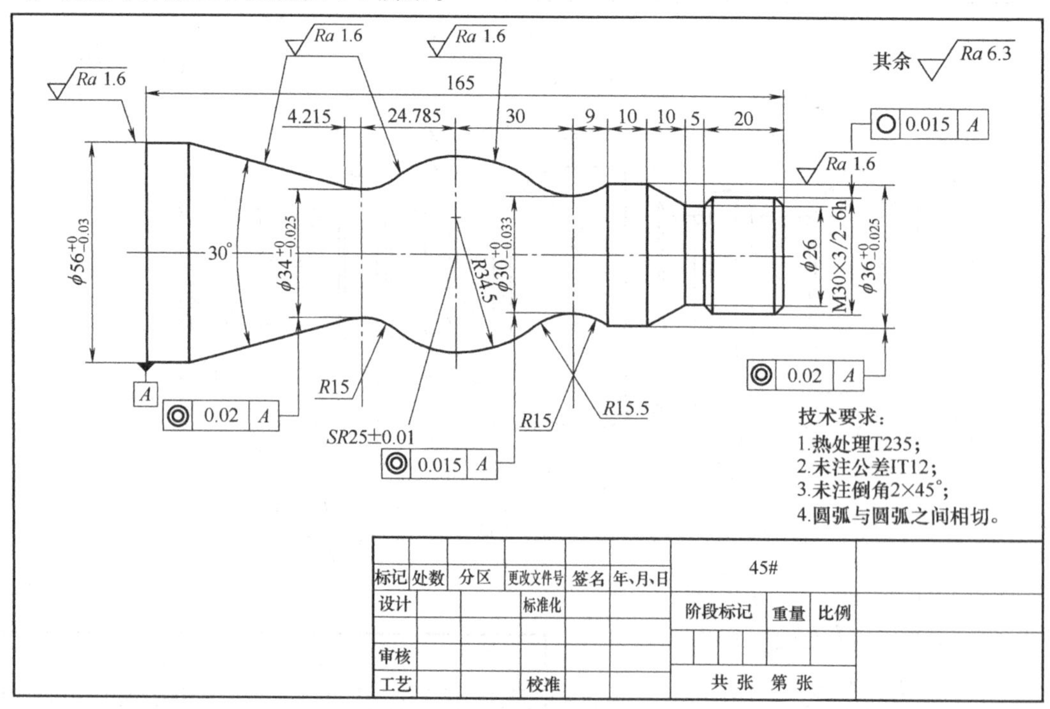

题图 5-6

(2) 二级（技师）数控车工技能鉴定操作练习题

① 车削轴类零件，如题图 5-7 所示。

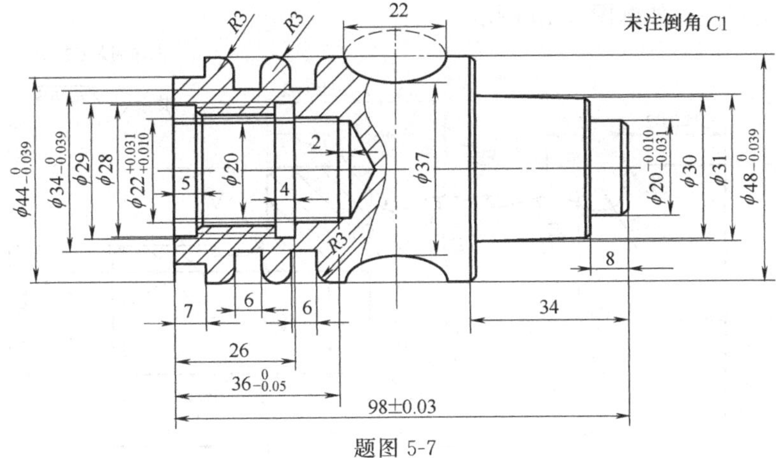

题图 5-7

② 车削轴类零件，如题图 5-8 所示。

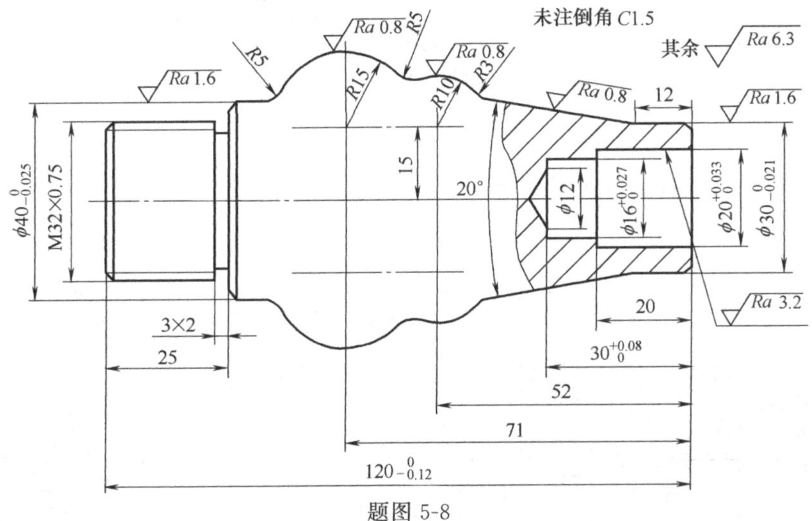

题图 5-8

③ 车削轴类零件，如题图 5-9 所示。

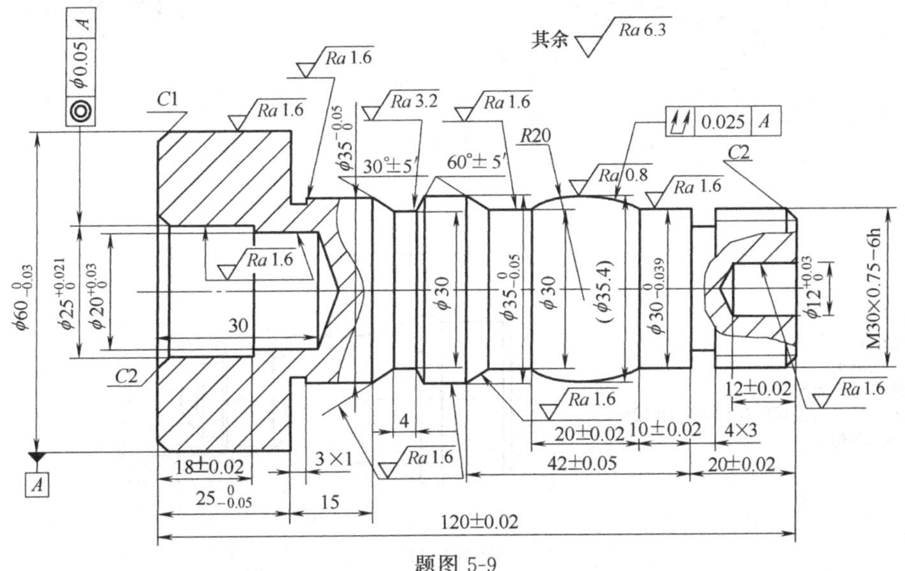

题图 5-9

④ 车削轴类零件，如题图 5-10 所示。

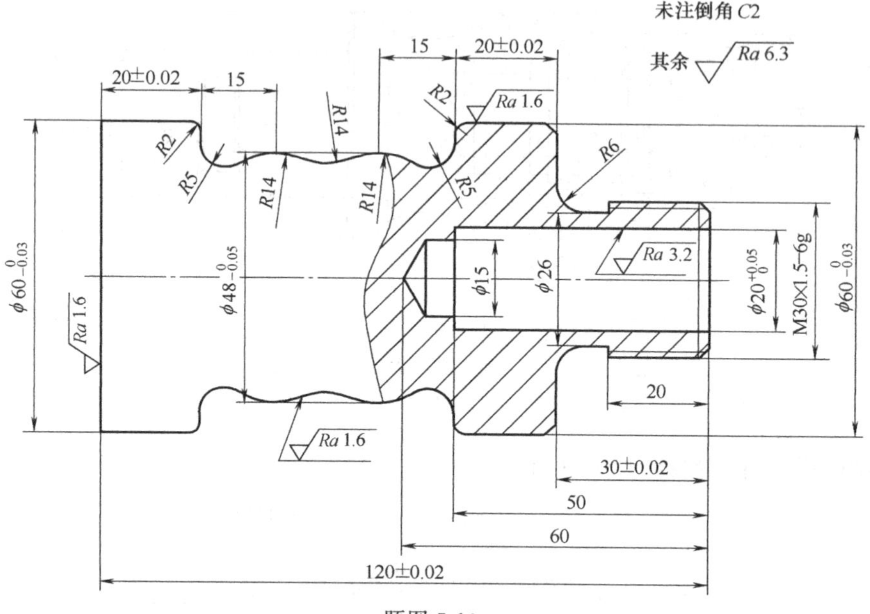

题图 5-10

⑤ 车削轴类零件，如题图 5-11 所示。

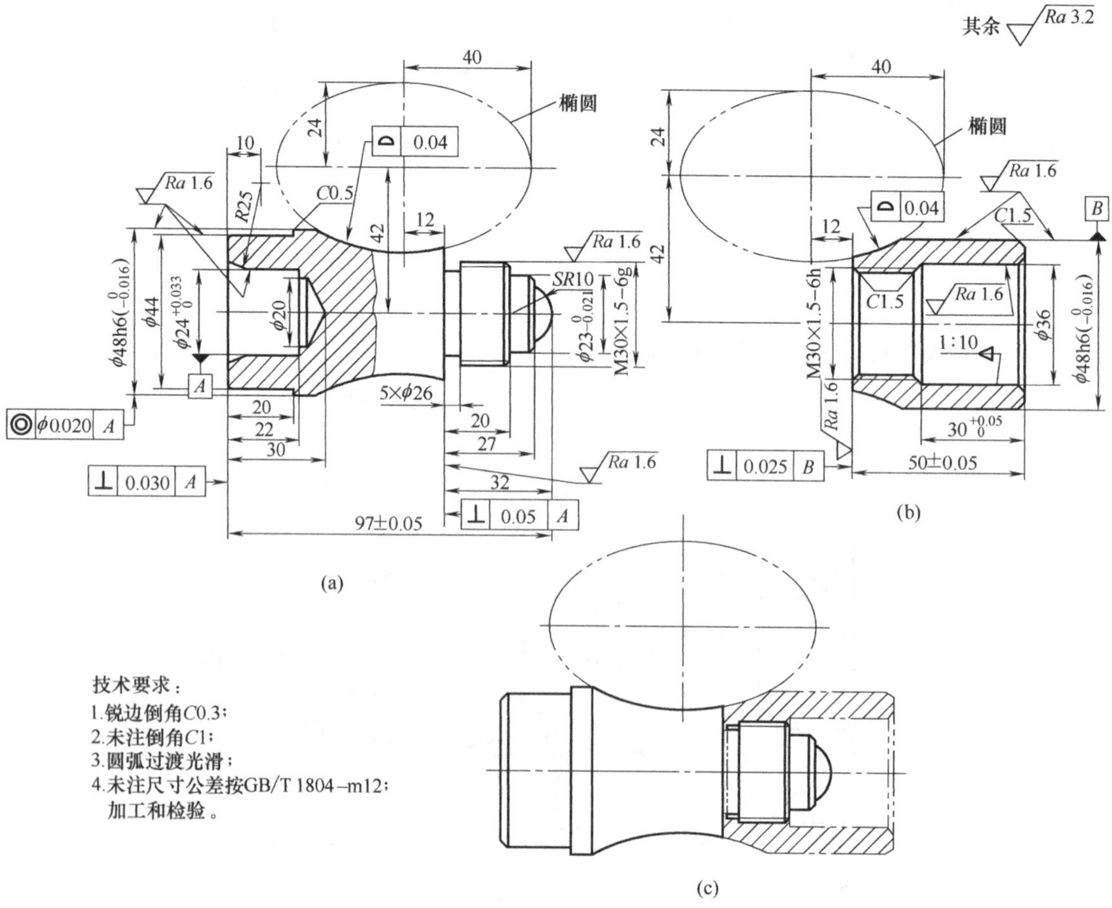

其余 Ra 3.2

(a)

(b)

技术要求：
1.锐边倒角C0.3；
2.未注倒角C1；
3.圆弧过渡光滑；
4.未注尺寸公差按GB/T 1804–m12；
加工和检验。

(c)

题图 5-11

⑥ 车削轴类零件，如题图 5-12 所示。

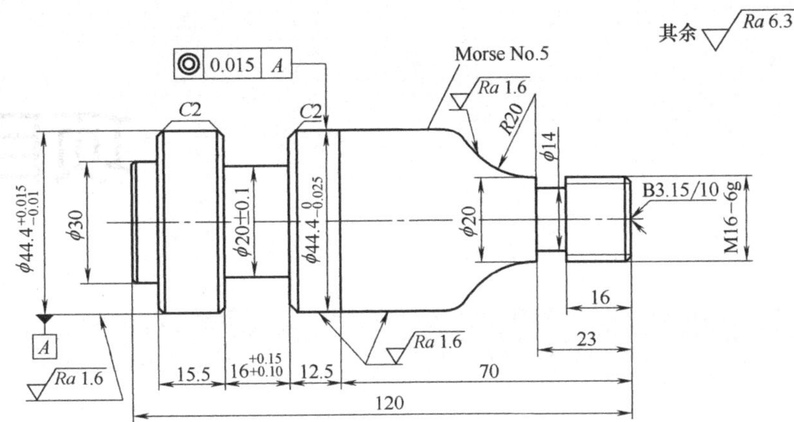

技术要求：

1.未注倒角均为$C1$；

2.莫氏锥度涂红检查接触65%以上；

3.只标注字母处为指定尺寸；

4.所有表面均为直接车加工后表面，不得用其他办法抛光；

5.当加工完成后直接在机床上打表检测有关径向圆跳动；

6.用螺纹环规检M16。

毛坯要求	ϕ50×150　45钢
编程分析时间	100min
加工时间	140min

题图 5-12

⑦ 车削轴类零件，如题图 5-13 所示。

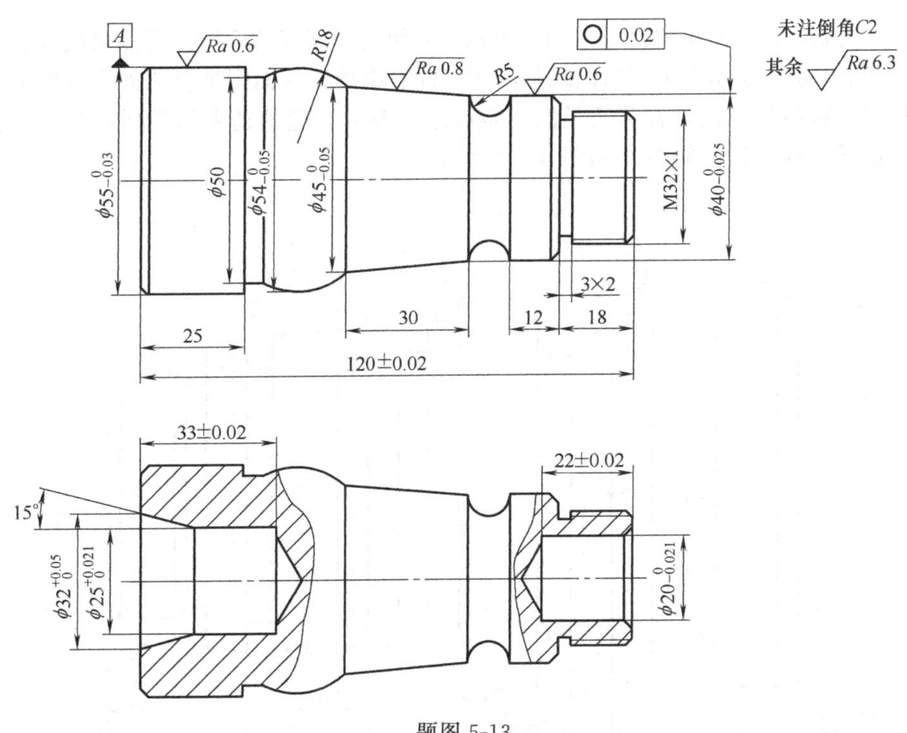

题图 5-13

项目六

技能大赛数控车项目实例

本项目以技能大赛数控车项目零件加工为例，介绍自动编程的应用，重点是数控技能大赛中零件加工的思路、步骤及操作中容易出现的问题和注意事项，后面附带技能大赛数控车工习题。

数控技能大赛项目不论是省赛还是国赛难度越来越大，竞争越来越激烈，为了把相关问题介绍清楚，选择的样题较为简单，如图 6-1 所示。

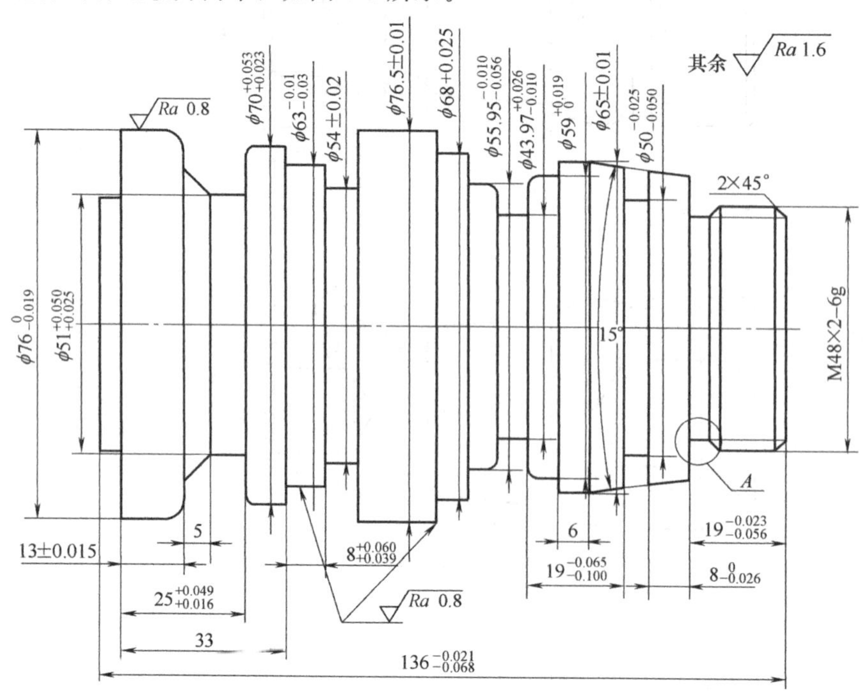

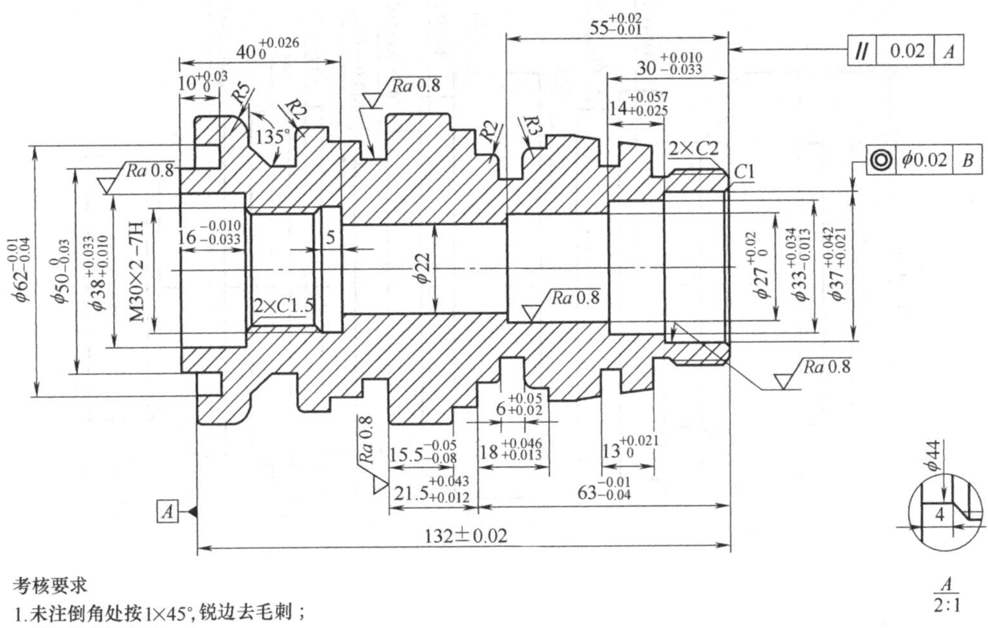

考核要求

1.未注倒角处按1×45°，锐边去毛刺；

2.未注公差按±0.1mm；

3.未注圆弧处按R1；

4.禁止使用锉刀、纱布等辅助工具修饰工件表面。

图 6-1　数控车样题

项目目标

2016 年某省数控大赛数控车项目样题，零件如图 6-1 所示，要求编程加工该零件。

项目分析

(1) 分析零件结构

零件如图 6-1 所示，由外轮廓面、内轮廓面、端面、外螺纹、内螺纹等组成，各部分尺寸完整，表达清楚。

(2) 零件加工分析

① 根据图样要求，选择零件毛坯尺寸 ϕ82mm×140mm。

② 如图 6-1 所示是零件为 2016 年某省数控大赛数控车项目样题，从近几年国家级和各地数控大赛数控车项目来看，大赛试题以单件零件加工为主，但是加工精度很高。

a. 零件尺寸精度要求高，如直径 $\phi59^{+0.019}_{0}$、$\phi76^{0}_{-0.019}$ 等尺寸要求达到 IT6 级精度。

b. 零件表面质量要求高，如 $\phi63^{-0.01}_{-0.03}$、$\phi76^{0}_{-0.019}$ 等圆柱面的表面粗糙度要求 $Ra0.8$。

c. 零件位置精度要求高，零件如图 6-1 中的平行度 0.02mm。

d. 零件装夹难度大，参见后面的大赛项目样题（图 6-1 零件装夹较容易）。

项目准备

① 如图 6-1 所示零件的长度、直径等尺寸有公差要求，这些尺寸需要进行“中值”计算，计算结果如图 6-2 所示。

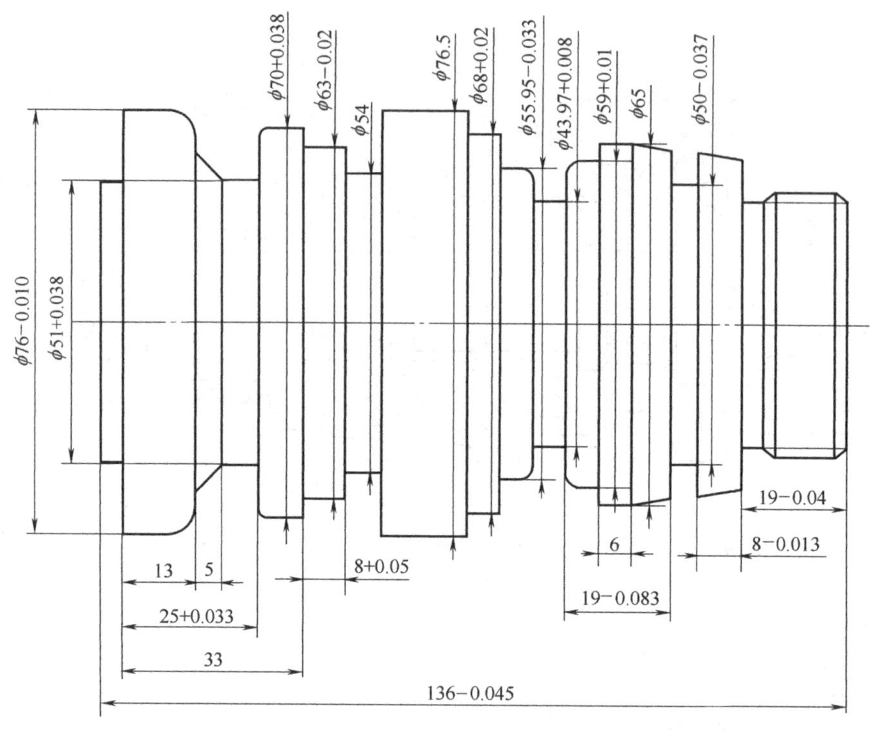

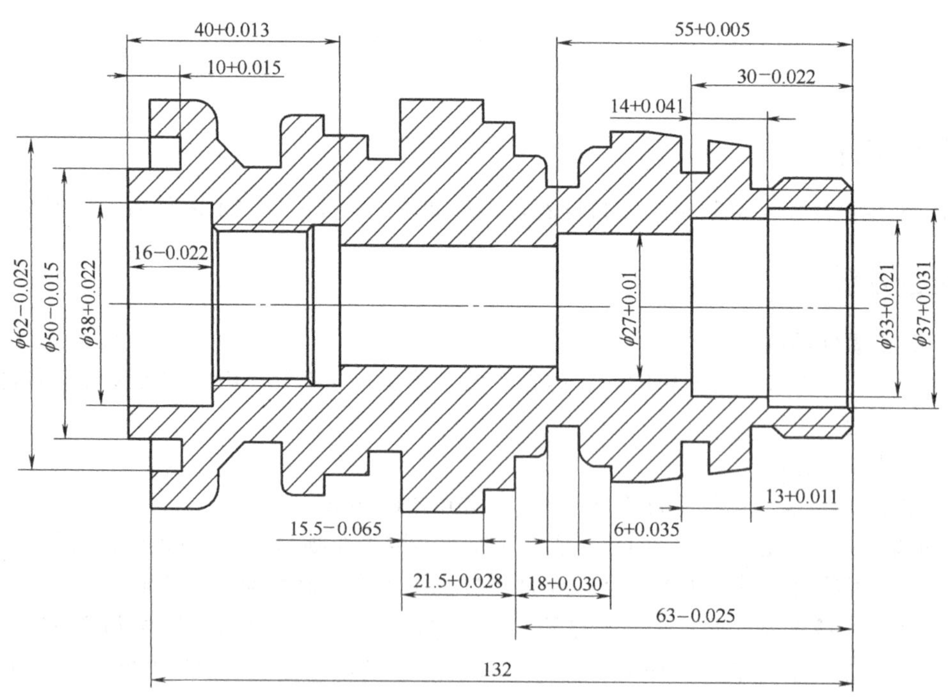

图 6-2 “中值”计算结果

② 零件加工工艺

a. 进行零件右端部分车削加工包括右端面车削、钻孔、内轮廓粗车和精车、外轮廓粗车和精车、切槽加工及螺纹车削等，如图 6-3 所示。

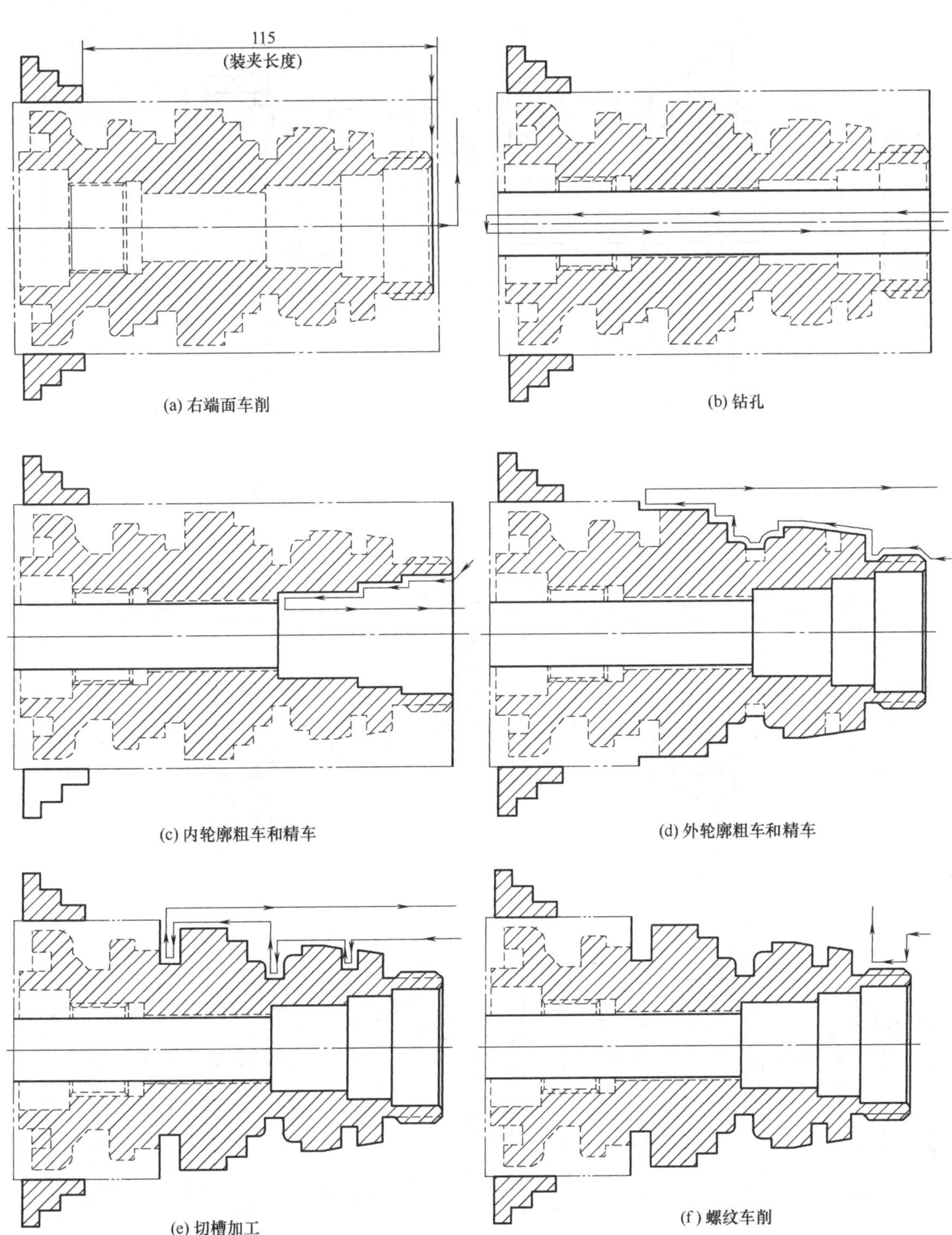

(a) 右端面车削

(b) 钻孔

(c) 内轮廓粗车和精车

(d) 外轮廓粗车和精车

(e) 切槽加工

(f) 螺纹车削

图 6-3　零件右端部分车削加工

b. 调头加工零件左端部分分为左端面车削、内轮廓粗车和精车、外轮廓粗车和精车、内轮廓槽加工、端面槽加工及内螺纹车削等，如图 6-4 所示。

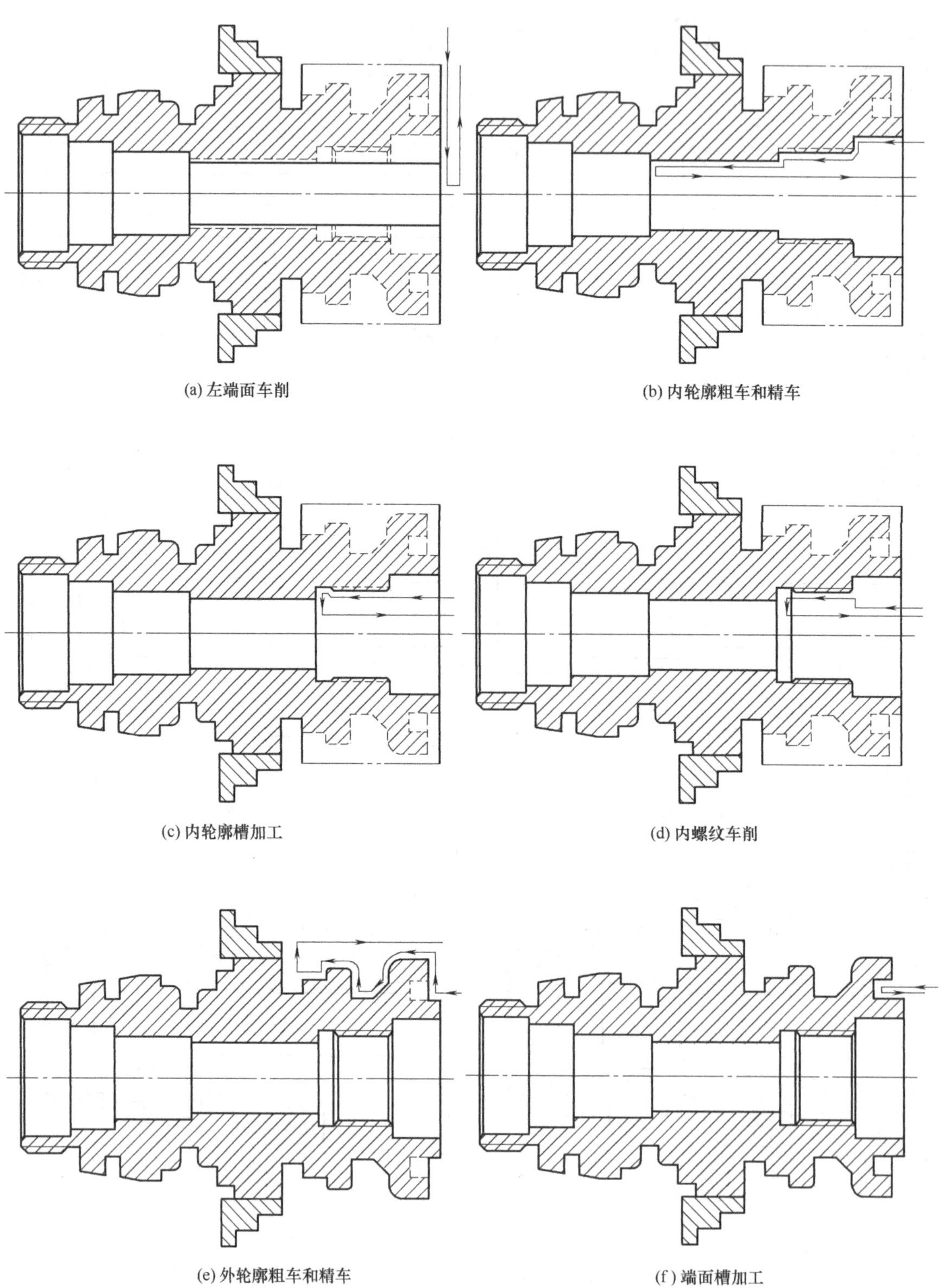

(a) 左端面车削

(b) 内轮廓粗车和精车

(c) 内轮廓槽加工

(d) 内螺纹车削

(e) 外轮廓粗车和精车

(f) 端面槽加工

图 6-4 零件左端部分车削加工

③ 加工的主要参数，见表 6-1。

表 6-1　车削加工参数

工步		工步内容	刀具	主轴转速 /(r/min)	进给量 /(mm/min)	吃刀量 /mm
加工右端	1	车削工件右端面	T0101,90°正偏刀	1500	100	0.3
	2	钻孔 ϕ20mm	T0303,D20 钻头	500	50	10
	3	粗车工件内轮廓	T0404,内轮廓车刀	800	150	1.2
		精车工件内轮廓		1500	80	0.1
	4	粗车工件外轮廓	T0606,外轮廓车刀	1000	200	2.0
		精车工件外轮廓		1600	100	0.2
	5	右端车槽	T0808,车槽刀	500	50	
	6	车螺纹	T0909,螺纹刀	500		
调头加工左端	7	车削工件左端面	T0102,90°正偏刀	500	50	10
	8	粗车工件内轮廓	T0405,内轮廓车刀	800	150	1.5
		精车工件内轮廓		1500	50	0.1
	9	车内轮廓退刀槽	T1010,内轮廓车槽刀	500	50	1.0
	10	车内螺纹	T1111,螺纹刀	600		
	11	粗车工件外轮廓	T0813,车槽刀	800	200	2.0
		精车工件外轮廓		1500	80	0.2
	12	车端面槽	T1212,端面车槽刀	500	50	1.0
	13	检测				
	14	文明生产:执行安全规程,场地整洁,工具整齐			审核:	

注意

数控大赛项目属于单件加工，为了简化相关操作，采用一把刀具粗车加工、精车加工工件的轮廓，这里采用车槽刀按照车槽方式粗车加工、精车加工工件的外轮廓。实际加工中批量生产粗车加工、精车加工的刀具要分开，因为粗车加工的工作量远远大于精车，粗车加工的刀具容易磨损，如果用于精车，保证不了零件的加工精度。车槽刀的刀头强度比较低，采用车槽刀按照车槽方式粗车加工、精车加工工件的内轮廓或外轮廓更不可取。

项目实施

1. 车削零件的右半部分

(1) 车削加工零件右端面

① 选择轮廓车削的端面车削功能，生成加工轨迹，如图 6-5 所示。

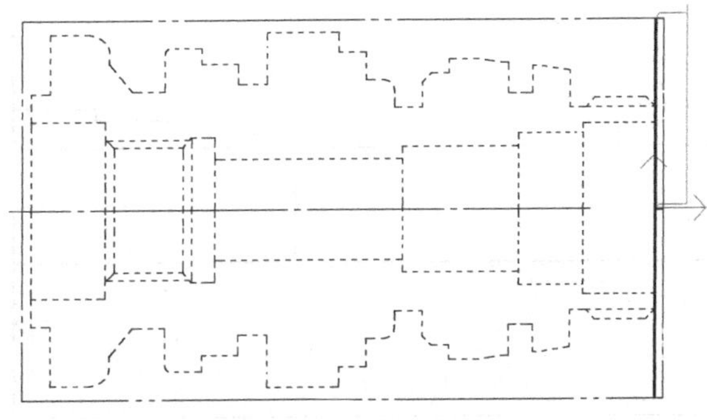

图 6-5　车削右端面加工轨迹

② 拾取车削端面加工轨迹，生成程序，如表 6-2 所示。

表 6-2 车削端面程序

O1234 (NC0018,10/23/19,14:32:28) N10 G50 S10000 N12 G00 G97 S1000 T0101 N14 M03 N16 M08 N18 G00 X93.060 Z6.820 N20 G00 X83.414 N22 G00 Z5.707	N24 G00 Z0.707 N26 G00 X82.000 Z−0.000 N28 G98 G01 X−0.000 F200.000 N30 G00 X1.414 Z0.707 N32 G00 Z5.707 N34 G00 Z6.820 N36 G00 X93.060 N38 M09 N40 M30

(2) 钻孔加工

① 选择钻孔功能，填写相关参数表，生成加工轨迹，如图 6-6 所示。

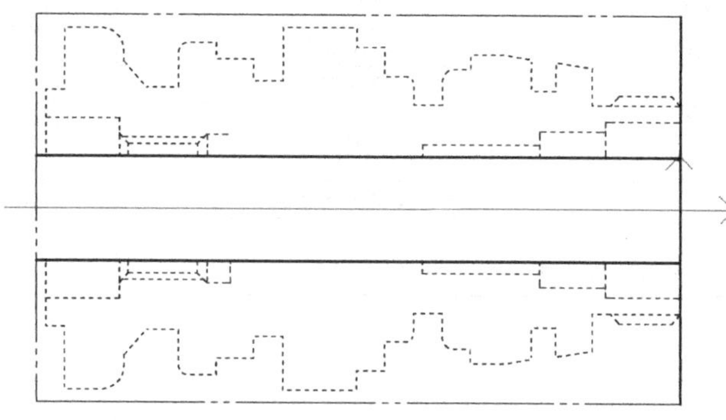

图 6-6 钻孔加工轨迹

② 拾取钻孔加工轨迹，生成程序，如表 6-3 所示。

表 6-3 钻孔程序

O1234 (NC0019,10/23/19,15:39:56) N10 G50 S10000 N12 G00 G97 S200 T0303 N14 M03 N16 M08	N18 G00 X0.000 Z50.000 N20 G99 G85 X0.000 Z−145.500 R−49.500 F10.000 K145 N22 G80 N24 M09 N26 M30

(3) 内轮廓车削

① 选择内轮廓粗车、精车功能，填写相关参数表，生成加工轨迹，如图 6-7 所示。

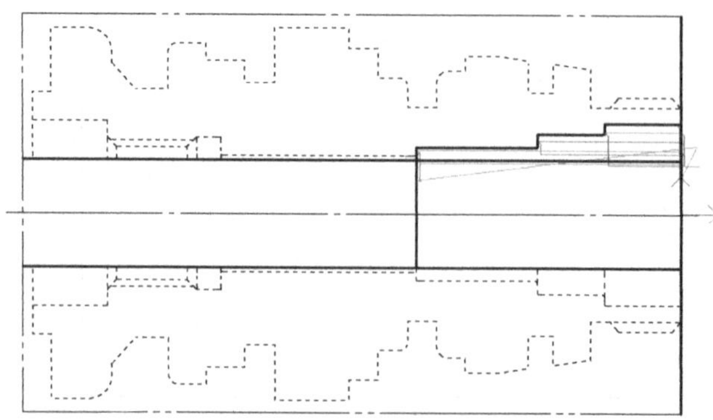

图 6-7 内轮廓粗车、精车加工轨迹

② 拾取内轮廓粗车、精车加工轨迹，生成加工程序，如表 6-4 所示。

表 6-4 内轮廓粗车、精车程序

O1234	N56 G00 X20.586
(NC0021,10/23/19,15:57:20)	N58 G00 X20.105
N10 G50 S10000	N60 G00 Z3.758
N12 G00 G97 S1000 T0404	N62 M01N64 G50 S10000
N14 M03	N66 G00 G97 S1600 T0404
N16 M08	N68 M03
N18 G00 X20.105 Z3.758	N70 M08
N20 G00 Z0.707	N72 G00 X28.096 Z3.358
N22 G00 X20.586	N74 G00 X14.000 Z−0.293
N24 G00 X24.586	N76 G00 X35.618
N26 G00 X26.000 Z0.000	N78 G00 X37.032 Z−1.000
N28 G98 G01 Z−55.005 F200.000	N80 G98 G01 Z−15.937 F100.000
N30 G00 X24.586 Z−54.298	N82 G01 X35.022
N32 G00 X20.586	N84 G02 X33.022 Z−16.937 I0.000 K−1.000
N34 G00 Z0.707	N86 G01 Z−29.978
N36 G00 X28.586	N88 G01 X29.010
N38 G00 X30.000 Z−0.000	N90 G02 X27.010 Z−30.978 I−0.000 K−1.000
N40 G01 Z−29.978 F200.000	N92 G01 Z−55.005
N42 G00 X28.586 Z−29.271	N94 G01 X24.000
N44 G00 X24.586	N96 G00 X25.414 Z−54.298
N46 G00 Z0.707	N98 G00 X14.000
N48 G00 X32.586	N100 G00 X28.096 Z3.358
N50 G00 X34.000 Z−0.000	N102 M09
N52 G01 Z−16.077 F200.000	N104 M30
N54 G00 X32.586 Z−15.370	%

(4) 车削外轮廓

① 选择轮廓粗车、精车功能，填写相关参数表，如图 6-8 所示。

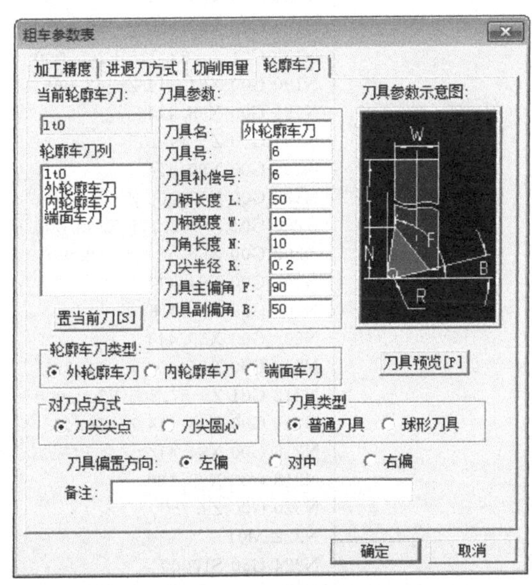

图 6-8 车削外轮廓参数

② 生成加工轨迹，如图 6-9 所示。

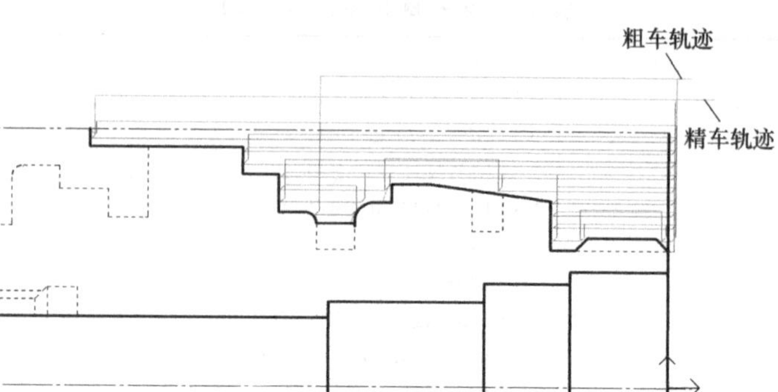

图 6-9 车削外轮廓加工轨迹

③ 拾取加工轨迹，生成程序，如表 6-5 所示。

表 6-5 外轮廓车削加工程序

```
O1234
(NC0022,10/24/19,15:58:14)
N10 G50 S10000
N12 G00 G97 S1000 T0606
N14 M03
N16 M08
N18 G00 X99.180 Z9.750
N20 G00 Z1.207
N22 G00 X84.414
N24 G00 X80.414
N26 G00 X79.000 Z0.500
N28 G98 G01 Z-93.800 F200.000
N30 G00 X80.414 Z-93.093
N32 G00 X84.414
N34 G00 Z1.207
N36 G00 X76.414
N38 G00 X75.000 Z0.500
N40 G01 Z-68.800 F200.000
N42 G00 X76.414 Z-68.093
N44 G00 X80.414
N46 G00 Z1.207
N48 G00 X72.414
N50 G00 X71.000 Z0.500
N52 G01 Z-68.800 F200.000
N54 G00 X72.414 Z-68.093
N56 G00 X76.414
N58 G00 Z1.207
N60 G00 X68.414
N62 G00 X67.000 Z0.500
N64 G01 Z-62.775 F200.000
N66 G00 X68.414 Z-62.068
N68 G00 X72.414
N70 G00 Z1.207
N72 G00 X64.414
N74 G00 X63.000 Z0.500
N76 G01 Z-27.734 F200.000
N78 G00 X73.000
N80 G00 Z-45.971
N82 G00 X63.000
N84 G01 Z-62.775 F200.000
N156 G00 X52.414
N158 G00 Z1.207
N160 G00 X48.414
N162 G00 X47.000 Z0.500
N164 G01 Z-1.034 F200.000
N166 G00 X48.414 Z-0.327
N168 G00 X52.414
N170 G00 Z-13.659
N172 G00 X48.414
N174 G00 X47.000 Z-14.366
N176 G01 Z-18.760 F200.000
N178 G00 X48.414 Z-18.053
N180 G00 X68.414
N182 G00 Z-45.264
N184 G00 X64.414
N186 G00 X63.000 Z-45.971
N188 G01 Z-62.775 F200.000
N190 G00 X64.414 Z-62.068
N192 G00 X68.414
N194 G00 Z-49.165
N196 G00 X60.414
N198 G00 X59.000 Z-49.873
N200 G01 Z-62.775 F200.000
N202 G00 X60.414 Z-62.068
N204 G00 X64.414
N206 G00 Z-50.674
N208 G00 X56.414
N210 G00 X55.000 Z-51.381
N212 G01 Z-57.205 F200.000
N214 G00 X56.414 Z-56.498
N216 G00 X84.414
N218 G00 X99.180
N220 G00 Z9.750
N222 M01
N224 G50 S10000
N226 G00 G97 S1600 T0606
N228 M03
N230 M08
N232 G00 X92.620 Z7.254
N234 G00 Z0.941
```

续表

N86 G00 X64.414 Z−62.068	N236 G00 X91.600
N88 G00 X68.414	N238 G00 X43.883
N90 G00 Z1.207	N240 G00 Z−0.059
N92 G00 X64.414	N242 G98 G01 X47.883 Z−2.059 F80.000
N94 G00 X63.000 Z0.500	N244 G03 X48.000 Z−2.200 I−0.141 K−0.141
N96 G01 Z−27.734 F200.000	N246 G01 Z−13.200
N98 G00 X64.414 Z−27.027	N248 G03 X47.883 Z−13.341 I−0.200 K0.000
N100 G00 X68.414	N250 G01 X44.000 Z−15.283
N102 G00 Z1.207	N252 G01 Z-18.960
N104 G00 X60.414	N254 G01 X59.334
N106 G00 X59.000 Z0.500	N256 G03 X59.730 Z−19.134 I0.000 K−0.200
N108 G01 Z−18.760 F200.000	N258 G01 X64.997 Z−39.119
N110 G00 X60.414 Z−18.053	N260 G03 X65.000 Z−39.145 I−0.198 K−0.026
N112 G00 X64.414	N262 G01 Z−45.145
N114 G00 Z1.207	N264 G03 X64.737 Z−45.333 I−0.200 K0.000
N116 G00 X56.414	N266 G01 X59.012 Z−46.375
N118 G00 X55.000 Z0.500	N268 G01 Z−48.088
N120 G01 Z−18.760 F200.000	N270 G03 X54.801 Z−51.095 I−3.200 K0.000
N122 G00 X56.414 Z−18.053	N272 G01 X51.914 Z−51.620
N124 G00 X60.414	N274 G01 Z−56.932
N126 G00 Z1.207	N276 G03 X55.914 Z−59.123 I−0.200 K−2.191
N128 G00 X52.414	N278 G01 Z−62.975
N130 G00 X51.000 Z0.500	N280 G01 X67.626
N132 G01 Z−18.760 F200.000	N282 G03 X68.026 Z−63.175 I0.000 K−0.200
N134 G00 X52.414 Z−18.053	N284 G01 Z−69.000
N136 G00 X56.414	N286 G01 X76.100
N138 G00 Z1.207	N288 G03 X76.500 Z−69.200 I0.000 K−0.200
N140 G00 X48.414	N290 G01 Z−94.000
N142 G00 X47.000 Z0.500	N292 G01 X81.600
N144 G01 Z−1.034 F200.000	N294 G00 X80.186 Z−93.293
N146 G00 X57.000	N296 G00 X91.600
N148 G00 Z−14.366	N298 G00 X92.620
N150 G00 X47.000	N300 G00 Z7.254
N152 G01 Z−18.760 F200.000	N302 M09
N154 G00 X48.414 Z−18.053	N304 M30

(5) 车槽

① 选择车槽功能，填写相关参数表，如图 6-10 所示。

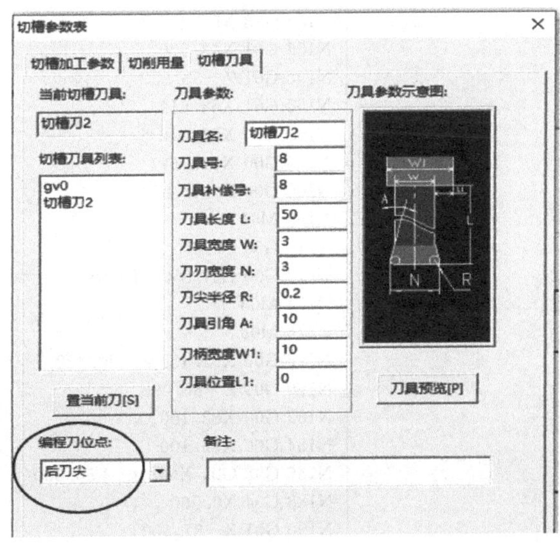

图 6-10　车槽参数

注意

这里车槽刀位点采用车槽刀的后刀尖，槽1、槽2、槽3的加工如图6-11所示，这样以工件的右端面为Z向基准，使设计尺寸基准、工艺尺寸基准等尺寸基准统一，利于加工、便于保证加工精度。

② 生成车槽加工轨迹，如图6-11所示。

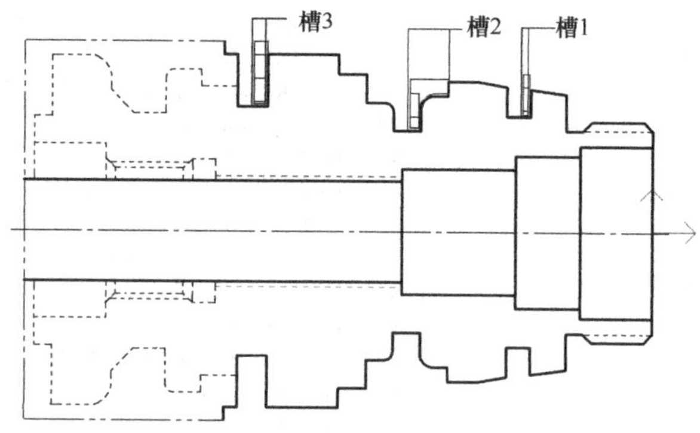

图6-11 车槽加工轨迹

③ 拾取车槽加工轨迹，生成车槽程序，如表6-6所示。

表6-6 车槽程序

O1234	N134 G00 X60.012
(36,10/24/19,20:16:08)	N136 G00 Z−51.388
N10 G50 S10000	N138 G00 X44.970
N12 G00 G97 S500 T0808	N140 G01 Z−53.423 F50.000
N14 M03	N142 G04 X0.500
N16 M08	N144 G00 X66.012
N18 G00 X88.713 Z−21.602	N146 G00 Z−44.745
N20 G00 Z−27.447	N148 G00 X65.012
N22 G00 X67.438	N150 G00 X59.012
N24 G00 X61.438	N152 G01 Z−47.688 F50.000
N26 G98 G01 X52.764 F50.000	N154 G03 X52.612 Z−50.888 I−3.200 K0.000
N28 G04 X0.500	N156 G01 X43.970
N30 G01 Z−28.471	N158 G01 Z−53.923
N32 G04 X0.500	N160 G01 X58.612
N34 G00 X62.764	N162 G00 X65.012
N36 G00 Z−27.447	N164 G00 X87.767
N38 G00 X52.764	N166 G00 Z−42.005
N40 G01 X50.964 F50.000	N168 M01
N42 G04 X0.500	N170 G50 S10000
N44 G01 Z−28.471	N172 G00 G97 S500 T0808
N46 G04 X0.500	N174 M03
N48 G01 X52.764	N176 M08
N50 G04 X0.500	N178 G00 X92.131 Z−80.822
N52 G00 X62.764	N180 G00 Z−85.000
N54 G00 Z−27.447	N182 G00 X82.100
N56 G00 X50.964	N184 G00 X76.100
N58 G01 Z−28.471 F50.000	N186 G98 G01 X66.100 F50.000
N60 G04 X0.500	N188 G04 X0.500
N62 G00 X67.438	N190 G01 Z−87.500
N64 G00 X68.764	N192 G04 X0.500

续表

N66 G00 Z−26.947 N68 G00 X61.438 N70 G01 X49.964 F50.000 N72 G01 Z−28.971 N74 G01 X62.764 N76 G00 X68.764 N78 G00 X88.713 N80 G00 Z−21.602 N82 M01 N84 G50 S10000 N86 G00 G97 S500 T0808 N88 M03 N90 M08 N92 G00 X87.767 Z−42.005 N94 G00 Z−44.745 N96 G00 X66.012 N98 G00 X60.012 N100 G98 G01 Z−47.688 F50.000 N102 G04 X0.500 N104 G03 X52.612 Z−51.388 I−3.700 K0.000 N106 G04 X0.500 N108 G01 X50.012 N110 G04 X0.500 N112 G01 Z−53.423 N114 G04 X0.500 N116 G00 X60.012 N118 G00 Z−51.388 N120 G00 X50.012 N122 G01 X44.970 F50.000 N124 G04 X0.500 N126 G01 Z−53.423 N128 G04 X0.500 N130 G01 X50.012 N132 G04 X0.500	N194 G00 X76.100 N196 G00 Z−85.000 N198 G00 X66.100 N200 G01 X56.100 F50.000 N202 G04 X0.500 N204 G01 Z−87.500 N206 G04 X0.500 N208 G01 X66.100 N210 G04 X0.500 N212 G00 X76.100 N214 G00 Z−85.000 N216 G00 X56.100 N218 G01 X55.000 F50.000 N220 G04 X0.500 N222 G01 Z−87.500 N224 G04 X0.500 N226 G01 X56.100 N228 G04 X0.500 N230 G00 X66.100 N232 G00 Z−85.000 N234 G00 X55.000 N236 G01 Z−87.500 F50.000 N238 G04 X0.500 N240 G00 X82.100 N242 G00 Z−84.500 N244 G00 X76.100 N246 G01 X54.000 F50.000 N248 G01 Z−88.000 N250 G01 X76.100 N252 G00 X82.100 N254 G00 X92.131 N256 G00 Z−80.822 N258 M09 N260 M30

(6) 车削外螺纹

① 选择车螺纹功能，填写相关参数表，生成加工轨迹，如图 6-12 所示。

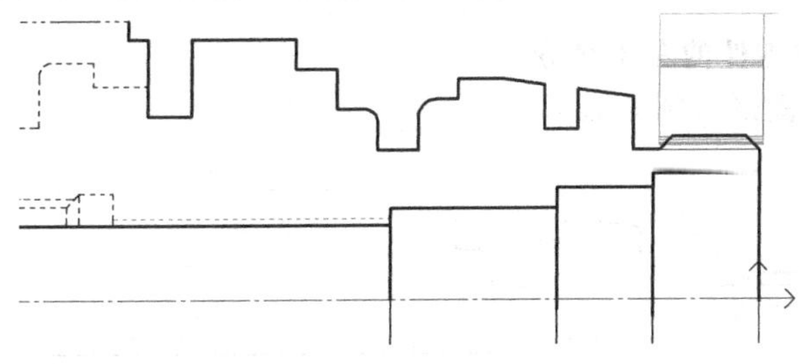

图 6-12　车削外螺纹加工轨迹

② 拾取螺纹加工轨迹，生成加工程序，如表 6-7 所示。

表 6-7　车削外螺纹程序

O1234 (NC0023,10/25/19,08:57:30) N10 G50 S10000 N12 G00 G97 S500 T0909	N84 G00 X69.000 N86 G00 X68.600 Z0.500 N88 G00 X48.600 N90 G00 X48.400

续表

```
N14 M03
N16 M08
N18 G00 X83.720 Z2.879
N20 G00 Z0.500
N22 G00 X70.200
N24 G00 X50.200
N26 G00 X50.000
N28 G98 G01 X47.800 F80.000
N30 G32 Z-15.000 F2.000
N32 G01 X50.000
N34 G00 X50.200
N36 G00 X70.200
N38 G00 X69.800 Z0.500
N40 G00 X49.800
N42 G00 X49.600
N44 G01 X47.400 F80.000
N46 G32 Z-15.000 F2.000
N48 G01 X49.600
N50 G00 X49.800
N52 G00 X69.800
N54 G00 X69.400 Z0.500
N56 G00 X49.400
N58 G00 X49.200
N60 G01 X47.000 F80.000
N62 G32 Z-15.000 F2.000
N64 G01 X49.200
N66 G00 X49.400
N68 G00 X69.400
N70 G00 X69.000 Z0.500
N72 G00 X49.000
N74 G00 X48.800
N76 G01 X46.600 F80.000
N78 G32 Z-15.000 F2.000
N80 G01 X48.800
N82 G00 X49.000
N92 G01 X46.200 F80.000
N94 G32 Z-15.000 F2.000
N96 G01 X48.400
N98 G00 X48.600
N100 G00 X68.600
N102 G00 X68.200 Z0.500
N104 G00 X48.200
N106 G00 X48.000
N108 G01 X45.800 F80.000
N110 G32 Z-15.000 F2.000
N112 G01 X48.000
N114 G00 X48.200
N116 G00 X68.200
N118 G00 Z0.500
N120 G00 X68.002
N122 G00 X48.002
N124 G00 X47.802
N126 G01 X45.602 F80.000
N128 G32 Z-15.000 F2.000
N130 G01 X47.802
N132 G00 X48.002
N134 G00 X68.002
N136 G00 X67.802 Z0.500
N138 G00 X47.802
N140 G00 X47.602
N142 G01 X45.402 F80.000
N144 G32 Z-15.000 F2.000
N146 G01 X47.602
N148 G00 X47.802
N150 G00 X67.802
N152 G00 X83.720
N154 G00 Z2.879
N156 M09
N158 M30
```

2. 调头加工：车削零件的左半部分

(1) 绘制左端部分图形（图 6-13）

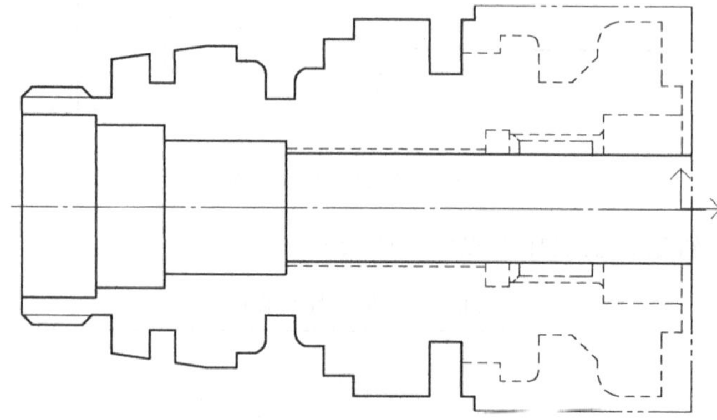

图 6-13 调头加工零件左端部分图形

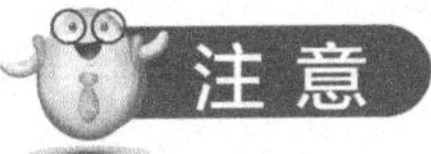

绘制图形时可以只绘制加工部分的上半部分图形，这里为了显示完整的零件，绘制了完整的图形。

(2) 车削左端面

① 选择端面车削功能，填写相关参数表，保证零件总长尺寸 135.955mm，生成加工轨迹，如图 6-14 所示。

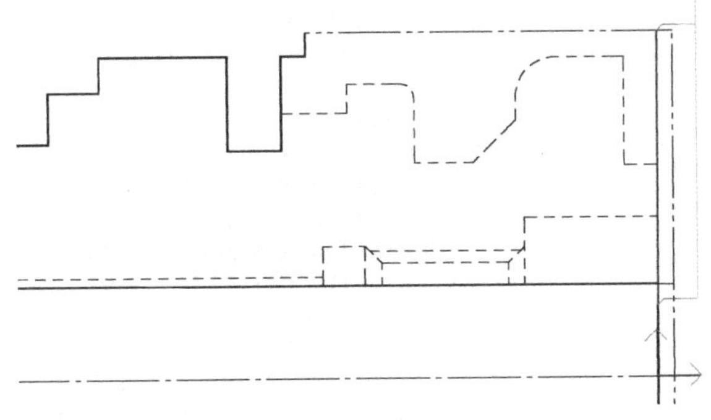

图 6-14 车削左端面加工轨迹

② 拾取车削左端面加工轨迹，生成程序，如表 6-8 所示。

表 6-8 车削左端面程序

O1234 (NC0024,10/25/19,09:37:50) N10 G50 S10000 N12 G00 G97 S800 T0102 N14 M03 N16 M08 N18 G00 X94.971 Z4.863 N20 G00 X83.414 N22 G00 Z2.752	N24 G00 Z0.752 N26 G00 X82.000 Z0.045 N28 G98 G01 X16.924 F80.000 N30 G00 X18.338 Z0.752 N32 G00 Z2.752 N34 G00 Z4.863 N36 G00 X94.971 N38 M09 N40 M30

(3) 内轮廓车削

① 选择内轮廓粗车、精车功能，填写相关参数表，生成加工轨迹，如图 6-15 所示。

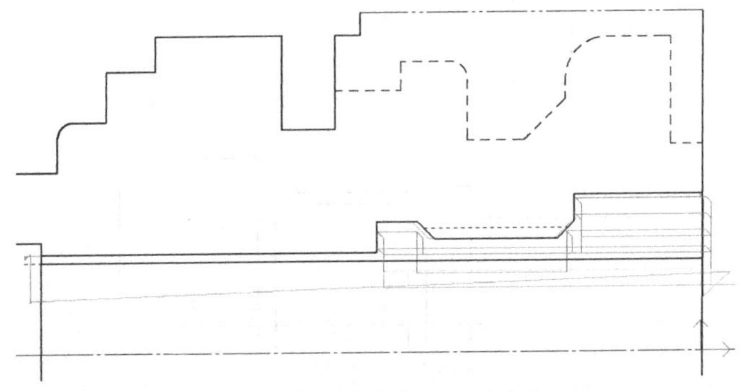

图 6-15 内轮廓粗车、精车加工轨迹

② 拾取内轮廓粗车、精车加工轨迹，生成程序，如表 6-9 所示。

表 6-9 内轮廓粗车、精车程序

O1234 (NC0026,10/25/19,10:16:52) N10 G50 S10000 N12 G00 G97 S800 T0405 N14 M03 N16 M08 N18 G00 X15.623 Z4.797 N20 G00 Z1.252 N22 G00 X19.586 N24 G00 X23.586 N26 G00 X25.000 Z0.545 N28 G98 G01 Z−39.768 F80.000 N30 G00 X23.586 Z−39.061 N32 G00 X19.586 N34 G00 Z1.252 N36 G00 X27.586 N38 G00 X29.000 Z0.545 N40 G01 Z−16.843 F80.000 N42 G00 X19.000 N44 G00 Z−35.058 N46 G00 X29.000 N48 G01 Z−39.768 F80.000 N50 G00 X27.586 Z−39.061 N52 G00 X23.586 N54 G00 Z1.252 N56 G00 X27.586 N58 G00 X29.000 Z0.545 N60 G01 Z−16.843 F80.000 N62 G00 X27.586 Z−16.136 N64 G00 X23.586 N66 G00 Z1.252 N68 G00 X31.586 N70 G00 X33.000 Z0.545 N72 G01 Z−15.733 F80.000 N74 G00 X31.586 Z−15.026 N76 G00 X27.586 N78 G00 Z1.252 N80 G00 X35.586 N82 G00 X37.000 Z0.545	N84 G01 Z−15.733 F80.000 N86 G00 X35.586 Z−15.026 N88 G00 X23.586 N90 G00 Z−34.351 N92 G00 X27.586 N94 G00 X29.000 Z−35.058 N96 G01 Z−39.768 F80.000 N98 G00 X27.586 Z−39.061 N100 G00 X19.586 N102 G00 X15.623 N104 G00 Z4.797 N106 M01 N108 G50 S10000 N110 G00 G97 S800 T0405 N112 M03 N114 M08 N116 G00 X18.762 Z3.591 N118 G00 X13.000 Z0.252 N120 G00 X36.608 N122 G00 X38.022 Z−0.455 N124 G98 G01 Z−15.933 F80.000 N126 G01 X32.400 N128 G02 X31.693 Z−16.079 I0.000 K−0.500 N130 G01 X27.693 Z−18.079 N132 G02 X27.400 Z−18.433 I0.354 K−0.354 N134 G01 Z−33.468 N136 G02 X27.693 Z−33.822 I0.500 K0.000 N138 G01 X31.400 Z−35.675 N140 G01 Z−39.968 N142 G01 X25.000 N144 G02 X24.000 Z−40.468 I−0.000 K−0.500 N146 G01 Z−82.950 N148 G01 X23.000 N150 G00 X24.414 Z−82.243 N152 G00 X13.000 N154 G00 X18.762 Z3.591 N156 M09 N158 M30

(4) 车削内螺纹

① 选择车螺纹功能，填写相关参数表，生成加工轨迹，如图 6-16 所示。

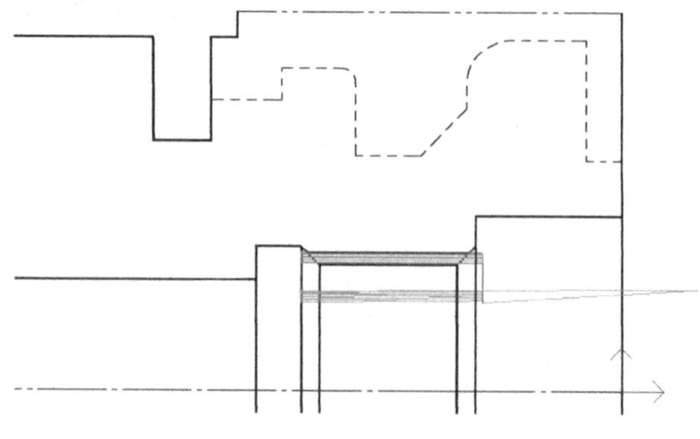

图 6-16 车削内螺纹加工轨迹

② 拾取螺纹加工轨迹，生成加工程序，如表 6-10 所示。

表 6-10　车削内螺纹程序

```
O1234
(36,10/28/19,20:15:29)
N10 G50 S10000
N12 G00 G97 S500 T1111
N14 M03
N16 M08
N18 G00 X22.117 Z8.325
N20 G00 X19.200 Z-15.179
N22 G00 X25.200
N24 G00 X25.400
N26 G98 G01 X27.600 F50.000
N28 G33 Z-34.968 K2.000
N30 G01 X25.400
N32 G00 X25.200
N34 G00 X19.200
N36 G00 X19.600 Z-15.179
N38 G00 X25.600
N40 G00 X25.800
N42 G01 X28.000 F50.000
N44 G33 Z-34.968 K2.000
N46 G01 X25.800
N48 G00 X25.600
N50 G00 X19.600
N52 G00 X20.000 Z-15.179
N54 G00 X26.000
N56 G00 X26.200
N58 G01 X28.400 F50.000
N60 G33 Z-34.968 K2.000
N62 G01 X26.200
N64 G00 X26.000
N66 G00 X20.000
N68 G00 X20.400 Z-15.179
N70 G00 X26.400
N72 G00 X26.600
N74 G01 X28.800 F50.000
N76 G33 Z-34.968 K2.000
N78 G01 X26.600
N80 G00 X26.400
N82 G00 X20.400
N84 G00 X20.800 Z-15.179
N86 G00 X26.800
N88 G00 X27.000
N90 G01 X29.200 F50.000
N92 G33 Z-34.968 K2.000
N94 G01 X27.000
N96 G00 X26.800
N98 G00 X20.800
N100 G00 X21.200 Z-15.179
N102 G00 X27.200
N104 G00 X27.400
N106 G01 X29.600 F50.000
N108 G33 Z-34.968 K2.000
N110 G01 X27.400
N112 G00 X27.200
N114 G00 X21.200
N116 G00 Z-15.179
N118 G00 X21.398
N120 G00 X27.398
N122 G00 X27.598
N124 G01 X29.798 F50.000
N126 G33 Z-34.968 K2.000
N128 G01 X27.598
N130 G00 X27.398
N132 G00 X21.398
N134 G00 X21.598 Z-15.179
N136 G00 X27.598
N138 G00 X27.798
N140 G01 X29.998 F50.000
N142 G33 Z-34.968 K2.000
N144 G01 X27.798
N146 G00 X27.598
N148 G00 X21.598
N150 G00 X22.117 Z8.325
N152 M09
N154 M30
```

(5) 外轮廓车槽

① 选择外轮廓车槽功能，填写相关参数表，如图 6-17 所示。

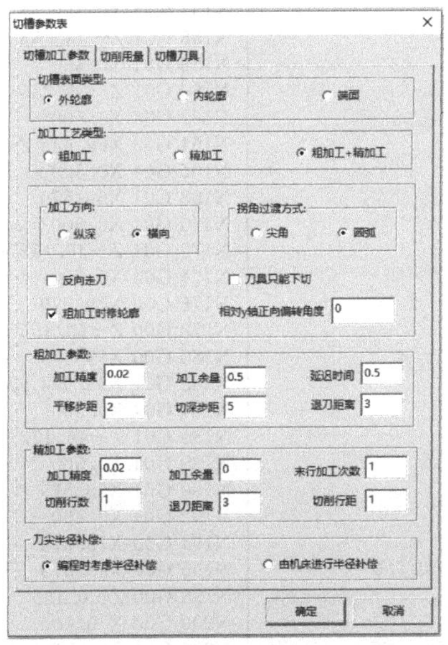

图 6-17　外轮廓车槽功能参数

数控大赛一般是单件加工、时间紧，采用车槽方式，加工带有槽类结构的轮廓（如图6-13所示左端的外轮廓）比较简单、方便、实用，实际生产中是不合适的。

② 生成加工轨迹，如图6-18所示。

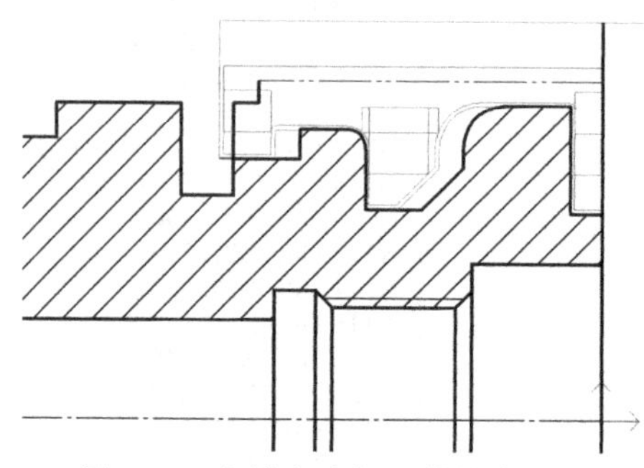

图6-18 车槽方式加工外轮廓轨迹

③ 拾取外轮廓车槽加工轨迹，生成程序，如表6-11所示。

表6-11 外轮廓车槽程序

```
O1234
(36,10/28/19,20:33:15)
N10 G50 S10000
N12 G00 G97 S500 T0813
N14 M03
N16 M08
N18 G00 X96.502 Z5.537
N20 G00 Z—0.155
N22 G00 X75.579
N24 G00 X69.579
N26 G98 G01 Z—3.455 F50.000
N28 G04 X0.500
N30 G00 X79.579
N32 G00 Z—0.155
N34 G00 X59.579
N36 G01 Z—3.455 F50.000
N38 G04 X0.500
N40 G01 X69.579
N42 G04 X0.500
N44 G00 X79.579
N46 G00 Z—0.155
N48 G00 X51.000
N50 G01 Z—3.455 F50.000
N52 G04 X0.500
N54 G01 X59.579
N56 G04 X0.500
N58 G00 X69.579
N60 G00 Z—0.155
N62 G00 X51.000
N64 G01 Z—3.455 F50.000
N66 G04 X0.500
N68 G04 X0.500
N70 G00 X75.579
N72 G00 X69.579
N74 G01 X75.590 F50.000
N76 G04 X0.500
N78 G03 X76.990 Z—4.155 I0.000 K—0.700
N80 G04 X0.500
N82 G01 Z—6.755
N84 G04 X0.500
N134 G01 X52.038 Z—25.045 F50.000
N136 G04 X0.500
N138 G01 Z—28.455
N140 G04 X0.500
N142 G01 X59.579
N126 G04X0.500
N128 G00 X75.579
N130 G00 Z—21.275
N132 G00 X59.579
N144 G04 X0.500
N146 G00 X75.579
N148 G00 Z—29.305
N150 G00 X69.579
N152 G03 X71.046 Z—31.155 I—1.966 K—1.850
    F50.000
N154 G04 X0.500
N156 G01 Z—33.755
N158 G04 X0.500
N160 G01 Z—39.755
N162 G04 X0.500
N164 G03 X69.646 Z—40.455 I—0.700 K0.000
N166 G04 X0.500
N168 G01 X69.579
N170 G04 X0.500
N172 G01 Z—46.172
N174 G04 X0.500
N176 G00 X79.579
N178 G00 Z—40.455
N180 G00 X69.579
N182 G01 X63.974 F50.000
N184 G04 X0.500
N186 G01 Z—46.172
N188 G04 X0.500
N190 G01 X69.579
N192 G04 X0.500
N194 G00 X75.579
N196 G00 X85.579
N198 G00 Z—0.155
N200 G00 X50.000
N202 G01 Z—3.955 F50.000
```

续表

N86 G01 Z−14.755 N88 G04 X0.500 N90 G03 X69.579 Z−20.095 I−5.700 K0.000 N92 G04 X0.500 N94 G01 Z−29.305 N96 G04 X0.500 N98 G00 X75.579 N100 G00 Z−20.095 N102 G00 X69.579 N104 G03 X65.590 Z−20.455 I−1.994 K5.340 F50.000 N106 G04 X0.500 N108 G01 X61.218 N110 G04 X0.500 N112 G01 X59.579 Z−21.275 N114 G04 X0.500 N116 G01 Z−28.455 N118 G04 X0.500 N120 G01 X65.646 N122 G04 X0.500 N124 G03 X69.579 Z−29.305 I−0.000 K−2.700	N204 G01 X75.590 N206 G03 X75.990 Z−4.155 I0.000 K−0.200 N208 G01 Z−6.755 N210 G01 Z−14.755 N212 G03 X65.590 Z−19.955 I−5.200 K0.000 N214 G01 X60.804 N216 G01 X51.038 Z−24.838 N218 G01 Z−28.955 N220 G01 X65.646 N222 G03 X70.046 Z−31.155 I−0.000 K−2.200 N224 G01 Z−33.755 N226 G01 Z−39.755 N228 G03 X69.646 Z−39.955 I−0.200 K0.000 N230 G01 X62.974 N232 G01 Z−46.672 N234 G01 X79.579 N236 G00 X85.579 N238 G00 X96.502 N240 G00 Z5.537 N242 M09 N244 M30

(6) **端面车槽**

① 选择端面车槽功能，填写相关参数表，生成加工轨迹，如图 6-19 所示。

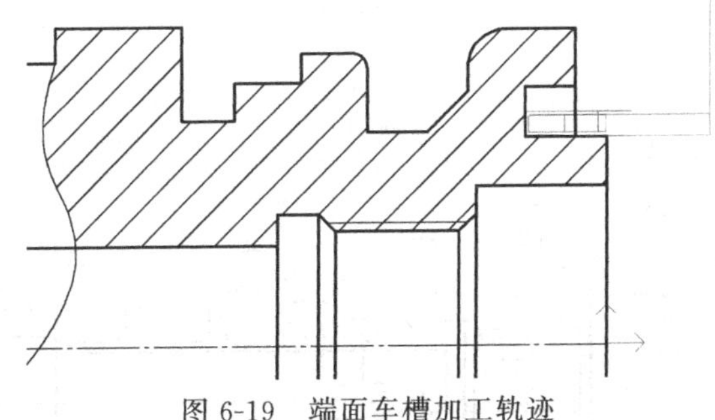

图 6-19　端面车槽加工轨迹

② 拾取端面车槽加工轨迹，生成程序，如表 6-12 所示。

表 6-12　端面车槽加工程序

O1234 (36,11/02/19,16:14:37) N10 G50 S10000 N12 G00 G97 S500 T1212 N14 M03 N16 M08 N18 G00 X89.093 Z12.648 N20 G00 X54.974 N22 G00 Z−1.155 N24 G00 Z−4.155 N26 G98 G01 Z−5.155 F50.000 N28 G04X0.500 N30 G01 X50.984 N32 G04X0.500 N34 G00 Z−0.155 N36 G00 X54.974 N38 G00 Z−5.155 N40 G01 Z−9.470 F50.000 N42 G04X0.500 N44 G01 X50.984 N46 G04X0.500	N48 G01 Z−5.155 N50 G04X0.500 N52 G00 Z−0.155 N54 G00 X54.974 N56 G00 Z−9.470 N58 G04X0.500 N60 G01 X50.984 F50.000 N62 G04X0.500 N64 G04X0.500 N66 G00 Z−1.155 N68 G00 X55.974 N70 G00 Z2.845 N72 G00 Z−4.155 N74 G01 Z−9.970 F50.000 N76 G01 X49.984 N78 G01 Z−0.155 N80 G00 Z2.845 N82 G00 Z12.648 N84 G00 X89.093 N86 M09 N88 M30

项目拓展

数控大赛数控车项目试题精选

1. 第 44 届世界技能大赛数控车项目（11 进 6），如题图 6-1 所示。

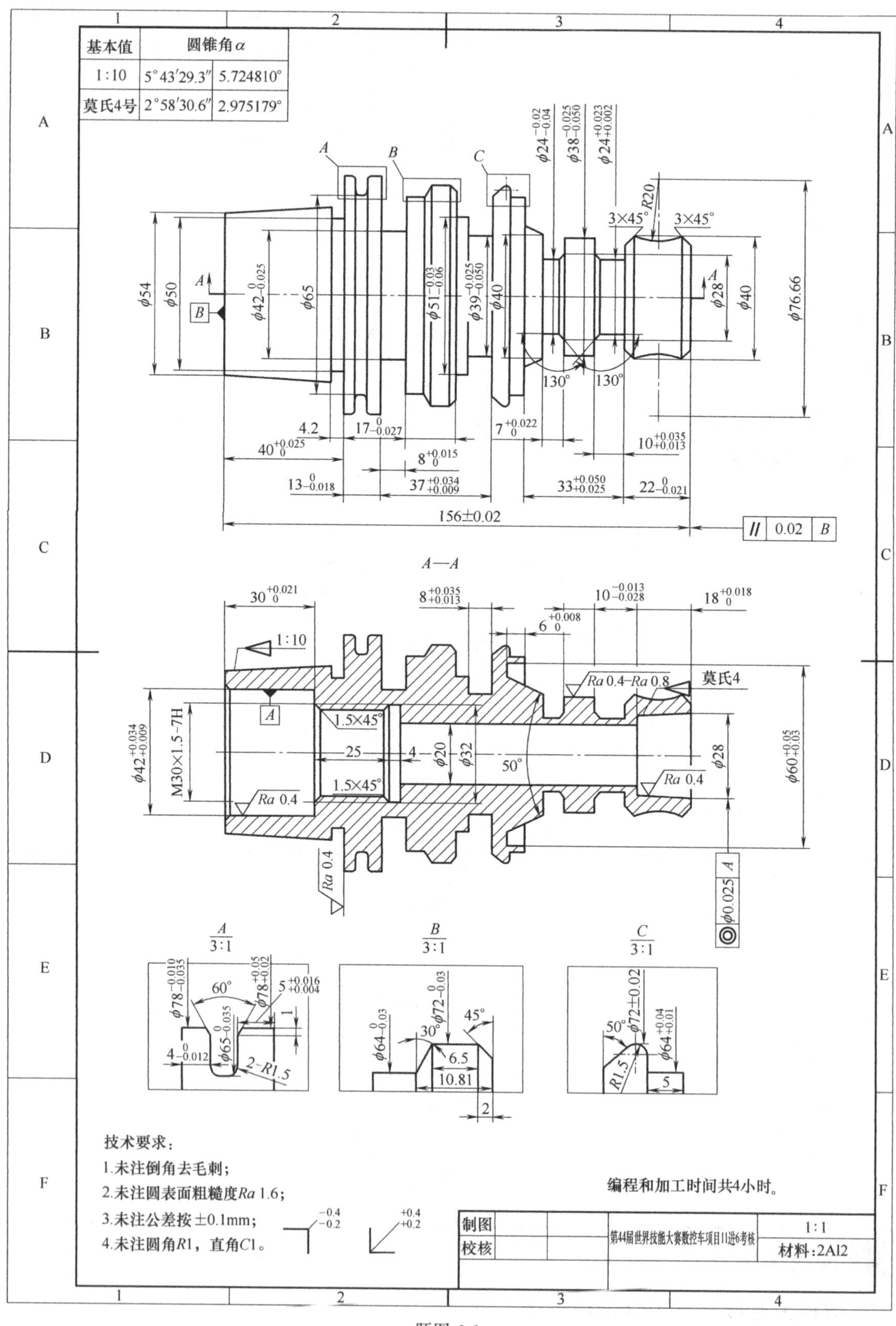

基本值 圆锥角α
1:10 5°43′29.3″ 5.724810°
莫氏4号 2°58′30.6″ 2.975179°
A—A
1:10
莫氏4
M30×1.5-7H
156±0.02
技术要求:
1.未注倒角去毛刺;
2.未注圆表面粗糙度Ra 1.6;
3.未注公差按±0.1mm;
4.未注圆角R1,直角C1。
编程和加工时间共4小时。
制图
校核
第44届世界技能大赛数控车项目11进6考核
1:1
材料:2Al2

题图 6-1

2. 第 45 届世界技能大赛数控车项目，全国选拔赛第一阶段（10 进 5），如题图 6-2。

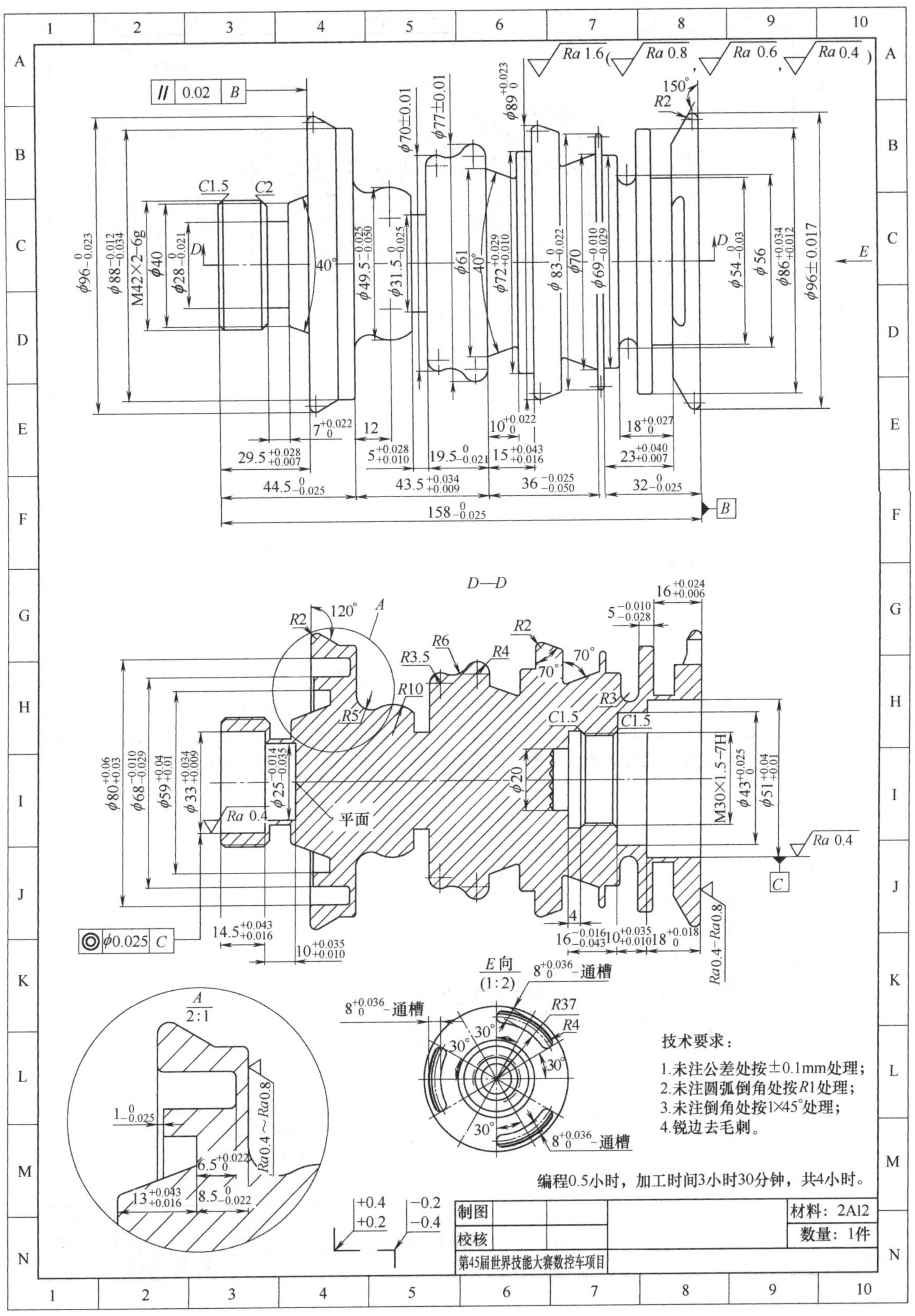

题图 6-2

3. 世界技能大赛山东省选拔赛临沂市预赛数控车项目，如题图 6-3 所示。

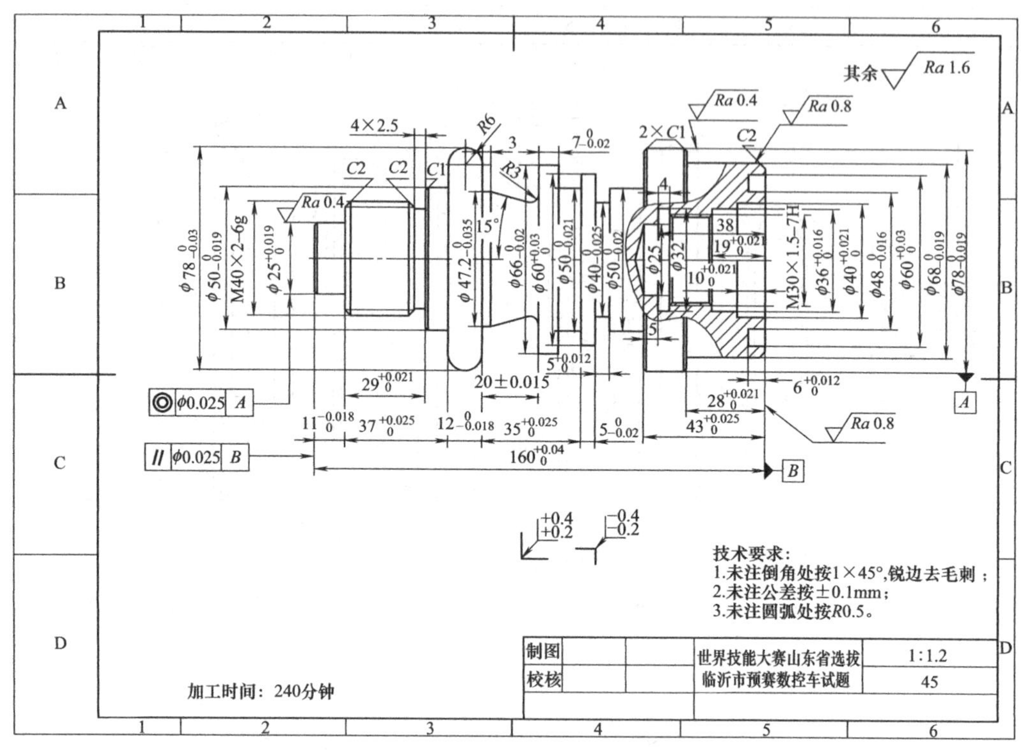

题图 6-3

4. 第四届全国数控大赛山东选拔赛数控车项目，如题图 6-4 所示。

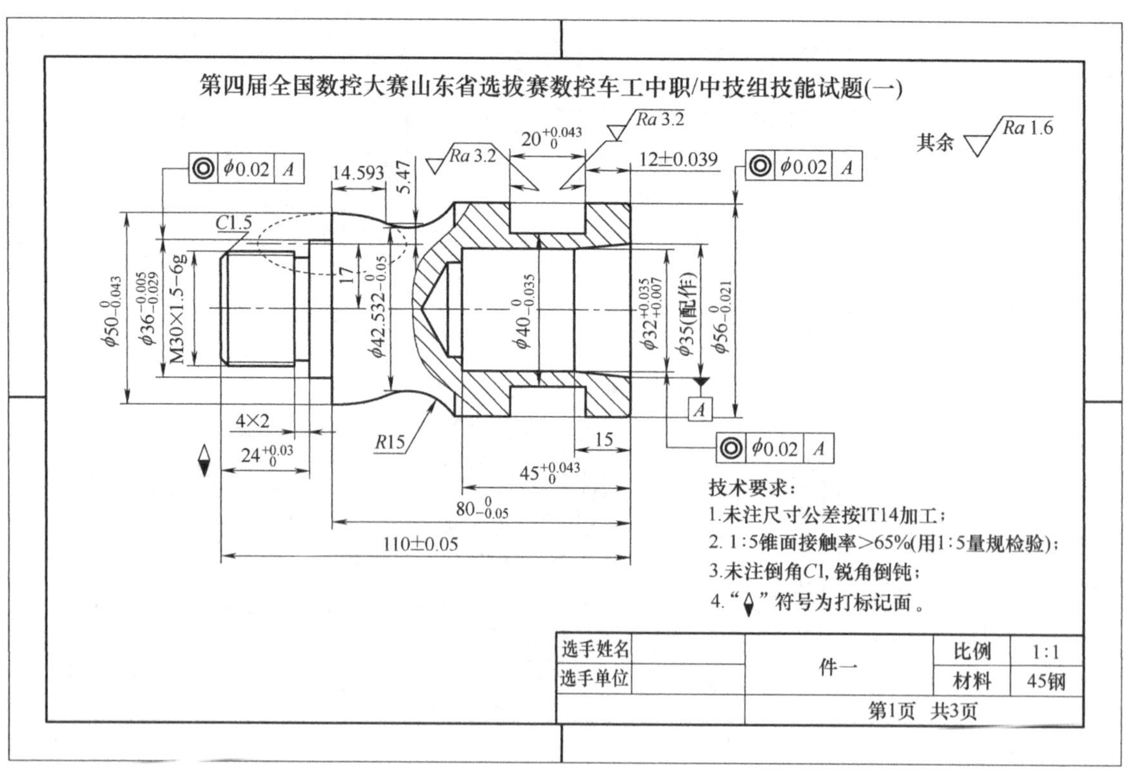

第四届全国数控大赛山东省选拔赛数控车工中职/中技组技能试题(一)

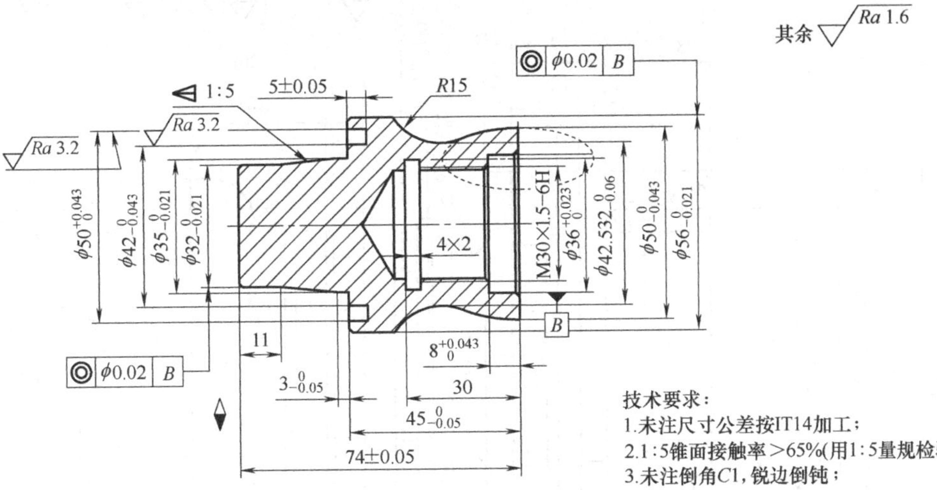

技术要求：

1.未注尺寸公差按IT14加工；

2.1∶5锥面接触率>65%(用1∶5量规检验)；

3.未注倒角C1,锐边倒钝；

4."◊"符号为打标记面 。

选手姓名		件二	比例	1∶1
选手单位			材料	45钢
		第2页 共3页		

第四届全国数控大赛山东省选拔赛数控车工中职/中技组技能试题(一)

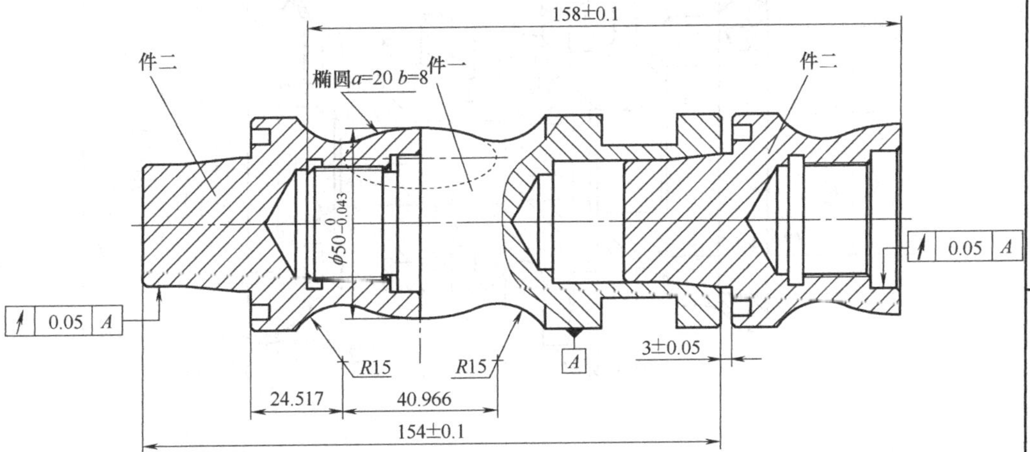

技术要求：

1.件1与件2右端应保证锥面配合，接触率>65%，如配合产生明显径向摆动，该配合项目不得分。

2.件1与件2左端应同时满足孔轴及端面配合，有一处不接触或产生过盈，该配合项目不得分。

3.形位精度用V形架检测。

4.椭圆、R15及坐标用专用样板检测，透光间隙小于0.05mm。

选手姓名		装配图	比例	1∶1
选手单位			材料	45钢
		第3页 共3页		

题图 6-4

5. 第 44 届世界技能大赛数控车项目（第二套），如题图 6-5 所示。

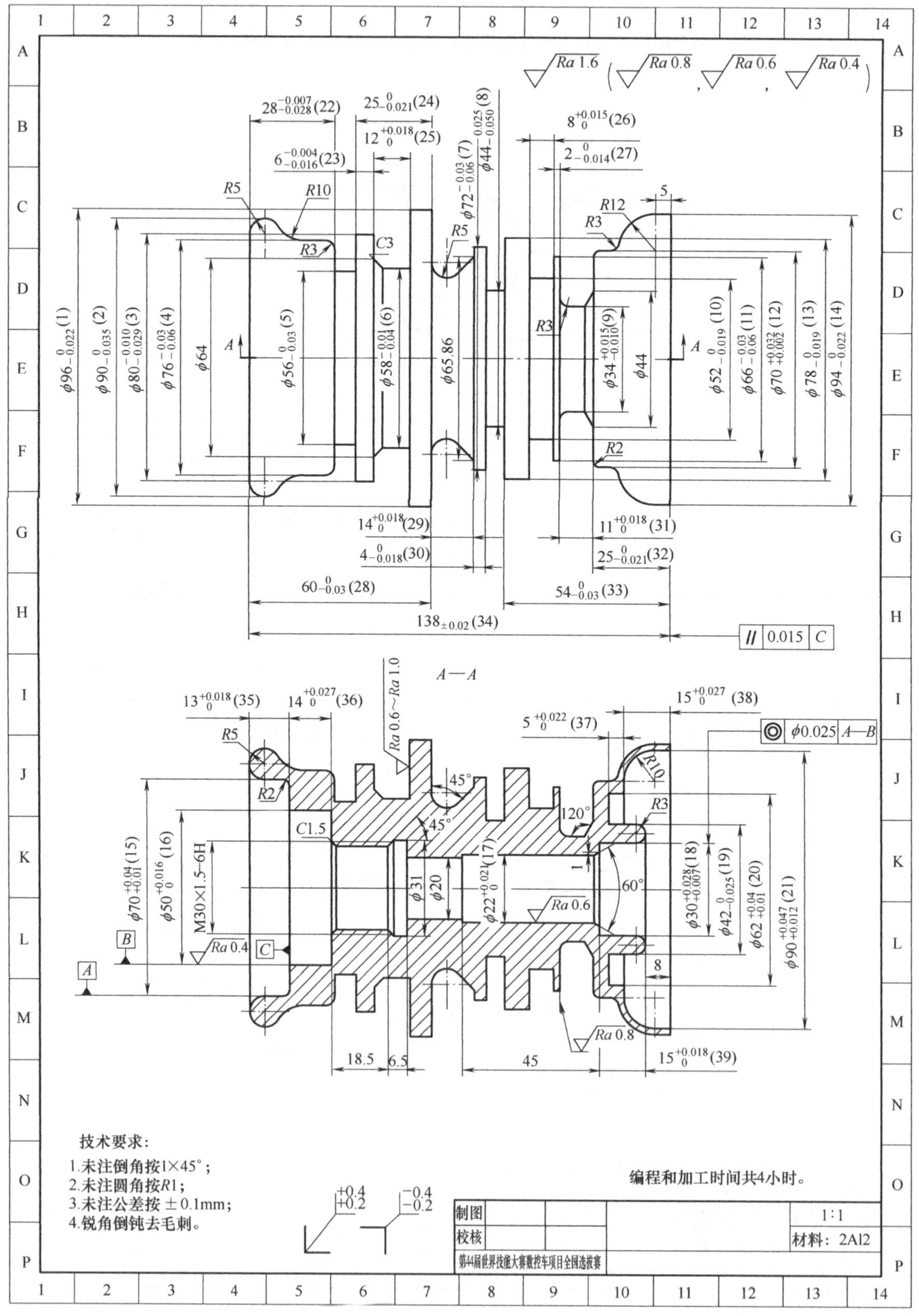

题图 6-5

6. 第七届全国数控技能大赛山东省选拔赛数控车项目，如题图 6-6 所示。

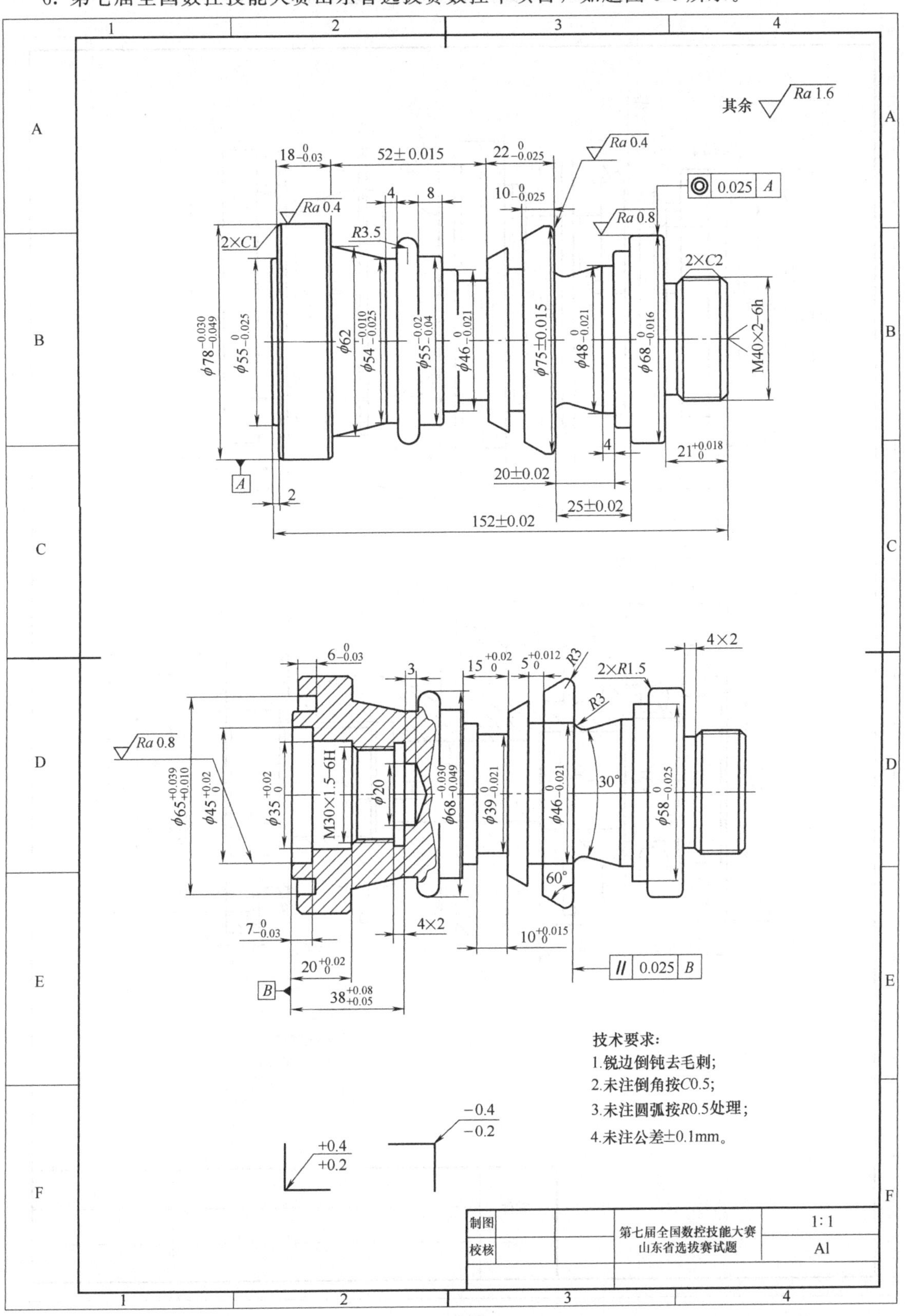

题图 6-6

7.2017 广东中等职业院校技能大赛数控车项目，如题图 6-7 所示。

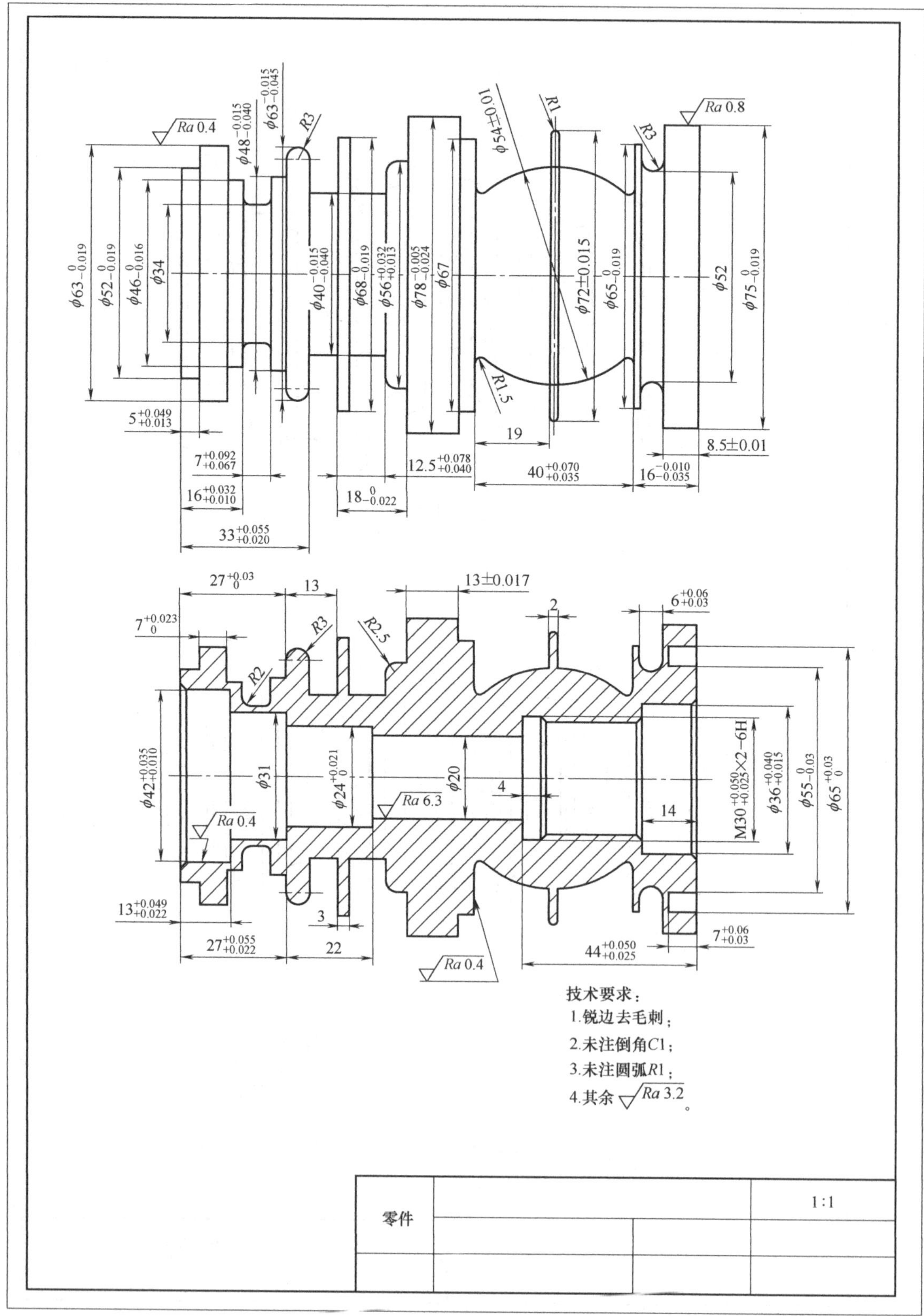

题图 6-7

8. 第三届苏州技能状元赛（2018 年）数控车项目，如题图 6-8 所示。

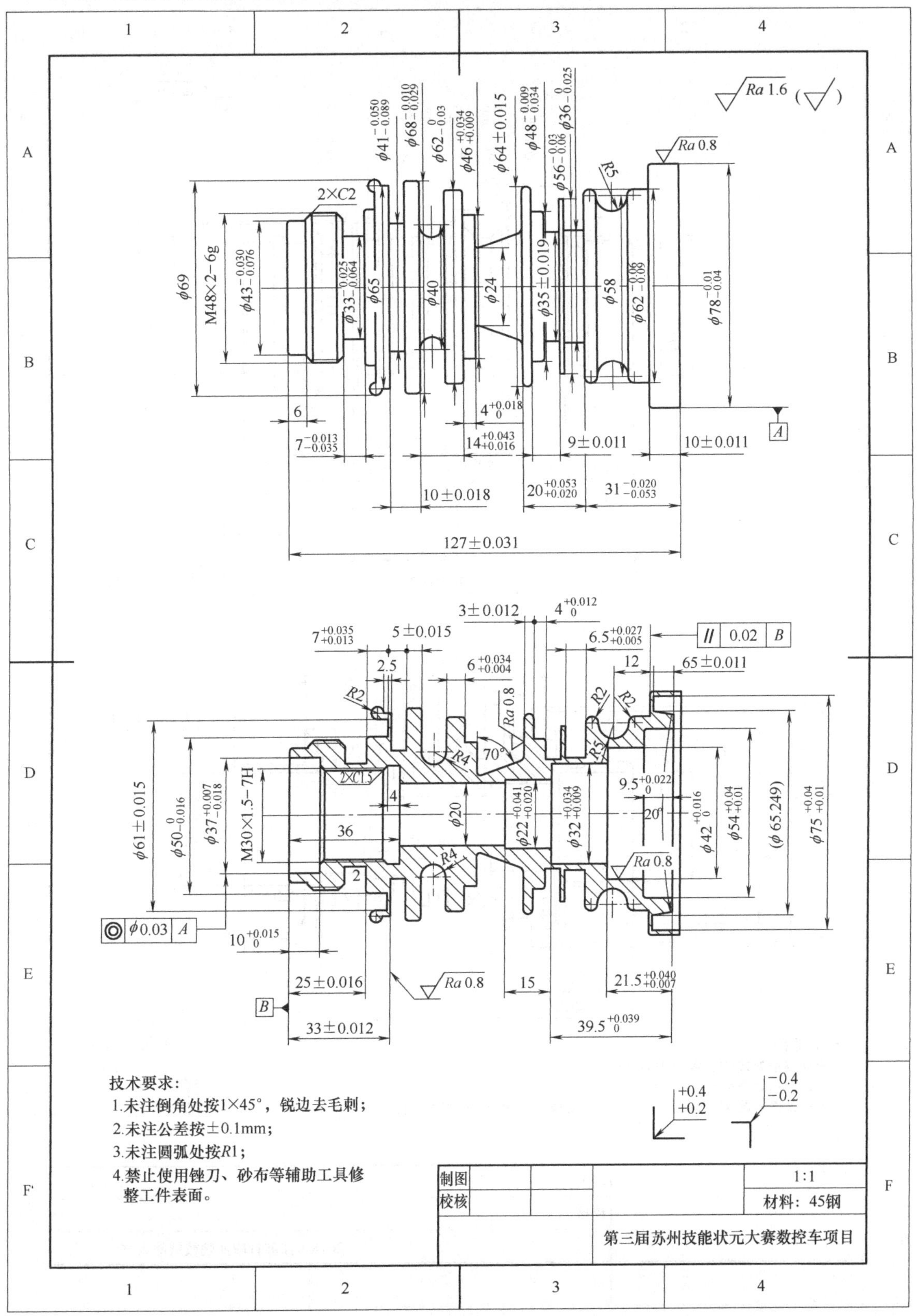

题图 6-8

9. 2018 年江苏省职业院校技能大赛数控车项目，如题图 6-9 所示。

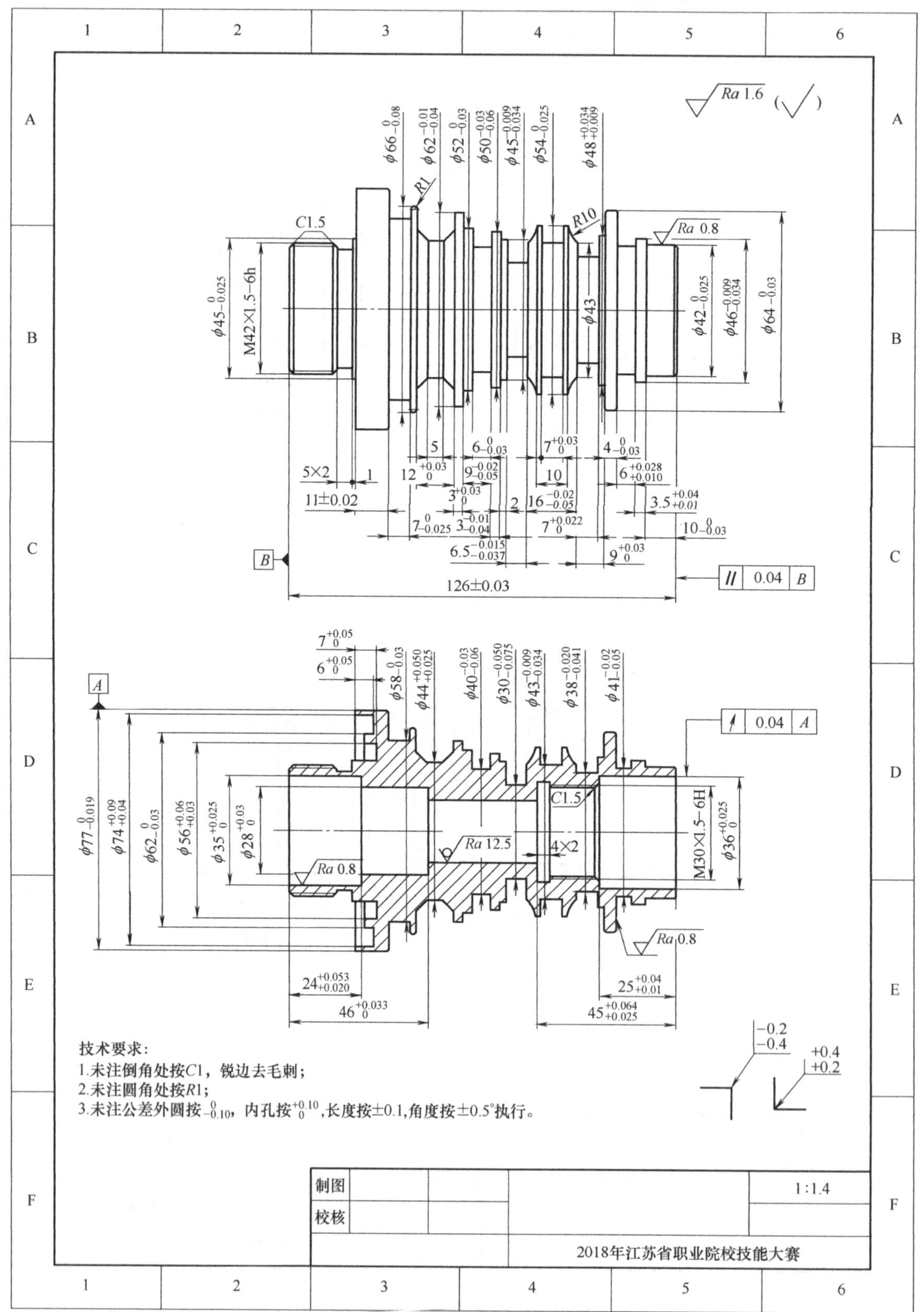

题图 6-9

10. 2014 年技能大赛山东省选拔赛数控车项目，如题图 6-10 所示。

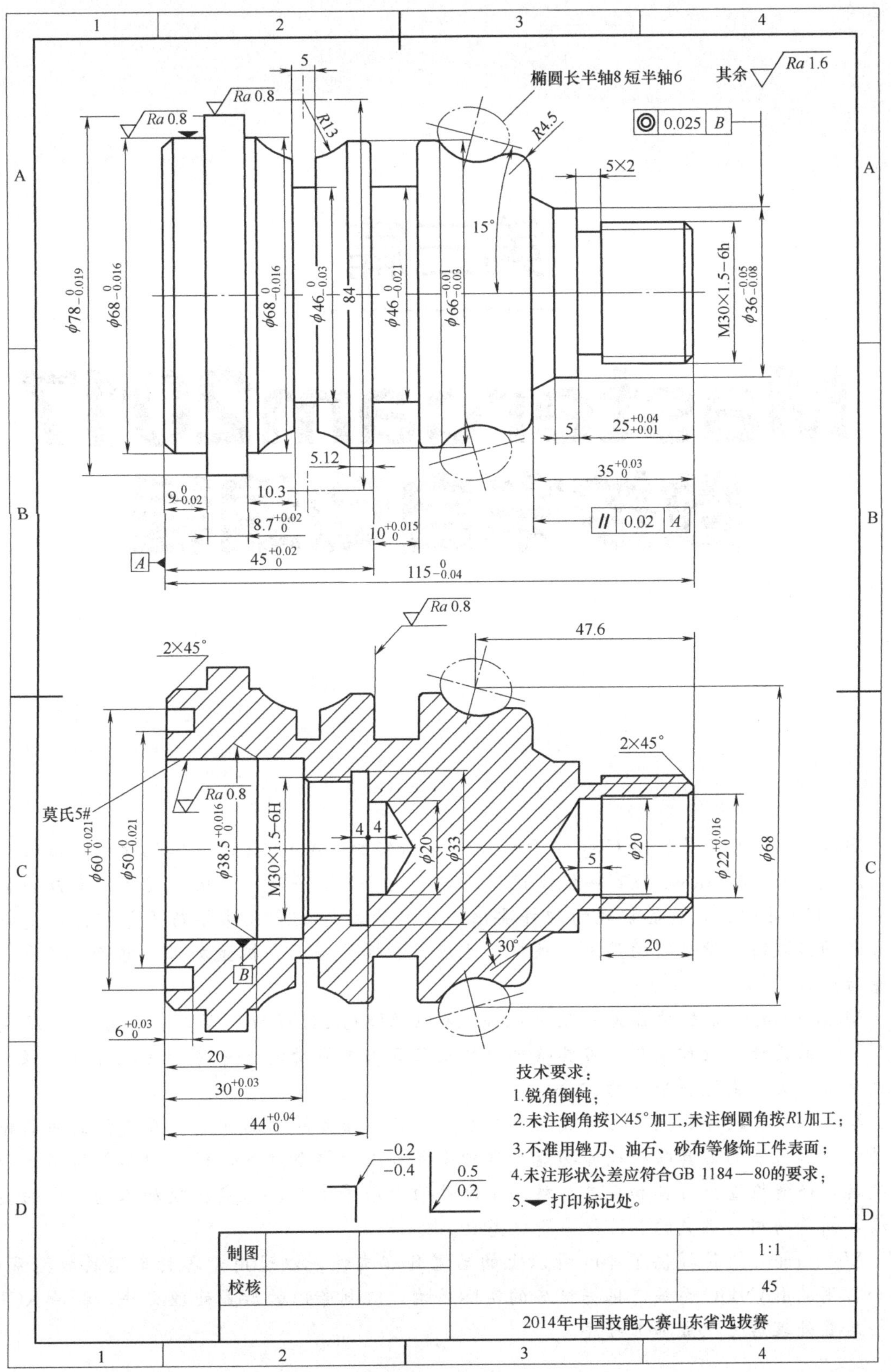

题图 6-10

第三篇

Mastercam2017 数控车自动编程

Mastercam2017 是美国 CNC software 公司研发的 CAD/CAM 一体化软件，该软件以 PC 为平台，在 Windows 视窗环境下使用。Mastercam 软件是当前极为经济、有效的全方位 CAD/CAM 软件，具备常规的硬件要求、稳定的运行效果且易学易用等优点，更以其强大的功能赢得大批忠实的用户，被广泛地应用于模具制造、机械加工、电子、汽车、航空等行业。

Mastercam2017 软件作为一款功能强大的 CAD/CAM 软件，集二维绘图、三维实体造型、曲面设计、数控编程、刀具路径模拟及仿真加工等功能于一身，其操作性能强、功能也更加强大，更适合用户的需要。

Mastercam 软件的优势在于数控加工方面，具有强大的曲面粗加工及灵活的曲面精加工功能；其可靠的刀具路径校验功能可模拟零件加工的整个过程，模拟中不但能显示刀具和夹具，还能检查出刀具和夹具与被加工零件的干涉等情况，真实反映加工过程中的实际情况，简单易用，生成的 NC 程序简单高效。

Mastercam 软件提供了 400 种以上的后置处理文件，以适用于各种类型的数控系统，比如常用的 FANUC 系统，根据机床的实际结构，编制专门的后置处理文件，编译 NCI 文件经后置处理后可生成加工程序。

项目七

Mastercam2017 软件的界面与基本操作

项目目标

了解 Mastercam2017 软件的数控车具有的优点，明确 Mastercam2017 软件的界面组成与基本操作。

项目分析

① Mastercam 软件版本较多，本项目以 Mastercam2017 软件为例，学习 Mastercam 软件的界面组成与基本操作。

② 数控车床种类众多，使用的数控系统也较多，数控车床的数控系统不同，其基本操作、功能指令等有所区别，本项目以 FANUC 0i 数控车床为例进行讲解。

项目准备

【知识点一】 软件介绍

Mastercam2017 软件为用户提供了设计（Design）、铣削（Mill）、车削（Lathe）、线切割（Wire）等模块，可以根据加工需要，自行选取相应的模块，按照 CAD 和 CAM 功能可将这些模块分为两部分。

① CAD 功能部分：Design 模块。CAD 设计模块有完整的二维和三维造型功能，软件不仅可以绘制二维平面图形、创建三维曲面模型，还可以实现各种编辑功能。

② CAM 模块部分：包括铣削（Mill）、车削（Lathe）、线切割（Wire）等模块。

Mastercam 软件提供了多种先进的加工技术，有丰富的曲面粗、精加工功能，可以从中选取好的方法，还可以模拟零件加工的整个过程，能检查刀具和夹具与被加工零件干涉、碰撞的情况。

【知识点二】 Mastercam2017 软件的界面组成

1. Mastercam2017 软件的工作界面

包括标题栏、菜单栏、工具栏、操作管理、坐标系、状态栏及图形区等，如图 7-1 所示。

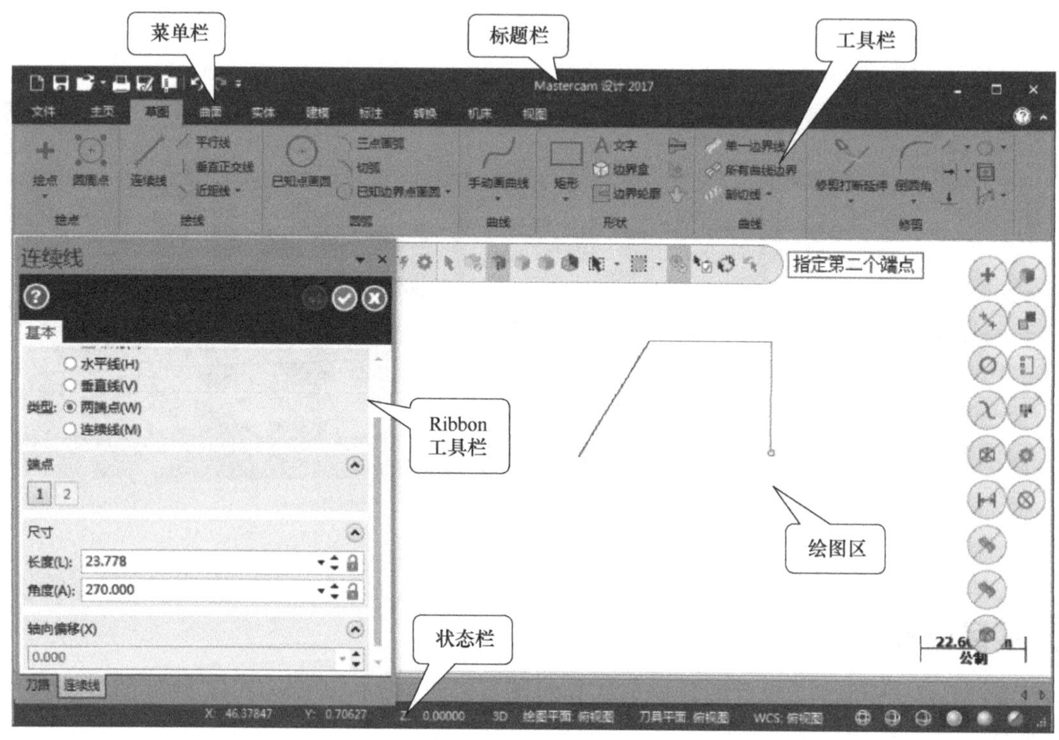

图 7-1 Mastercam2017 软件的工作界面

(1) 标题栏

标题栏位于软件窗口最上面一行，用于显示当前使用的模块、当前打开文件的路径及文件名称，与 Windows 窗口的作用一样，可以进行窗口的缩放与移动。

(2) 菜单栏

标题栏的下一行就是菜单栏，菜单栏包含“文件”“主页”“草图”“曲面”“实体”“建模”“标注”“转换”“机床”“视图”等菜单，每一个菜单都有其工具栏，如图 7-1 所示为“草图”命令的工具栏，可以逐级展开。

①“文件”菜单 单击“文件”菜单，显示其工具栏，包含文件的新建、打开、保存、另存为、打印等常用命令。

②“主页”菜单 单击“主页”菜单，显示其工具栏，包括剪贴板、属性、规划、删除、显示等命令。

③“草图”菜单 单击“草图”菜单，显示其工具栏，包含所有的二维绘图命令，如点、线、圆弧（圆）、矩形、多边形、圆、样条曲线等，还包括了三维曲面的所有构件命令与编辑命令，还有基本曲面与基本形状的命令。

④“转换”菜单 单击“转换”菜单，显示其工具栏，包含所有的二维图形的编辑命令，如平移、旋转、镜像、缩放、偏移等命令。

⑤“建模”菜单　单击“建模”菜单，显示其工具栏，包括创建、建模编辑、修改实体、布局、颜色等命令。

⑥“机床”菜单　单击“机床”菜单，显示其工具栏，包括机床类型、机床设置、模拟、后处理、机床模拟等命令。

⑦“视图”菜单　单击“视图”菜单，显示其工具栏，包含操作管理器的显示与隐藏、适度化、图形的缩放等命令。

(3) 工具栏

菜单栏的下面就是工具栏，以图标的形式显示菜单的常用命令，启动的菜单模块不同，工具栏也不相同。工具栏其实就是常用菜单项的快捷键，为用户提供了一种快捷的工作方式。

(4) 绘图区

用于绘制和显示 Mastercam2017 软件创建的二维或三维几何图形、刀具路径、模拟加工过程，也称为工作区。其背景颜色默认为黑色，也可通过菜单栏“系统设置”进行颜色修改。

(5) Ribbon 工具栏

位于绘图区的左侧，用户可通过菜单栏的工具栏的命令来显示其 Ribbon 工具栏，进行相应的操作，完成后关闭 Ribbon 工具栏。

(6) 状态栏

状态栏位于绘图区的下方，依次有 2D/3D 选择、屏幕视角、平面、工作深度、图层、颜色、点型、线型、线宽、坐标系、群组设置。单击每一部分都会弹出相应的菜单，从而进行相应的设置修改。

2. Mastercam2017 软件的几个概念

(1) 图素

图素是常见的几何图形，可以是一个点、一条线、一段圆弧，也可以是曲面、实体等。

(2) 图素的属性

图素都有属性，如点的点型，每种图素的颜色、线型、线宽等也都属于属性。

(3) 构图平面

构图平面是一个非常重要的概念，构图平面就是绘制图形的二维平面，如俯视图（Top 水平面）、主视图（Front 正平面）、侧视图（Side 侧平面）和 3D。

项目实施

(1) 鼠标功能

① 鼠标左键　用鼠标左键可以激活菜单、确定位置点、拾取元素、结束操作等。

② 鼠标右键功能　单击鼠标右键，弹出鼠标右键功能的工具栏，如图 7-2 所示。

a. 改变线型。

b. 视图缩放、视图变换、删除图形等。

③ 鼠标滚轮功能　转动鼠标滚轮可以使绘图区的视图放大或缩小。

(2) 取消命令

① 按“Esc”键，退出当前命令。

② 撤销操作。单击工具栏中的返回按钮，可以将最近一次所绘制的图形取消或者将最近

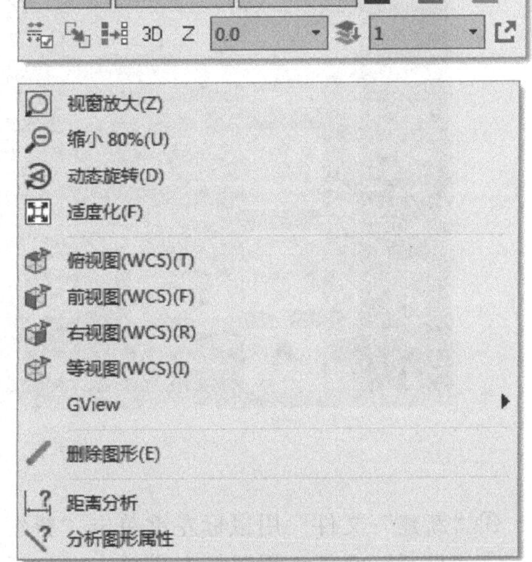

图 7-2　鼠标右键功能的工具栏

一次修改、转换操作取消。

③ 单击 Ribbon 工具栏的或按钮，退出当前命令。

④ 选择其它功能替代当前功能。

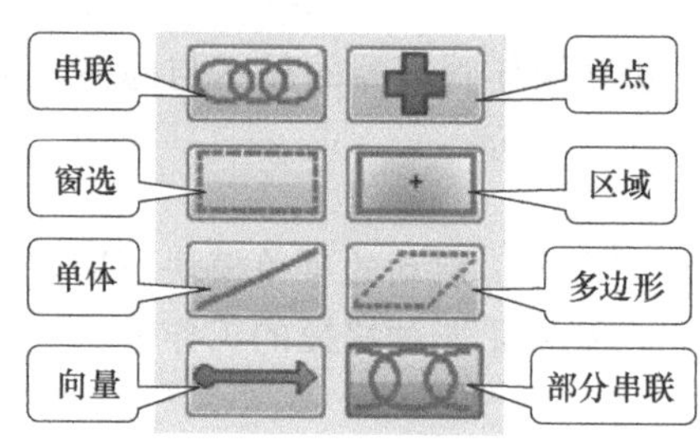

图 7-3 图素的选择方式

(3) 图素的选择

操作中图素的选择方式，如图 7-3 所示。

① 一次选择一个图素 将光标移动到图素上，单击鼠标左键则该图素被选中。

② 一次选择多个图素 如果选择多个图素为了提高效率，常用如下方法：

a. 串联选择：串联是指多个首尾相连的线条构成的链。对这些线条进行选择时，可以在选择工具栏中选择串联选择项，然后选择该链条中的任意一条，系统将根据拓扑关系自动搜寻相连的所有线条，完成选择后以高亮颜色显示。串联选择方式分为闭合串联和部分串联两种方式，车削加工一般采用部分串联方式。

b. 窗口选择：单击绘图区，选定任一点（不要落在图素上，否则就是单选），并按住鼠标左键不放，拖拽形成一个封闭的矩形窗口区域，则符合该区域条件的图素即被选中。

c. 多边形选择：与窗口选择类似，用鼠标左键在绘图区指定几个点，拖拽出一个封闭多边形区域，则符合该区域条件的图素即被选中。

d. 区域选择：如果首尾相连的图素刚好围成一个封闭区域，则可以用区域选择。

(4) 文件管理

用鼠标左键单击“文件”菜单，软件窗口变为文件管理功能，如图 7-4 所示，常用的文件管理命令有“新建”“打开”“保存”“另存为”“转换”文件等命令。

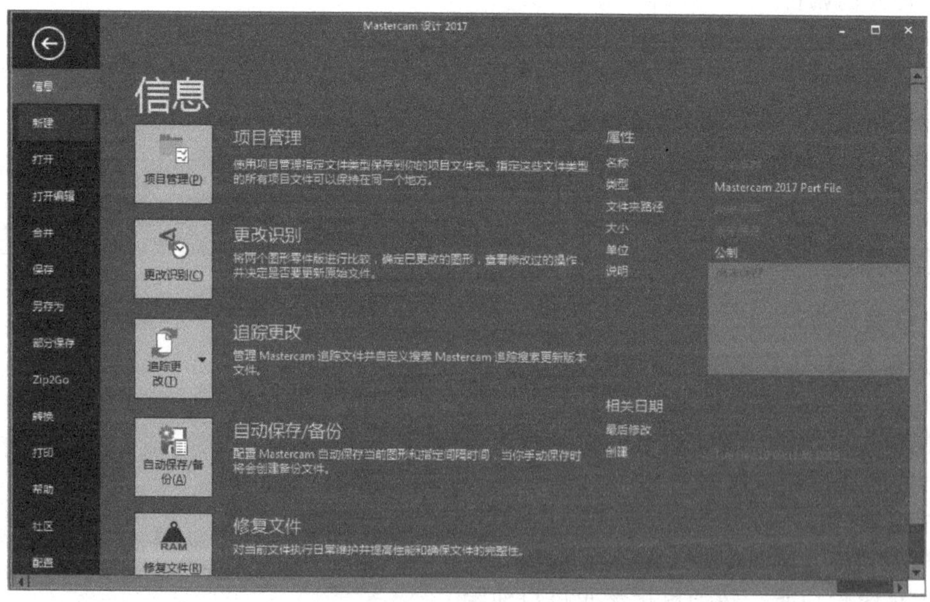

图 7-4 文件管理功能

①“新建”文件 用鼠标左键单击“新建”菜单，出现新建文件，如图 7-5 所示。

②“打开”文件 用鼠标左键单击“打开”菜单，出现打开文件，如图 7-6 所示。

③“打开编辑”文件 用鼠标左键单击“打开编辑”菜单，出现打开文件，如图 7-7 所示。

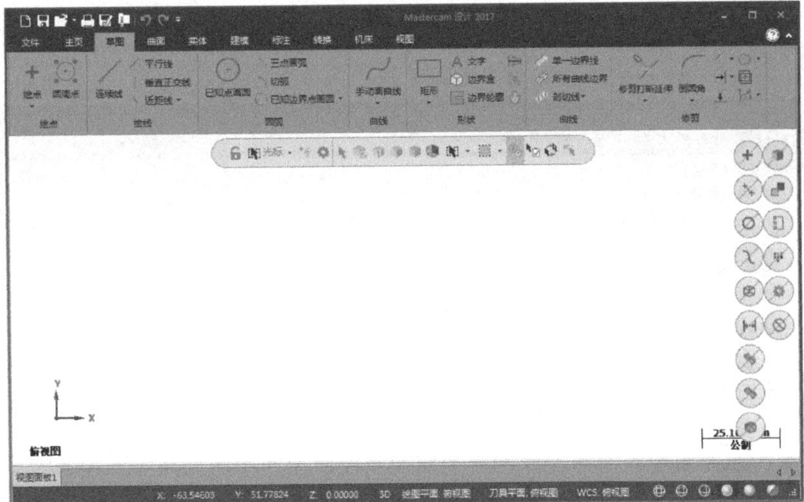

图 7-5　“新建”文件

图 7-6　“打开”文件

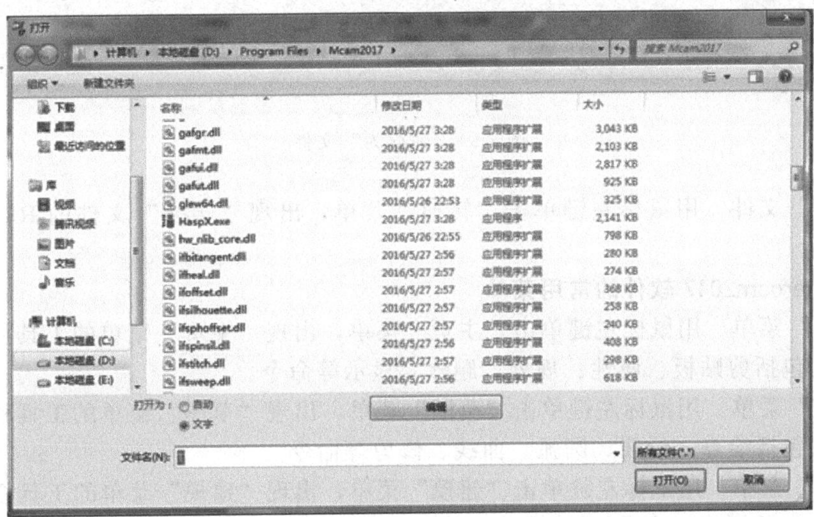

图 7-7　“打开编辑”文件

④“保存”文件　用鼠标左键单击“保存”菜单，出现保存文件，如图 7-8 所示，按照默认的路径保存文件。

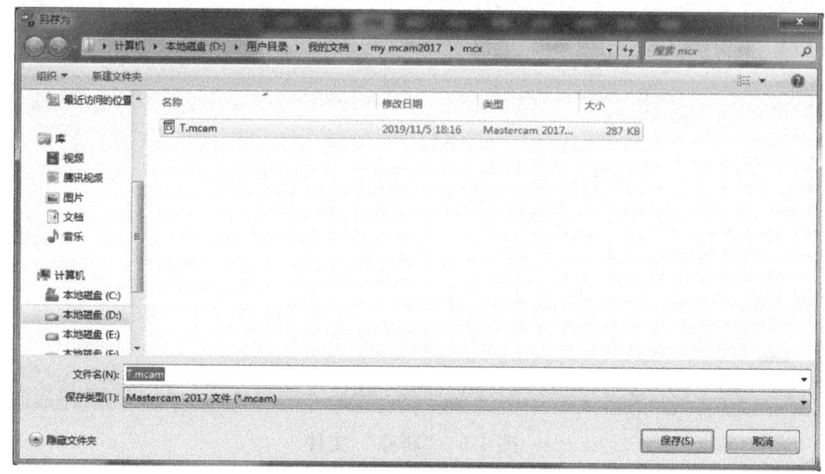

图 7-8 “保存”文件

⑤“另存为”文件　用鼠标左键单击“另存为”菜单，出现另存为文件的 Ribbon 工具栏，如图 7-9 所示，按照需要选择路径保存文件。

图 7-9 “另存为”文件

⑥“转换”文件　用鼠标左键单击“转换”菜单，出现“转换”文件的 Ribbon 工具栏，如图 7-10 所示。

(5) Mastercam2017 软件的常用菜单

①“主页”菜单　用鼠标左键单击“主页”菜单，出现“主页”菜单的工具栏，如图 7-11 所示，工具栏包括剪贴板、属性、规划、删除、显示等命令。

②“草图”菜单　用鼠标左键单击“草图”菜单，出现“草图”菜单的工具栏，如图 7-12 所示，工具栏包括绘点、绘线、圆弧、曲线、修剪等命令。

③“建模”菜单　用鼠标左键单击“建模”菜单，出现“建模”菜单的工具栏，如图 7-13 所示，工具栏包括创建、建模编辑、修改实体、布局、颜色等命令。

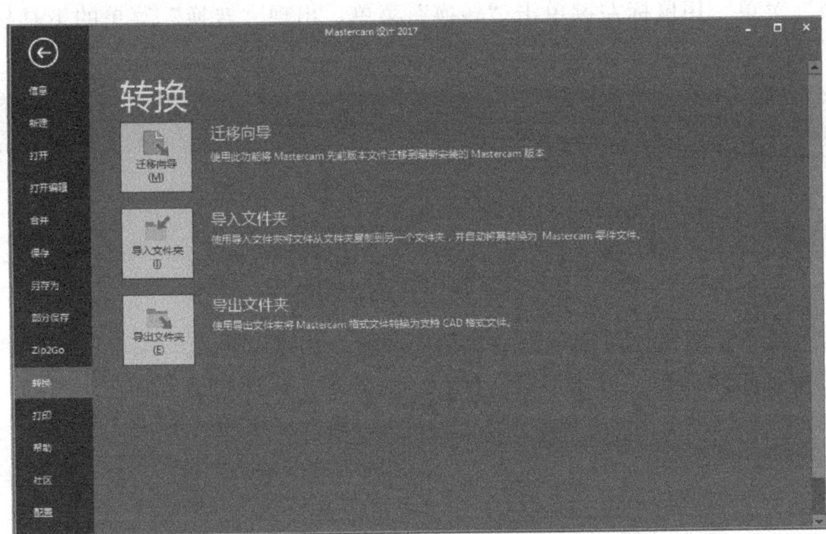

图 7-10 “转换”文件

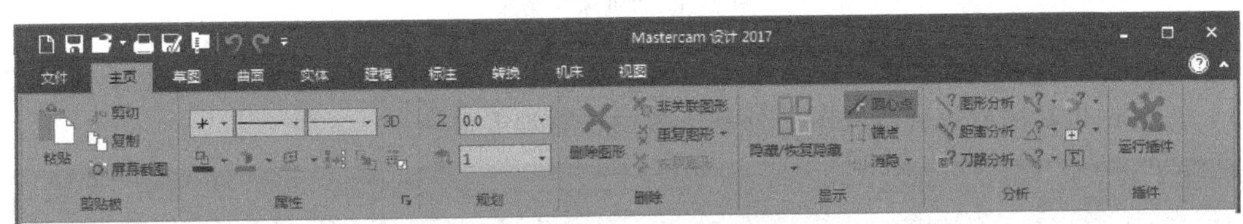

图 7-11 Mastercam2017 软件的常用菜单

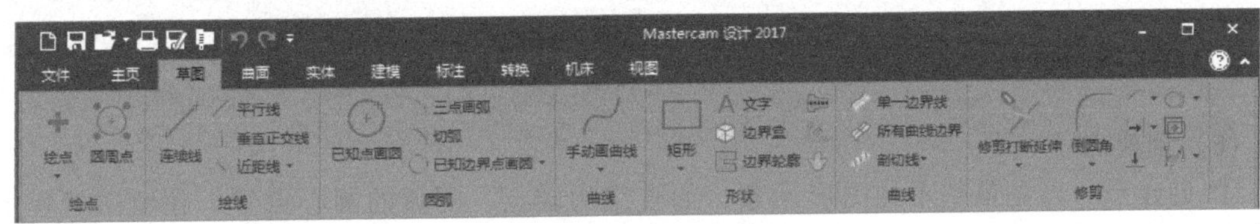

图 7-12 “草图”菜单

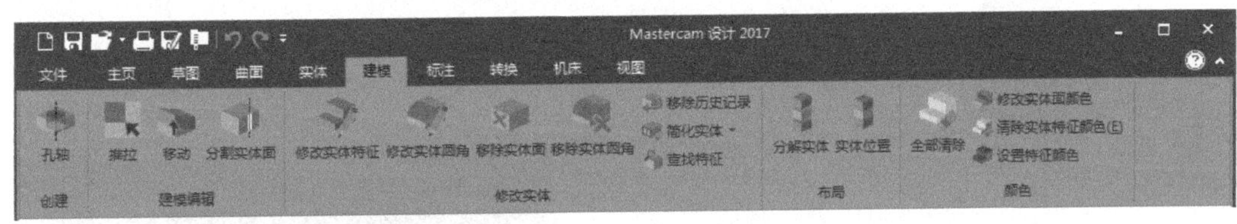

图 7-13 “建模”菜单

④“标注”菜单 用鼠标左键单击“标注”菜单，出现“标注”菜单的工具栏，如图 7-14 所示，工具栏包括尺寸标注、纵标注、注释、修剪等命令。

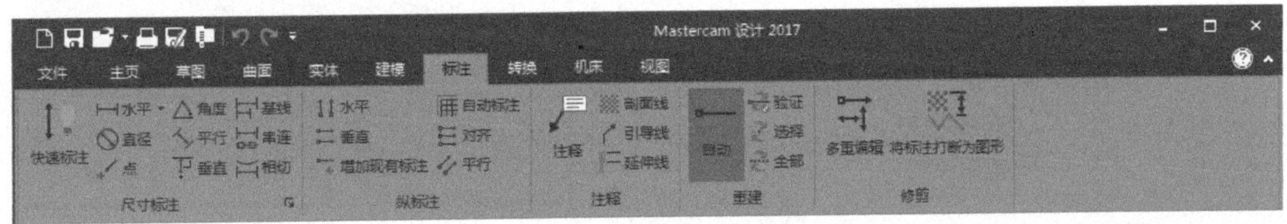

图 7-14 “标注”菜单

⑤“转换”菜单　用鼠标左键单击“转换”菜单，出现“转换”菜单的工具栏，如图 7-15 所示，工具栏包括转换、补正、布局、比例等命令。

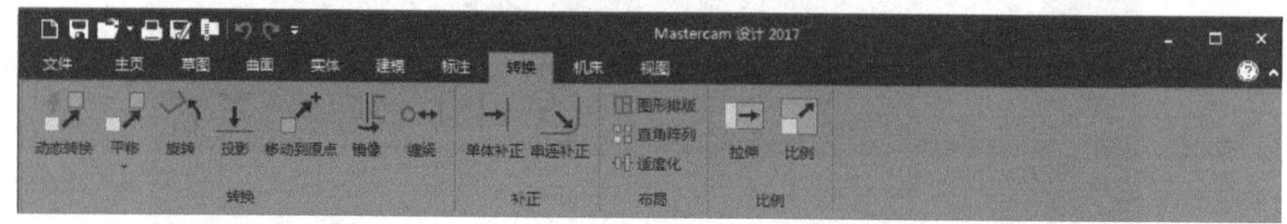

图 7-15 “转换”菜单

⑥“机床”菜单　用鼠标左键单击“机床”菜单，出现“机床”菜单的工具栏，如图 7-16 所示，工具栏包括机床类型、机床设置、模拟、后处理、机床模拟等命令。

图 7-16 “机床”菜单

⑦“视图”菜单　用鼠标左键单击“视图”菜单，出现“视图”菜单的工具栏，如图 7-17 所示，工具栏包括缩放、屏幕视图、外观、显示、管理等命令。

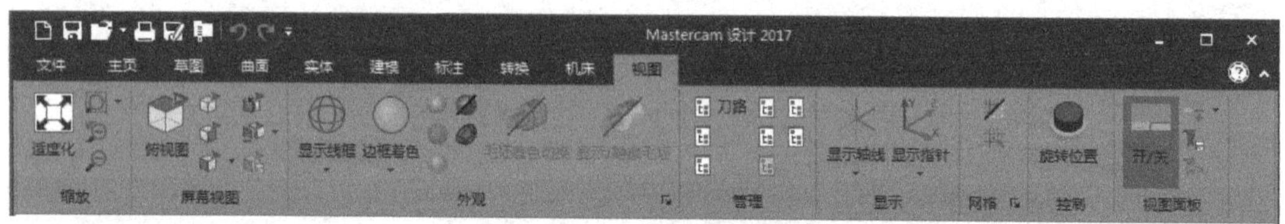

图 7-17 “视图”菜单

(6) 创建点

① 创建点　点是最基本的图形元素，如直线的端点、圆弧的圆心点等，在绘图过程中都需要创建出一个点。

图 7-18 “绘点”子命令

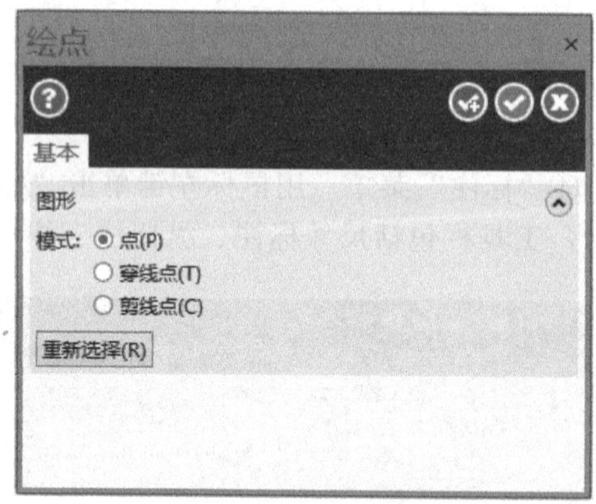

图 7-19 “绘点”的 Ribbon 工具栏

② 操作步骤 在菜单栏依次选择“草图”“绘点”命令，就会打开“绘点”子命令，如图7-18所示。

③“绘点”：以“绘点”为例，学习“点”的创建

a. “绘点”的功能 “绘点”用于在指定的位置绘制点。

b. “绘点”操作步骤

• 选择绘点子菜单，弹出“绘点”的Ribbon工具栏，如图7-19所示。

• 选择“绘点”命令后，绘图区上方弹出“绘点”的操作提示[绘制点位置]，按照提示操作即可。

项目拓展

(1) 项目小结

① 本项目学习的主要内容有哪些？

② 操作中遇到哪些难题？如何处理的？

(2) 思考与练习

① 思考题

a. Mastercam2017软件界面由哪几部分组成？分别有什么作用？

b. Mastercam2017软件中，鼠标左键、右键有什么作用？

c. Mastercam2017软件命令键盘输入方式？

②“绘点”命令的方式有哪些？如何操作？

项目八

Mastercam2017 软件的基本图形绘制

Mastercam2017 软件有着一套完整而且功能强大的 CAD 系统，可以帮助用户很容易地设计出需要加工的各种复杂的零件。二维图形的创建是图形绘制基础，通过本项目的学习，掌握 Mastercam2017 软件常用的二维绘图命令，包括点、直线、圆弧、倒圆角、矩形、椭圆的构建等。

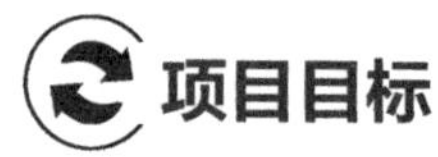

项目目标

绘制如图 8-1 所示短轴的零件图。

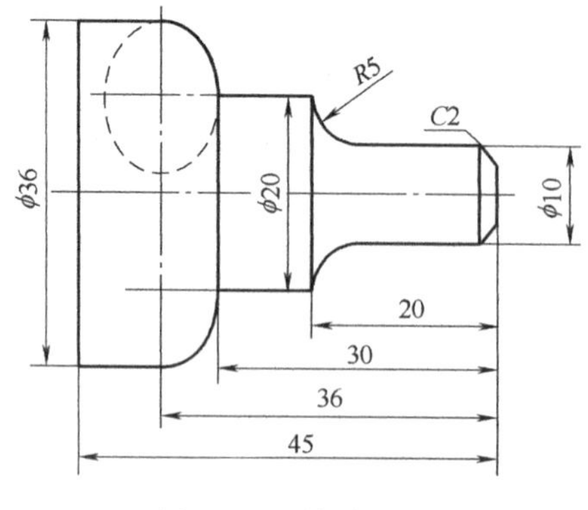

图 8-1　短轴零件图

项目分析

1. 短轴零件结构分析

短轴零件轮廓包括外轮廓和端面，主要由圆柱面、圆弧面、椭圆面和端面等表面组成，尺寸标注完整，零件轮廓描述清晰。

2. 绘图分析

短轴零件轮廓线包括直线、圆弧、椭圆等曲线，绘制这些曲线需要直线、圆弧、椭圆等功能。

项目准备

【知识点一】　创建直线

直线包括连续线、平行线、垂直正交线、近距线等，创建直线的相关命令列在工具栏中，如图 8-2 所示。

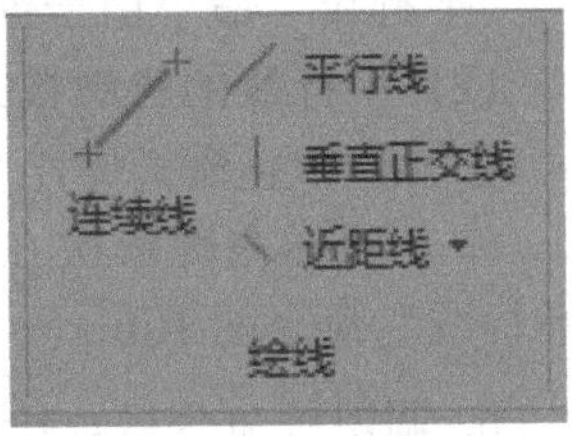

图 8-2　直线

1. 连续线

用鼠标左键依次在菜单栏单击“草图”菜单、在工具栏单击“连续线”命令，弹出“连续线”命令的 Ribbon 工具栏，如图 8-3 所示，可以绘制任意线、水平线或垂直线等直线。

(1) 任意线

① 功能　按照系统提示，用户只需指定线段的两个端点即可完成线段绘制。

② 操作步骤

a. 用鼠标左键单击“任意线”命令模式，如图 8-4 所示。

b. 选择“两端点（W）”或“连续线（M）”类型，根据系统提示，在绘图区依次指定两点作为线段的起点和终点，系统就会自动连接这两点生成一条线段。

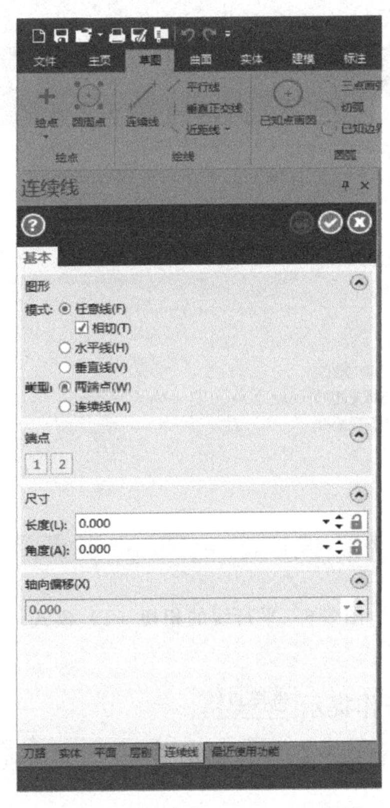

图 8-3　连续线的 Ribbon 工具栏

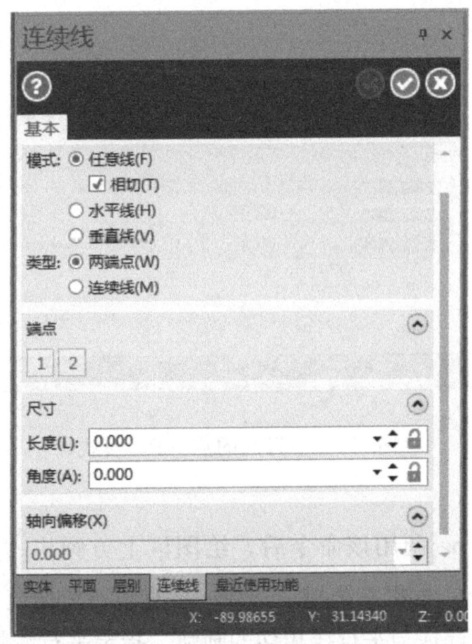

图 8-4　连续线

(2) 水平线/垂直线

① 功能　按照系统提示，用户只需指定线段的两个端点即可完成水平线段或垂直线段的绘制。

② 操作步骤

a. 用鼠标左键单击“水平线”或“垂直线”命令模式。

b. 选择“两端点（W）”或“连续线（M）”类型，根据系统提示，在绘图区依次指定两点作为线段的起点和终点，系统就会自动连接这两点生成一条水平线段或垂直线段。

2. 平行线

(1) 功能

“平行线”命令用于创建一条平行于已知线段而且长度相同的线段。

(2) 平行线的绘制模式

① 点（P）模式操作步骤

a. 用鼠标左键依次在菜单栏单击“草图”命令，在工具栏单击“平行线”命令，弹出“平行线”命令的 Ribbon 工具栏，如图 8-5 所示。

b. 调用该命令后，绘图区上方弹出“平行线”的操作提示 选择直线 。

c. 根据系统提示选择一条直线，接着选择平行线要通过的点，或者通过修改平行距离指定平行线的位置。

d. 单击 Ribbon 工具栏的“确定”按钮，完成创建。

② 相切（T）模式

a. 调用“平行线”命令后，选择相切（T）模式，如图 8-6 所示。

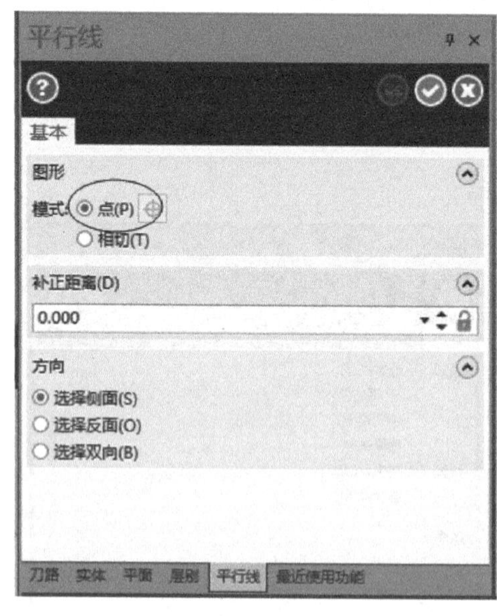

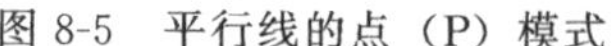
图 8-5　平行线的点（P）模式

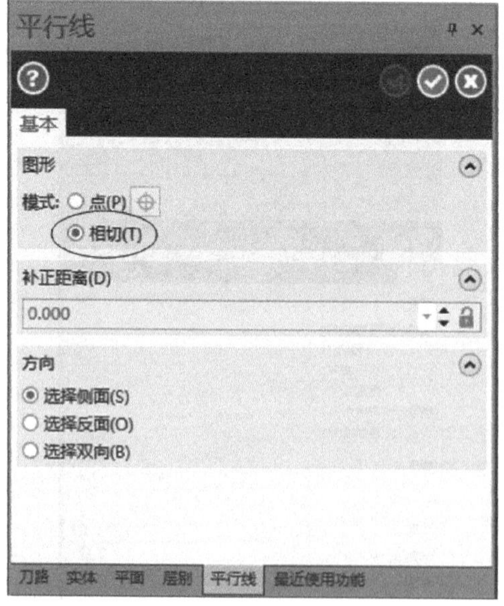

图 8-6　平行线的相切（T）模式

b. 调用该命令后，绘图区上方弹出“平行线”的操作提示 选择直线 。

c. 根据系统提示选择一条直线，绘图区上方弹出“平行线”的操作提示 选择与平行线相切的圆弧 ，接着选择与平行线相切的圆弧，指定平行线的位置。

d. 单击 Ribbon 工具栏的“确定”按钮，完成创建。

3. 垂直正交线

(1) 功能

用于创建一条垂直于已知线段而且相交的线段，也用于创建一条已知圆弧或其它曲线的法线。

(2) 垂直正交线的绘制模式

① 点（P）模式操作步骤

a. 用鼠标左键依次在菜单栏单击“草图”命令、在工具栏单击“垂直正交线”命令，弹出“垂直正交线”命令的操作栏，如图 8-7 所示。

b. 调用该命令后，绘图区上方弹出“垂直正交线”的操作提示 选择线、圆弧、曲线、或边界 。

c. 根据系统提示选择一条直线，绘图区上方弹出“垂直正交线”的操作提示 请选择任意点 。

d. 单击 Ribbon 工具栏的“确定”按钮，完成创建。

② 相切（T）模式

a. 调用该命令后，选择相切（T）模式，如图 8-8 所示。

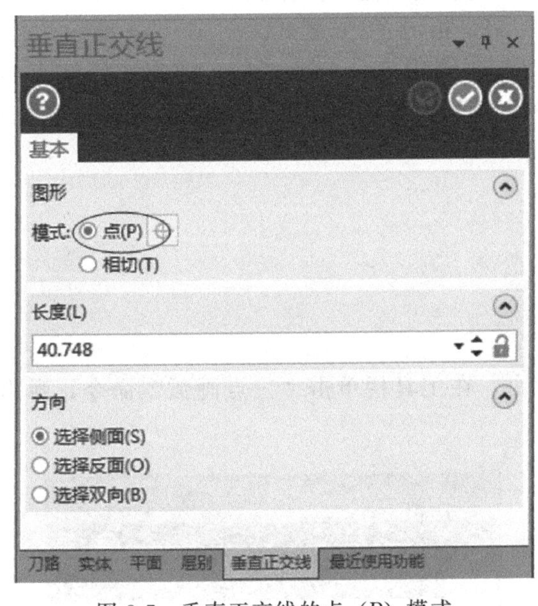

图 8-7　垂直正交线的点（P）模式

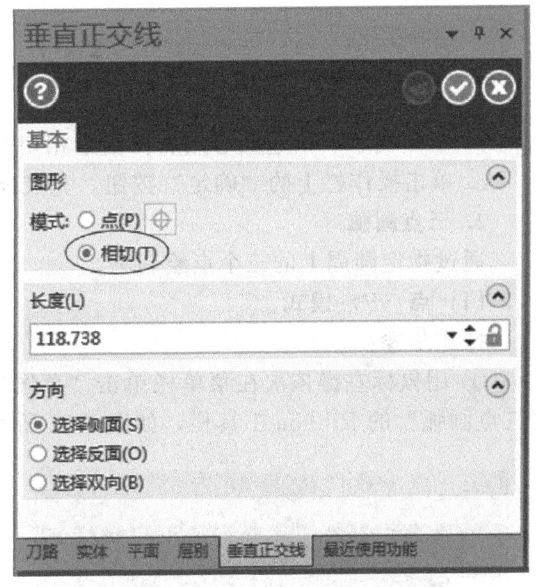

图 8-8　垂直正交线的相切（T）模式

b. 调用该命令后，绘图区上方弹出“垂直正交线”的操作提示 选择线、圆弧、曲线、或边界 。

c. 根据系统提示选择一条直线，绘图区上方弹出“垂直正交线”的操作提示 请选择要保留的线段 。

d. 单击 Ribbon 工具栏的“确定”按钮，完成垂直正交线的创建。

【知识点二】　创建圆弧和圆

工具栏中创建圆弧和圆的命令，如图 8-9 所示。

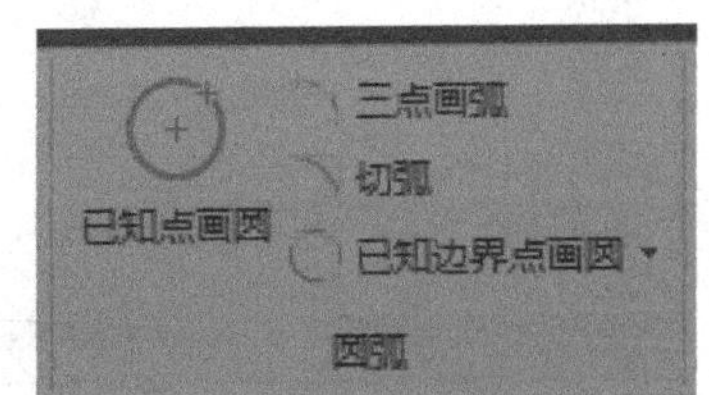

图 8-9　圆弧和圆的命令

1. 已知点画圆

(1) 功能

通过给定圆的圆心和半径画圆。

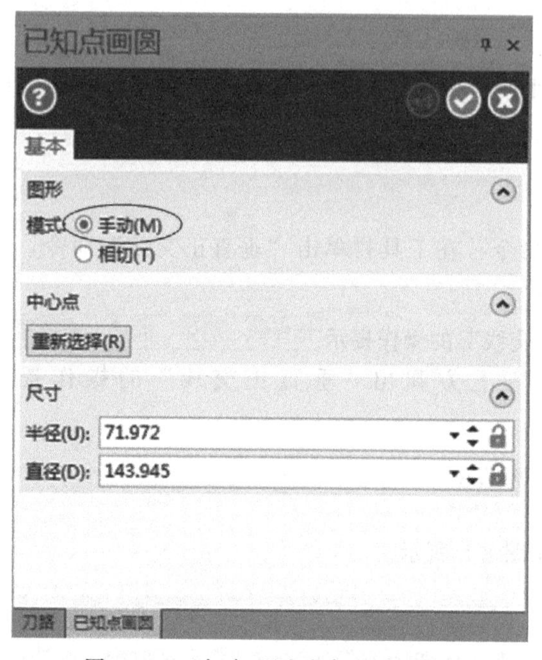

图 8-10 已知点画圆手动（M）模式

(2) 操作步骤

① 用鼠标左键依次在菜单栏单击“草图”菜单，在工具栏单击“已知点画圆”命令，弹出“已知点画圆”命令的 Ribbon 工具栏，如图 8-10 所示。

② 手动（M）模式

a. 调用该命令后，绘图区上方弹出“已知点画圆”的对话框，如图 8-10 所示。

b. 根据提示 请输入圆心点 ，移动光标到需要的位置点击鼠标左键指定圆心点后再指定圆周上的一点，也可以通过修改“已知点画圆”的对话框上的半径文本框数值，确定圆的半径。

c. 单击“已知点画圆”的 Ribbon 工具栏的确定按钮，完成操作。

③ 相切（T）模式

a. 调用该命令模式后，弹出“已知点画圆”的操作栏，如图 8-11 所示。

b. 根据提示，指定圆心点后再指定相切的曲线。

c. 单击操作栏上的“确定”按钮，完成操作。

2. 三点画弧

通过指定圆周上的三个点绘制圆。

(1) 点（P）模式

操作步骤：

① 用鼠标左键依次在菜单栏单击“草图”命令、在工具栏单击“三点画弧”命令，弹出“三点画弧”的 Ribbon 工具栏，如图 8-12 所示。

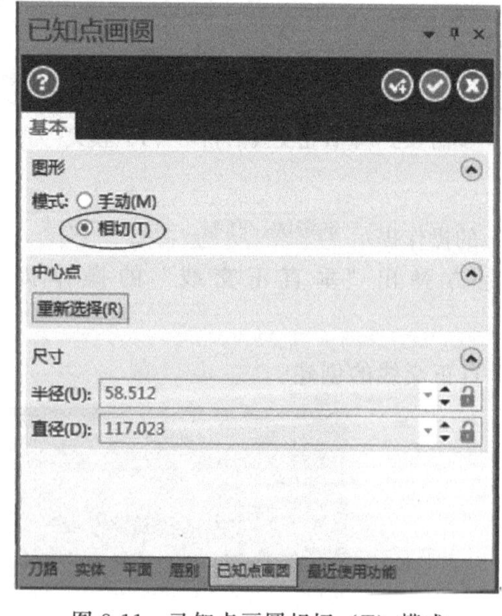

图 8-11 已知点画圆相切（T）模式

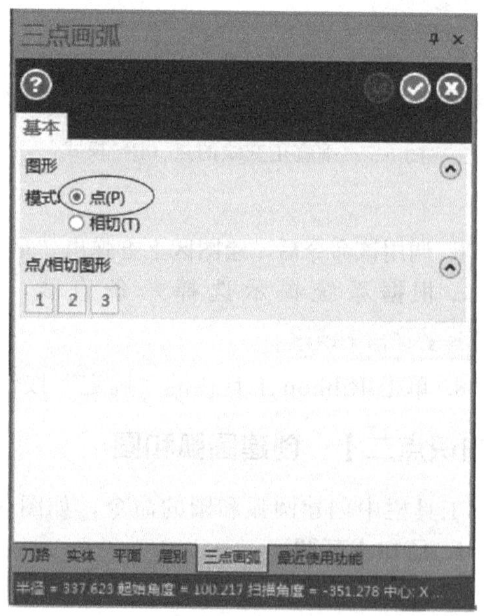

图 8-12 三点画弧点（P）模式

说明：应用按钮，其中按钮为“确定”并创建新操作；按钮为“确定”；按钮为“取消”。

② 调用该命令后，绘图区上方弹出“三点画弧”的操作提示请输入第一点，用鼠标左键在绘图区单击确定第一点。

③ 确定第一点后，操作提示变为请输入第二点，用鼠标左键在绘图区单击确定第二点。

④ 确定第二点后，操作提示变为请输入第三点，用鼠标左键在绘图区单击确定第三点。

⑤ 在绘图区指定三个点的位置，单击 Ribbon 工具栏中的确定按钮，系统就会生成一个经过这三个点的圆。

(2) 相切（T）模式

① 选择相切（T）模式命令，如图 8-13 所示。

② 调用该命令后，绘图区上方弹出“三点画弧”的操作提示选择图形，用鼠标左键在绘图区单击确定第一个图形。

③ 确定第一个图形后，操作提示选择图形，用鼠标左键在绘图区单击确定第二个图形。

④ 再按照操作提示选择图形，用鼠标左键在绘图区单击确定第三个图形。

⑤ 在绘图区指定三个图形后，单击 Ribbon 工具栏中的确定按钮，系统就会生成一个与这三个图形相切的圆。

3. 切弧

(1) 功能

绘制与一条已知曲线相切的圆弧。

(2) 操作步骤

① 用鼠标左键依次在菜单栏单击“草图”命令、在工具栏单击“切弧”命令，弹出“切弧”的 Ribbon 工具栏，如图 8-14 所示。

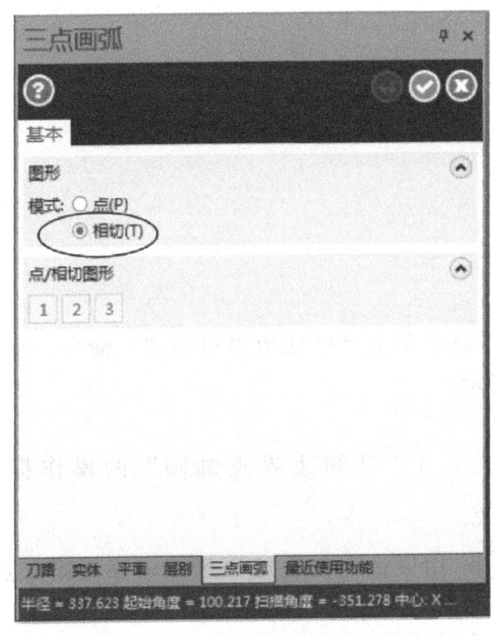

图 8-13 三点画弧相切（T）模式

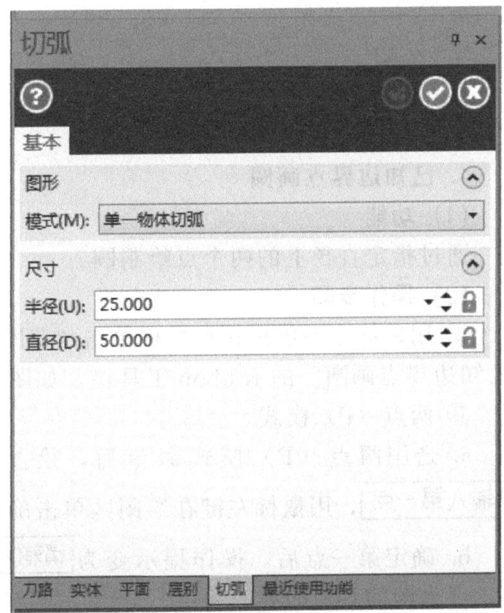

图 8-14 “切弧”的 Ribbon 工具栏

② 调用该命令后，绘图区上方弹出“切弧”的操作提示 选择一个圆弧将要与其相切的图形 ，用鼠标左键在绘图区单击确定一个圆弧将要相切的图形。如图 8-15 所示，将要相切的图形是圆，确定后显示状态为虚线状态。

③ 确定一个图形后，操作提示变为 指定相切点位置 ，用鼠标左键单击确定切点位置，如图 8-16 所示。

图 8-15 选择一个圆弧将要与其相切的图形

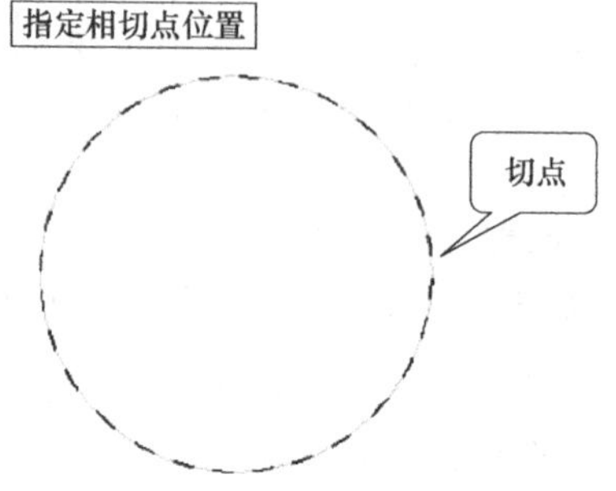

图 8-16 确定切点位置

④ 确定切点位置后在切点的两侧出现对称的两条相切圆弧，如图 8-17 所示，再按照操作提示 选择圆弧 ，用鼠标左键在绘图区单击确定需要的图形。

⑤ 操作提示变为 选择一个圆弧将要与其相切的图形 后，单击 Ribbon 工具栏中的确定按钮，系统就会生成一个与这个图形相切的圆弧，如图 8-18 所示。

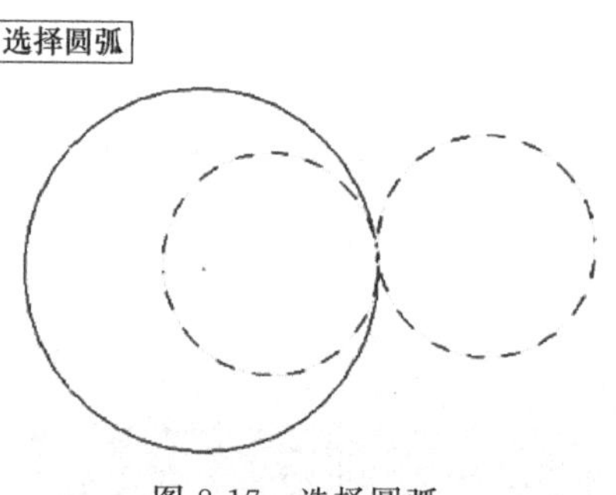

图 8-17 选择圆弧

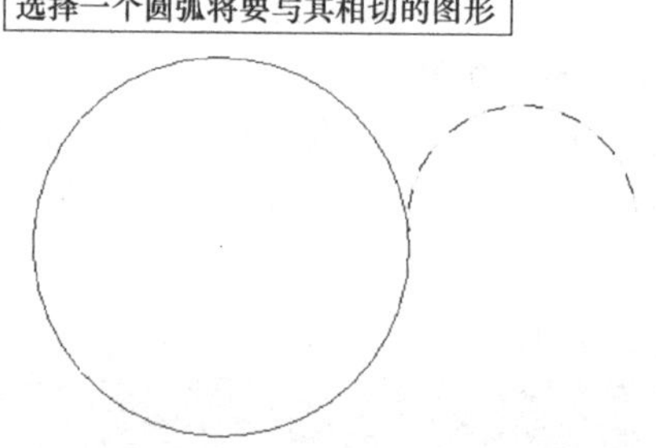

图 8-18 确定与其图形相切的圆弧

4. 已知边界点画圆

(1) 功能

通过指定直径上的两个点绘制圆。

(2) 操作步骤

① 用鼠标左键依次在菜单栏单击“草图”、在工具栏单击“已知边界点画圆”命令，弹出“已知边界点画圆”的 Ribbon 工具栏，如图 8-19 所示。

② 两点（P）模式

a. 选用两点（P）模式命令后，绘图区上方弹出“已知边界点画圆”的操作提示 请输入第一点 ，用鼠标左键在绘图区单击确定第一点。

b. 确定第一点后，操作提示变为 请输入第二点 ，用鼠标左键在绘图区单击确定第二点，第二点为圆的直径的另一端点。

c. 在绘图区指定两个点的位置后，单击操作栏中的应用按钮，系统就会生成一个经过这两个点的圆。

③ 两点相切（T）模式

a. 选择两点相切（T）模式命令，如图 8-20 所示，绘图区上方弹出“已知边界点画圆”的操作提示[选择线,圆弧或曲线及图形]，用鼠标左键在绘图区单击确定第一条相切的曲线。

b. 确定第一条相切的曲线后，操作提示变为[选择线,圆弧或曲线及图形]，用鼠标左键在绘图区单击确定第二条相切的曲线。

c. 在绘图区指定两条相切的曲线后，单击 Ribbon 工具栏中的确定按钮，系统就会生成一个与这两个图形相切的圆。

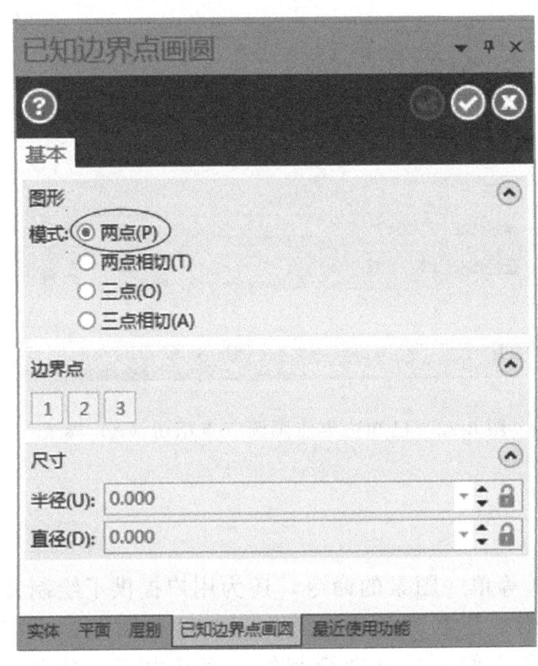

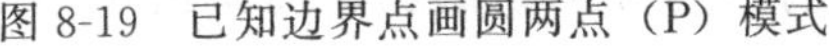

图 8-19 已知边界点画圆两点（P）模式

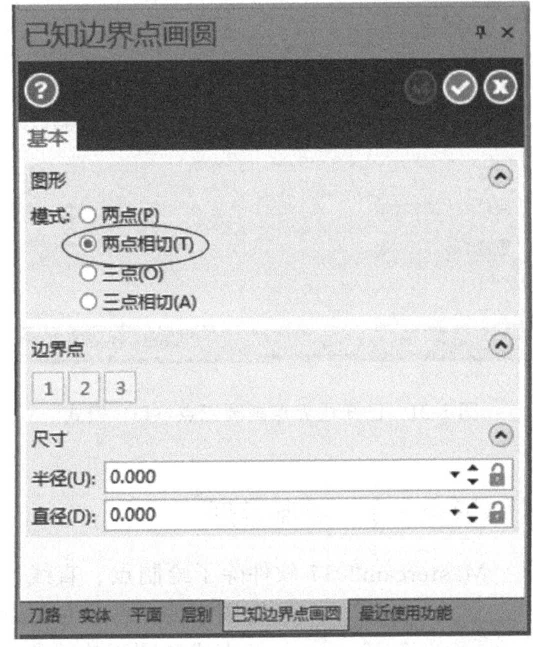

图 8-20 已知边界点画圆两点相切（T）模式

④ 三点（O）模式

a. 选择三点（O）模式命令，如图 8-21 所示，绘图区上方弹出“已知边界点画圆”的操作提示[请输入第一点]，用鼠标左键在绘图区单击确定第一点。

b. 确定第一点后，操作提示变为[请输入第二点]，用鼠标左键在绘图区单击确定第二点。

c. 确定第二点后，操作提示变为[请输入第三点]，用鼠标左键在绘图区单击确定第三点。

d. 在绘图区指定三个点的位置后，单击 Ribbon 工具栏中的确定按钮，系统就会生成一个经过这三个点的圆。

⑤ 三点相切（A）模式

a. 选用三点相切（A）模式命令，如图 8-22 所示，绘图区上方弹出“已知边界点画圆”的操作提示[选择线,圆弧或曲线及图形]，用鼠标左键在绘图区单击确定第一条相切的曲线。

b. 确定第一条相切的曲线后，操作提示变为[选择线,圆弧或曲线及图形]，用鼠标左键在绘图区单击确定第二条相切的曲线。

c. 确定第二条相切的曲线后，操作提示变为[选择线,圆弧或曲线及图形]，用鼠标左键在绘图区单击确定第三条相切的曲线。

d. 在绘图区指定三个点的位置后，单击 Ribbon 工具栏中的确定按钮，系统就会生成一个经过这三个点的圆。

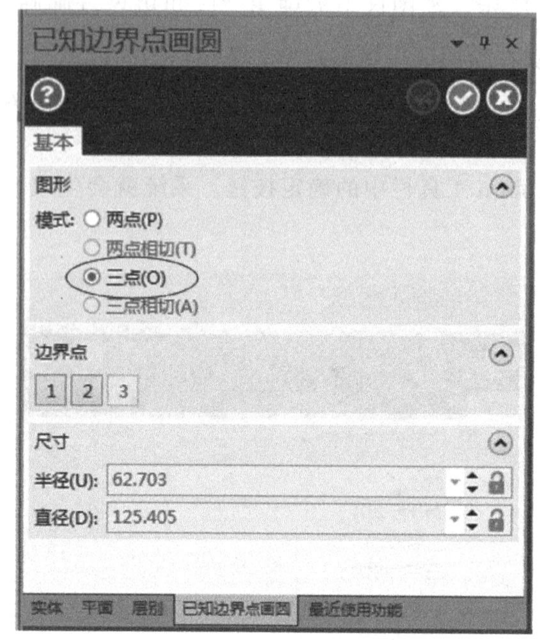

图 8-21 已知边界点画圆三点（O）模式

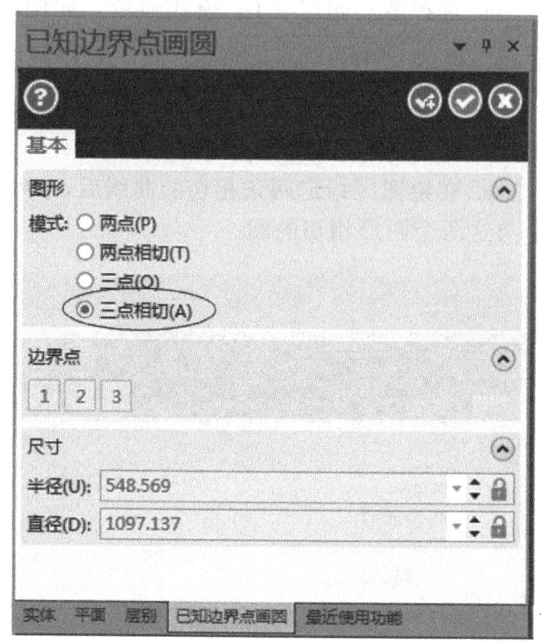

图 8-22 已知边界点画圆三点相切（A）模式

【知识点三】 绘制矩形

Mastercam2017 软件除了绘制点、直线、圆弧等单一图素的命令，还为用户提供了绘制复合图素的命令，如绘制矩形、绘制圆角矩形等图形，这些图形是由多条直线和圆弧构成的，但是它们不是分别绘制的，而是由一个命令一次性创建出来的，不过这些复合图形并不是一个整体，各个组成图素是独立的。

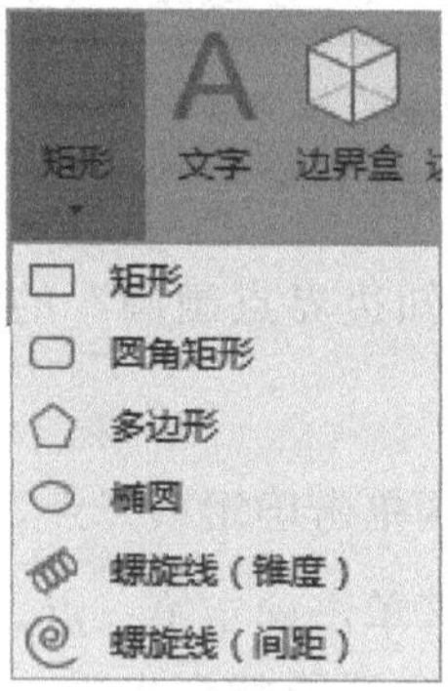

绘制这些图形的命令主要位于“矩形”命令的下拉菜单中，如图 8-23 所示。

图 8-23 “矩形”命令下拉菜单

1. 矩形

(1) 功能

矩形命令 矩形 用来绘制矩形，是通过确定矩形的两个顶点来创建矩形的。

(2) 绘制矩形的操作步骤

① 用鼠标左键依次在菜单栏单击“草图”命令、在工具栏单击“矩形”命令，弹出“矩形”命令的 Ribbon 工具栏，如图 8-24 所示。

② 绘图区上方弹出操作提示 选择第一个角位置 ，用鼠标左键单击确定矩形的一个顶点。

③ 确定矩形的一个顶点后，绘图区上方弹出操作提示 选择第二个角位置 ，用鼠标左键确定矩形的另一个对角顶点或在如图 8-24 所示的“矩形”工具栏中编辑矩形的长度和高度确定矩形的另一个对角顶点。

④ 在绘图区指定矩形两个顶点的位置后，单击 Ribbon 工具栏中的确定按钮，系统就会生成一个经过这两个点的矩形。

2. 圆角矩形

(1) 功能

圆角矩形命令 圆角矩形 用来绘制矩形，包括一般矩形和圆角矩形，矩形的形状有多种，如图 8-25 所示，根据绘图需要选取矩形的形状，选中后颜色异于其它。

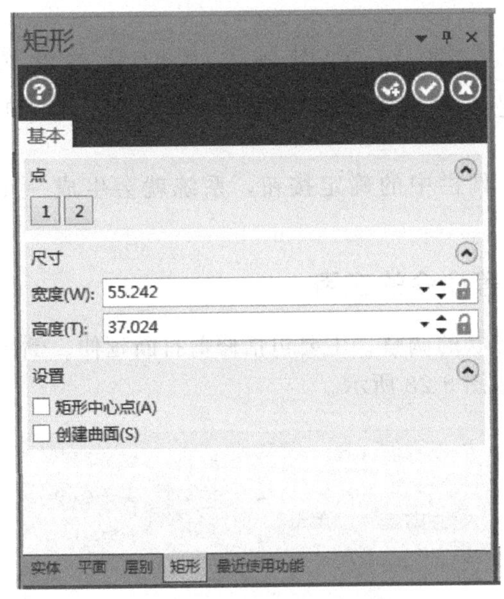

图 8-24 “矩形”命令的 Ribbon 工具栏

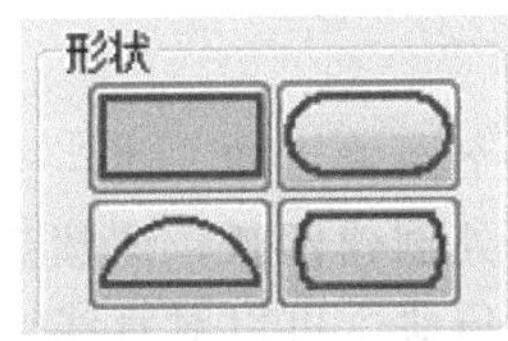

图 8-25 矩形的形状

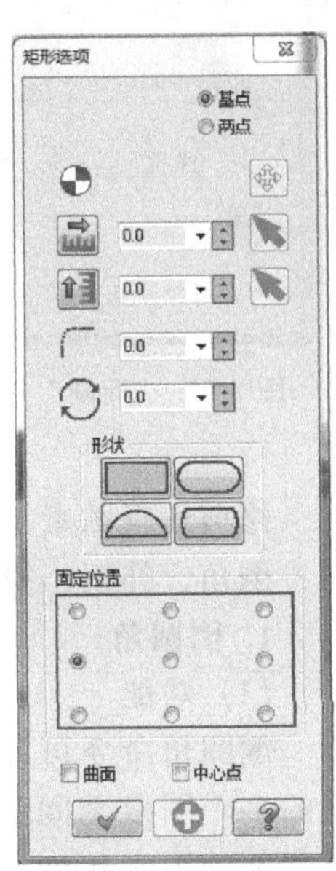

图 8-26 圆角矩形

(2) 绘制圆角矩形的操作步骤

① 用鼠标左键依次在菜单栏单击“草图”命令、在工具栏单击“圆角矩形”命令，弹出“圆角矩形”命令的 Ribbon 工具栏，如图 8-26 所示。

说明：a. “基点”选项：使用指定的基准点的方式创建矩形。

b. “两点”选项：使用指定的两点的方式创建矩形。

c. “形状”按钮：选择不同的按钮，创建不同的矩形。

d. “固定位置”选项：使用矩形的某个点（矩形的顶点、边的中点或矩形的中心点）为基准点确定矩形的位置，如图 8-26 所示是以矩形的左边中点为基准点。

② 绘图区上方弹出操作提示 选择基准点位置，在绘图区用鼠标左键单击确定矩形的基准点。

③ 绘图区上方弹出操作提示 输入宽度和高度或选择对角位置，在如图 8-26 所示的“圆角矩形”工具栏中编辑矩形的长度和高度确定矩形的尺寸。

④ 单击 Ribbon 工具栏中的确定按钮，系统就会生成一个想要的矩形。

【知识点四】 绘制椭圆

(1) 绘制椭圆功能

在 Mastercam2017 软件中，使用椭圆命令不仅可以创建部分椭圆，也可以绘制完整的椭圆，绘制椭圆是通过指定其中心点、长轴和短轴的尺寸来确定。

(2) 绘制椭圆的操作步骤

① 用鼠标左键依次在菜单栏单击“草图”命令、在工具栏单击打开“矩形”命令的下拉菜单，选择其中的“椭圆”命令，弹出“椭圆”命令的 Ribbon 工具栏，如图 8-27 所示。

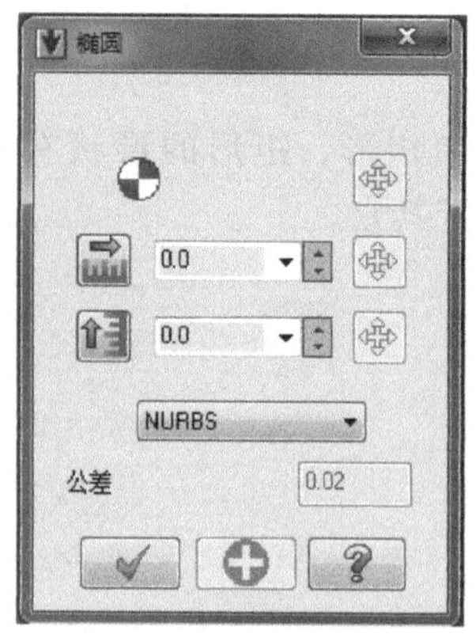

图 8-27 “椭圆”操作栏

② 按照绘图区上方的提示选择基准点位置，用鼠标左键在绘图区单击确定椭圆的中心点。

③ 确定椭圆的中心点后，绘图区上方的提示变为输入X轴半径或选择一点，用鼠标左键在绘图区单击确定椭圆的长轴。

④ 确定椭圆的长轴后，绘图区上方的提示变为输入X轴半径或选择一点，用鼠标左键在绘图区单击确定椭圆的短轴。

⑤ 单击 Ribbon 工具栏中的确定按钮，系统就会生成一个椭圆。

【知识点五】 修剪等命令的应用

修剪编辑图素是指对已绘制的图素进行位置或形状的调整，主要包括修剪打断延伸、倒圆角、倒角、补正、投影、封闭全圆和修复曲线等，如图 8-28 所示。

1. 倒圆角

(1) 功能

倒圆角命令可以在两个图素之间，或一个串联的多个图素之间的拐角处创建圆弧，该圆弧与其相邻的图素相切。倒圆角命令可以对直线或者圆弧进行操作，但是不能对样条曲线进行操作。

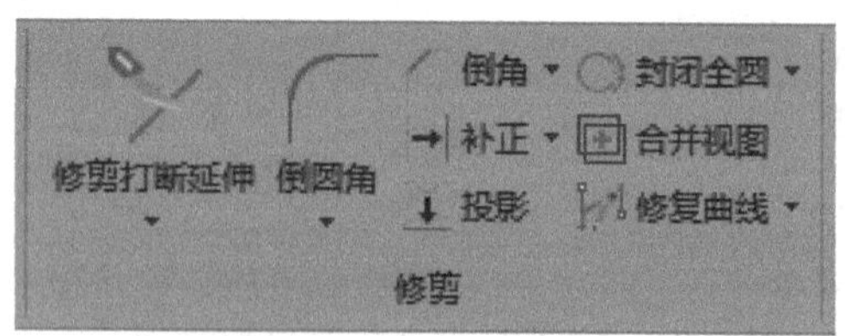

图 8-28 修剪等命令

(2) 倒圆角的一般操作步骤

① 用鼠标左键点击“草图”命令工具栏的“倒圆角”的下拉菜单符号，弹出“倒圆角”的下拉菜单，如图 8-29 所示，包括“倒圆角”和“串连倒圆角”两种方式。

② 选择“倒圆角”命令，弹出“倒圆角”的操作栏，如图 8-30 所示。

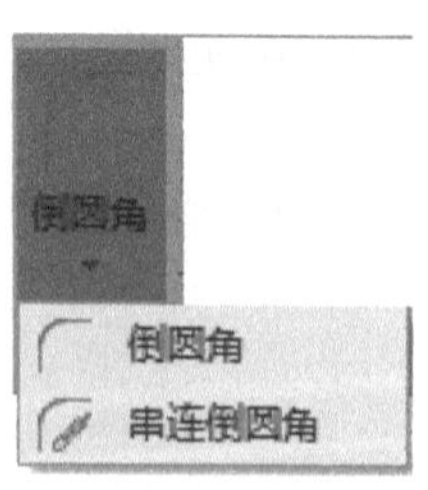

图 8-29 倒圆角

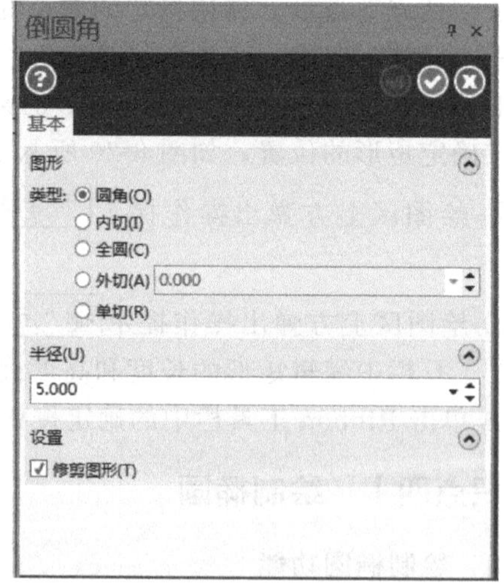

图 8-30 “倒圆角”的操作栏

③ 按照绘图区上方的提示倒圆角:选择图形，拾取倒圆角的第一条曲线。

④ 再按照绘图区上方的提示倒圆角:选择图形，拾取倒圆角的另一条曲线，单击操作栏中的确定按钮，就会完成倒圆角操作。

2. 倒角

(1)“倒角”功能

“倒角”命令可以在两个图素之间，或一个串联的多个图素之间的拐角处，创建等距或不等距的倒角，其倒角的距离值是从两个图素的交点处算起。

(2) 倒角的一般操作步骤

① 用鼠标左键点击“草图”命令工具栏的“倒角”的下拉菜单符号，弹出“倒角”的下拉菜单，如图 8-31 所示，包括“倒角”和“串连倒角”两种方式。

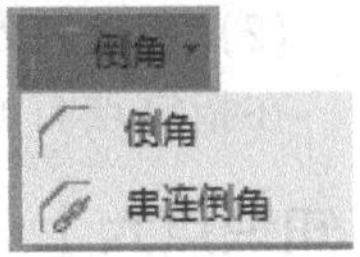

图 8-31 “倒角”的下拉菜单

② 选择“倒角”命令，弹出“倒角”的操作栏，如图 8-32 所示。

③ 拾取倒角的第一条曲线，再拾取倒角的另一条曲线，即可完成两条曲线间的倒角，本指令可以连续操作，单击操作栏中的确定按钮就会完成倒角操作。

3. 修剪打断延伸

用鼠标左键点击工具栏中“修剪打断延伸”命令的下拉按钮，弹出下拉菜单，如图 8-33 所示。

(1)“修剪打断延伸”

①“修剪打断延伸”功能　“修剪打断延伸”命令可以对图素进行修剪或者打断的编辑操作，或者沿着某一个图素的法线方向进行延伸。

②“修剪打断延伸”的一般操作步骤　用鼠标左键点击工具栏中的“修剪打断延伸”命令，弹出“修剪打断延伸”的 Robbin 工具栏，如图 8-34 所示。

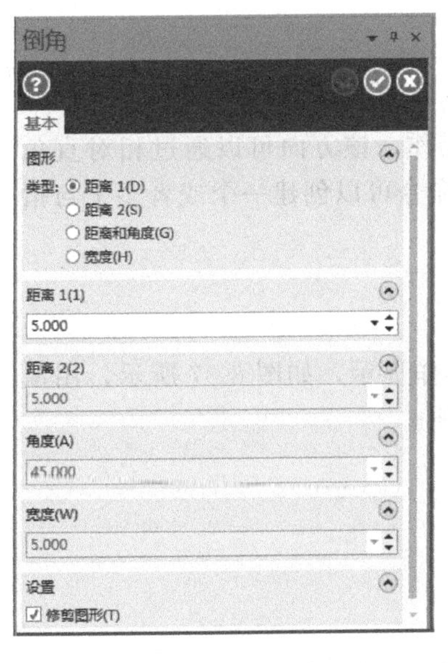

图 8-32 “倒角”的操作栏

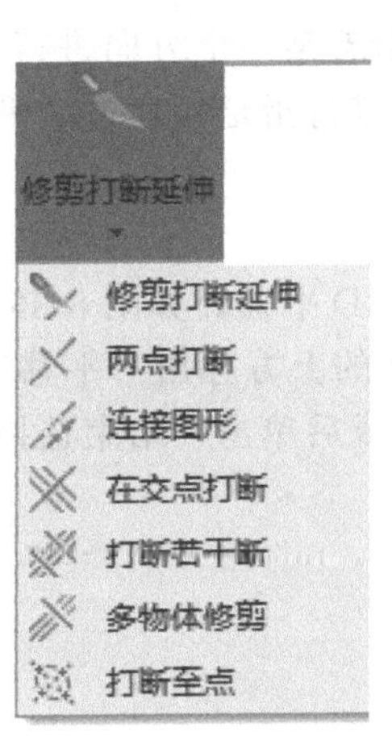

图 8-33 “修剪打断延伸”下拉菜单

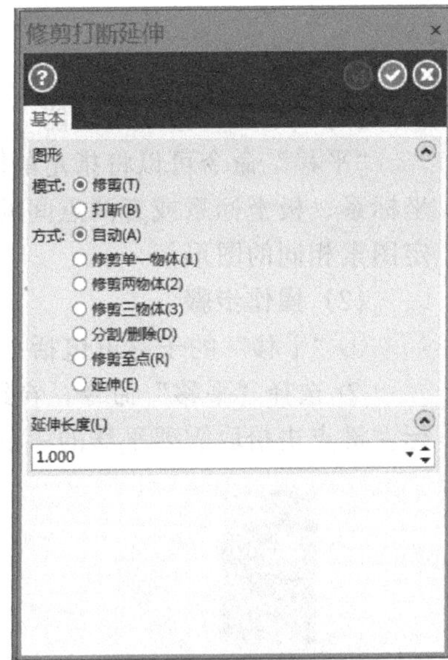

图 8-34 “修剪打断延伸”Robbin 工具栏

“修剪打断延伸”的 Robbin 工具栏“修剪”(T) 模式的各选项含义说明。

a. ◉ 自动(A) 方式：为默认设置，此时系统提示[选择图形去修剪或延伸]，单击第一个图形（如果是修剪图形，则单击图形的部位是要保留的部分）后，系统又提示[选择要修剪/延伸的图形]，单击第二个图形，如果两个图形相交则第二个图形为剪刀线，对第一个图形修剪；如果两个图形不相交，则两个图形自动延伸相交于一点。

b. ○分割/删除(D)方式：用该命令可以拾取谁删除谁，非常方便。

c. ○修剪至点(R)方式：修剪图形到点或绘图区的任意位置点，如果点不在图形上，系统会自动计算裁剪（或延伸）到最近的图形上。

d. ○延伸(E)方式：与延伸长度(L)文本框配合使用，可以实现曲线的延伸。

(2) 两点打断

在指定点打断图形。

【知识点六】 转换图素

在使用 Mastercam2017 软件进行绘图时，有时要绘制一些相同或近似的图形，此时可以根据用户的需要对其进行平移、镜像、旋转、动态转换、移动到原点等操作，以加快设计速度。

转换图素的命令主要位于“转换”工具栏中，如图 8-35 所示。

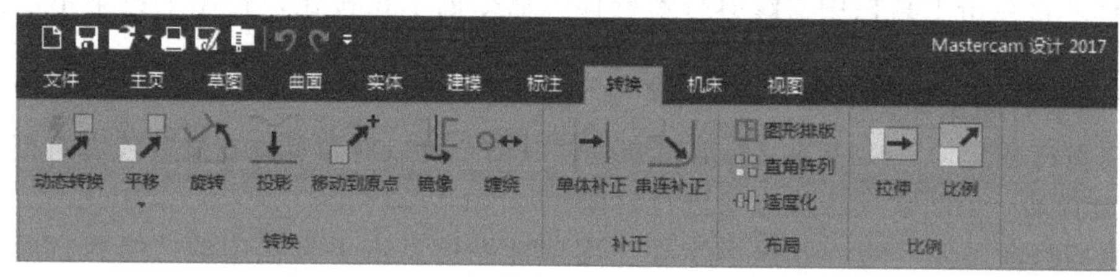

图 8-35 “转换”工具栏

1. 平移

(1) “平移”命令的功能

“平移”命令可以将指定的图素沿着某一个方向进行平移操作，该方向可以通过相对直角坐标系、极坐标系或者两点间的距离进行指定，通过“平移”命令可以创建一个或者多个与指定图素相同的图形。

(2) 操作步骤

①“平移”的子菜单包括平移和 3D 平移，如图 8-36 所示。

② 选择“平移”命令，在绘图区的上方弹出“平移”的操作提示，如图 8-37 所示，用鼠标左键点击拾取需要平移的图形，完成后单击“结束选择”按钮。

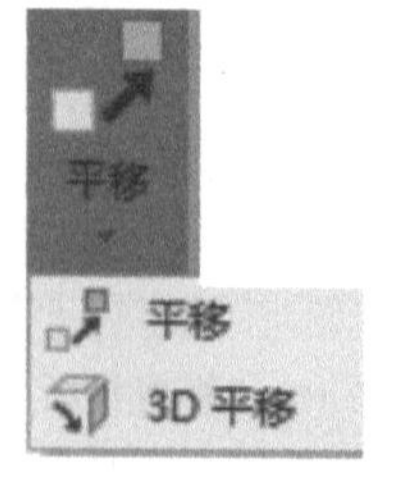

图 8-36 “平移”子菜单

图 8-37 “平移”的操作提示

③ 系统弹出如图 8-38 所示的“平移”对话框

a. 移动：用于设置将指定的图素移动到一个新的位置。

b. 复制：用于设置将指定的图素移动到一个新的位置，同时原始图素被保留在最初的位置。

④ 定义平移图素在直角坐标系下的三个方向上的增量值：X 方向上的增量值、Y 方向上的增量值、Z 方向上的增量值。

设置相关的参数，系统会自动更新显示平移的效果，完成后单击“确定”按钮。

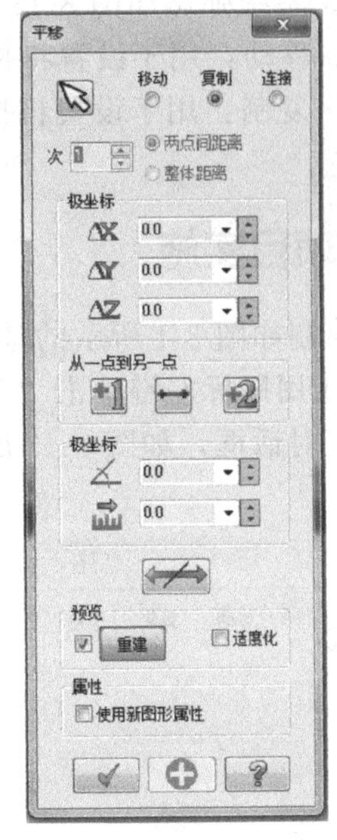

图 8-38 “平移”对话框

2. 镜像

(1) “镜像”命令的功能

“镜像”命令可以将指定的图素关于定义的镜像中心线进行对称操作。

(2) 镜像的一般操作步骤

① 在“转换”工具栏用鼠标左键单击“镜像”命令，在绘图区的上方弹出“镜像”的操作提示，如图 8-39 所示。用鼠标左键点击拾取需要镜像的图形，完成后单击“结束选择”按钮。

② 系统弹出如图 8-40 所示的“镜像”对话框。

“镜像”对话框中部分选项的说明。

a. 移动：用于设置将指定的镜像图素移动到一个新的位置。

图 8-39 镜像

b. 复制：用于设置将指定的镜像图素移动到一个新的位置，同时原始图素被保留在最初的位置。

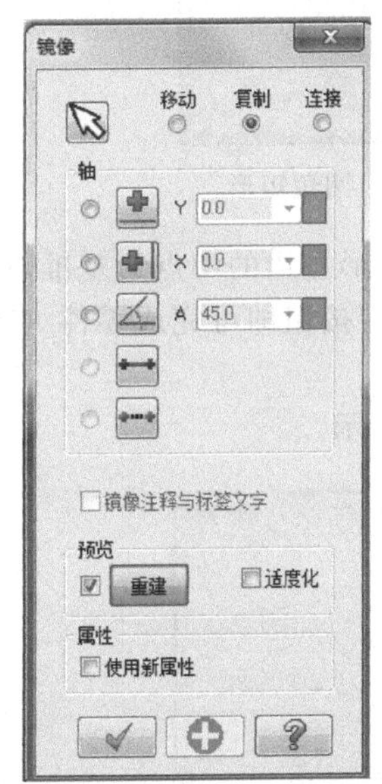

图 8-40 “镜像”对话框

3. 移动到原点

(1) 功能

基于拾取的点移动所有图形到坐标系原点，实质是建立工件（编程）坐标系。

(2) 操作步骤

用鼠标左键单击工具栏中的“移动到原点”命令，系统弹出操作提示 选择平移起点 ，拾取图形上需要的一个点即可完成操作。

4. 旋转

(1) 功能

“旋转”命令可以将指定的图素关于定义的中心点旋转一定的角度。

(2) 旋转的一般操作步骤

① 在“转换”工具栏用鼠标左键单击“旋转”命令，在绘图区的上方弹出“旋转”的操作提示，如图 8-41 所示。用鼠标左键点击拾取需要旋转的图形，完成后单击“结束选择”按钮。

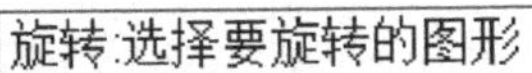

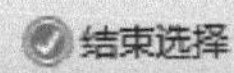

图 8-41 “旋转”的操作提示

② 系统弹出如图 8-42 所示的“旋转”对话框。

a. 移动：用于设置将指定的旋转图素移动到一个新的位置。

b. 复制：用于设置将指定的旋转图素移动到一个新的位置，同时原始图素被保留在最初的位置。

项目实施

绘制如图 8-1 所示的零件图，操作步骤如下。

① 用鼠标左键单击“草图”菜单，再选择工具栏的“圆角矩形”功能，弹出“圆角矩形”的操作对话框，如图 8-43 所示。

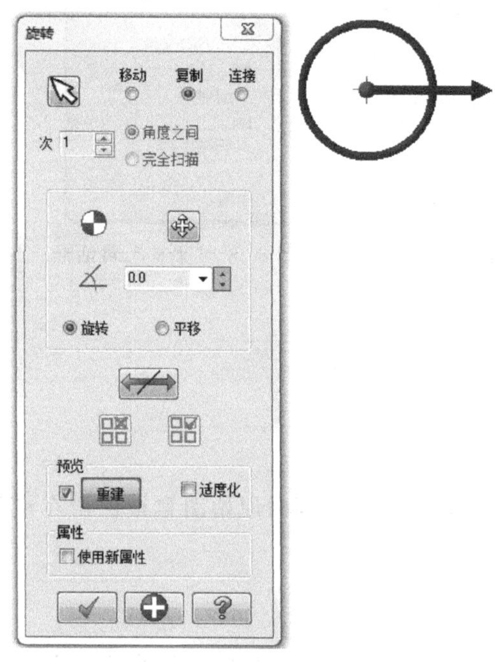

图 8-42 “旋转”对话框

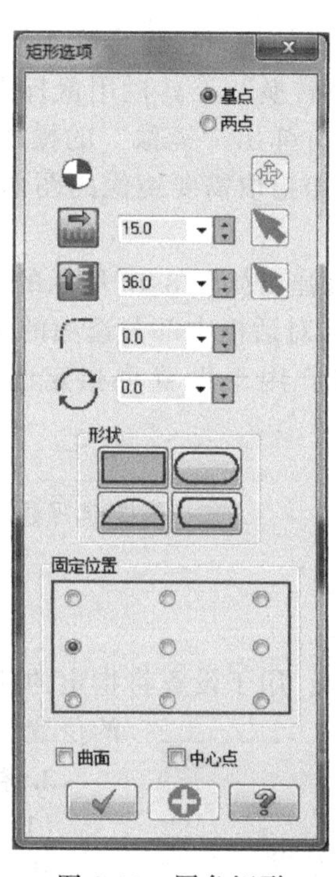

图 8-43 圆角矩形

② 在圆角矩形的操作对话框中输入矩形的尺寸 15、36，选择以矩形左边的中点为基准点，在绘图区确定矩形的位置后即出现尺寸要求的矩形，点击操作栏的确定按钮即可完成零件（图 8-44）左端矩形的绘制。

③ 按照前面的步骤操作，可以绘制出另外两个矩形，如图 8-44 所示。

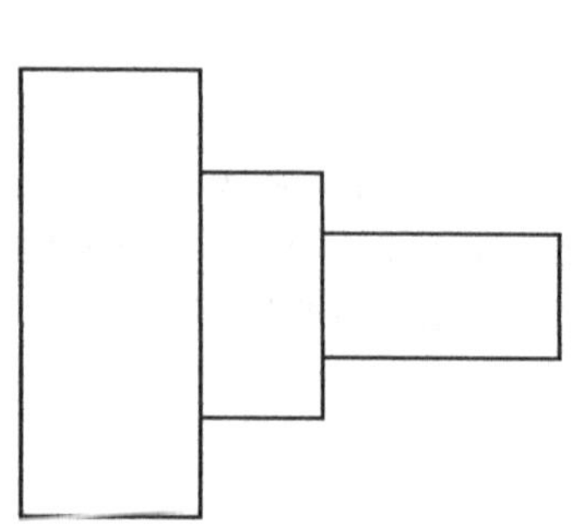

图 8-44 零件图中矩形的绘制

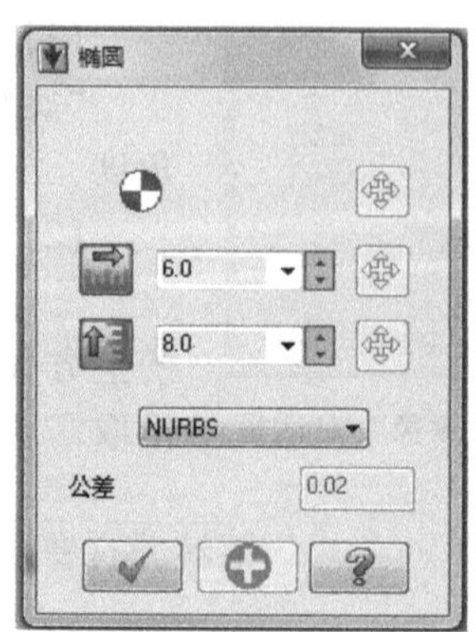

图 8-45 “椭圆”操作栏

④ 选择“直线”功能，绘制出图样的中心线；选择“平行线”功能，绘制出椭圆中心线；再选择“椭圆”功能，弹出“椭圆”的操作栏，如图 8-45 所示，填写椭圆的参数绘制出椭圆，如图 8-46 所示，完成后点击操作栏的确定按钮。

⑤ 选择“倒圆角”命令，弹出“倒圆角”的操作栏，如图 8-47 所示，填写半径 5mm，拾取 $R5$ 的相邻两条曲线，画出 $R5$ 的圆弧；选择修剪功能裁掉多余的曲线，得到零件图，如图 8-48 所示。

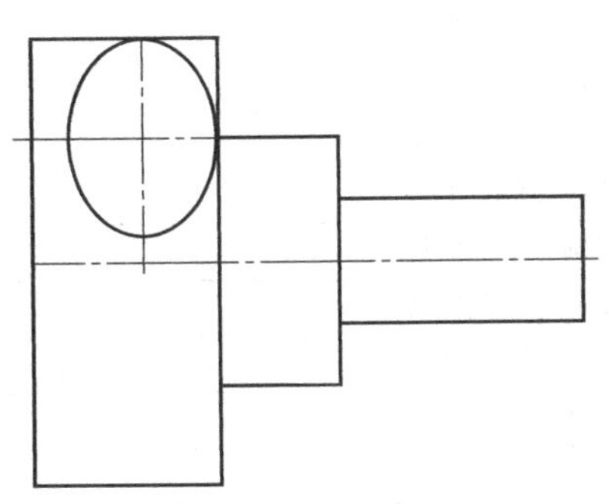

图 8-46 零件图中椭圆的绘制

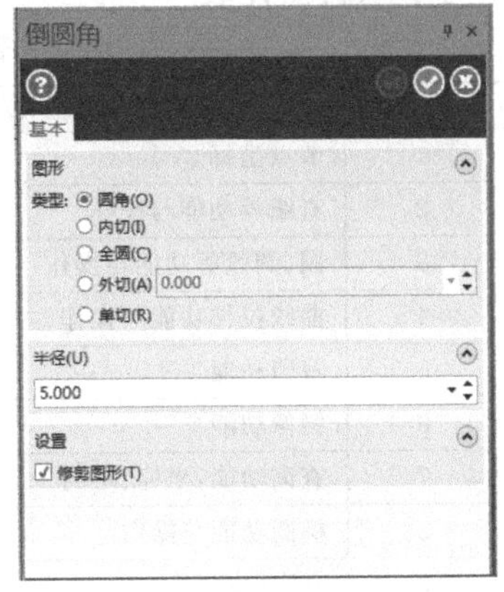

图 8-47 “倒圆角”操作栏

⑥ 选择“倒角”命令，弹出“倒角”的操作栏，如图 8-49 所示，填写倒角参数，依次拾取倒角的相邻两条直线，画出倒角，如图 8-50 所示，完成后点击操作栏的确定按钮。

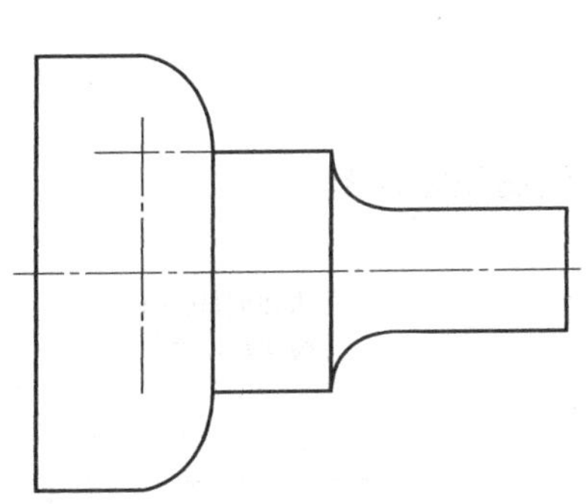

图 8-48 零件图中的倒圆角

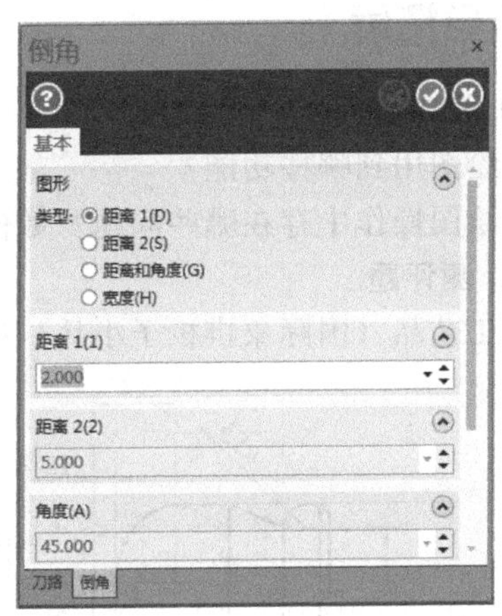

图 8-49 “倒角”操作栏

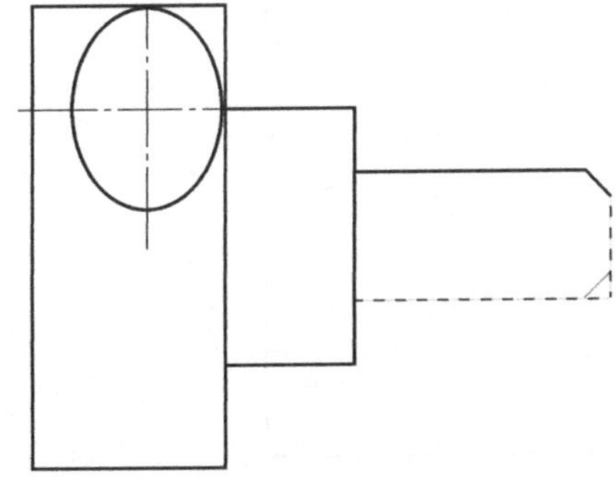

图 8-50 零件图中的倒角

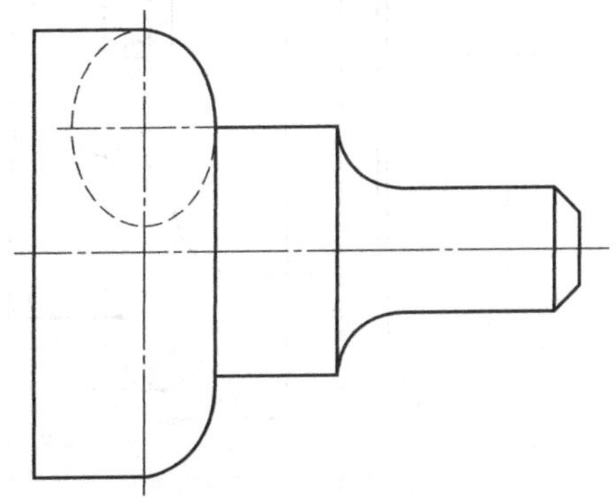

图 8-51 裁掉多余曲线完成零件图的绘制

⑦ 选择“裁剪”命令，裁掉多余的曲线；选择“直线”命令，补上缺省的曲线；再单击鼠标右键，选择需要的线型，将图样的曲线改成需要的线型，完成图样绘制，如图 8-51 所示。

项目测评

① 通过本项目实施有哪些收获？

② 填写子项目测评表（表 8-1）。

表 8-1 绘图操作测评表

考核项目		考核内容		考核标准		测评
主要项目	1	节点坐标		思路清晰、计算准确		
	2	直线等功能与操作		操作正确、规范、熟练		
	3	圆、圆弧等功能与操作		操作正确、规范、熟练		
	4	曲线拉伸功能与操作		操作正确、规范、熟练		
	5	裁剪功能		操作正确、规范、熟练		
	6	镜像功能		操作正确、规范、熟练		
	7	查询功能：坐标、距离		操作正确、规范、熟练		
	8	椭圆功能与操作		操作准确、规范		
	9	其它（线型等）		正确、规范		
文明生产	安全操作规范、机房管理规定					
结果		优秀	良好	及格	不及格	

项目拓展

(1) 思考题

① 绘图用到哪些功能？

② 绘图操作中存在哪些问题？如何处理的？

(2) 测评题

① 工艺品（国际象棋棋子小兵）如题图 8-1 所示，绘制该零件图。

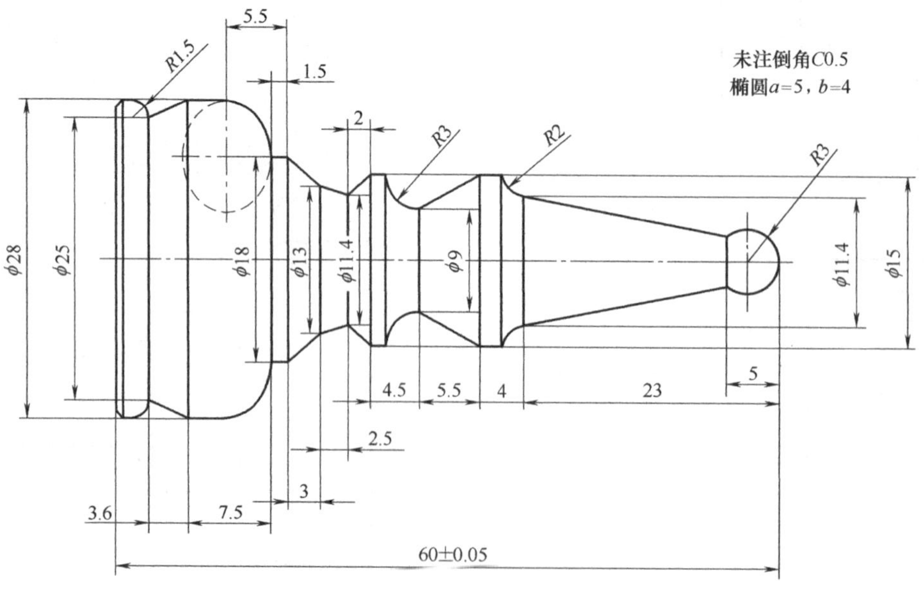

题图 8-1

② 工艺品（国际象棋棋子大兵）如题图 8-2 所示，绘制该零件图。

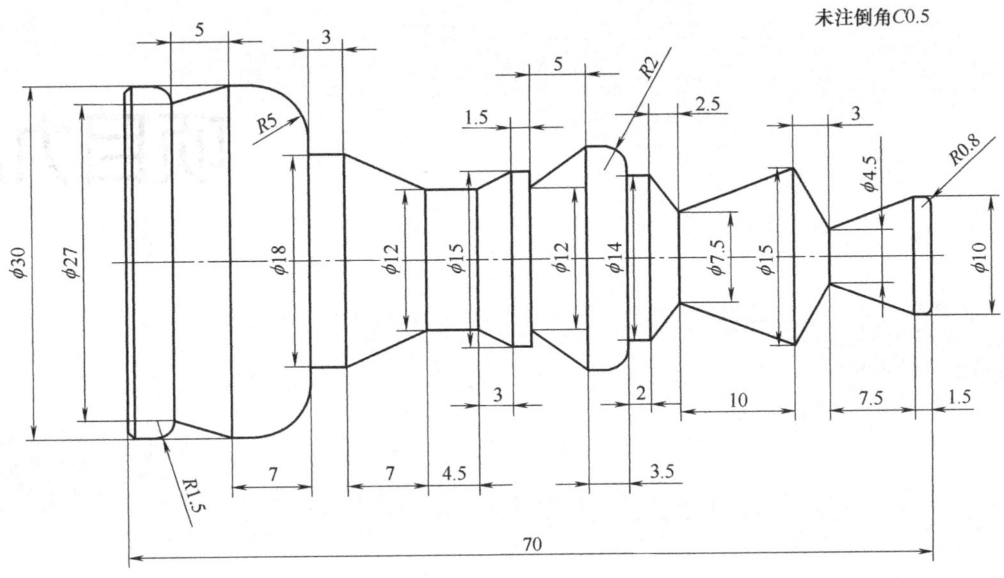

题图 8-2

③ 工艺品（鱼形件）如题图 8-3 所示，绘制该零件图。

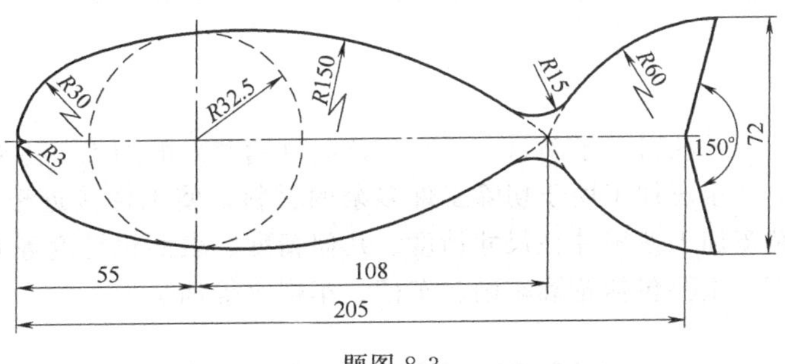

题图 8-3

项目九

Mastercam2017软件的数控车加工

本项目共包括两个子项目：子项目（一）工艺品（葫芦）的加工，主要包括粗车加工和精车加工、车断加工等，粗车加工用于切除工件多余的材料，使工件接近于最终的尺寸和形状，为精加工做准备；精车加工使零件在尺寸精度、几何精度、表面粗糙度等方面达到要求。子项目（二）手柄的加工，主要包括轮廓车削、车槽、车螺纹等加工。

子项目（一） 工艺品（葫芦）的加工

项目目标

编程加工如图9-1所示的工艺品（葫芦）。

项目分析

1. 零件结构分析

工艺品（葫芦）的轮廓包括外轮廓和两个端面，主要由ϕ6mm的圆柱面、R25、R6、R16、R10和端面等表面组成，尺寸标注完整，零件轮廓描述清晰。

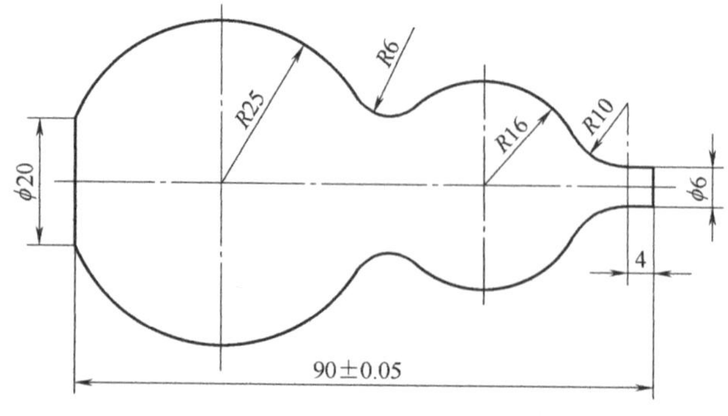

图9-1 工艺品（葫芦）

2. 选择毛坯

根据图样要求，选择ϕ52mm的棒料，材质为45钢。

3. 零件车削加工工艺分析

工艺品（葫芦）车削加工工艺包括右端面车削、外轮廓粗车和精车、切断加工等，如图9-2所示。

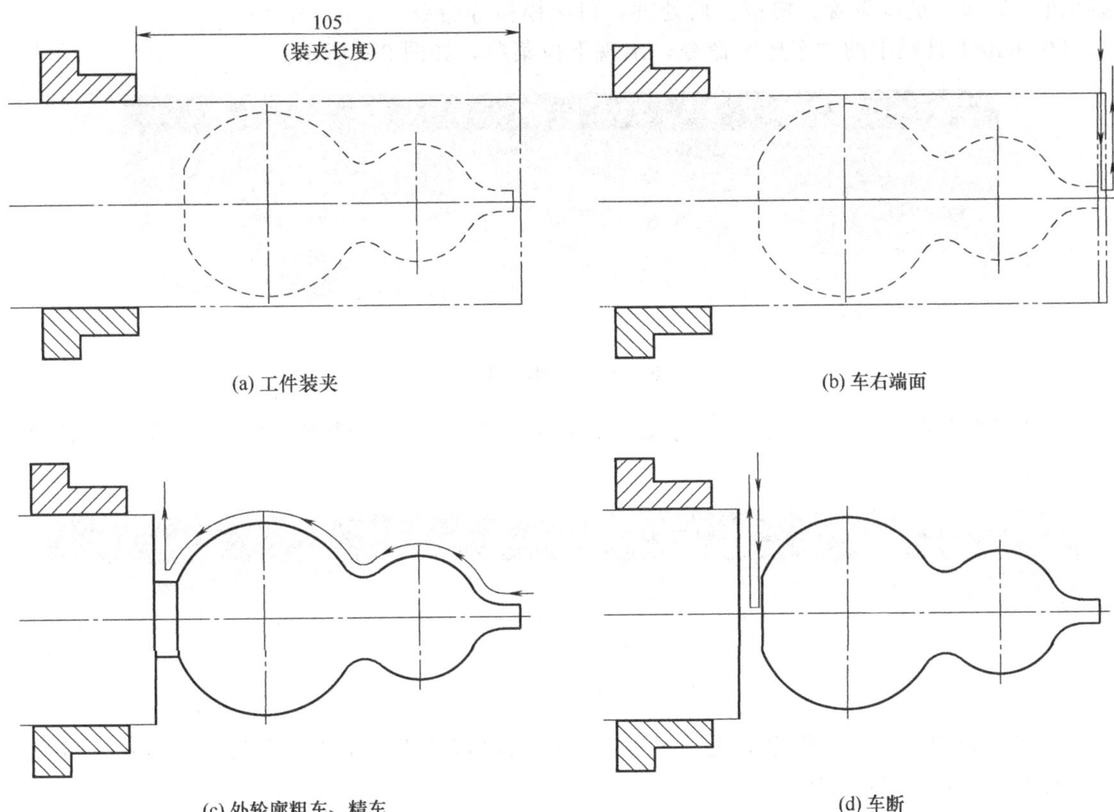

图 9-2 工艺品（葫芦）车削加工工艺

4. 车削加工主要参数（表 9-1）

表 9-1 车削加工参数

工步号	工步内容	刀具	主轴转速 /(r/min)	进给量 /(mm/min)	吃刀量 /mm
1	车削工件右端面	T0101,90°正偏刀	1500	80	0.3
2	粗车工件外轮廓	T0101,90°正偏刀	800	200	2.0
3	精车工件外轮廓	T0202,圆弧车刀	1500	100	0.2
4	车断	T0303,车槽刀	600	50	
5	文明生产:执行安全规程,场地整洁,工具整齐			审核:	

注意

实际生产加工中一般是批量生产，粗车加工、精车加工的刀具要分开，因为粗车加工的工作量远远大于精车，粗车加工的刀具容易磨损，如果用于精车，保证不了零件的加工精度。这里为了简化相关操作，可以采用一把刀具粗车加工、精车加工工件外轮廓，用户可以自己体验。

项目准备

【知识点一】“车削”模式

① 用鼠标左键单击“机床”菜单，出现“机床”菜单的工具栏，如图 9-3 所示，工具栏

包括机床类型、机床设置、模拟、后处理、机床模拟等命令。

② 单击工具栏中的“车床”命令，出现下拉菜单，如图 9-3 所示。

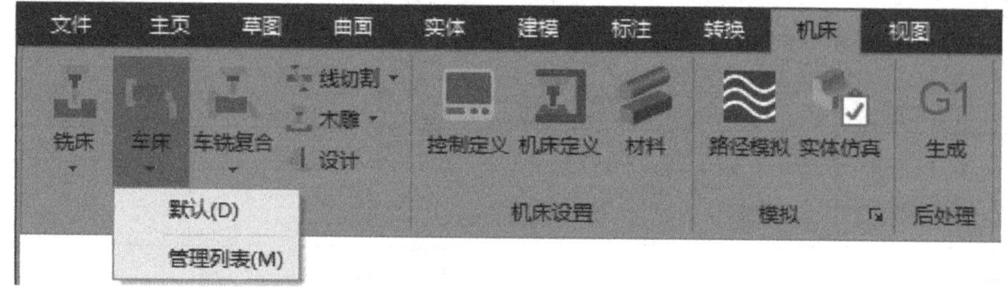

图 9-3 “机床”菜单

a.“车削”命令 点击“默认”子菜单，进入“车削”命令状态，“车削”命令工具栏如图 9-4 所示。

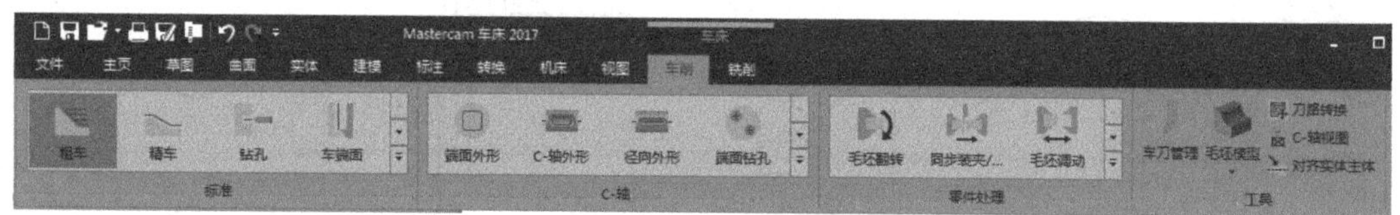

图 9-4 “车削”命令工具栏

b. 机床管理 选择“管理列表”子菜单，弹出机床管理对话框，如图 9-5 所示，可以自定义机床，也可以删除机床。

③“车削”方式：单击工具栏中的“标准”命令后面的翻页按钮，出现“车削”方式菜单列表，如图 9-6 所示。

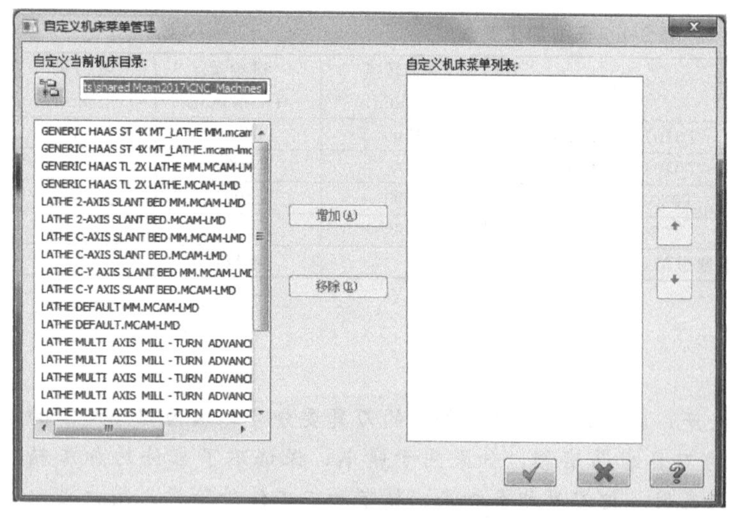

图 9-5 机床管理对话框

图 9-6 “车削”方式

【知识点二】 粗车加工

1.“粗车”模式

单击工具栏中的“粗车”命令，弹出选择车床的对话框，如图 9-7 所示，可以单击确认按钮，也可以输入新的车床系统再确认。

2. 确定车削轮廓

(1) 选择拾取轮廓方式

单击✓确认按钮选择车床后，弹出“串连选项”工具栏，选择“部分串连”方式。如图 9-8 所示。

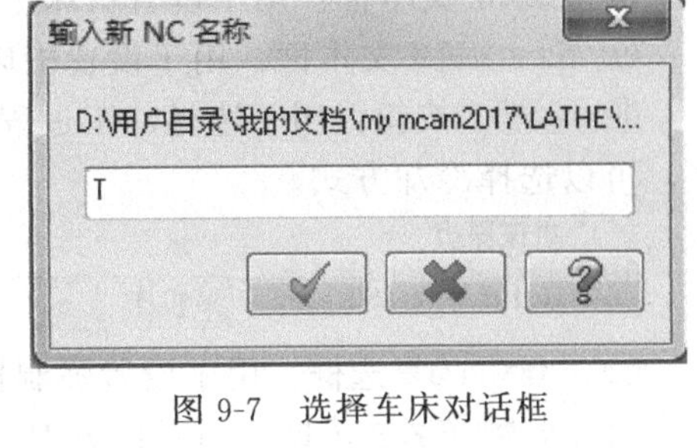

图 9-7 选择车床对话框

(2) 拾取加工轮廓

根据操作提示，用鼠标左键拾取加工轮廓，拾取完成后，单击“串连选项”工具栏的✓按钮，进入粗车参数选择模式。

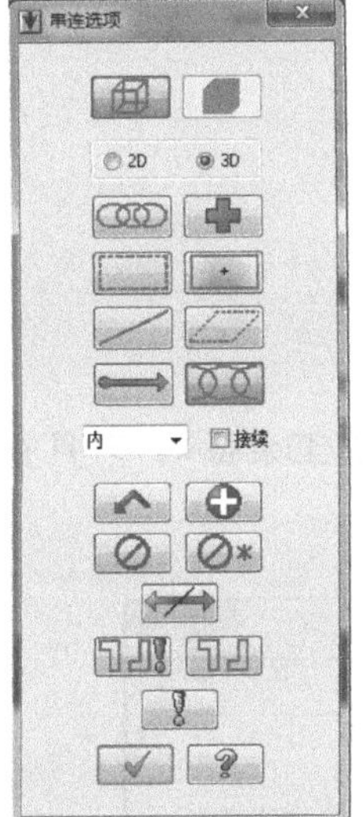

图 9-8 “串连选项”工具栏

3. 粗车参数

(1) 粗车刀具参数

粗车刀具参数如图 9-9 所示，设置刀具类型（包括设置刀号、刀补号、刀具角度等）、进给速率（进给速度）、主轴转速等参数。

粗车刀具参数各选项说明。

① 显示刀库复选框：用于显示当前选用的刀具。

② 从刀库选择按钮：用于从刀库中选取加工刀具。

③ 刀号: 1 文本框：用于显示加工程序中使用的刀具号码。

④ 补正号码: 1 文本框：用于显示加工程序中使用的刀具补偿号码。

⑤ 刀具角度(G)按钮：用于设置刀具进刀、切削以及刀具角度的相关选项。单击此按钮，系统弹出“刀具角度”的对话框，可以设置刀具角度的相关参数。

⑥ 进给速率:文本框：用于设置加工程序中使用的刀具进给速度。

⑦ 下刀速率:复选框：用于设置刀具进刀的进给速度，选中时相关的参数才起作用，否则相关的设置不起作用。

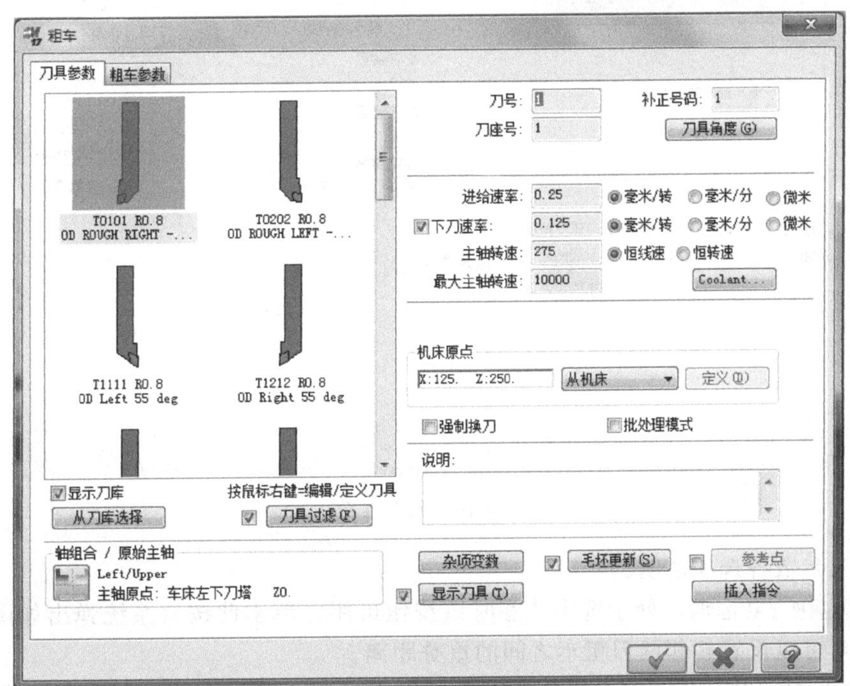

图 9-9 粗车刀具参数

⑧ **主轴转速**文本框：用于设置机床主轴的转速值。

⑨ **最大主轴转速**文本框：用于设置机床主轴允许的最大转速值。

⑩ Coolant... 按钮：用于选择加工过程中的冷却方式。单击此按钮，系统弹出 Coolant... 的对话框，可以选择冷却方式。

⑪ 机床原点 X:125. Z:250. 从机床 定义(D) 区域：选取或定义换刀点的位置。

⑫ **强制换刀**复选框：用于设置强制换刀的代码。

⑬ **批处理模式**复选框：用于设置刀具成批次处理。

⑭ 轴组合 / 原始主轴 Left/Upper 主轴原点：车床左下刀塔 Z0. 按钮：用于选择轴的结合方式。

⑮ 杂项变数 按钮：用于设置杂项变数的相关选项。

⑯ 毛坯更新(S) 按钮：用于设置工件更新的相关选项。

⑰ 显示刀具(T) 按钮：用于设置刀具显示的相关选项。

⑱ 插入指令 按钮：用于输入有关的指令。

(2) 设置粗车加工参数

粗车参数如图 9-10 所示，主要设置切削深度（吃刀量）、预留量（加工余量）、刀具补偿方式、切削方式、粗车方向/角度等参数。

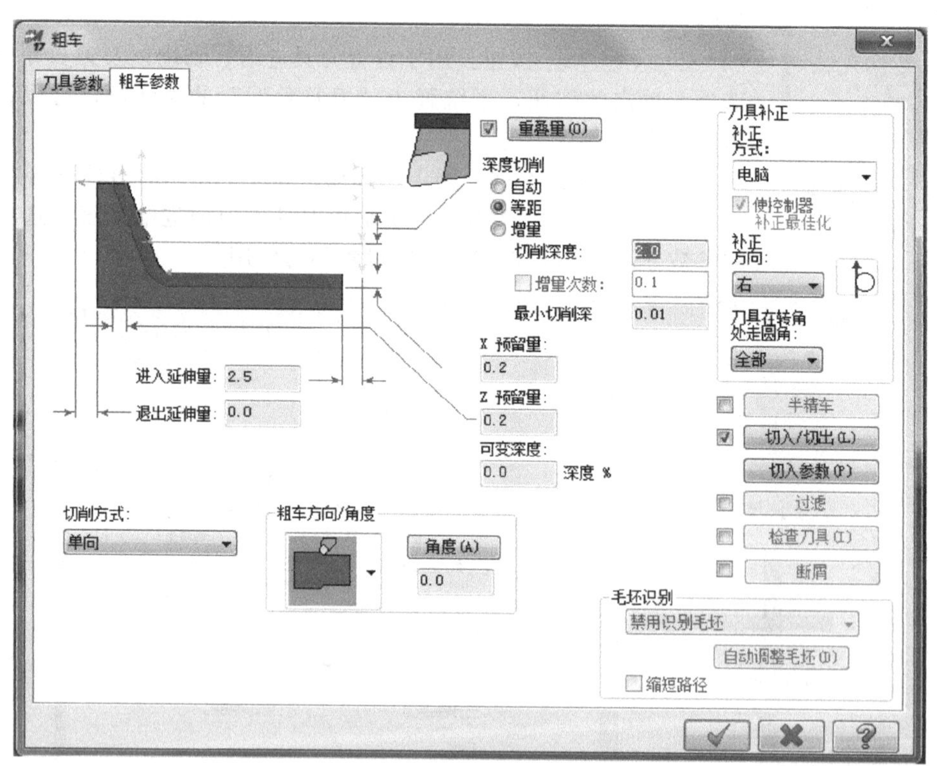

图 9-10　粗车参数

粗车加工参数各选项说明。

① 重叠量(O) 复选框：处于选中状态时该按钮可用。单击此按钮系统弹出如图 9-11 所示对话框，用户可以设置相邻两刀粗车之间的重叠距离。

② **深度切削**区域：用于设置每一刀的吃刀量，包括 **自动**选项、**等距**选项、**增量**选项等。

③ X预留量:文本框：用于设置粗车后工件在 X 向的加工余量。

Z预留量:文本框：用于设置粗车后工件在 Z 向的加工余量。

④ 进入延伸量: 2.5 文本框：用于设置粗车时每刀车削开始前，进刀延伸增加的距离，以保证加工轮廓完整地加工出来，防止轮廓开始的部位产生毛刺。

退出延伸量: 0.0 文本框：用于设置粗车时每刀车削完成后，退刀前车削延伸增加的距离，以保证加工轮廓完整地加工出来，防止轮廓结束的部位产生毛刺。

⑤ 切削方式区域：用于定义切削方法，包括单向、双向往复和双向斜插三种选项。

⑥ 粗车方向/角度下拉列表：用于定义粗车的方向和角度。

⑦ 刀具补正区域：用于设置刀具的补偿等参数，包括补正方式、补正方向、刀具在拐角处走圆角方式等。

⑧ ☑ 切入/切出(L) 复选框：选中可以激活此按钮，单击此按钮系统弹出如图 9-12 所示对话框，“切入”用于设置进刀路径，“切出”用于设置退刀路径。

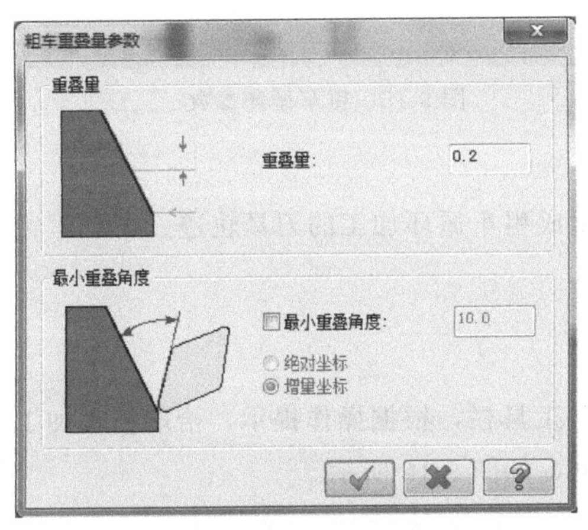

图 9-11 粗车的重叠量

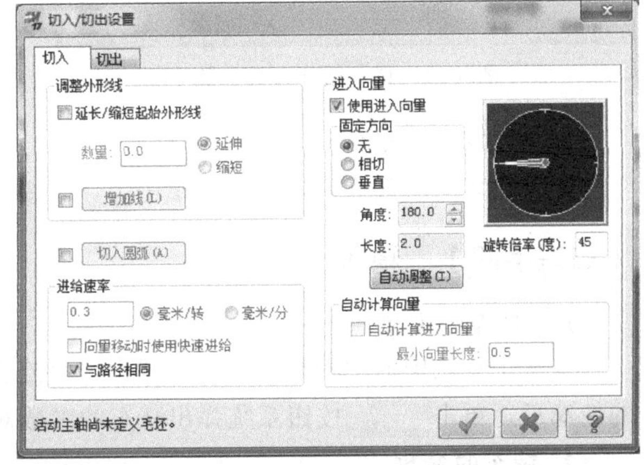

图 9-12 切入/切出设置

⑨ 切入参数(P) 按钮：用于设置车削时车刀切入工件的方式，如图 9-13 所示。

⑩ 毛坯识别下拉列表：用于设置工件切除部分的方式。

4. 生成刀具路径

设置完成粗车的刀具参数、粗车参数后，单击 ✓ 按钮即生成粗车刀具轨迹。

【知识点三】 粗车循环

(1) “粗车循环”命令

进入“车削”命令状态，单击工具栏中的“粗车循环”命令后，弹出“串连选项”工具栏，根据操作提示，用鼠标左键拾取加工轮廓，完成后单击“串连选项”工具栏的 ✓ 确认按钮，就进入“粗车循环”的刀具选择模式。

(2) “粗车循环”的参数

粗车循环的对话框如图 9-14 所示，包

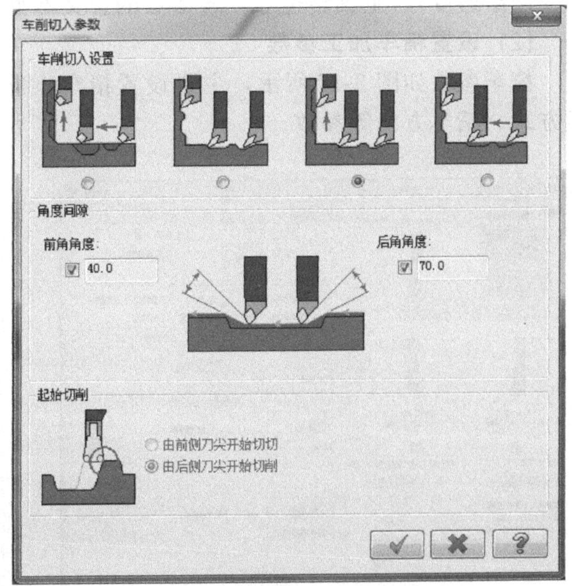

图 9-13 车削切入参数

括刀具参数和粗车循环参数等。

① 刀具参数　相关参数如图 9-14 所示。

② 粗车循环参数　相关参数如图 9-15 所示。

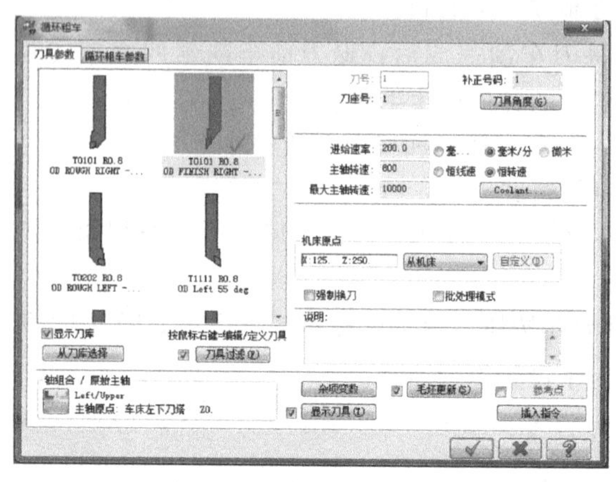

图 9-14　粗车循环刀具参数

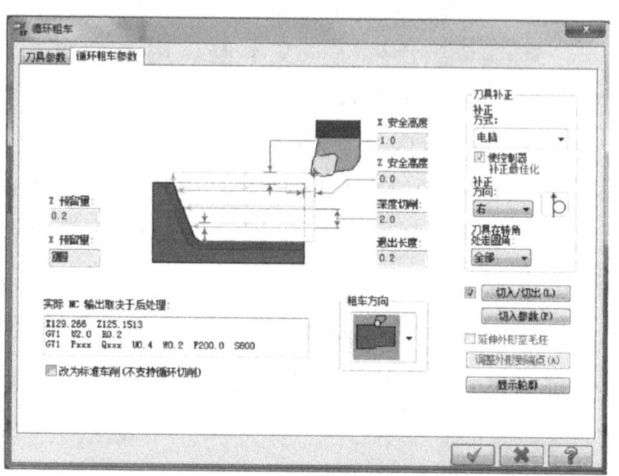

图 9-15　粗车循环参数

(3) 生成刀具路径

粗车循环的参数设置完成后，单击 ✓ 按钮即生成粗车循环加工的刀具轨迹。

【知识点四】　精车

1. “精车”模式

单击工具栏中的“精车”命令，弹出“串连选项”工具栏，根据操作提示，拾取精车加工的轮廓后，单击 ✓ 按钮系统弹出精车的参数对话框，如图 9-16 所示。

2. 精车的参数

(1) 选择刀具

精车刀具参数如图 9-16 所示，设置刀具类型（设置刀号、刀补号、刀具角度等）、进给速率（进给速度）、主轴转速等，各参数的含义参见粗车的刀具参数。

(2) 设置精车加工参数

精车参数如图 9-17 所示，主要设置精车步进量（吃刀量）、预留量（加工余量）、刀具补偿方式、精车方向等参数。

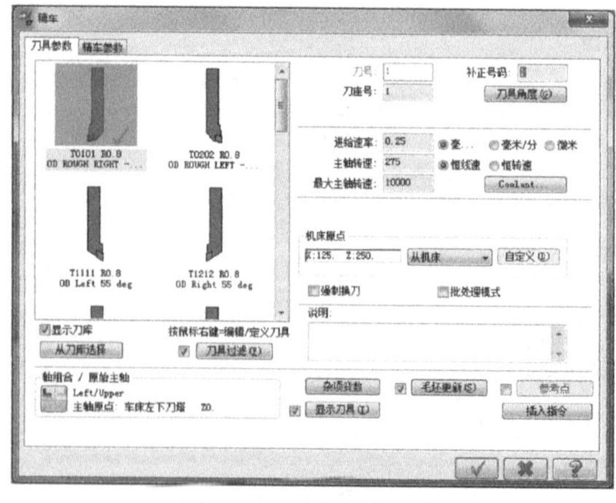

图 9-16　精车刀具参数

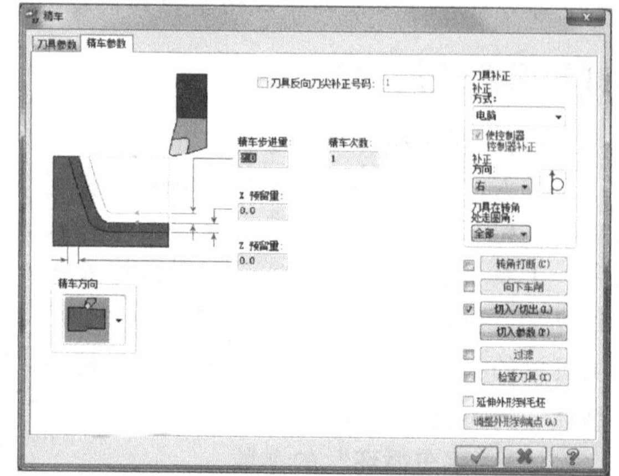

图 9-17　精车参数

精车参数（图 9-17）各选项的含义。

① **精车步进量**:文本框：用于设置每一刀精车的吃刀量。

② **精车次数**:文本框：用于设置精车的次数，一般设置为 1。

③ **X 预留量**:文本框：用于设置精车的 X 向加工余量，一般设置为 0。

④ **Z 预留量**:文本框：用于设置精车的 Z 向加工余量，一般设置为 0。

3. 生成刀具路径

精车刀具参数和加工参数设置完成后，单击 ✔ 按钮即可生成精车刀具轨迹。

【知识点五】 精车循环

1. “精车循环”模式

单击工具栏中的“精车循环”命令，弹出“串连选项”工具栏，根据操作提示，拾取精车加工的轮廓后，单击 ✔ 按钮系统弹出精车刀具参数对话框，如图 9-18 所示。

2. 精车循环

（1）选择刀具

精车循环刀具参数如图 9-18 所示，设置刀具类型（设置刀号、刀补号、刀具角度等）、进给速率（进给速度）、主轴转速等，各参数的含义参见粗车的刀具参数。

（2）精车循环参数

精车循环参数如图 9-19 所示。

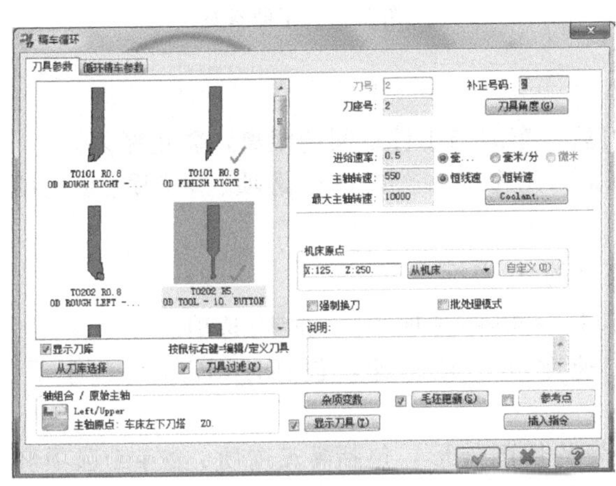

图 9-18 精车循环刀具参数

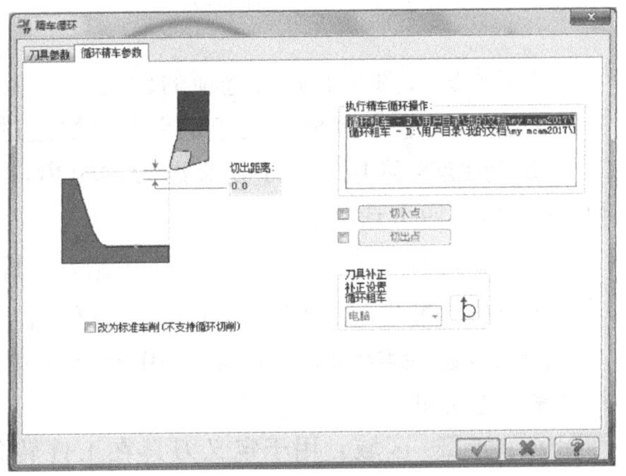

图 9-19 精车循环参数

【知识点六】 车断

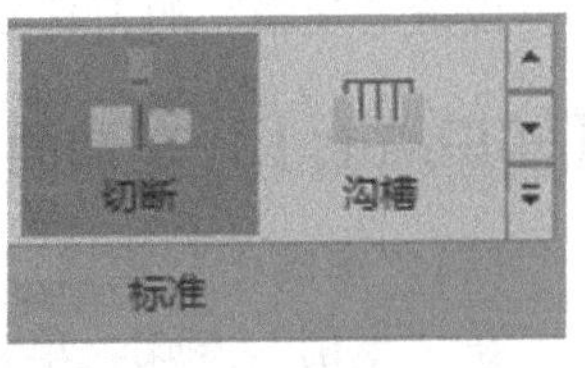

图 9-20 “车断”模式

1. “车断”模式

单击工具栏中的“车断”命令，弹出选择车断方式的对话框，如图 9-20 所示，包括切断、沟槽等加工方式。

2. 切断

（1）“切断”命令

选择“切断”命令，绘图区上方弹出操作提示 选择切断边界点，拾取切断边界点，系统弹出“切断”对话框，如图 9-21 所示，包括刀具参数和切断参数。

“切断”对话框的标题栏是“截断”，“截断”即“切断”，新国标为“车断”。

(2) 刀具参数

刀具参数如图 9-21 所示，设置刀具类型（包括设置刀号、补正号码即刀补号、刀具角度等）、进给速率（进给速度）、主轴转速等参数，各参数的含义参见粗车的刀具参数。

(3) 切断参数

切断参数如图 9-22 所示。

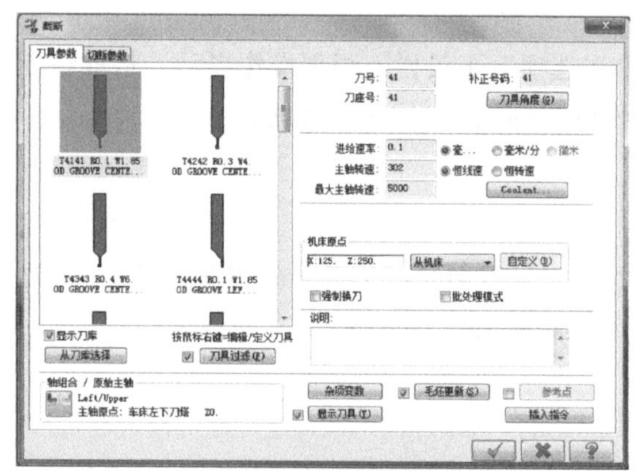

图 9-21 车断刀具参数

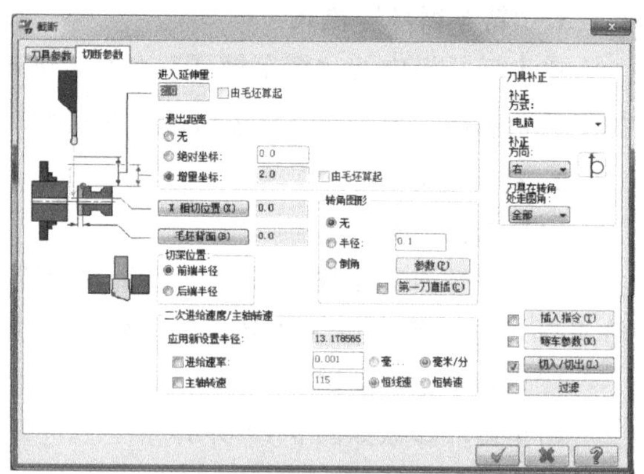

图 9-22 车断参数

切断参数（图 9-22）各选项的含义。

① **进入延伸量**文本框：用于定义车刀快速进刀后，车刀与工件之间的距离，防止碰刀。

② **退出距离**区域：用于定义退刀的距离，包括◎**无**选项、◎**绝对坐标**选项、◉**增量坐标**选项和□由毛坯算起四个选项。

③ **X 相切位置(X)** 文本框：用于定义车断终点的 X 坐标。

④ **切深位置**区域：用于定义车断的位置，包括◉**前端半径**选项和◎**后端半径**选项。

⑤ **二次进给速度/主轴转速**区域：用于定义第二速率和主轴转速，包括**应用新设置半径**选项、□**进给速率**选项和□**主轴转速**选项。

⑥ **转角图形**区域：用于定义刀具在工件转角处的切削外形，包括◉**无**选项、◎**半径**选项和◎**倒角**选项。

(4) 生成刀具路径

设置“切断”的刀具参数和加工参数完成后，单击 ✔ 按钮即可生成“切断”刀具轨迹。

【知识点七】 车端面

(1) “车端面”模式

在“车削”方式，单击工具栏中的“车端面”命令，系统弹出“车端面”工具栏，如图 9-23 所示。

(2) 选择车端面刀具

车端面参数包括刀具参数和车端面参数，刀具参数如图 9-23 所示，设置刀具类型（设置刀号、刀补号、刀具角度等）、进给速度、主轴转速等。

(3) 设置车端面加工参数

① 车端面参数如图 9-24 所示，主要设置步进量（吃刀量）、预留量（加工余量）、刀具补偿方式等。

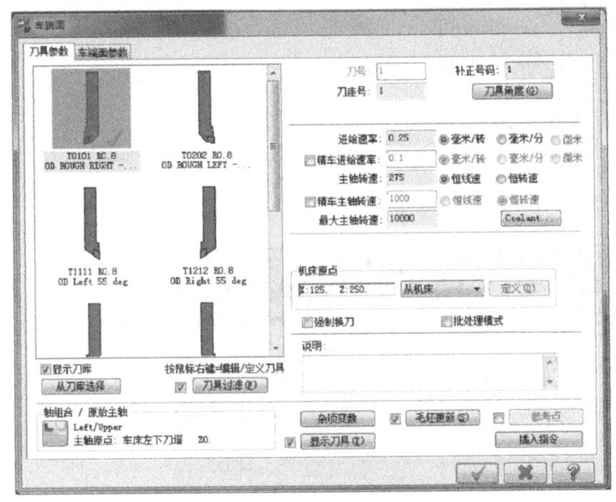

图 9-23 车端面刀具参数

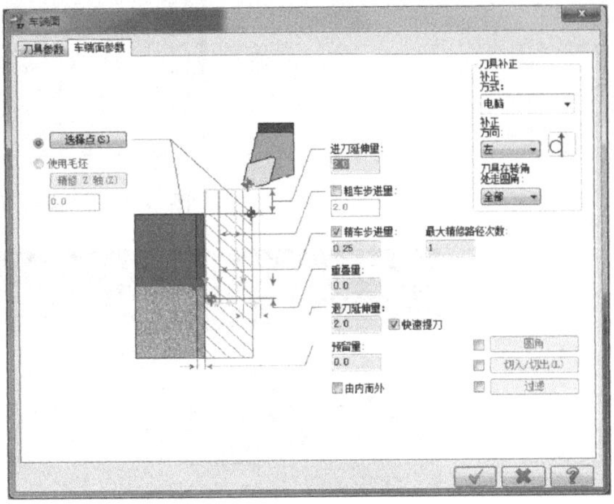

图 9-24 车端面参数

② 单击按钮 选择点(S) ，按照操作提示进行有关操作。

(4) 生成刀具路径

车端面的刀具参数和加工参数设置完成后，单击 ✓ 按钮即可生成车端面刀具轨迹。

【知识点八】 仿真加工

(1) 路径模拟（选择“ ”功能）

① 选择“ ”功能有两种方法

a. “刀路”中的“ ”功能 单击“视图”菜单，再选择工具栏中的“刀路”功能，弹出“刀路”的对话框，如图 9-25 所示，选择其中的“ ”功能。

b. “机床”中的“ ”功能 单击“机床”菜单，再选择其工具栏中的“ ”功能。

② 路径模拟 选择“ ”功能，系统弹出“路径模拟”控制板及对话框，如图 9-26 所示，单击控制板中的 ▶ 按钮即可路径模拟加工。

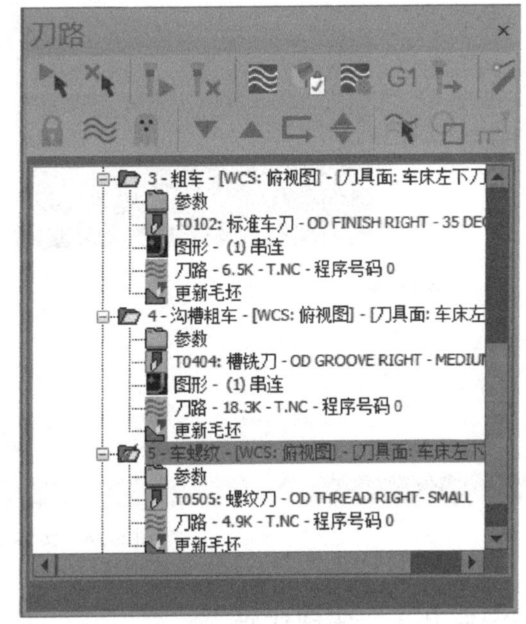

图 9-25 刀路

(2) 实体切削加工验证

① 单击“机床”菜单，其工具栏如图 9-27 所示。

② 单击工具栏中的“实体仿真”命令，系统弹出仿真加工的对话框，如图 9-28 所示，可以实体切削加工验证。

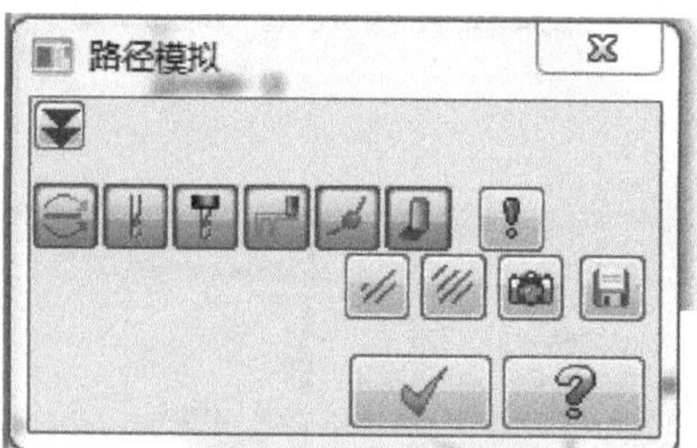

图 9-26 “路径模拟”控制板及对话框

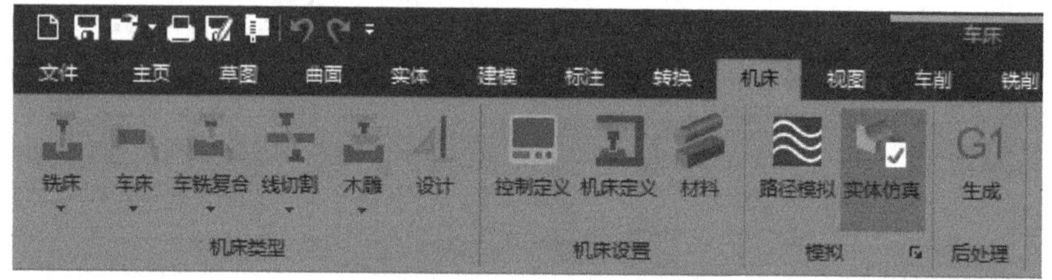

图 9-27 “机床”菜单工具栏

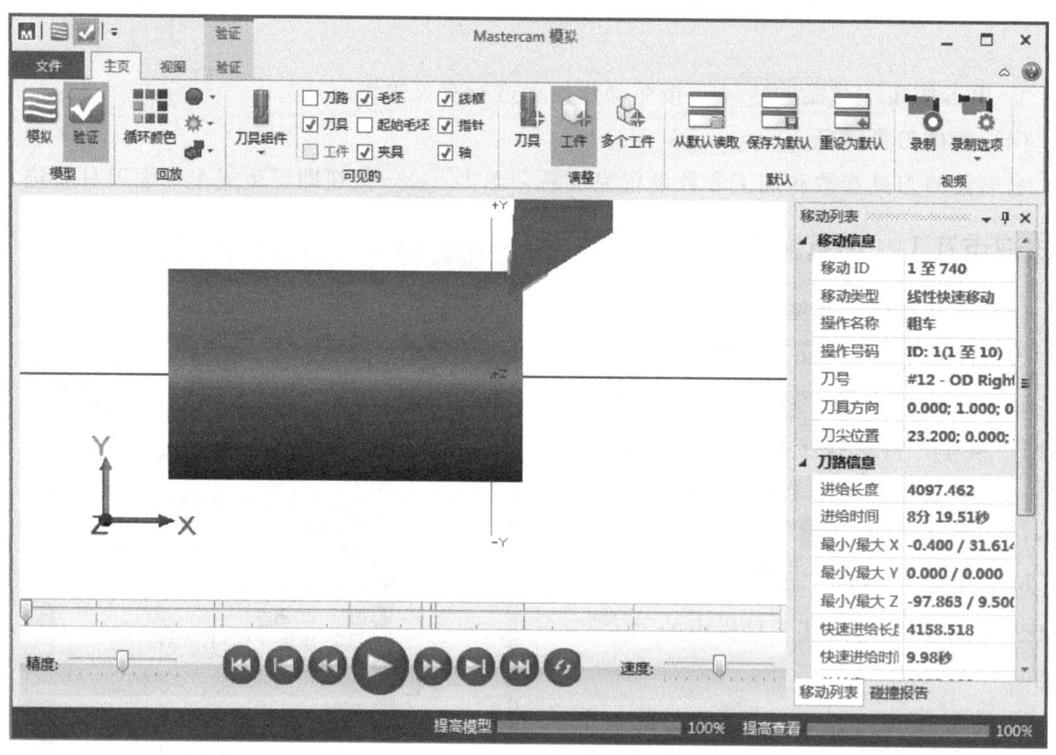

图 9-28 实体切削加工验证

【知识点九】 生成代码

(1)“G1”功能

①“刀路”中的“G1”功能 单击“视图”菜单，再选择工具栏中的“刀路”功能，弹出“刀路”的对话框，如图 9-29 所示，选择其中的“G1”功能。

②“机床”中的“G1”功能 单击“机床”菜单，再选择其工具栏中的“G1”功能。

(2) 生成代码

① 选择“G1”功能后，系统弹出“后处理程序”对话框，如图 9-30 所示，单击确定按钮。

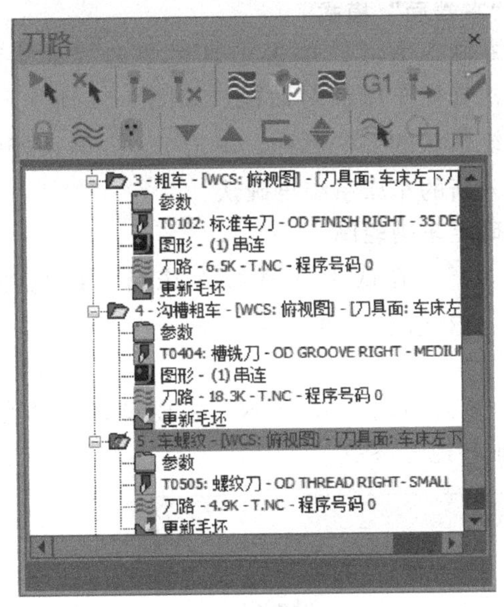

图 9-29　“刀路”对话框

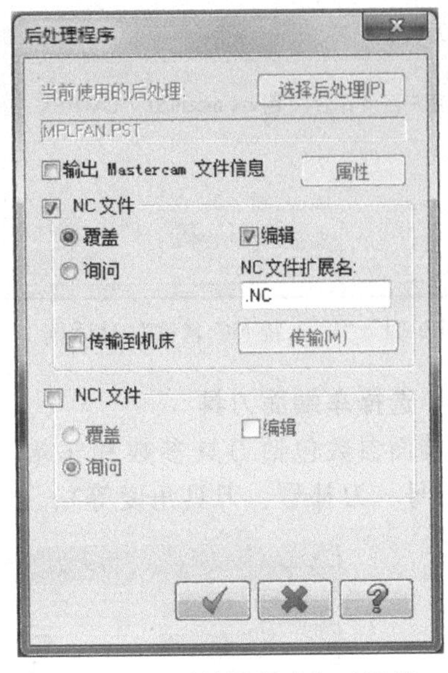

图 9-30　“后处理程序”对话框

② 系统弹出“输出部分 NCI 文件”对话框，如图 9-31 所示，单击 否(N) 按钮即可生成程序。

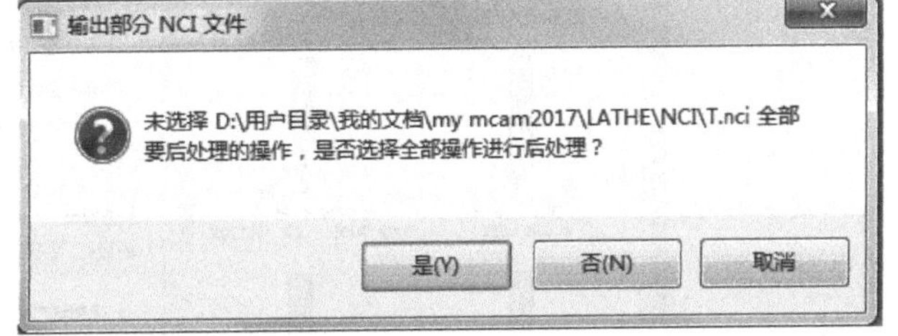

图 9-31　“输出部分 NCI 文件”对话框

项目实施

1. 轮廓建模

车削加工的零件是回转类零件，要生成加工轨迹，只需绘制要加工部分的上半部分轮廓，其余轮廓线条无需画出，这里为了美观画出完整的图形，如图 9-32 所示。

2. 建立工件（编程）坐标系

用鼠标左键单击“转换”菜单，再选择工具栏中的“移动到原点”命令，系统弹出操作提示 选择平移起点，拾取图形右端面的中心点即完成操作，建立了工件（编程）坐标系，如图 9-33 所示。

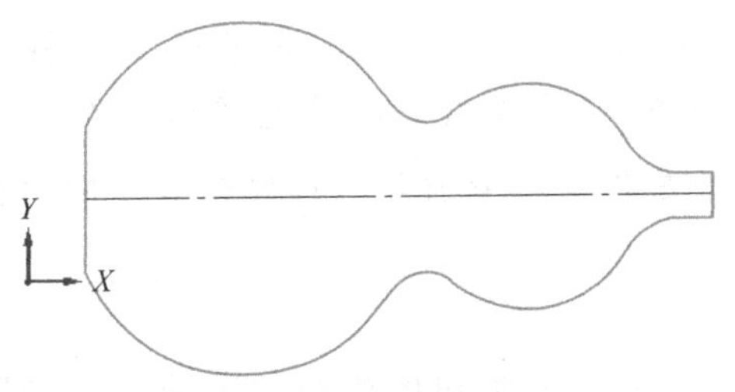

图 9-32　轮廓建模

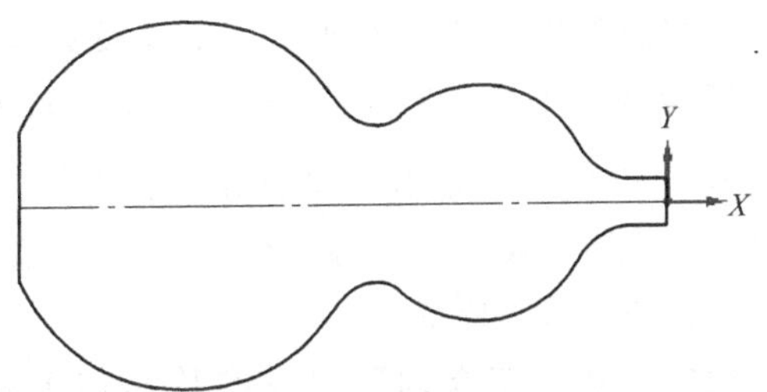

图 9-33　建立工件（编程）坐标系

3. 车削右端面

如图 9-1 工艺品（葫芦）所示的右端面加工可以采用 Mastercam 软件的“车端面”命令完成，该端面结构非常简单，也可以直接采用手工编程的方式完成右端面车削编程。

零件端面结构比较复杂的情况下，采用 Mastercam 软件的“车端面”命令完成，这里为了介绍相关操作，采用 Mastercam 软件的“车端面”模式车削加工零件的右端面。

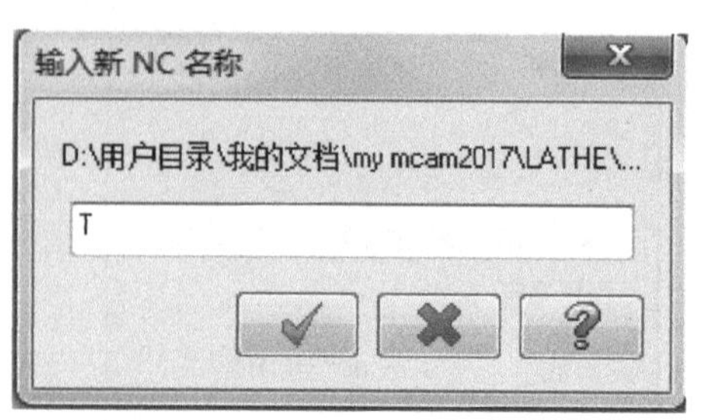

图 9-34 “输入新 NC 名称”对话框

(1)“车端面”模式

在“车削”方式，单击工具栏中的“车端面”命令，弹出选择车床的对话框，如图 9-34 所示，可以采用系统默认的 NC 名称，单击确认按钮，也可以输入新的车床系统再确认。

(2)确定车削轮廓

单击确认按钮选择车床后，系统弹出“车端面”的对话框，如图 9-35 所示。

(3)选择车端面刀具

车端面参数包括刀具参数和车端面参数，刀具参数如图 9-35 所示，主要设置刀具类型（设置刀号、刀补号、刀具角度等）、进给速度、主轴转速等参数。

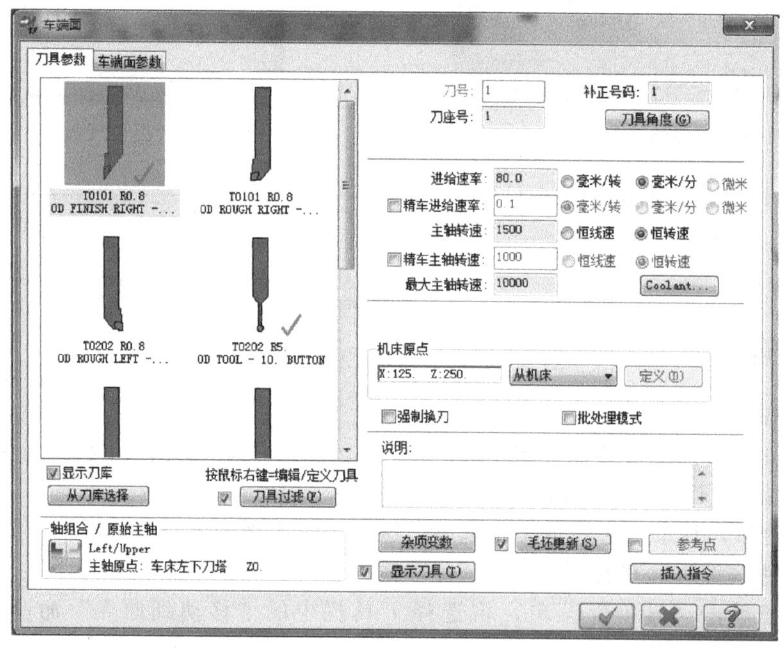

图 9-35 车端面刀具参数

(4)设置车端面加工参数

车端面参数如图 9-36 所示，主要设置步进量（吃刀量）、预留量（加工余量）、刀具补偿方式等参数。单击按钮 选择点(S) ，如图 9-36 所示的对话框消失，系统弹出操作提示 选择第一边界点 ，拾取端面的第一个端点，系统又弹出操作提示 选择第二边界点 ，拾取端面的第二个端点，系统重新弹出如图 9-36 所示的对话框。

(5)生成刀具路径

设置完成“车端面”刀具参数和加工参数后，单击按钮即生成“车端面”刀具轨迹。

4. 粗车外轮廓

(1)“粗车”模式

① 选择粗车 单击工具栏中的“粗车”命令，系统弹出“串连选项”工具栏，如图 9-37 所示。

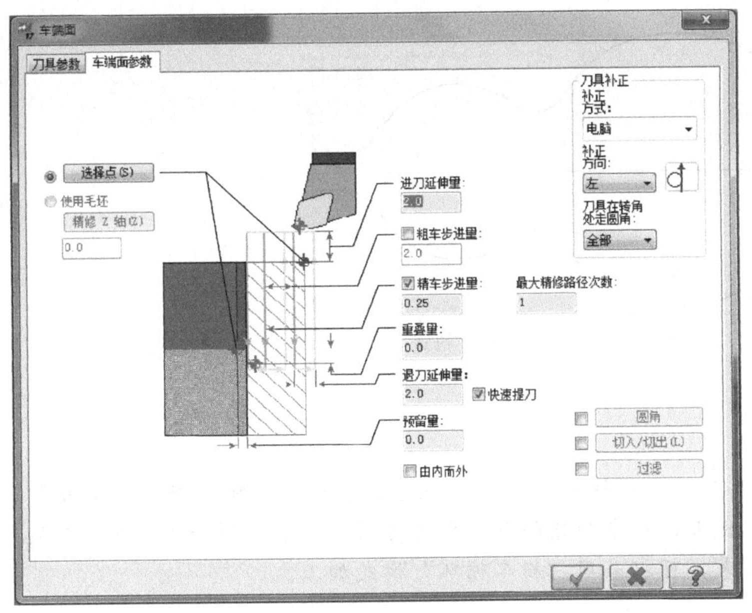

图 9-36　车端面参数

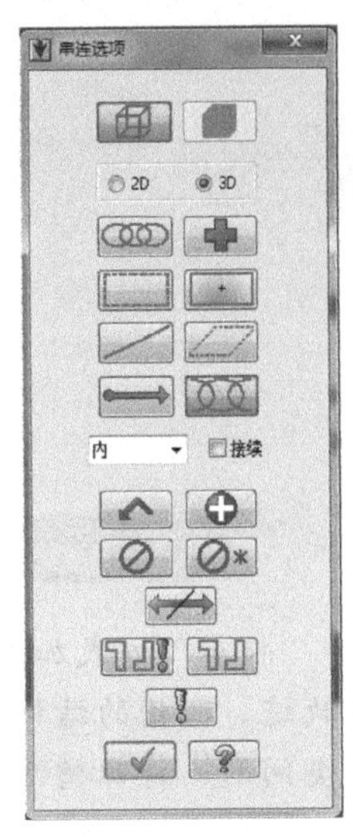

图 9-37　“串连选项”工具栏

② 定义加工轮廓　根据弹出的操作提示，用鼠标左键拾取加工轮廓，如图 9-38 所示，完成拾取后单击“串连选项”工具栏的确认按钮，就进入“粗车”模式。

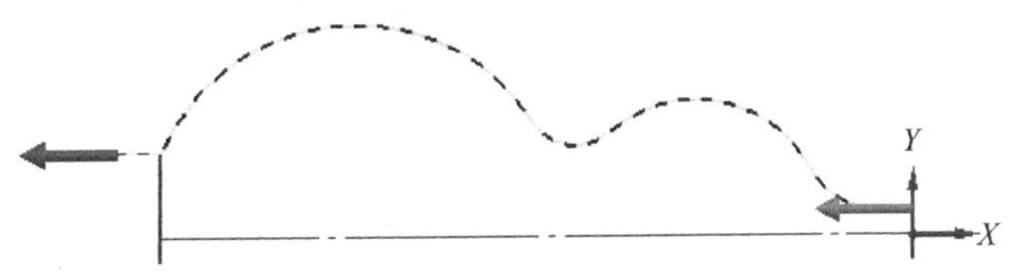

图 9-38　拾取加工轮廓

③ 选择粗车刀具　粗车刀具参数如图 9-39 所示，主要设置刀具类型（包括设置刀号、刀补号、刀具角度等）、进给速率（进给速度）、主轴转速等参数。

④ 设置粗车加工参数　粗车参数如图 9-40 所示，主要设置切削深度（吃刀量）、预留量（加工余量）、刀具补偿方式、切削方式、粗车方向/角度等参数。

⑤ 生成刀具路径　设置完成“粗车”刀具参数和加工参数后，单击按钮即可生成“粗车”刀具轨迹，如图 9-41 所示。

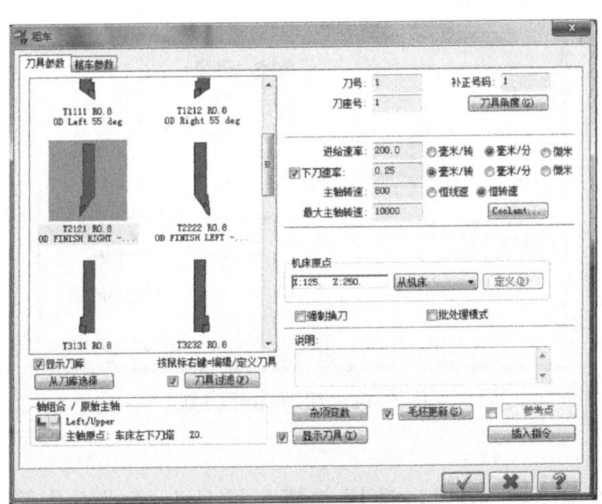

图 9-39　粗车刀具参数

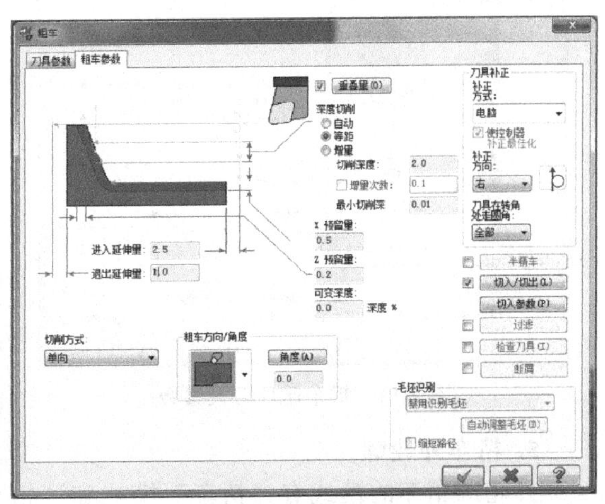

图 9-40　粗车参数

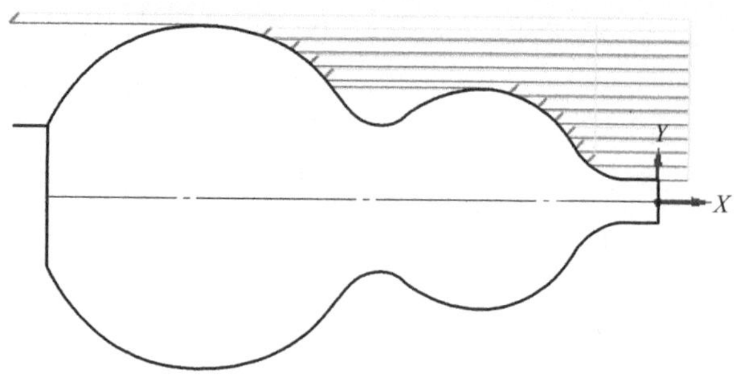

图 9-41 “粗车”刀具轨迹

“粗车”方式加工零件，要正确设置切入参数等，否则容易出现如图 9-42 的“粗车”刀具轨迹，凹槽的结构不能加工出来，粗车凹槽的加工余量会很大，达不到加工要求。为避免这类问题，将凹槽结构加工出来，可以采用“粗车循环”模式加工。

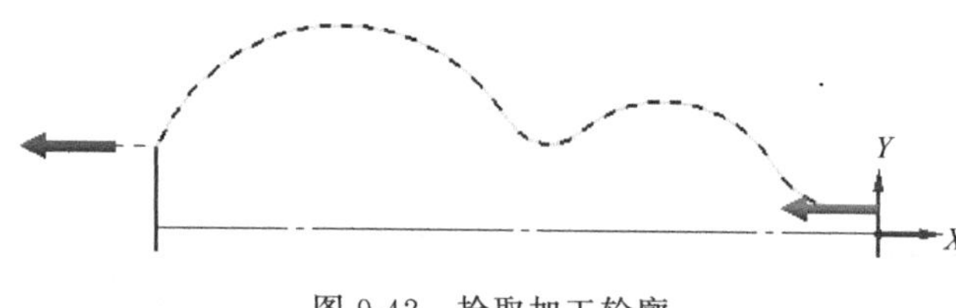

图 9-42 拾取加工轮廓

(2)“粗车循环”模式

①“粗车循环”命令　进入“车削”命令状态，单击工具栏中的“粗车循环”命令后，弹出“串连选项”工具栏，根据弹出的操作提示，用鼠标左键拾取加工轮廓，加工路径如图 9-42 所示，单击“串连选项”工具栏的确认按钮，就进入“粗车循环”的模式。

②“粗车循环”模式　粗车循环的对话框如图 9-44 所示，包括刀具参数和粗车循环参数等。

a. 刀具参数：正确设置相关参数，如图 9-43 所示。

b. 粗车循环参数：正确设置相关参数，如图 9-44 所示。

③ 生成刀具路径　粗车循环的参数设置完成后，单击按钮即可生成粗车循环加工的刀具轨迹，可以仿真加工，如图 9-45 所示。

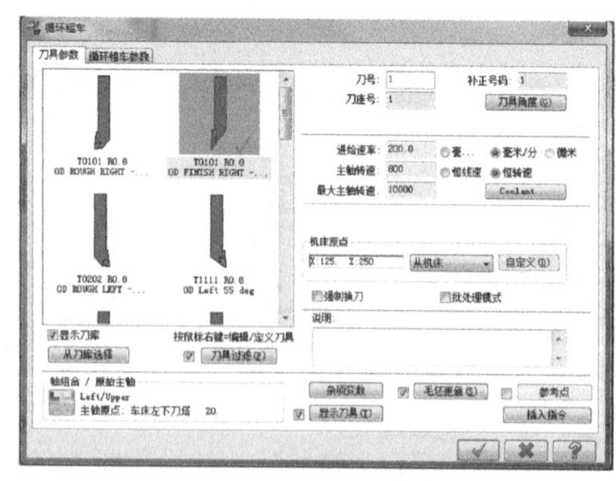

图 9-43 粗车循环刀具参数

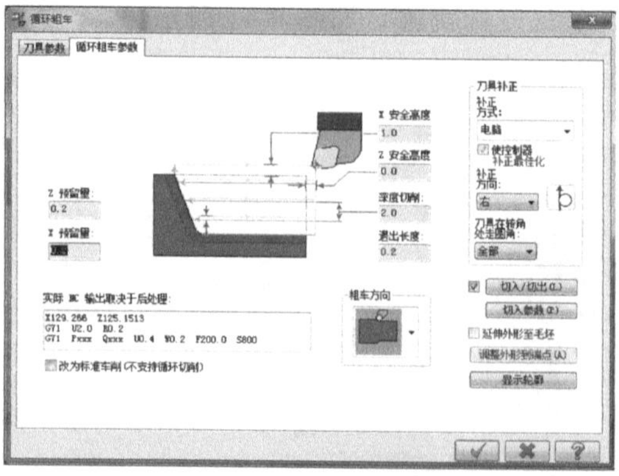

图 9-44 粗车循环参数

5. 精车外轮廓

外轮廓精车的模式有“精车”模式和“精车循环”模式，选用“精车循环”模式操作简单，要与“粗车循环”模式组合使用，这是要注意的。

(1) “精车循环”模式

单击工具栏中的“精车循环”命令，弹出“串连选项”工具栏。

(2) 定义加工轮廓

绘图区上方弹出操作提示 选择点或串连外形 ，拾取精车加工的起始轮廓，系统弹出操作提示 选择最后一个图形 ，拾取精车加工的终止轮廓，确定加工路线，如图 9-46 所示。单击“串连选项”工具栏的 按钮，系统弹出“精车循环”刀具参数对话框，如图 9-47 所示。

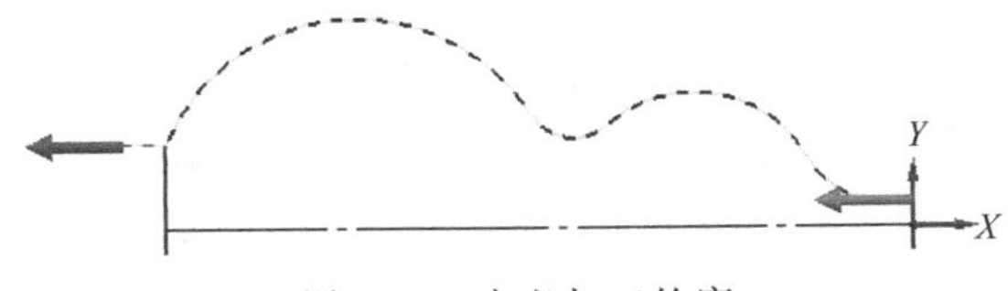

图 9-46　定义加工轮廓

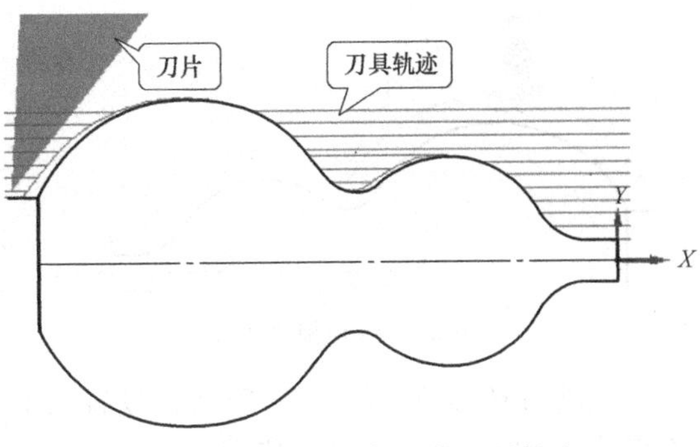

图 9-45　粗车循环加工的刀具轨迹

(3) 选择刀具

精车循环刀具参数如图 9-47 所示，注意设置刀具类型（设置刀号、刀补号、刀具角度等）、进给速率（进给速度）、主轴转速等参数。

(4) 设置加工参数

循环精车参数如图 9-48 所示，主要设置精车步进量（吃刀量）、预留量（加工余量）、刀具补偿方式、精车方向等参数。

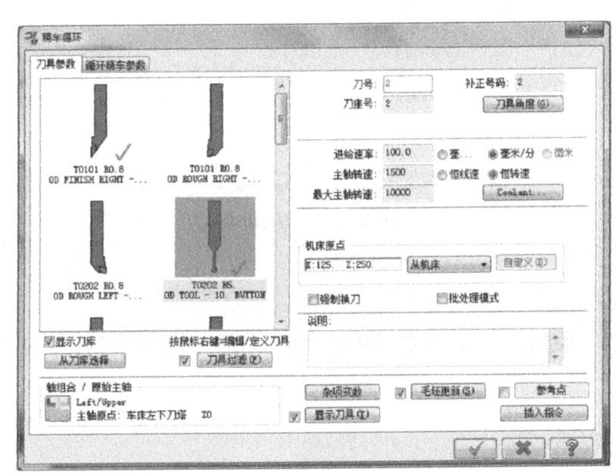

图 9-47　精车循环刀具参数

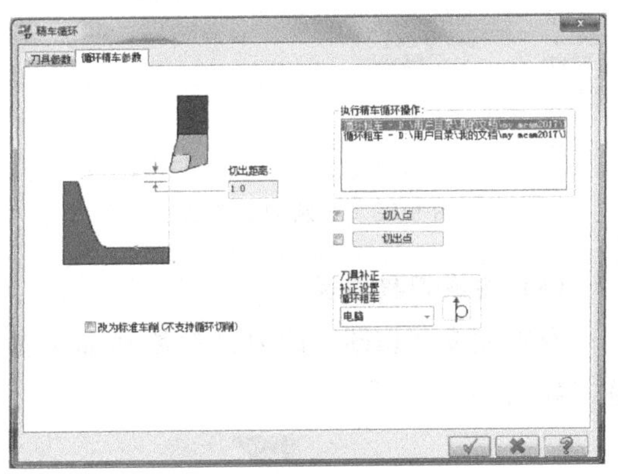

图 9-48　循环精车参数

(5) 生成刀具路径

① 设置完成“循环精车”的刀具参数和加工参数后，单击 按钮，系统弹出对话框，如图 9-49 所示，“循环粗车”和“循环精车”要组合使用，这里的“循环精车”刀具改变了，所以出现这种操作提示。

② 点击图 9-49 的 是(Y) 按钮即可生成“精车”刀具轨迹，如图 9-50 所示。

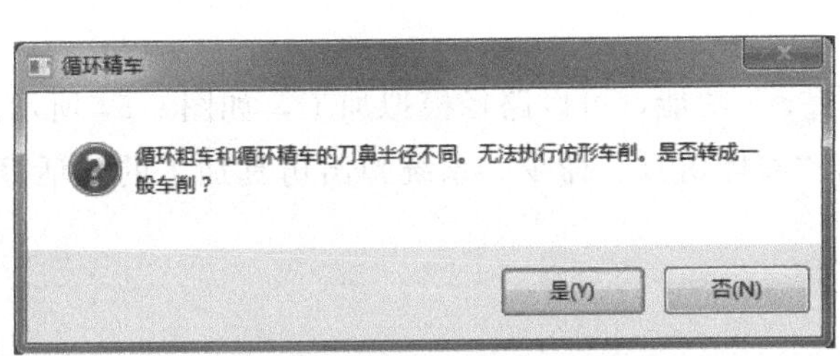

图 9-49　“循环精车”操作提示

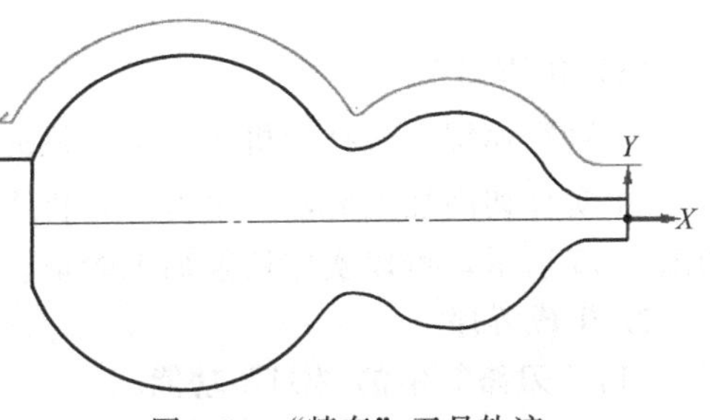

图 9-50　“精车”刀具轨迹

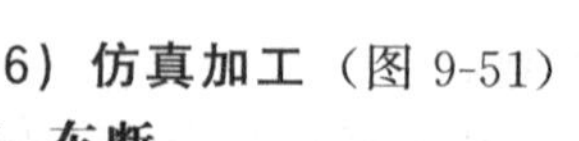

图 9-51 路径模拟加工

(6) 仿真加工（图 9-51）

6. 车断

(1)“切断”命令

选择“切断”命令，绘图区上方弹出操作提示 选择切断边界点 ，拾取切断边界点，系统弹出“切断”对话框，如图 9-52 所示。

(2) 刀具参数

车断刀具参数如图 9-52 所示，设置刀具类型（包括设置刀号、补正号码即刀补号、刀具角度等）、进给速率（进给速度）、主轴转速等参数，各参数的含义参见粗车的刀具参数。

(3) 切断参数

切断参数如图 9-53 所示。

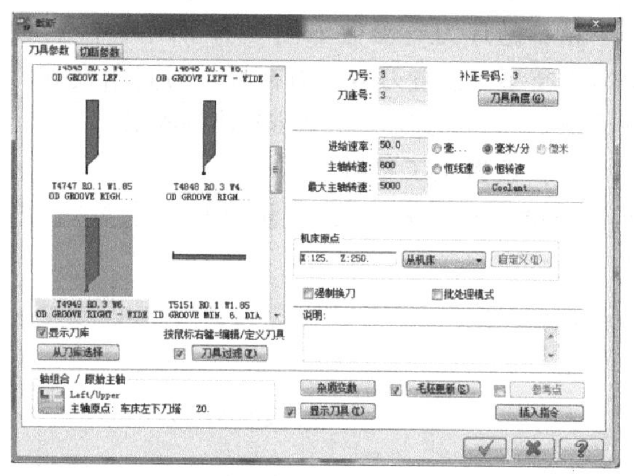

图 9-52 车断刀具参数

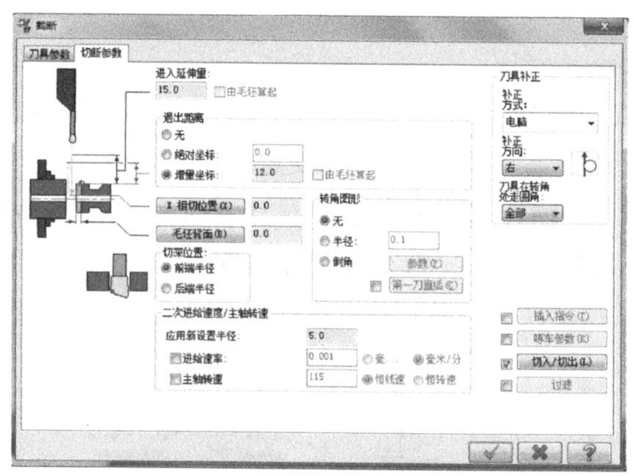

图 9-53 切断参数

(4) 生成刀具路径

设置完成“切断”的刀具参数和加工参数后，单击 ✓ 按钮即可生成“切断”刀具轨迹，如图 9-54 所示。

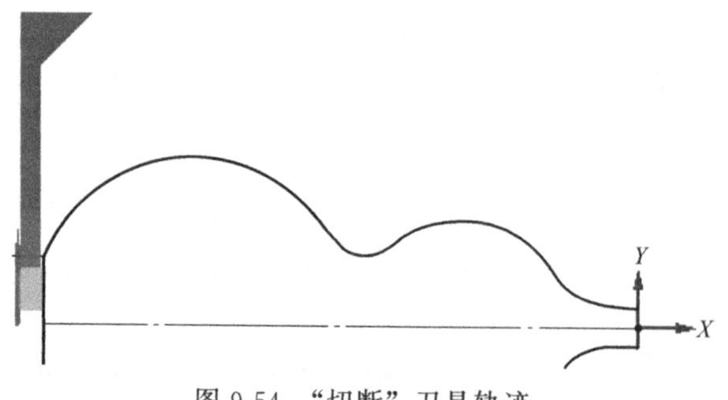

图 9-54 “切断”刀具轨迹

(5) 仿真加工

① 路径模拟 选择“机床”工具栏的“ ”功能，可以路径模拟加工，如图 9-54 所示。

② 实体切削加工验证 单击工具栏中的“实体仿真”命令，系统弹出仿真加工的对话框，如图 9-55 所示，可以实体切削加工验证。

7. 生成程序

(1)“刀路”中的“G1”功能

① 单击“视图”菜单，再选择工具栏中的“刀路”功能，弹出“刀路”的对话框，如图

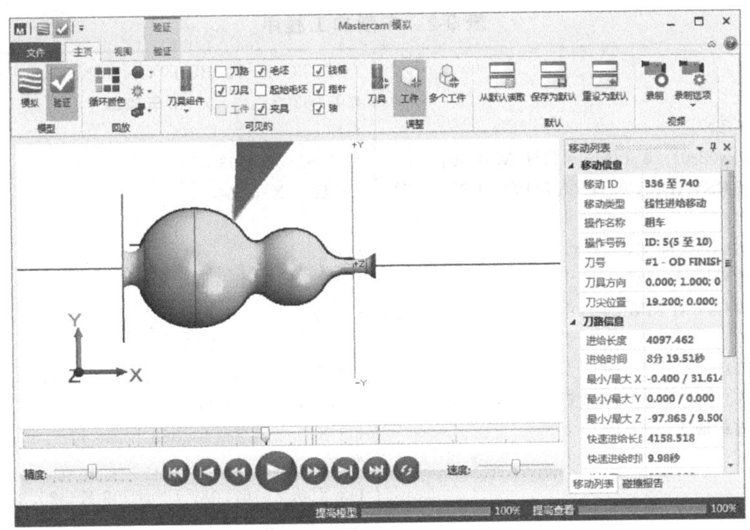

图 9-55　实体切削加工验证

9-56 所示，图中显示刀路的循环粗车、精车和截断三个加工目录，用鼠标点击目录前的文件夹符号，文件夹上出现选中符号，按住 Ctrl 键可以选中或取消多个加工，如图 9-56 所示选中三个加工目录，可以生成循环粗车、精车和截断加工的程序。

② 选择“G1”功能　用鼠标左键点击“刀路”工具栏中的“G1”图标，即可进入“G1”功能。

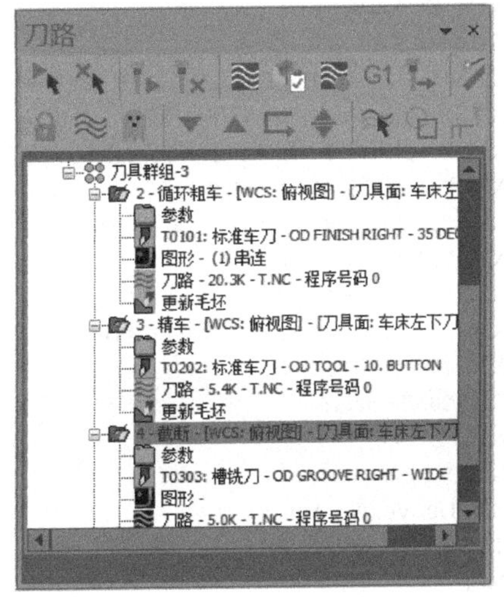

图 9-56　“刀路”对话框

(2) 后处理

① 选择“G1”功能后，系统弹出后处理程序对话框，如图 9-57 所示。单击确定按钮。

② 系统弹出输出部分 NCI 文件对话框，如图 9-58 所示，单击 否(N) 按钮即可生成程序。

(3) 生成代码

生成循环粗车、精车和截断加工的程序，见表 9-2。

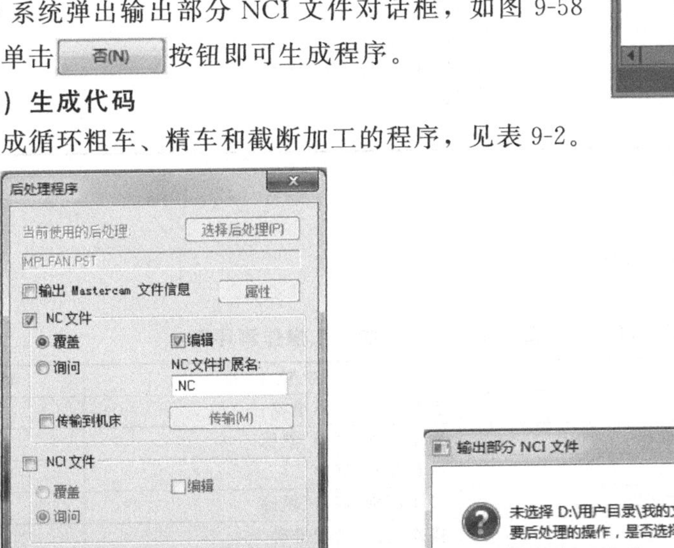

图 9-57　后处理程序对话框

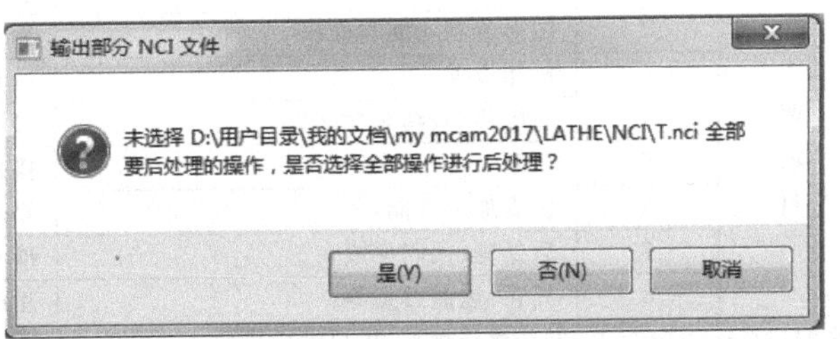

图 9-58　“输出部分 NCI 文件”对话框

表 9-2　车削加工程序

```
%
O0000
(PROGRAM NAME-T)
(DATE=DD-MM-YY-03-01-20 TIME=HH:MM-10:04)
(MCX FILE-C:\USERS\ADMINISTRATOR\DESKTOP\
T. MCAM)
(NC FILE-D:\用户目录\我的文档\MY
MCAM2017\LATHE\NC\T. NC)
(MATERIAL-ALUMINUM MM-2024)
G21
(TOOL-1 OFFSET-1)
(OD FINISH RIGHT-35 DEG.   INSERT-VNMG 16 04 08)
G0 T0101      循环粗车加工
G18
G97 S800 M03
G0 G54 X50. Z2.
G71 U2. R. 2
G71 P100 Q110 U. 4 W. 2 F200.
N100 G0 X6. S800
G1 Z-4. 8
G2 X15. 2 Z-12. 768 I9. 2
G3 X24. 877 Z-16. 974 I-8. 4 K-14. 549
X32. Z-27. 317 I-13. 239 K-10. 343
X23. 794 Z-38. 318 I-16. 8
G2 X21. 254 Z-41. 723 I3. 93 K-3. 405
X26. 076 Z-46. 112 I5. 2
G3 X39. 061 Z-52. 003 I-13. 838 K-21. 775
X50. Z-67. 887 I-20. 331 K-15. 884
X30. 168 Z-88. 218 I-25. 8
G1 X20. Z-92. 19
N110 Z-95.
G0 X50. Z2.
G28 U0. V0. W0. M05
T0100
M01
(TOOL-2 OFFSET-2)
(OD TOOL-10. BUTTON   INSERT-RCMT 10 T3 M0)
G0 T0202          精车加工
G18
G97 S1500 M03
G0 G54 X16. Z4.

G1 Z2. F80.
Z-3. 996
G18 Z-4.
G2 X21. Z-8. 33 I5.
G3 X42. Z-26. 517 I-10. 5 K-18. 187
X31. 742 Z-40. 269 I-21.
G2 X31. 254 Z-40. 923 I. 756 K-. 654
X32. 181 Z-41. 767 I1.
G3 X60. Z-67. 087 I-16. 09 K-25. 32
X30. Z-93. 068 I-30.
G1 Z-95.
X32. 828 Z-93. 586
G28 U0. V0. W0. M05
T0200
M01
(TOOL-3 OFFSET-3)
(OD GROOVE RIGHT-WIDE   INSERT-N151. 2-400-40-5G)
G0 T0303           车断加工
G18
G97 S1780 M03
G0 G54 X54. Z-96.
G50 S3600
G96 S302
G99 G1 X50. F. 1
X-. 6
X3. 4
G0 X44.
G28 U0. V0. W0. M05
T0300
M30
```

项目测评

① 通过本项目实施有哪些收获？

② 填写子项目测评表（表 9-3）。

表 9-3　子项目（一）工艺品（葫芦）的加工操作测评表

考核项目		考核内容	考核标准	测评
主要项目	1	节点坐标	思路清晰、计算准确	
	2	图形绘制功能与操作	操作正确、规范、熟练	
	3	机床设置	参数准确、规范	
	4	轮廓粗车、精车功能	操作正确、规范、熟练	
	5	车断	操作规范、参数准确	
	6	仿真加工功能	操作正确、规范	
	7	后处理(代码生成)	准确、规范	
	8	其它:进退刀点等	正确、规范	
文明生产		安全操作规范、机房管理规定		
结果		优秀 / 良好	及格 / 不及格	

子项目（二）　手柄的加工

项目目标

手柄如图 9-59 所示，编程加工该零件。

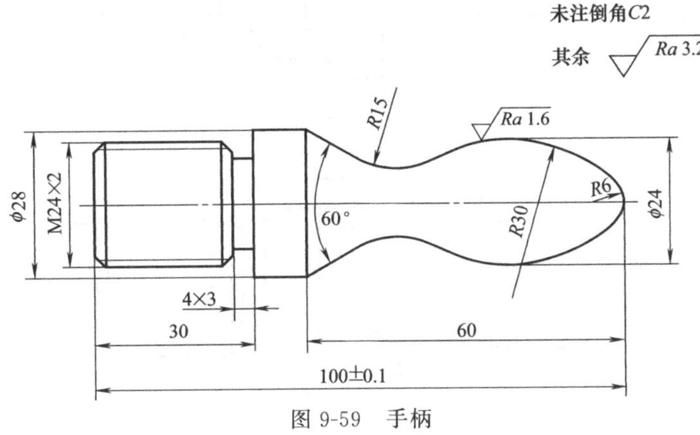

图 9-59　手柄

项目分析

(1) 手柄零件结构分析

手柄的轮廓包括外轮廓、端面、螺纹及退刀槽等，尺寸标注完整，轮廓描述清晰。

(2) 选择毛坯

根据手柄图样的要求，选择 ϕ30mm×105mm 的棒料毛坯，材质为 45 钢。

(3) 手柄的加工工艺分析

① 进行零件右端部分车削　包括右端面车削、外轮廓粗车、精车和车槽等加工，如图 9-60 所示。

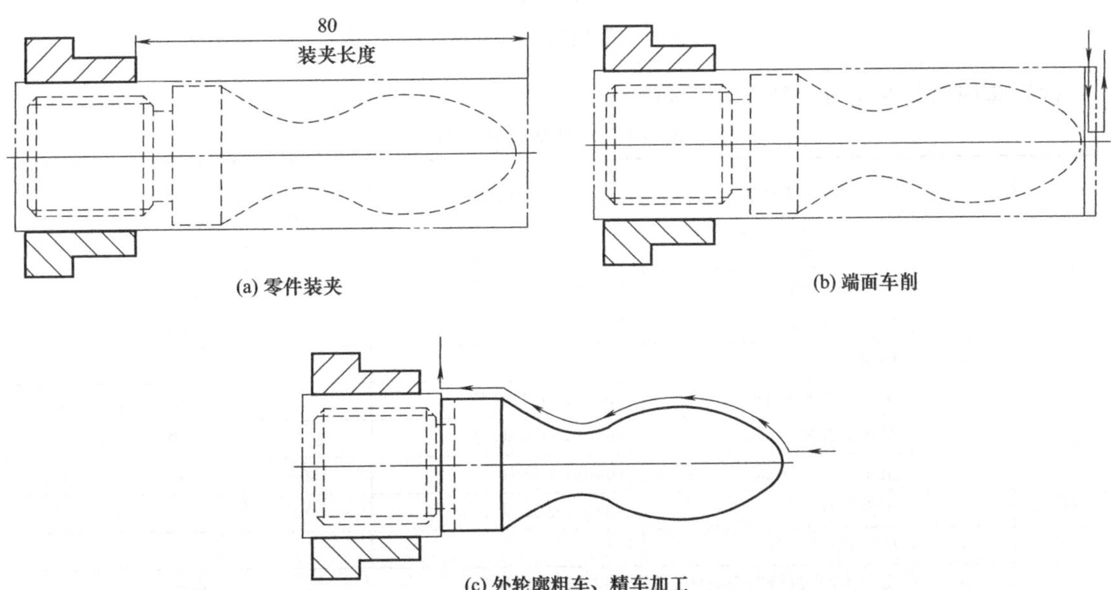

(a) 零件装夹

(b) 端面车削

(c) 外轮廓粗车、精车加工

图 9-60　手柄的右端部分车削

② 调头加工　车削手柄的左端部分：包括左端面车削、外轮廓粗车和精车、车螺纹等加工，如图 9-61 所示。

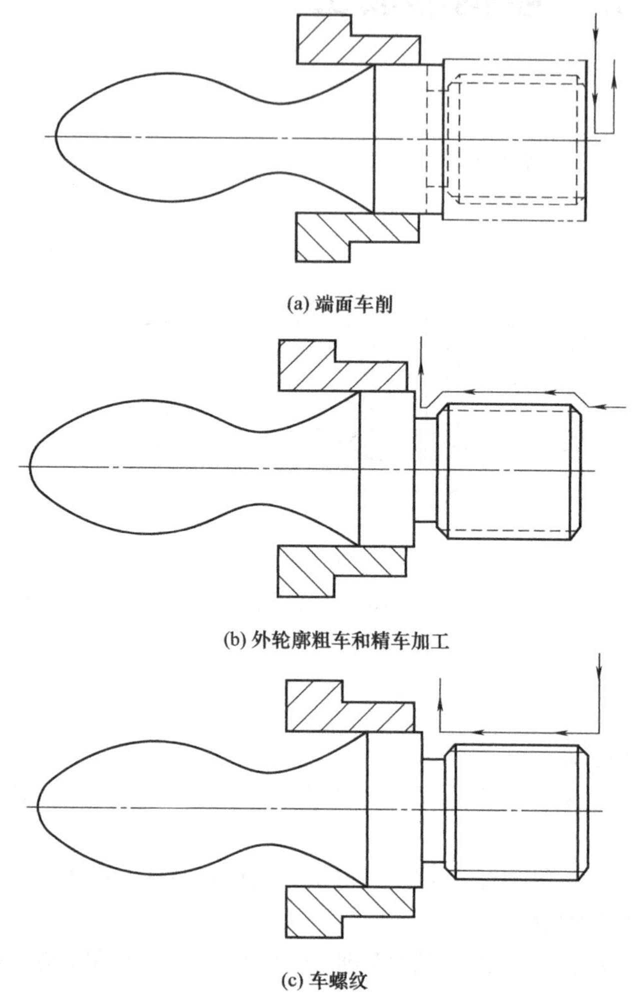

(a) 端面车削

(b) 外轮廓粗车和精车加工

(c) 车螺纹

图 9-61　手柄的左端部分车削

(4) 车削加工的主要参数（表 9-4）

表 9-4　车削加工参数表

工步号		工步内容	刀具	主轴转速 /(r/min)	进给量 /(mm/min)	吃刀量 /mm
加工右端	1	车削工件右端面	T0101,90°正偏刀	1500	100	0.2
	2	粗车工件外轮廓	T0101,90°正偏刀	800	200	2
		精车工件外轮廓	T0303,圆弧车刀	1500	100	0.2
	3	检测				
加工左端	4	车削工件左端面	T0102,90°正偏刀	1500	100	0.2
	5	粗车工件外轮廓	T0102,90°正偏刀	800	200	1.5
		精车工件外轮廓	T0404,车槽刀	1500	50	0.2
	6	车内螺纹	T0505,螺纹刀	500		
	7	检测				
	8	文明生产:执行安全规程,场地整洁,工具整齐			审核:	

项目准备

【知识点一】　车槽

(1)“车槽”模式

进入“车削”命令状态，单击工具栏中的“车槽”命令，弹出选择车槽方式的对话框，如图 9-62 所示。

图 9-62 所示车槽方式对话框各选项的说明如下。

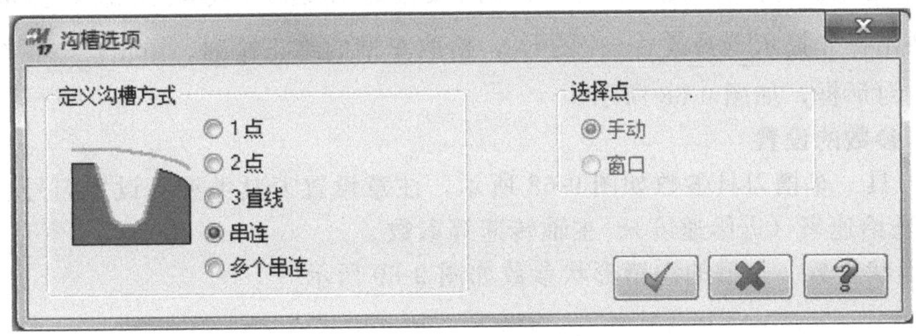

图 9-62　车槽方式对话框

① 定义沟槽方式 区域：用于定义车槽的方式，包括 1点 选项、2点 选项、3直线 选项、串连 选项和 多个串连 选项。

a. 1点 选项：以一点的方式控制车槽的位置，每一点控制一个槽；如果选取了两个点，则加工两个槽，如图 9-63 所示。

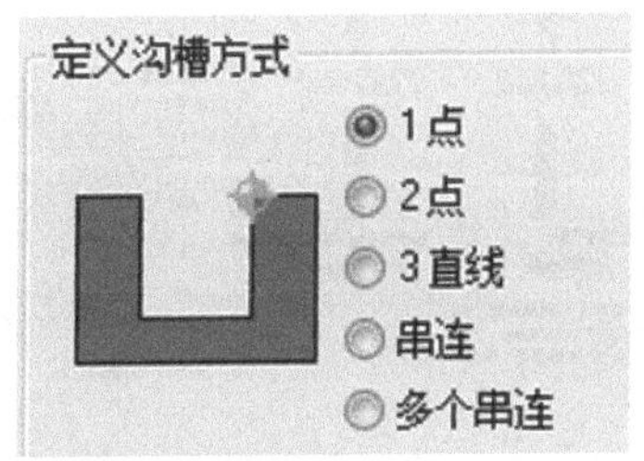

图 9-63　定义沟槽方式（1 点）

b. 2点 选项：以两点的方式控制车槽的位置，第一点为槽的起点，第二点为槽底的终点，如图 9-64 所示。

c. 3直线 选项：以三条直线的方式控制车槽的位置，这三条直线为槽的三条边界线，第一条线和第三条线平行且相等，如图 9-65 所示。

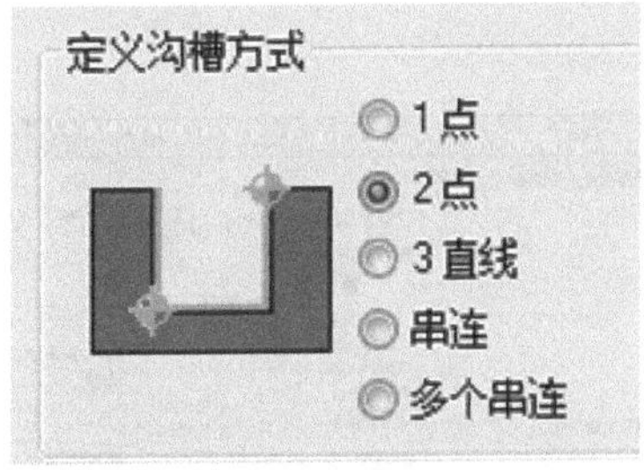

图 9-64　定义沟槽方式（2 点）

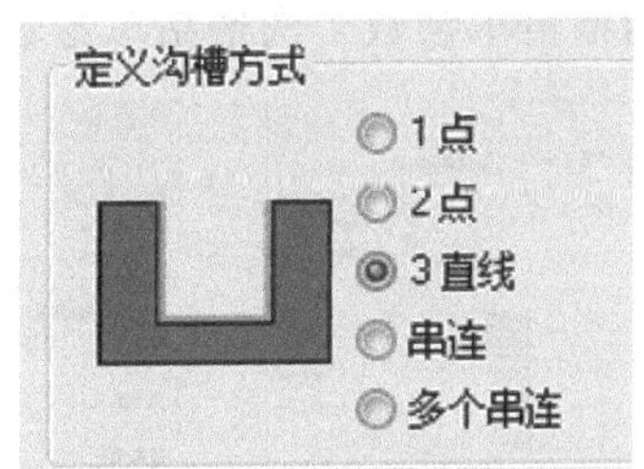

图 9-65　定义沟槽方式（3 直线）

d. 串连 选项：以内/外边界的方式控制车槽的位置及形状，如图 9-66 所示。

e. 多个串连 选项：以多条串连的边界控制车槽的位置，如图 9-67 所示。

② 选择点 区域：用于定义选择点的方式，仅当 定义沟槽方式 为 1点 选项时可用。

(2) 确定车槽轮廓

① 选择“串连”方式　选择车槽方式后，弹出“串连选项”工具栏，定义加工轮廓。

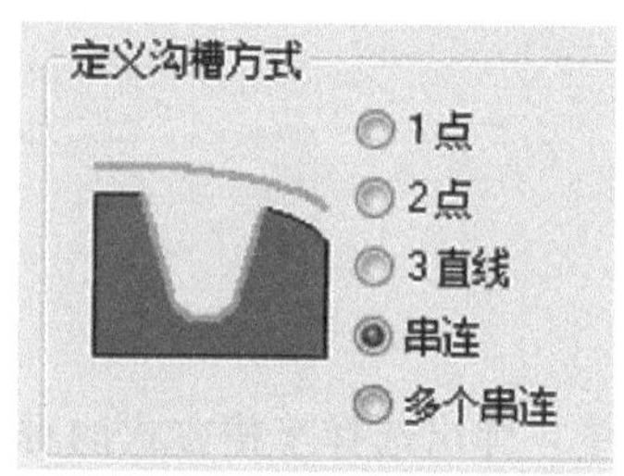

图 9-66 定义沟槽方式（串连）

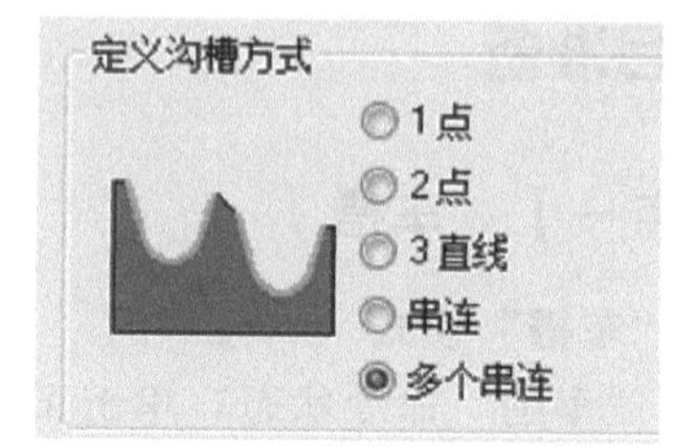

图 9-67 定义沟槽方式（多个串连）

② 定义车槽加工的轮廓 绘图区上方弹出操作提示 选择点或串连外形 ，拾取车槽的起始轮廓，系统弹出操作提示 选择最后一个图形 ，拾取车槽的终止轮廓，单击 ✓ 按钮系统弹出车槽刀具参数对话框，如图 9-68 所示。

（3）车槽参数的设置

① 选择刀具 车槽刀具参数如图 9-68 所示，注意设置刀具类型（设置刀号、刀补号、刀具角度等）、进给速率（进给速度）、主轴转速等参数。

② 沟槽形状参数 车槽的沟槽形状参数如图 9-69 所示。

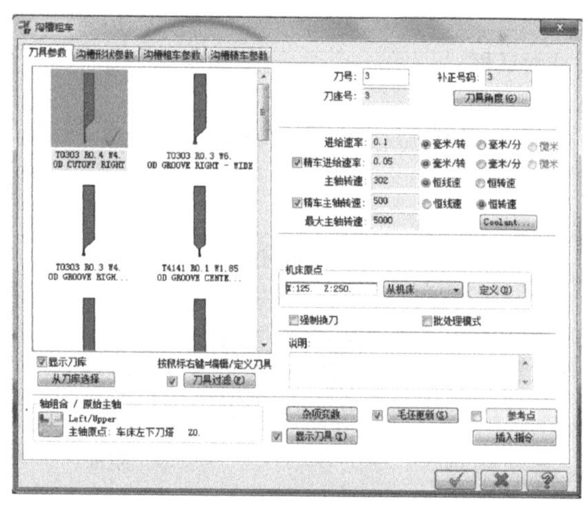
图 9-68 车槽刀具参数

图 9-69 车槽的沟槽形状参数

③ 沟槽粗车参数 沟槽粗车参数如图 9-70 所示。

④ 沟槽精车参数 沟槽精车参数如图 9-71 所示。

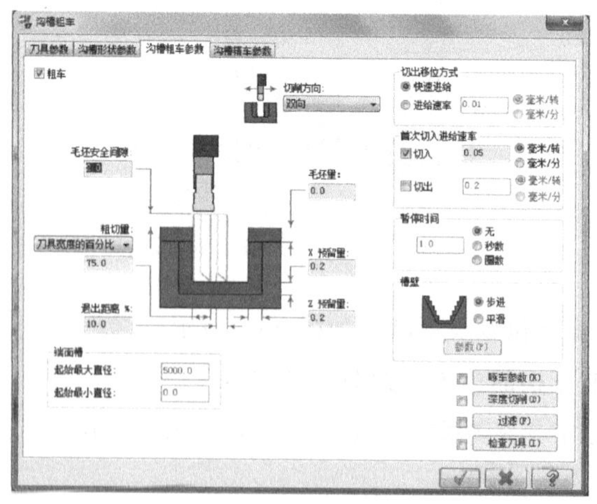
图 9-70 沟槽粗车参数

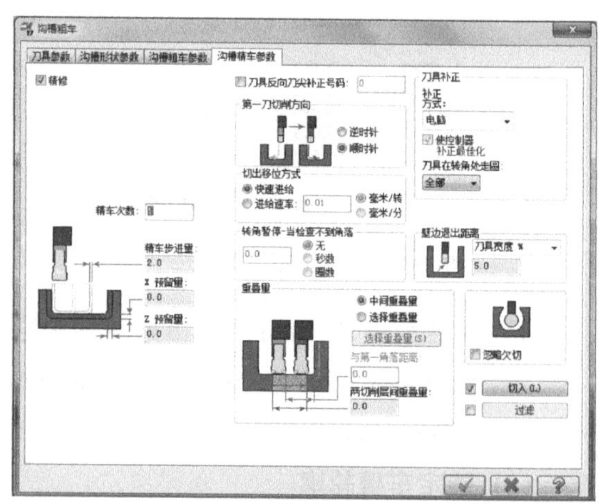
图 9-71 沟槽精车参数

⑤ 生成刀具路径　设置完成“车槽”的相关参数后，单击 ✓ 按钮即可生成“车槽”刀具轨迹。

【知识点二】　车螺纹

（1）“车螺纹”命令

进入“车削”命令状态，单击工具栏中的“车螺纹”命令，弹出车螺纹的对话框，如图 9-72 所示，包括车螺纹的刀具参数、螺纹外形参数和螺纹切削参数等。

（2）刀具参数

单击车螺纹对话框的“刀具参数”菜单，就进入设置车螺纹的刀具参数状态，如图 9-72 所示，相关参数的含义与粗车刀具参数基本相同。

（3）螺纹外形参数

单击车螺纹对话框的“螺纹外形参数”菜单，就进入设置车螺纹的螺纹外形参数状态，如图 9-73 所示。

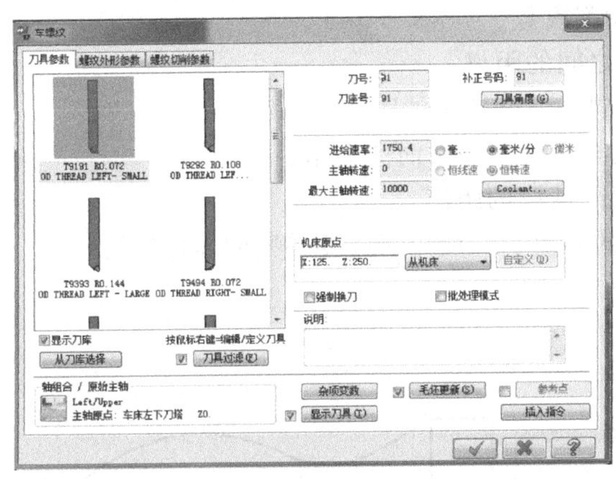

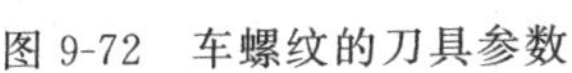
图 9-72　车螺纹的刀具参数

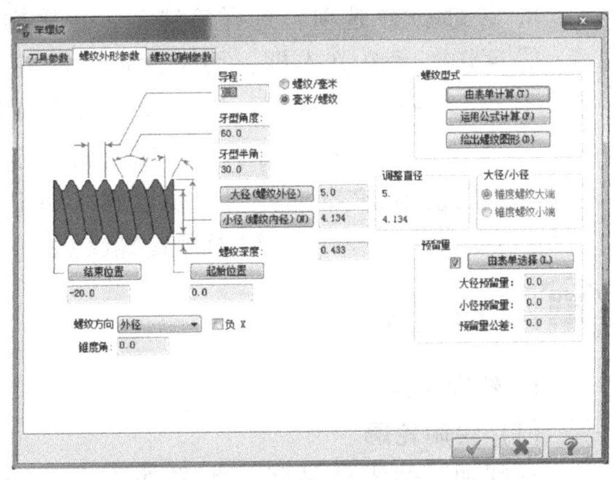

图 9-73　车螺纹的螺纹外形参数

车螺纹的螺纹外形参数各选项的说明。

① 导程 文本框：用于定义螺纹的导程。

② 牙型角度 文本框：用于定义螺纹的牙型。牙型半角 文本框：用于定义螺纹的牙型。

③ 大径(螺纹外径) 文本框：用于定义螺纹的大径。小径(螺纹内径)(M) 文本框：用于定义螺纹的小径。

④ 螺纹深度 文本框：用于定义螺纹的牙深。

⑤ 起始位置 按钮：单击此按钮，可以在图形上选取螺纹的起始位置。结束位置 按钮：单击此按钮，可以在图形上选取螺纹的结束位置。

⑥ 螺纹方向下拉列表：用于定义螺纹所在位置。

⑦ 锥度角 文本框：用于定义加工圆锥螺纹的圆锥角度，加工圆柱螺纹的角度为 0。

⑧ 螺纹型式 区域：用于设置螺纹类型和规格。

⑨ 预留量 区域：用于定义螺纹切削的加工余量。

（4）螺纹切削参数

单击车螺纹对话框的“螺纹切削参数”菜单，就进入设置车螺纹的“螺纹切削参数”状态，如图 9-74 所示。

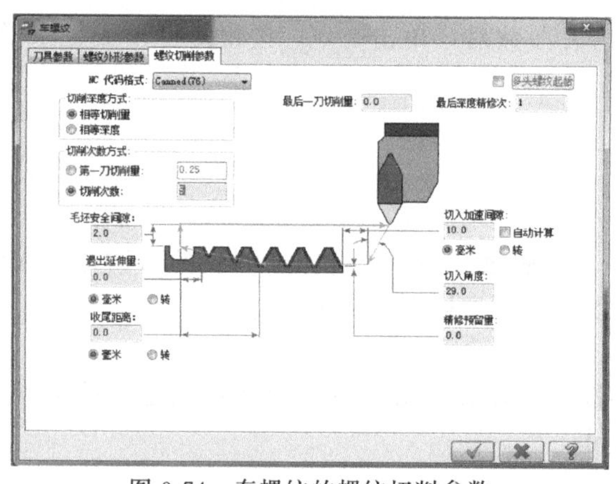

图 9-74 车螺纹的螺纹切削参数

车螺纹的“螺纹切削参数”各选项含义说明。

① **切削深度方式**:区域：用于定义切削深度的因素，包括 **相等切削量** 选项和 **相等深度** 选项。

a. **相等切削量**单选项：选中该项，系统按相同的切削材料量进行车削。

b. **相等深度**单选项：选中该项，系统按相同的切削深度进行车削。

② **切削次数方式**:区域：用于选择螺纹切削次数的方式，包括 **第一刀切削量**:选项和 **切削次数**:选项。

a. **第一刀切削量**:选项：选择该选项，系统根据第一刀的切削量、最后一刀的切削量等参数计算切削次数。

b. **切削次数**:选项：选择该选项，直接输入切削次数。

③ **毛坯安全间隙:**文本框：用于设置刀具与工件之间的距离。

④ **切入加速间隙**:文本框：用于设置螺纹加工方向进刀升速段的距离。

⑤ **切入角度**:文本框：用于设置螺纹加工进刀段与螺纹牙深方向的夹角。

⑥ **退出延伸量**:文本框：用于设置螺纹加工退刀降速段的距离。

⑦ **收尾距离:**文本框：用于设置螺纹加工尾端的距离，一般用于需要锁紧的连接螺纹。

项目实施

1. 轮廓建模

(1) 绘制轮廓

车削加工的零件是回转类零件，要生成加工轨迹，只需绘制要加工部分的上半部分轮廓，其余轮廓线条无需画出，这里为了美观画出完整的图形。如图 9-75 所示。

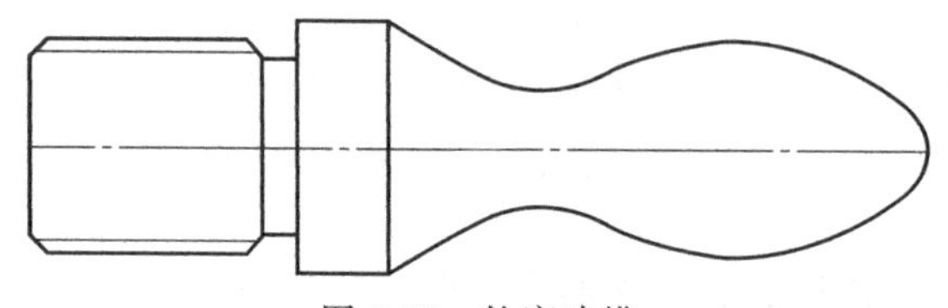

图 9-75 轮廓建模

(2) 建立工件（编程）坐标系

用鼠标左键单击“转换”菜单，再选择工具栏中的“移动到原点”命令，系统弹出操作提示 选择平移起点 ，拾取图形右端面的中心点即可完成操作，建立工件（编程）坐标系，如图 9-76 所示。

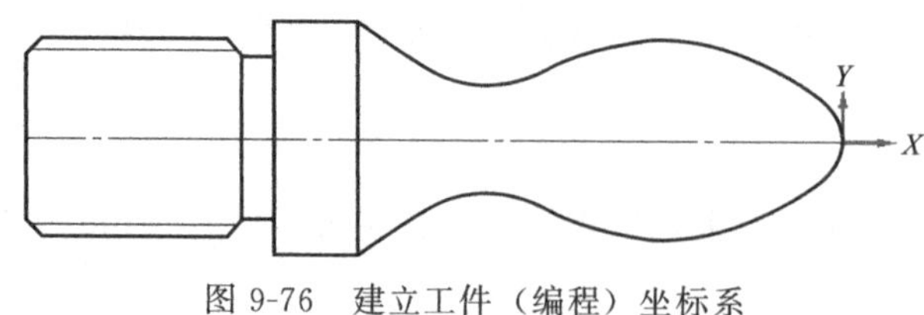

图 9-76 建立工件（编程）坐标系

2. 车削手柄的右半部分

(1) 车削右端面

手柄的右端面结构非常简单，可以直接采用手工编程的方式完成右端面车削编程。

(2) 车削外轮廓

① 外轮廓粗车

a. 选择“粗车循环”模式 单击工具栏中的“粗车循环”命令，弹出选择车床的对话框，如图 9-77 所示。可以单击确认按钮，也可以输入新的车床系统再确认。

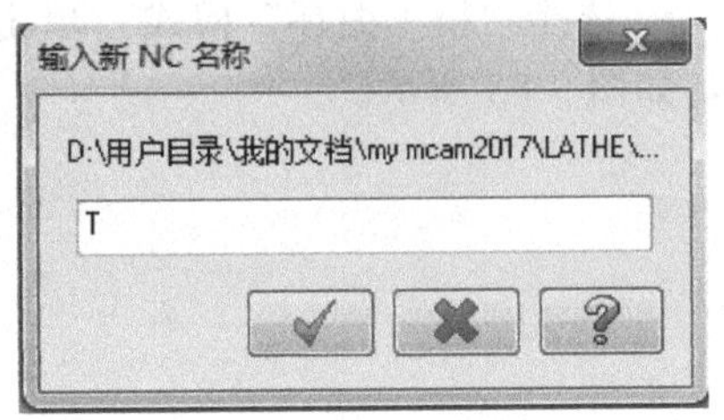

图 9-77　“输入新 NC 名称”对话框

b. 定义加工轮廓　选择车床后，弹出“串连选项”工具栏，如图 9-78 所示，单击按钮，选择“部分串连”方式。绘图区上方弹出操作提示选择切入点或串连外形，用鼠标左键拾取起始加工轮廓，操作提示变为选择退刀点或选择完成，拾取终止加工轮廓，如图 9-79 所示，单击“串连选项”工具栏的确认按钮，就进入“粗车循环”的刀具选择模式。

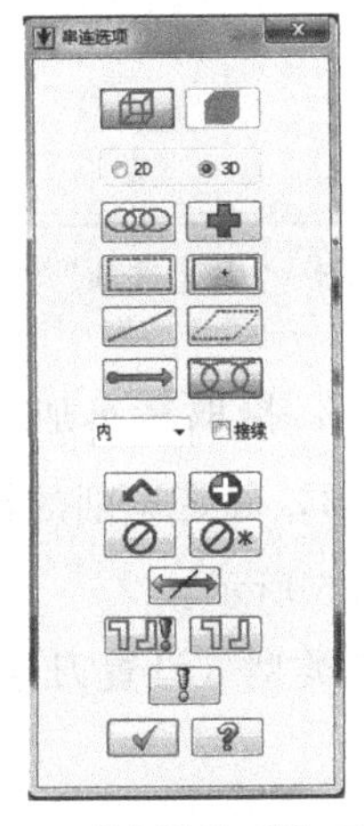

图 9-78　“串连选项”工具栏

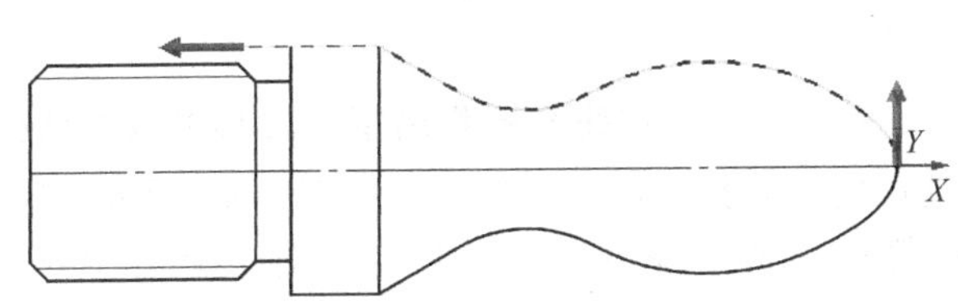

图 9-79　定义加工轮廓

c. 选择粗车刀具　循环粗车的刀具参数如图 9-80 所示。

d. 粗车循环参数　循环粗车参数如图 9-81 所示。

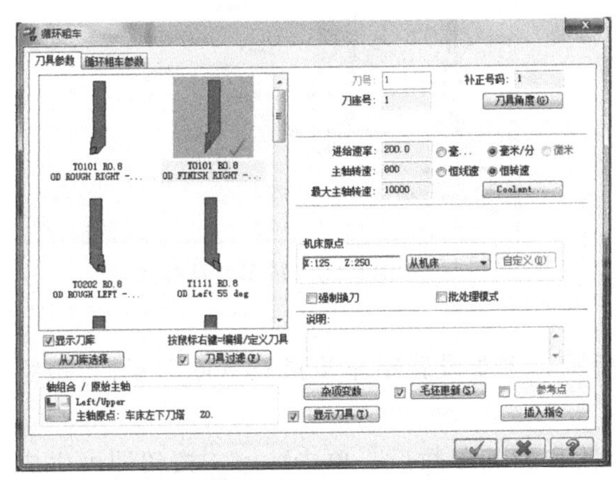

图 9-80　循环粗车的刀具参数

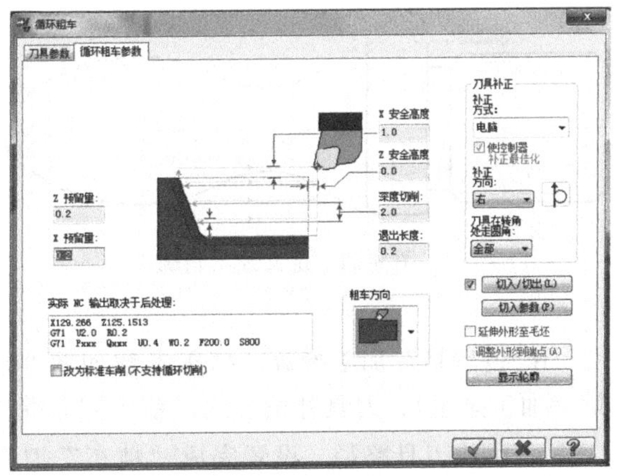

图 9-81　循环粗车参数

e. 生成刀具路径　设置完成“粗车”刀具参数和加工参数后，单击按钮即可生成“粗车”刀具轨迹，如图 9-82 所示。

f. 仿真加工　验证粗车循环的相关参数，发现问题后进行相应的修改，正确无误后可进行下一步操作。

② 精车

a. 选择“精车循环”模式　单击工具栏中的“精车循环”命令，弹出“串连选项”工具栏，如图 9-83 所示。

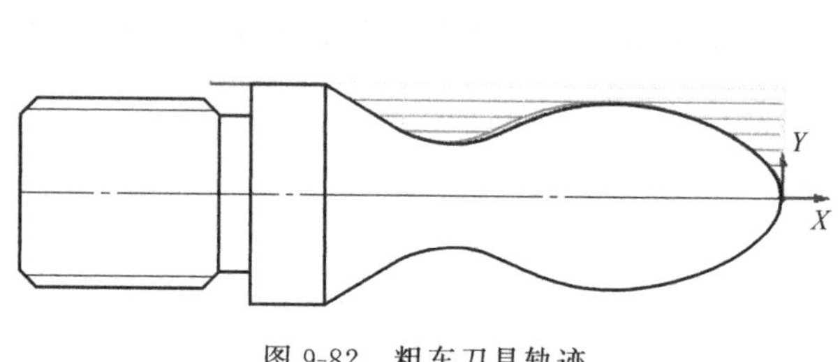

图 9-82　粗车刀具轨迹

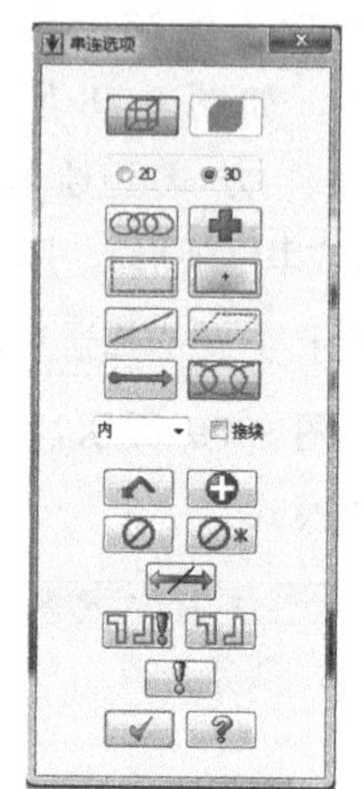

图 9-83　“串连选项”工具栏

b. 定义加工轮廓　绘图区上方弹出操作提示 选择点或串连外形 ，拾取精车加工的起始轮廓，系统弹出操作提示 选择最后一个图形 ，拾取精车加工的终止轮廓，确定车削的轮廓，如图 9-84 所示。单击 按钮系统弹出精车刀具参数对话框，如图 9-85 所示。

c. 选择精车刀具　精车刀具参数如图 9-85 所示，注意设置刀具类型（设置刀号、刀补号、刀具角度等）、进给速率（进给速度）、主轴转速等参数。

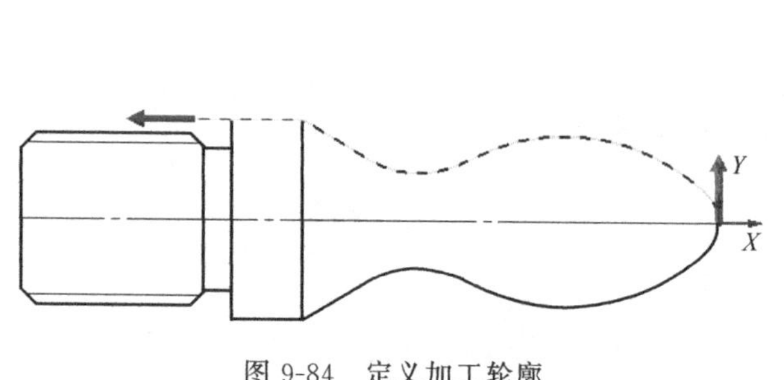

图 9-84　定义加工轮廓

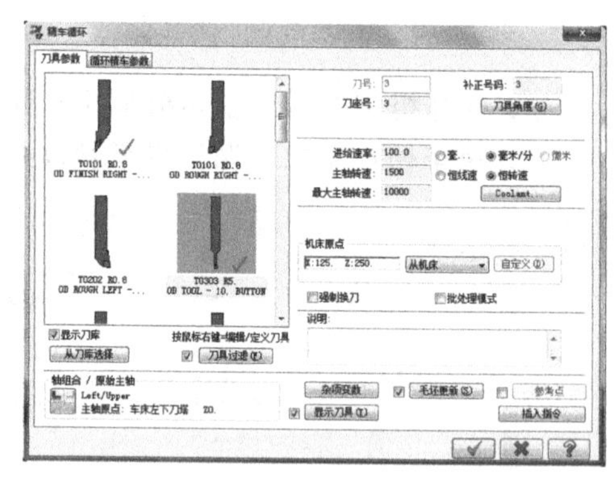

图 9-85　精车刀具参数

d. 设置精车加工参数　精车参数如图 9-86 所示，主要设置精车步进量（吃刀量）、预留量（加工余量）、刀具补偿方式、精车方向等参数。

e. 生成刀具路径　设置完成“精车”刀具参数和加工参数后，单击 按钮即可生成“精车”刀具轨迹，如图 9-87 所示。

f. 仿真加工　验证精车循环的相关参数，发现问题后进行相应的修改，正确无误后可进行下一步操作。

（3）生成程序

①“刀路”中的“G1”功能　单击“视图”菜单，再选择工具栏中的“刀路”功能，弹出“刀路”的对话框，如图 9-88 所示，选择其中的“G1”功能。

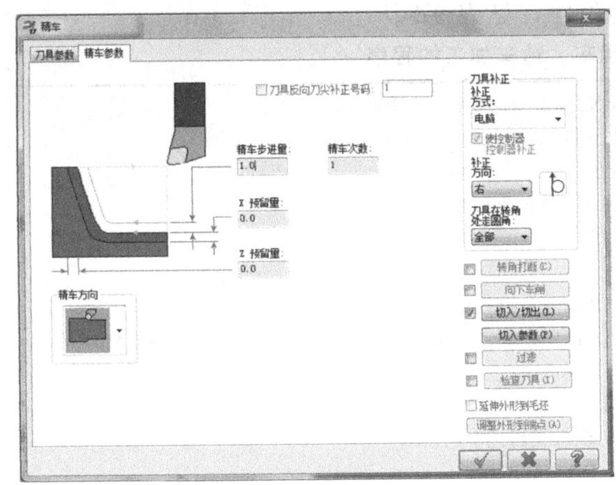

图 9-86　精车参数

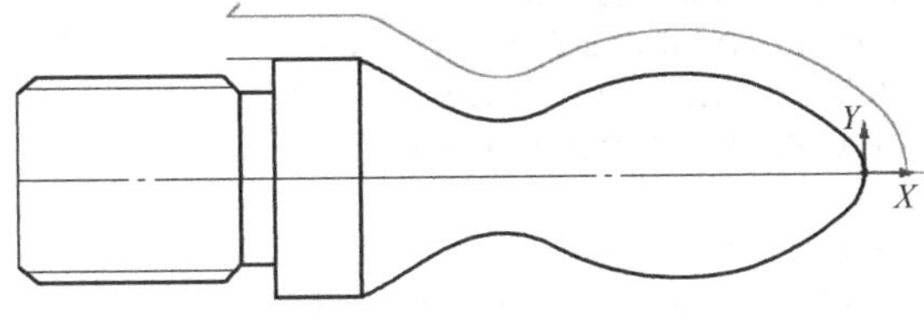

图 9-87　精车刀具轨迹

② 后处理

a. 选择“G1”功能后，系统弹出“后处理程序”对话框，如图 9-89 所示，单击确定按钮。

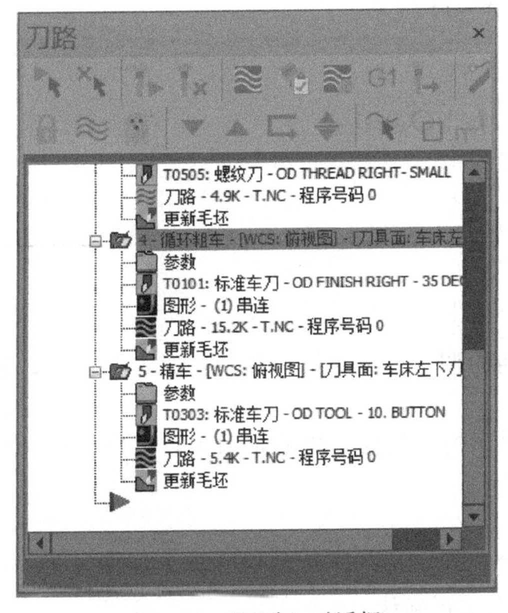

图 9-88　“刀路”对话框

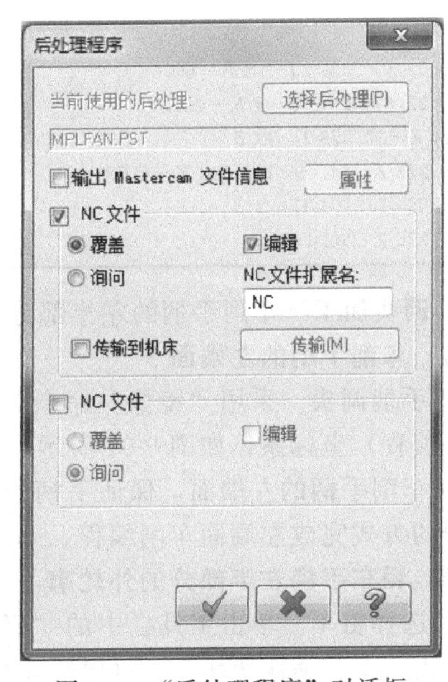

图 9-89　“后处理程序”对话框

b. 系统弹出“输出部分 NCI 文件”对话框，如图 9-90 所示，单击 否(N) 按钮即可生成程序。

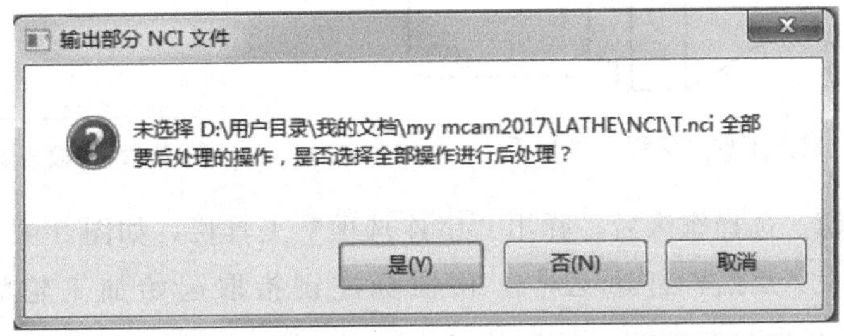

图 9-90　“输出部分 NCI 文件”对话框

③ 生成代码　生成外轮廓粗车、精车加工的程序，见表 9-5。

表 9-5　手柄右端外轮廓粗车、精车加工的程序

% O0000 (PROGRAM NAME-T) (DATE=DD-MM-YY-06-01-20 TIME=HH:MM-10:20) (MCX FILE-D:\用户目录\我的文档\MY MCAM2017\MCX\T1. MCAM) (NC FILE-D:\用户目录\我的文档\MY MCAM2017\LATHE\NC\T. NC) (MATERIAL-ALUMINUM MM-2024) G21 (TOOL-1 OFFSET-1) (OD FINISH RIGHT-35 DEG.　INSERT-VNMG 16 04 08) G0 T0101 G18 G97 S800 M03 G0 G54 X28. Z0. G71 U2. R. 2 G71 P100 Q110 U. 4 W. 2 F200. N100 G0 X0. S800 G1 Z-. 047 G3 X8. 602 Z-2. 303 I-. 8 K-6. 753 X24. Z-22. 674 I-23. 101 K-20. 371 X16. 641 Z-37. 273 I-30. 8 G2 X13. 248 Z-44. 004 I12. 504 K-6. 73 X17. 052 Z-51. 104 I14. 2 G1 X27. 786 Z-60. 4	G3 X28. Z-60. 8 I-. 693 K-. 4 N110 G1 Z-70. G0 Z0. G28 U0. V0. W0. M05 T0100 M01 (TOOL-3 OFFSET-3) (OD TOOL-10. BUTTON　INSERT-RCMT 10 T3 M0) G0 T0303 G18 G97 S1500 M03 G0 G54 X0. Z7. G1 Z5. F80. G18 G3 X16. 502 Z1. 274 K-11. X34. Z-21. 875 I-26. 251 K-23. 149 X25. 637 Z-38. 465 I-35. G2 X23. 248 Z-43. 204 I8. 805 K-4. 739 X25. 927 Z-48. 204 I10. G1 X36. 66 Z-57. 5 G3 X38. Z-59. 999 I-4. 33 K-2. 5 G1 Z-70. X40. 828 Z-68. 585 G28 U0. V0. W0. M05 T0300 M30 %

3. 调头加工（车削手柄的左半部分）

（1）车削手柄的左端面

① 手柄调头　采用“镜像”命令，完成手柄的调头；再选择“移动到原点”命令，建立工件（编程）坐标系，如图 9-91 所示。

② 车削手柄的左端面，保证手柄的总长。手柄的左端面结构非常简单，可以直接采用手工编程的方式完成左端面车削编程。

（2）粗车手柄左半部分的外轮廓

① 选择粗车　单击工具栏中的“粗车”命令，弹出选择车床的对话框，如图 9-92 所示，可以单击[✔]确认按钮，也可以输入新的车床系统再确认。

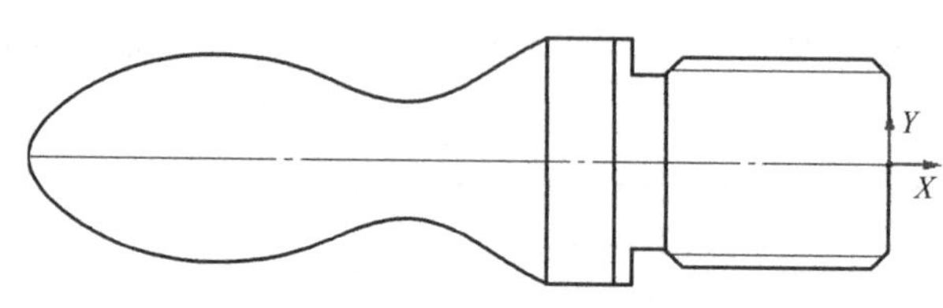

图 9-91　建立工件（编程）坐标系

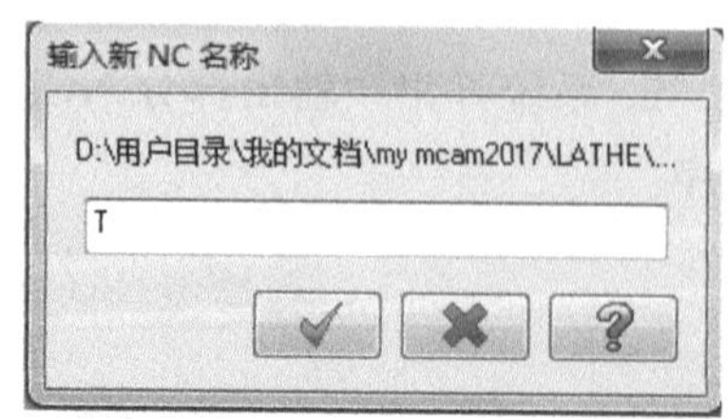

图 9-92　“输入新 NC 名称”对话框

② 定义加工轮廓　选择车床后，弹出“串连选项”工具栏，如图 9-93 所示。绘图区上方弹出操作提示[选择切入点或串连内部边界]，用鼠标左键拾取起始加工轮廓，操作提示变为[选择外部边界或选择退刀点或选择完成]，拾取终止加工轮廓，如图 9-94 所示。单击“串连选项”

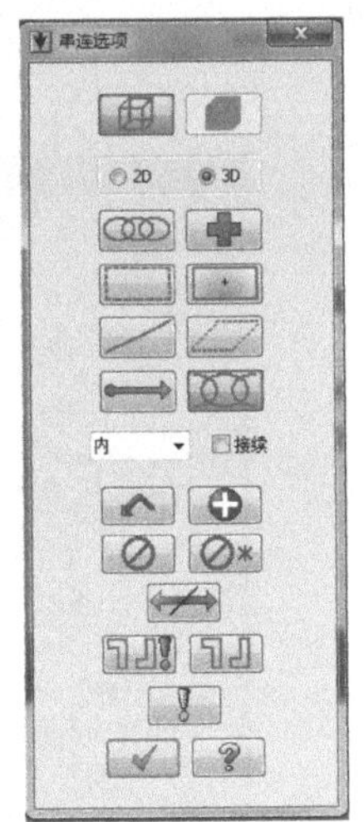

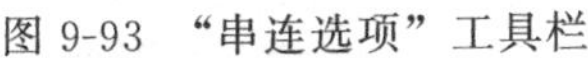

图 9-93 “串连选项”工具栏

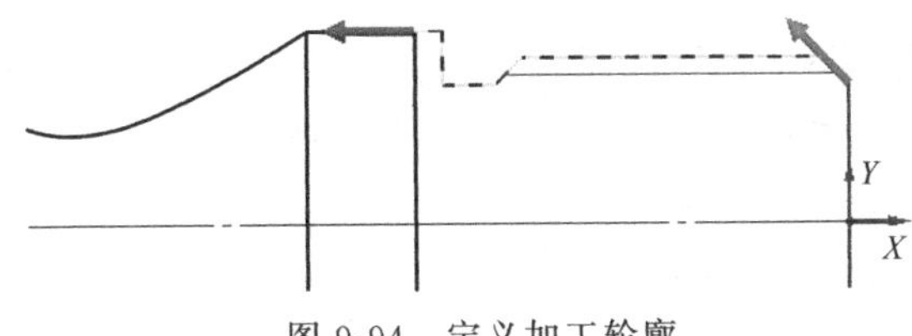

图 9-94 定义加工轮廓

工具栏的确认按钮，就进入刀具选择模式。

③ 选择刀具 粗车刀具参数如图 9-95 所示，设置刀具类型（包括设置刀号、刀补号、刀具角度等）、进给速率（进给速度）、主轴转速等参数。

④ 设置加工参数 粗车参数如图 9-96 所示，主要设置切削深度（吃刀量）、预留量（加工余量）、刀具补偿方式、切削方式、粗车方向/角度等参数。

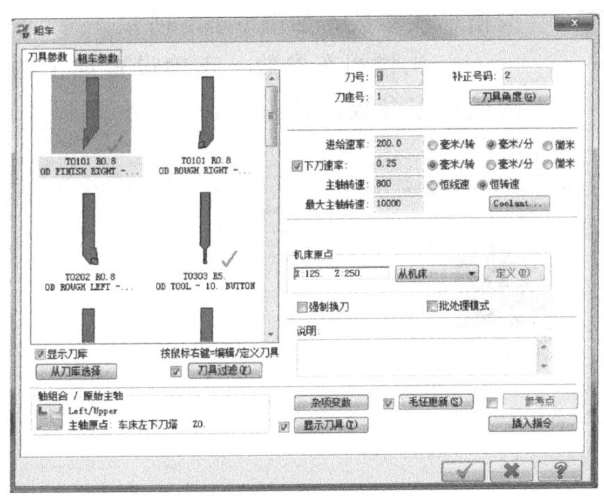

图 9-95 粗车刀具参数

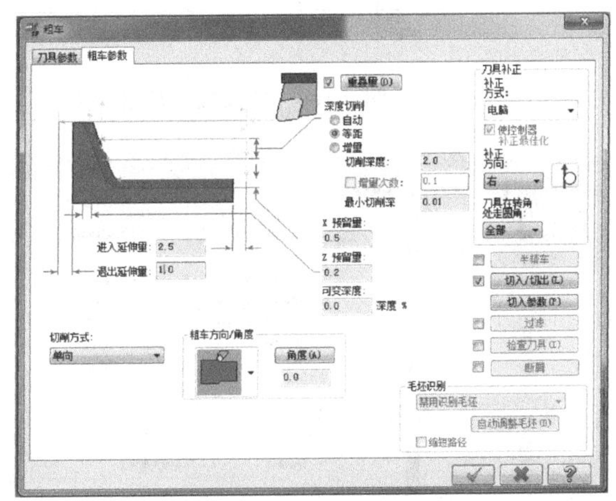

图 9-96 粗车参数

⑤ 生成刀具路径 设置完成“粗车”刀具参数和加工参数后，单击按钮即可生成“粗车”刀具轨迹，如图 9-97 所示。

⑥ 仿真加工 验证粗车的相关参数，发现问题后进行相应的修改，正确无误后可进行下一步操作。

(3) 精车手柄左半部分的外轮廓

① “车槽”模式 精车手柄左半部分的外轮廓。进入“车削”命令状态，单击工具栏中的“车槽”命令，弹出选择车槽方式的对话框，如图 9-98 所示。

② 确定车槽轮廓 选择车槽方式后，弹出“串连选项”工具栏，如图 9-99 所示。按照系统弹出的操作提示 选择点或串连外形 ，拾取车槽的起始轮廓，系统弹出操作提示 选择最后一个图形 ，拾取车槽的终止轮廓，确定车槽轮廓，如图 9-100 所示。单击“串连选

项”工具栏的确认按钮，就进入“车槽”模式的参数设置。

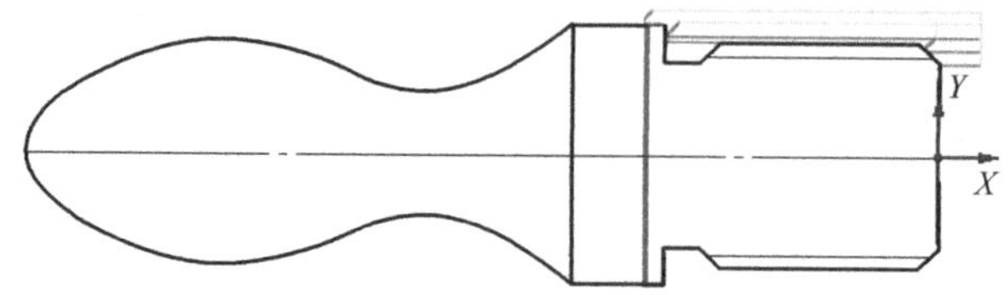

图 9-97 “粗车”刀具轨迹

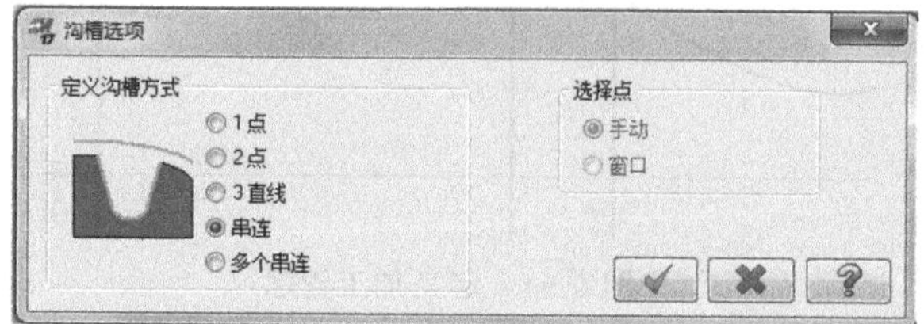

图 9-98 车槽方式对话框

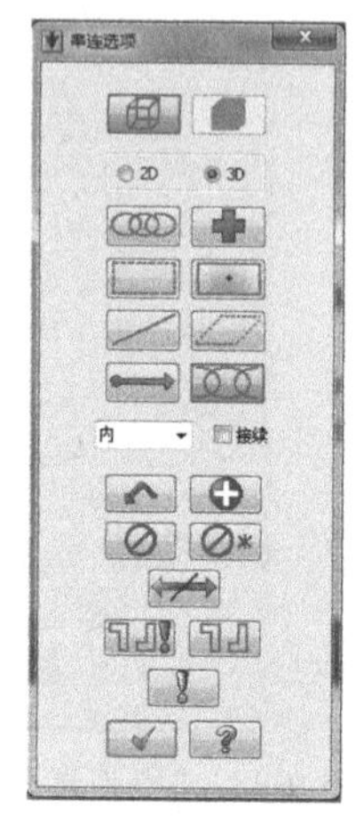

图 9-99 “串连选项”工具栏

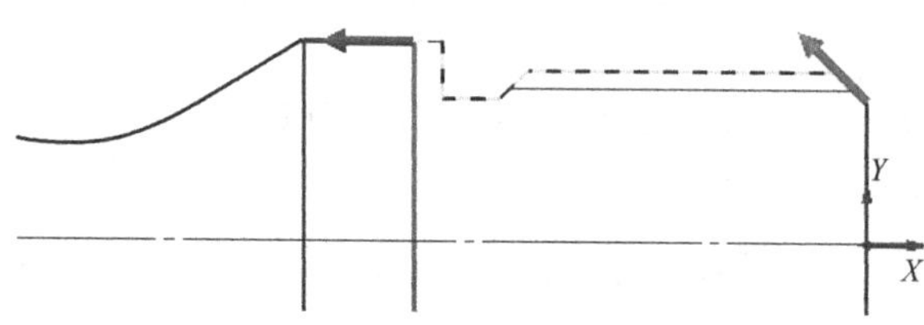

图 9-100 定义加工轮廓

③“车槽”模式的参数设置

a. 刀具参数　正确设置加工的刀具参数，如图 9-101 所示。

b. 沟槽形状参数　正确设置加工的沟槽形状参数，如图 9-102 所示。

c. 沟槽粗车参数　正确设置加工的沟槽粗车参数，如图 9-103 所示。

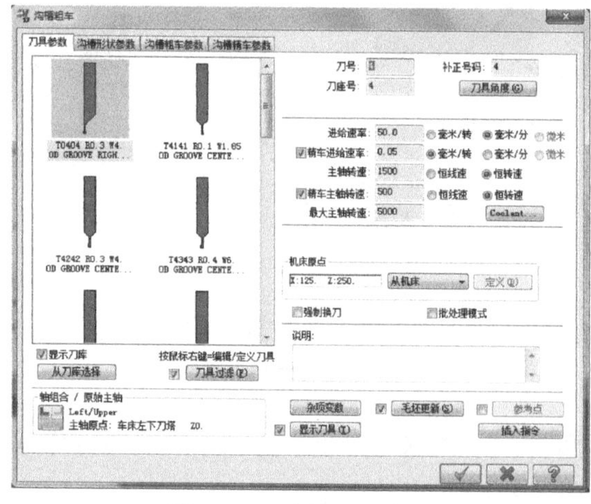

图 9-101 车槽刀具参数

图 9-102 沟槽形状参数

d. 沟槽精车参数　正确设置加工的沟槽精车参数，如图 9-104 所示。

e. 生成刀具路径　设置完成所有的加工参数后，单击按钮即可生成加工的刀具轨迹，如图 9-105 所示。

f. 仿真加工　验证车槽循环的相关参数，发现问题后进行相应的修改，正确无误后可进行下一步操作。

(4) 手柄的螺纹车削

①“车螺纹”命令　进入“车削”命令状态，单击工具栏中的“车螺纹”命令，弹出车螺

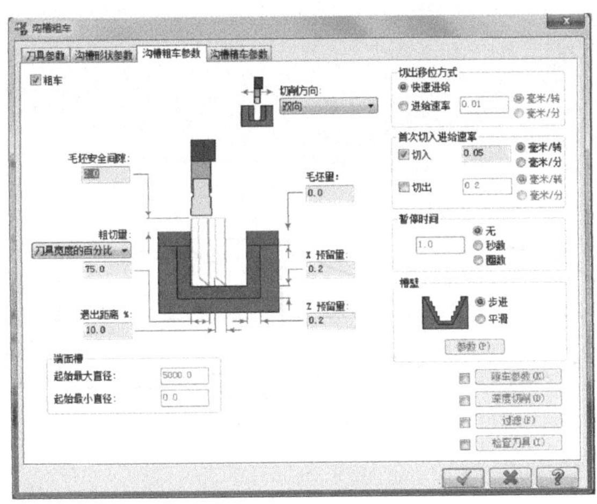

图 9-103 沟槽粗车参数

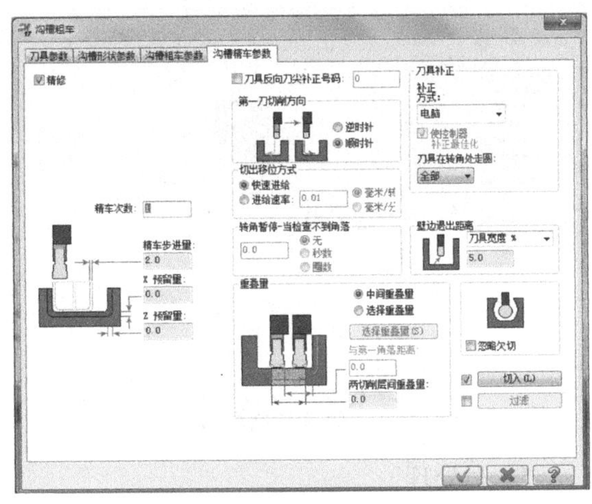

图 9-104 沟槽精车参数

纹的对话框，如图 9-106 所示，包括车螺纹的刀具参数、螺纹外形参数和螺纹切削参数等。

② 车螺纹参数

a. 刀具参数　单击车螺纹对话框的“刀具参数”菜单，就进入设置车螺纹的“刀具参数”状态，如图 9-106 所示。

b. 螺纹外形参数　单击车螺纹对话框的“螺纹外形参数”菜单，就进入设置车螺纹的“螺纹外形参数”状态，如图 9-107 所示。

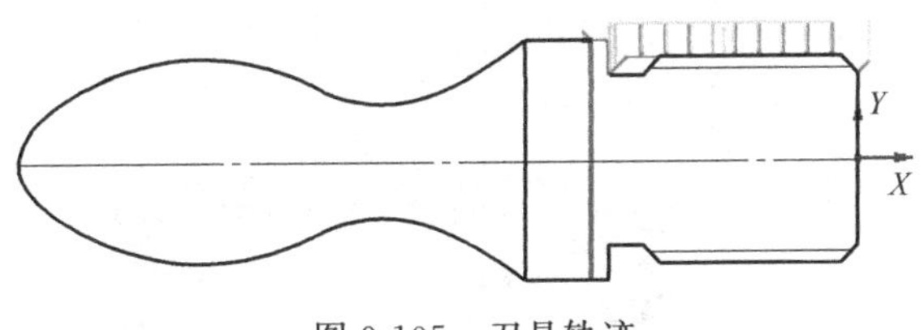

图 9-105 刀具轨迹

c. 螺纹切削参数　单击车螺纹对话框的“螺纹切削参数”菜单，就进入设置车螺纹的“螺纹切削参数”状态，如图 9-108 所示。

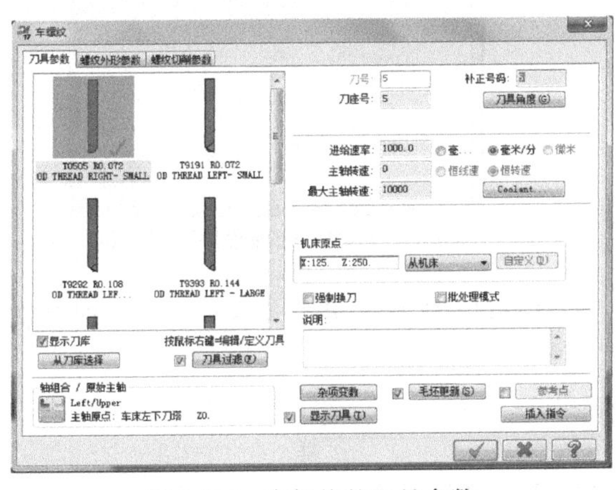

图 9-106 车螺纹的刀具参数

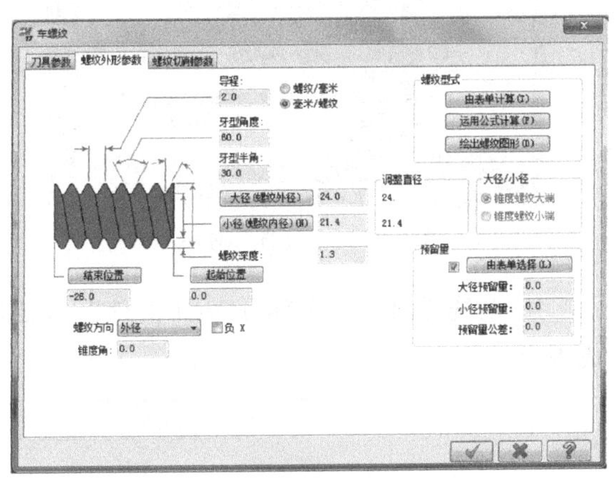

图 9-107 车螺纹的螺纹外形参数

③ 生成刀具路径　设置完成所有的加工参数后，单击 ✓ 按钮即可生成加工的刀具轨迹，如图 9-109 所示。

④ 仿真加工　验证车螺纹的相关参数，发现问题后进行相应的修改，正确无误后可进行下一步操作。

(5) 生成程序

① “刀路”中的“G1”功能　单击“视图”菜单，再选择工具栏中的“刀路”功能，弹出“刀路”的对话框，如图 9-110 所示，选择其中的“G1”功能。

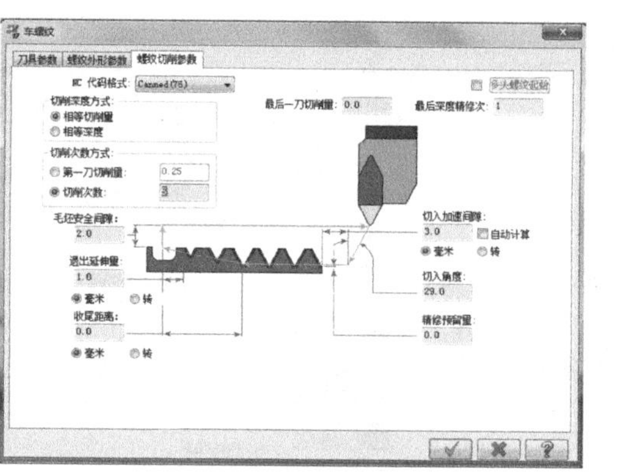

图 9-108　螺纹切削参数

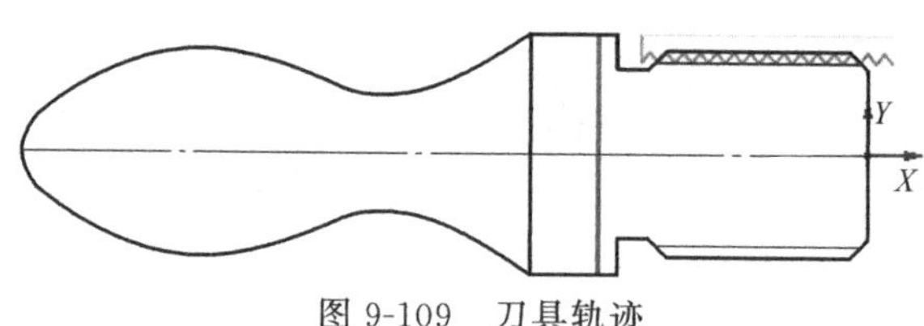

图 9-109　刀具轨迹

② 后处理

a. 选择“G1”功能后，系统弹出“后处理程序”对话框，如图 9-111 所示，单击确定按钮。

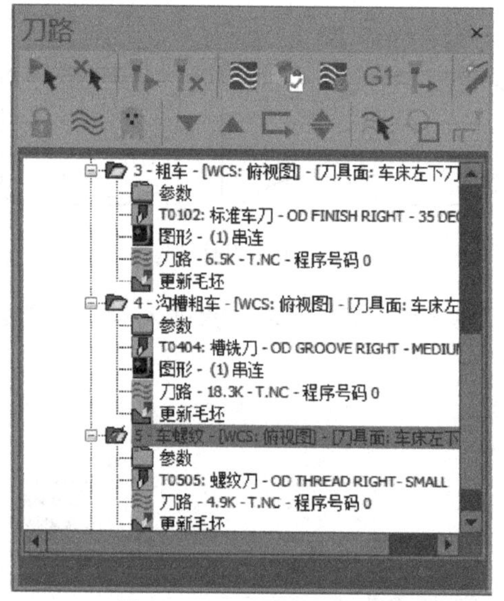

图 9-110　“刀路”对话框

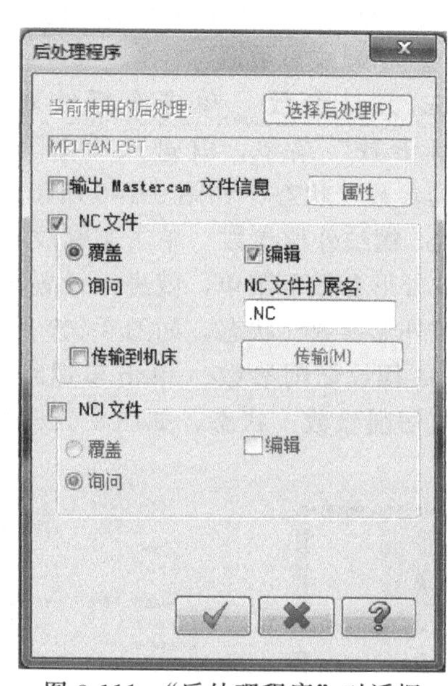

图 9-111　“后处理程序”对话框

b. 系统弹出“输出部分 NCI 文件”对话框，如图 9-112 所示，单击 否(N) 按钮即可生成程序。

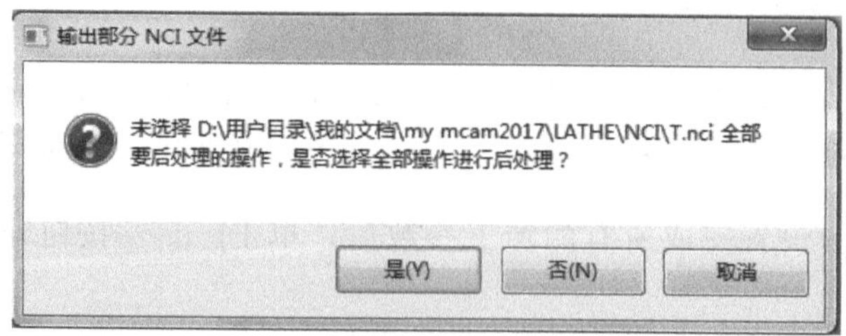

图 9-112　“输出部分 NCI 文件”对话框

项目测评

① 通过本项目实施有哪些收获？

② 填写子项目测评表（表 9-6）。

表 9-6　子项目（二）手柄加工的操作测评表

考核项目		考核内容		考核标准		测评
主要项目	1	节点坐标		思路清晰、计算准确		
	2	图形绘制功能与操作		操作正确、规范、熟练		
	3	粗车功能、精车加工		参数准确、规范、熟练		
	4	车槽		操作正确、规范、熟练		
	5	车螺纹		操作规范、参数准确		
	6	仿真加工功能、参数修改		操作正确、规范		
	7	后处理(代码生成)		准确、规范		
	8	其它:进退刀点等		正确、规范		
文明生产		安全操作规范、机房管理规定				
结果		优秀	良好	及格	不及格	

项目拓展

① 零件（工艺品灯泡）如题图 9-1 所示，编程加工该零件。

② 零件（工艺品棋子）如题图 9-2 所示，编程加工该零件。

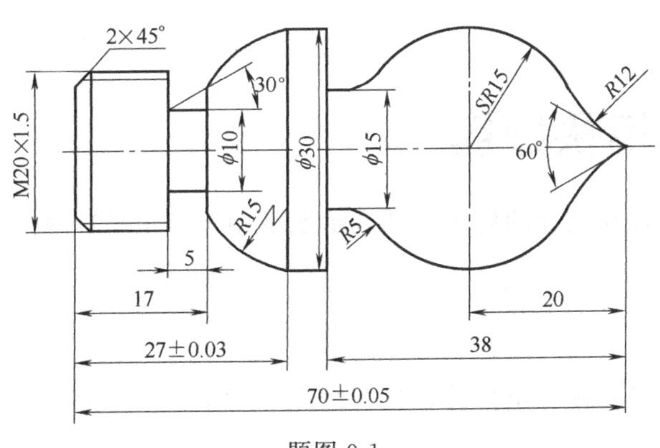

题图 9-1

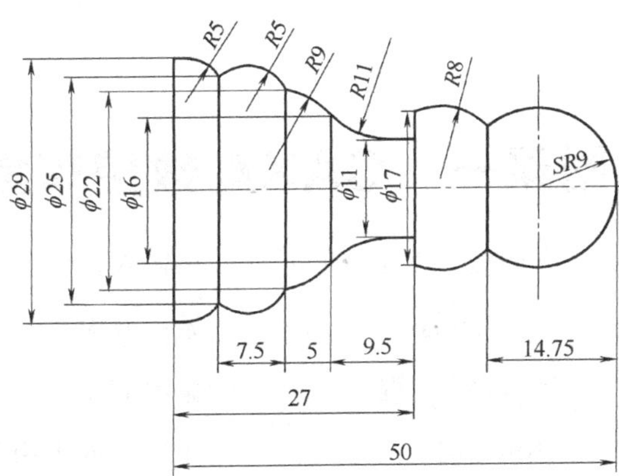

题图 9-2

附录

附录一 CAXA数控车常用快捷键

方向键（↑↓→←）	在输入框中用于移动光标的位置，其它情况下用于显示平移图形
PageUp 键	显示放大
PageDown 键	显示缩小
Home 键	在输入框中用于将光标移至行首，其它情况下用于显示复原
End 键	在输入框中用于将光标移至行尾
Delete 键	删除
Shift＋鼠标左键	动态平移
Shift＋鼠标右键	动态缩放
F1 键	请求系统的帮助
F2 键	拖画时切换动态拖动值和坐标值
F3 键	显示全部
F4 键	指定一个当前点作为参考点。用于相对坐标点的输入
F5 键	当前坐标系切换开关
F6 键	点捕捉方式切换开关，它的功能是进行捕捉方式的切换
F7 键	三视图导航开关
F8 键	正交与非正交切换开关
F9 键	全屏显示和窗口显示切换开关

附录二 CAXA 数控车命令列表

新文件	new	调出模板文件
打开文件	open	读取原有文件
存储文件	save	存储当前文件
另存文件	saveas	用另一文件名再次存储文件
并入文件	merge	将原有文件并入当前文件中
部分存储	partsave	将图形的一部分存储为一个文件
文本读入	textin	读取文本文件并插入到当前文件中
绘图输出	plot	输出图形文件
退出	quit	退出 CAXA 数控车系统
重复操作	redo	取消一个“取消操作”命令
取消操作	undo	取消上一项的操作
图形剪切	cut	将当前指定图形剪切到剪贴板上
图形拷贝	copy	将当前指定图形拷贝到剪贴板上
图形粘贴	paste	将剪贴板上的图形粘贴到当前文件中
选择性粘贴	specialpaste	将剪贴板上的图形选择一种方式粘贴到当前文件中
插入对象	insertobject	插入 OLE 对象到当前文件中
删除对象	delobject	将当前激活的 OLE 对象删除
对象属性	objectatt	编辑当前激活的 OLE 对象的属性
拾取删除	del	将拾取的实体删除
删除所有	delall	将所有实体删除
改变颜色	mcolor	将拾取到的实体改变颜色
改变线型	mltype	将拾取到的实体改变线型
改变图层	mlayer	改变实体所在的图层
工具条	vtoolbar	显示/隐藏工具条
属性条	vattribbar	显示/隐藏属性条
常用工具箱	vcommonbar	显示/隐藏常用工具箱
右侧菜单条	vpulldownbar	显示/隐藏右侧菜单条
重画	redraw	刷新屏幕
重新生成	refresh	将选中的显示失真的元素重新生成
全部重新生成	refreshall	将数控车内所有元素重新生成
显示窗口	zoom	用窗口将图形放大
显示平移	pan	指定屏幕显示中心，将图形平移
显示全部	zoomall	显示全部图形
显示复原	home	恢复图形的初始状态
显示放大	zoomin	按固定比例（1.25 倍）将图形放大
显示缩小	zoomout	按固定比例（0.8 倍）将图形缩小
显示比例	vscale	按给定比例将图形缩放
显示回溯	prev	显示前一幅图形
显示向后	next	显示后一幅图形

图纸幅面	setup	调用或自定义图幅
调入图框	frmload	调入图框模板文件
定义图框	frmdef	将一个图形定义成图框文件
存储图框	frmsave	将定义好的图框文件存盘
调入标题栏	headload	调入标题栏模板文件
定义标题栏	headdef	将一个图形定义为标题栏文件
存储标题栏	headsave	将定义好的标题栏文件存盘
填写标题栏	headerfill	填写标题栏的内容
生成序号	ptno	生成零件序号并填写其属性
删除序号	ptnodel	删除零件序号同时删除其属性
编辑序号	ptnoedit	修改零件序号的位置
序号设置	partnoset	设置零件序号的标注形式
定制表头	tbldef	定制明细表表头
填写表项	tbledit	填写明细表的表项内容
删除表项	tbldel	删除明细表的表项
表格折行	tblbrk	将明细表的表格折行
插入空行	tblnew	在明细表中插入空白行
输出数据	tableexport	将明细表的内容输出到文件
读入数据	tableinput	从文件中读入数据到明细表中
线型	ltype	为系统定制线型
颜色	color	为系统设置颜色
层控制	layer	通过层控制对话框对层进行操作
屏幕点设置	potset	设置屏幕上点的捕获方式
拾取设置	objectset	设定拾取图形元素及拾取盒大小
文本风格	textpara	设定文字参数数值
标注风格	dimpara	设定标注的参数数值
点样式	ddptype	设置屏幕点样式、大小
剖面图案	hpat	设定剖面图案的样式
设置坐标系	setucs	设置用户坐标系
切换坐标系	switch	世界坐标系与用户坐标系切换
隐藏/显示坐标系	drawucs	设置坐标系可见/不可见
删除坐标系	delucs	删除当前坐标系
三视图导航	guide	根据两个视图生成第三个视图
系统配置	syscfg	配置一些系统参数
直线	line	画直线
圆弧	arc	画圆弧
圆	circle	画圆
矩形	rect	画矩形
中心线	centerl	画圆、圆弧的十字中心线，或两平行直线的中心线
样条	spline	画样条曲线
轮廓线	contour	画由直线与圆弧构成的首尾相连的封闭或不封闭的曲线

等距线	offset	画直线、圆或圆弧的等距离的线
剖面线	hatch	画剖面线
正多边形	polygon	画正多边形
椭圆	ellipse	画椭圆
孔/轴	hole	画孔或轴并同时画出它们的中心线
波浪线	wavel	画波浪线，即断裂线
双折线	condup	用于表达直线的延伸
公式曲线	fomul	可以绘制出用数学公式表达的曲线
填充	solid	对封闭区域的填充
箭头	arrow	单独绘制箭头或为直线、曲线添加箭头
点	point	画一个孤立的点
尺寸标注	dim	按不同形式标注尺寸
坐标标注	dimco	按坐标方式标注尺寸
倒角标注	dimch	标注倒角尺寸
文字标注	text	标注文字
引出说明	ldtext	画出引出线
基准代号	datum	画出形位公差等基准代号
粗糙度	rough	标注表面粗糙度
形位公差	fcs	标注形位公差
焊接符号	weld	用于各种焊接符号的标注
剖切符号	hatchpos	标出剖面的剖切位置
标注编辑	dimedit	对标注进行编辑
裁剪	trim	将多余线段进行裁剪
过渡	corner	直线或圆弧间作圆角、倒角过渡
齐边	edge	将系列线段按某边界齐边或延伸
打断	break	将直线或曲线打断
拉伸	stretch	将直线或曲线拉伸
平移	move	将实体平移或拷贝
旋转	rotate	将实体旋转或拷贝
镜像	mirror	将实体作对称镜像和拷贝
比例缩放	scale	对拾取到的图形对象按比例放大或缩小
阵列	array	将实体按圆形或矩形阵列
局部放大	enlarge	将实体的局部进行放大
块生成	block	将一个图形组成块
块打散	explode	将块打散成图形元素
块消隐	hide	作消隐处理
块属性	attrib	显示、修改块属性
块属性表	atttab	制作块属性表
提取图符	sym	从图库中提取图符
定义图符	symdef	定义图符
图库管理	symman	对图库进行增、减、合并等管理
驱动图符	symdrv	对图库提取的图符进行参数驱动
尺寸驱动	drive	对当前拣取的实体进行尺寸驱动

格式刷	match	是目标对象移居源对象属性变化
点查询	id	查询一个点的坐标
两点距离查询	dist	查询两点间的距离及偏移量
角度查询	angle	查询角度
元素属性查询	list	查询图形元素的属性
周长查询	circum	查询连续曲（直）线的长度
面积查询	area	查询封闭面的面积
重心查询	barcen	查询封闭面的重心
惯性矩查询	iner	查询选中实体的惯性矩
系统状态	status	查询当前系统状态
帮助索引	help	CAXA 数控车的帮助
命令列表	cmdlist	CAXA 数控车所有命令的列表
关于数控车	about	CAXA 数控车的版本信息
图纸检索	idx	按给定条件检索图纸
应用程序管理器	ebamng	应用程序管理器
构件库	conlib	构件库
技术要求库	speclib	技术要求库
自定义	customize	定制界面
切换新老界面	newold	切换新老界面
动态平移	dyntrans	使用鼠标拖动进行动态平移
动态缩放	dynscale	使用鼠标拖动进行动态缩放
服务信息	info	华正软件工程研究所的服务信息
定制界面	customize	定制界面
切换全屏显示和窗口显示	fullview	切换全屏显示和窗口显示
轮廓粗车	ltrgh	对工件粗车加工，快速清除毛坯的多余部分
轮廓精车	ltfsh	对工件精车加工
切槽	ltgrv	对工件切槽加工
钻中心孔	ltdrill	在工件的旋转中心钻中心孔
车螺纹	ltscrew	按非固定循环方式加工螺纹
代码生成	ltposttest	由加工轨迹生成 G 代码数据文件
查看代码	viewcodefile	查看、编辑生成的代码的内容
代码反读	fileread	反读 G 代码文件，生成刀具轨迹，检查其正确性
参数修改	modpathpara	对轨迹的参数进行修改，以生成新的加工轨迹
轨迹仿真	pathsimulate	对加工轨迹进行模拟加工，以检查其正确性
刀具库管理	toollib	定义、确定刀具的有关数据
后置设置	postset	针对特定机床，结合设置的机床配置，设置后置输出的数控程序格式
机床设置	machine	针对不同机床和数控系统，设置特定的数控代码格式，生成配置文件

参考文献

[1] 宛剑业，等. CAXA 数控车实用教程. 北京：化学工业出版社，2016.
[2] 吴光明. 数控车削加工案例详解. 北京：机械工业出版社，2019.
[3] 韩鸿鸾. 数控加工工艺学. 3 版. 北京：中国劳动社会保障出版社，2011.
[4] 北京兆迪科技有限公司. Mastercam X8 宝典. 北京：机械工业出版社，2018.
[5] 刘玉春. CAXA 数控车 2015 项目案例教程. 北京：化学工业出版社，2018.
[6] 崔兆华. 数控车工（中级）. 北京：机械工业出版社，2007.